中国农业系列研究生教材
Series of postgraduate textbooks for Chinese agriculture

土壤生态学进展

王冲 赵磊 曹佳◎主编

PROGRESS IN SOIL ECOLOGY

中国農業大學出版社
China Agricultural University Press

内容简介

本教材以土壤生物为主线，系统介绍了土壤生态学的基础知识、基本原理以及最新的研究进展，突出反映了当前土壤生态学的研究前沿和热点。主要内容包括土壤生态学的发展历程与研究进展，土壤生态系统的组成、结构和功能，根际土壤过程及其生态学效应，土壤生物网络与生态系统功能，土壤生物与元素循环，土壤生物与土壤物理过程，土壤生物与土壤健康，全球变化的土壤生态效应，退化土壤生态系统的恢复与重建，以及土壤生态学研究方法。

本书可作为土壤学、生态学专业研究生教材，也可供从事土壤学、生态学以及环境科学的科技工作者参考。期望本教材在土壤生态学的相关教学和科研中发挥重要作用。

图书在版编目(CIP)数据

土壤生态学进展/王冲，赵磊，曹佳主编. --北京：中国农业大学出版社，2023.11
ISBN 978-7-5655-3091-3

Ⅰ.①土… Ⅱ.①王…②赵…③曹… Ⅲ.①土壤生态学 Ⅳ.①S154.1

中国国家版本馆 CIP 数据核字(2023)第 210768 号

书　　名　土壤生态学进展
Turang Shengtaixue Jinzhan
作　　者　王冲　赵磊　曹佳　主编

策划编辑　何美文　　**责任编辑**　何美文
封面设计　李尘工作室
出版发行　中国农业大学出版社
社　　址　北京市海淀区圆明园西路 2 号　　**邮政编码**　100193
电　　话　发行部 010-62733489，1190　　读者服务部 010-62732336
编辑部 010-62732617，2618　　出　版　部 010-62733440
网　　址　http：//www. caupress. cn　　**E-mail** cbsszs@cau. edu. cn
经　　销　新华书店
印　　刷　涿州市星河印刷有限公司
版　　次　2023 年 12 月第 1 版　　2023 年 12 月第 1 次印刷
规　　格　185 mm×260 mm　16 开本　17.25 印张　431 千字
定　　价　69.00 元

编写人员

主　编	王　冲	中国农业大学
	赵　磊	中国农业大学
	曹　佳	中国农业大学

参　编（按姓氏拼音排序）

丁洪基	中国农业大学
杜章留	中国农业大学
龚　莹	中国农业大学
郭岩彬	中国农业大学
胡　菏	中国农业大学
黄慧营	中国农业大学
李　欢	青岛农业大学
李思平	中国农业大学
王丙磊	中国农业大学
薛　瑞	山东省农业科学院
张朝春	中国农业大学
张雯雯	河南农业大学

序

土壤位于陆地生态系统的底部，是一薄层由生物和气候改造的地球外壳。俗话说“万物土中生”，土是万物生长之源，是全球生命支持系统的一个基本组成部分。土壤生态学以土壤生态系统为研究对象，主要探讨了土壤生物多样性和生态功能，以及土壤生物与环境之间的互作关系。《科学》杂志曾出版专刊强调土壤生物的多样性、复杂性和重要性，指出关于土壤的研究是科学“最后的前沿”。综上，土壤生态学是一门土壤学与生态学交叉的前沿学科。

土壤具有重要的生态功能，对于维持陆地生态系统的稳定起到至关重要的作用。其一，土壤在保护生物多样性方面发挥着关键作用。土壤本身容纳了大量的微生物、线虫、蚯蚓等土壤生物，而土壤生物的多样性也在一定程度上驱动了地上生态系统的多样性和多功能性。厘清土壤生物间的互作关系以及地下-地上生态系统的耦合机制，是土壤生态学的核心研究之一。其二，土壤是陆地上最大的碳库，同时也是温室气体甲烷和一氧化二氮的重要来源。解析土壤生态系统对全球变化的响应，并评估其对全球变化的生态效应，是土壤生态学的研究热点。其三，健康的土壤生态系统，是长期、高效农业所必需的条件，有利于支撑作物产量和生产弹性，并维持时间稳定性，从而保证可持续的粮食生产。如何利用生态学原理修复土壤污染，维持土壤健康，是土壤生态学的重要应用。

王冲教授等编写的《土壤生态学进展》，以土壤生物为主线，系统介绍了土壤生态学的基础知识、基本原理以及最新的研究进展，突出反映了当前土壤生态学的研究前沿和热点，基于生态学系统性和整体性的思想解析了当前全球变化和土壤退化等问题的生态效应，并详细介绍了土壤生态学中的组学分析、复杂网络分析等前沿研究方法。全书编写指导思想正确，编排结构合理，内容丰富全面，并大量使用前沿研究案例，为我国高等院校和科研院所的相关专业研究生提供了一部优秀的课程教材。该书也可供从事土壤学、生态学以及环境科学的科技工作者参考。相信该书的出版对促进我国高校土壤生态相关专业的教材建设具有积极意义。

吴文良

2023 年 4 月

前 言

土壤生态学是土壤学、生态学、地理学以及环境科学相互交叉的一门具有广泛研究领域的新兴学科，以土壤生物为中心，着重研究土壤生态系统的结构、功能与调控规律，通过研究土壤生态系统的物理过程、化学过程和生物过程的相互作用，揭示不同尺度土壤生态系统中微生物、土壤动物的分布和演变特征，阐明土壤微生物、土壤动物、根系之间的能量流动、物质循环和信息传递等生态过程，及其对环境污染和全球变化的反馈机制。

国际上土壤生态学的研究始于1840年达尔文发表《关于壤土的形成》一文，迄今已有180多年的历史。目前，土壤生态学研究已经成为环境与生态领域中的研究热点，世界各国的学者正从不同角度探讨土壤生态系统食物网在有机质分解、碳存储、污染物降解、土壤结构调节、病虫害控制、矿物质养分循环和存储及时空上的再分配方面所起到的重要作用。研究土壤生物群落在土壤生态系统中的功能作用，对土壤生态系统的健康、农业绿色发展、全球气候变化乃至联合国提出的可持续发展目标（sustainable development goals，SDGs）的实现具有重大意义。与国际学术界相比，中国引入土壤生态学相对较晚，直到1991年中国土壤学会第七届理事会上才成立了“土壤肥力和土壤生态专业委员会”，老一辈土壤学和生态学科技工作者逐渐将土壤生态学的概念和理论介绍到中国，并逐渐形成了独具特色的中国土壤生态学研究体系。

进入21世纪以来，土壤生态学成为生态学研究的前沿方向，尤其是近10年来国际土壤生态研究蓬勃兴起，在理论、方法以及研究内容拓展上取得较大进展，研究的系统性也得到进一步增强，土壤生态学逐步成为现代土壤科学的重要热点领域，以及生态科学的重要生长点之一。虽然我国在土壤生态学的研究起步较晚，研究群体较小，但提升空间很大。本教材将系统介绍土壤生态系统的结构、功能和人类活动对土壤生态系统的影响及过程，重点介绍土壤生态系统与可持续农业的关系。研究生通过学习本书，将理解土壤生物对土壤结构、营养循环、病虫害控制等方面的影响，以及土壤生物维持土地可持续生产力的途径。

《土壤生态学进展》主要内容如下：①土壤生态学的发展历程与研究进展；②土壤生态系统的组成、结构和功能；③根际土壤过程及其生态学效应；④土壤生物网络与生态系统功能；⑤土壤生物与元素循环；⑥土壤生物与土壤物理过程；⑦土壤生物与土壤健康；⑧全球变化的土壤生态效应；⑨退化土壤生态系统的恢复与重建；⑩土壤生态学研究方法。

本书配合土壤生态学教学实践进行编写，具有较强的针对性。突出特点是将土壤生态学相关领域的最新研究进展融入教材编写中，并计划在未来定期更新以保证教材的时效性。土壤生态学在农业可持续发展、生态环境保护和全球变化研究中发挥着越来越重要的作用，期望本教材在土壤生态学的相关教学中发挥重要作用。

由于编者时间和水平有限，不妥之处在所难免，恳请各位专家和同仁予以指正。

编者

2023 年 4 月

目 录

第1章 土壤生态学的发展历程与研究进展

土壤是指陆地表面由矿物质、有机物质、水、空气和生物组成，具有肥力，能生长植物的未固结层，被称为地球的皮肤。其处于大气圈、水圈、岩石圈及生物圈的交界面，是地球表面各种物理、化学、生物化学过程及物质与能量交换最复杂、最频繁的区域。健康的土壤可以使土壤结构稳定，土壤的持水量增加，保护土壤生物的多样性，保持有效养分，促进植物养分吸收，最终改善作物生产。土壤是地球生命的基石，是"水、肥、气、生"的载体，为植物生长提供机械支撑、水分、养分和空气条件；支持大部分微生物群体的活动，来完成生命物质的循环；通过能量传递和物质循环，支撑陆地生态系统中的生命过程，调节陆地表层地质作用，保护人类生存的自然环境。因此，研究土壤生态系统的自调节与自稳定机制，以及人为干扰或管理下土壤生态系统的退化与恢复重建机理，对于合理利用土壤资源，发展农、林、牧各业的生产，防治土壤污染和土地退化，维持和建立良好的区域生态平衡等均有重要的意义。

土壤生态学是研究土壤生物之间，以及土壤生物与非生物环境之间相互作用关系的一门边缘学科（Coleman，2008）。其以土壤生态系统为研究对象，以土壤生物为中心，探讨土壤生物多样性及其生态功能，研究土壤生物之间、土壤生物与土壤非生物环境之间的相互作用，分析土壤生物群落与土壤内部环境以及外界环境间的能量流、物质流和信息流，以揭示土壤生物群落的结构，认识复杂的土壤生态系统功能及其过程；并应用整体与局部结合的方法，重视人类活动对土壤生态系统的影响，以保持和恢复土壤生态系统的结构和功能，为持续发挥土地生产力服务。2000年在《自然》杂志发表的论文"Ecology Goes Underground"指出陆地生态系统功能与土壤微生物多样性密切相关，研究两者关系是生态学的新方向。因此，进入21世纪以来，国际土壤生态学研究蓬勃兴起，在理论、方法以及研究内容方面有较大拓展，逐步成为现代土壤科学及生态科学的重要热点领域。

1.1 土壤生态学的发展历程

土壤生态学是土壤学、生态学、地理学、环境学等发展到一定阶段综合交叉而形成的，具有广泛研究领域的新兴学科。一般认为，国际上土壤生态学的研究始于1840年达尔文发表《关于壤土的形成》一文，迄今已有180多年的历史。目前，土壤生态学研究已经成为环境与生态领域中的研究热点，世界各国的学者正从不同角度探讨土壤生物群落的结构、功能及其与环境乃至全球变化的关系问题。与国际学术界相比，我国引入土壤生态学相对较晚，直到1991年中国土壤学会第七届理事会上才成立了"土壤肥力和土壤生态专业委员会"，老一辈土壤学和生态学科技工作者逐渐将土壤生态学的概念和理论介绍到中国，并逐渐形成了独具特色的中国土壤生态学研究体系。

1.1.1 土壤生态学初创阶段(1990年之前)

18世纪初到19世纪末，洪堡的《植物地理学》、达尔文的《物种起源》和瓦尔明的《植物生态学》均包含植物与土壤关系的论述，体现出土壤生态思想的雏形(章家恩和徐琪，1996)。早期人们对土壤生态学的研究兴趣主要源于农业生产活动。Muller在1889年就认为土壤生物在腐殖质形成中所起的作用十分关键，道库恰耶夫在1883年发现生物群落与土壤形成的统一性等，这些均为这一学科的发展做出了前驱贡献。19世纪60年代，欧洲农业科学工作者首先将李比西的植物矿质营养学说和巴斯德的发酵学说结合起来研究农业问题，认识到腐熟的有机肥料是细菌发酵作用的结果，并且认为土壤中存在无数微小生物。这时许多人认识到研究土壤中的微生物及其与植物营养的关系非常必要。

19世纪80年代至20世纪30年代是研究土壤中微生物及其作用获得丰硕成果的50年，随后土壤微生物学创立。瓦克斯曼所著的《土壤微生物学原理》问世，标志着这门学科正式诞生。这一时期，人们对土壤中放线菌和根瘤菌等根际微生物的研究也在不断深入和发展。20世纪初期，北美洲的科学家对土壤动物(如土壤螨类)在分解林下凋落物过程中的作用以及林下凋落物层中的共生生物等进行了许多研究。其后，尤其是20世纪60年代中期开始的为期10年的国际生物学研究项目(international biological program，IBP)的开展，将土壤生态学研究置于第一性生产力课题之下，取得了大量第一手资料、数种系统的研究成果和介绍研究方法的出版物。随后，伴随着科学技术的发展，人们开始研究微生物与环境之间的相互关系。俄亥俄州立大学对土壤螨类的分类和功能进行了研究。科罗拉多州立大学对土壤中生态相互作用问题进行了历时15年的研究，对根系-土壤-土壤生物和养分循环间相互作用有了新认识和发展。佐治亚大学进行了关于土壤生态系统模拟的研究。加拿大进行了有关土壤矿质-有机质-土壤微生物相互作用的研究，以及土壤动物与土壤结构形成的关系和土壤生态系统模拟的研究。英国、瑞典、荷兰、波兰、匈牙利以及澳大利亚等国家也有不少著名的长期性研究项目。所有这些研究工作对土壤生态学科的发展起到积极推动作用。

我国的土壤生态学起步于20世纪70年代末。中国科学院地理研究所张荣祖研究员在1979年成立长白山森林生态定位站，开展土壤动物区系和生态地理研究，标志着我国土壤生态学研究的起步。20世纪80年代，美国佐治亚农业生态系统研究、荷兰土地耕作系统研究、瑞典耕地生态学研究等土壤生态学项目陆续开展，国际土壤生态学会(Soil Ecology Society)成立，标志着土壤生态学正式建立。其间，有关土壤生态学的概念也逐渐被介绍到国内，并得到长足发展。

1.1.2 土壤生态学全面发展阶段(1991—2005年)

随着生态学家逐渐认识到人类活动可能会导致物种的快速灭绝，关于生物多样性如何影响生态系统功能的研究开始成为学者关注的热点。尤其是1992年《生物多样性公约》的签署，进一步促使生物多样性成为生态学研究的核心问题。20世纪90年代末至21世纪初，生态学领域最重要的争论之一就是生物多样性与生态系统功能之间的关系。关于生物多样性如何影响生态系统功能(如初级生产、生物地球化学循环等)的研究主要集中在植物多样性方面(Hooper 等,2005),并且学者们提出了一系列假说来解释两者之间的关系,如"铆钉"假说(Ehrlich,1983)、冗余种假说(Walker,1992)和不确定性假说(Lawton,1994)。同时,也提出了生物多样性影响生态系统功能的主要内在机制是选择效应和互补效应(Cardinale 等,2007)。在这样的背景下,随着对土壤生物多样性认识的深入,20 世纪 90 年代末和 21 世纪的最初 5 年,探讨土壤生物多样性与生态系统功能之间的关系成为土壤生态学领域研究的主要热点(Coleman,2008)。

在国内,中国土壤学会在 1991 年的第七届理事会上成立了"土壤肥力和土壤生态专业委员会",标志着国内的土壤生态学开始进入实践期。在土壤微生物生态学方面,这一时期国内主要关注农业生产过程的特定微生物,如与固氮相关的大豆根瘤菌,与提高氮磷利用相关的丛枝菌根真菌,与土壤碳循环相关的脲酶活性,以及应用于堆肥的双孢蘑菇等(李晶等,2011)。在土壤动物生态学方面,1993 年中国科学院上海昆虫研究所尹文英联合国内有关专家共同开展了"中国典型地带土壤动物的研究"(国家自然科学基金重点项目),通过大量的调查取样和研究,编辑出版了《中国亚热带土壤动物》《中国土壤动物》和《中国土壤动物检索图鉴》。这一时期,王宗英、王振中、廖崇惠、宋碧玉和刘红等学者对九华山、衡山、鼎湖山、天目山和泰山等区域的土壤动物进行了全面深入研究,推动了我国土壤动物生态学的蓬勃发展。

1.1.3 土壤生态学深化与创新阶段(2005 年至今)

进入 21 世纪,土壤生态学成为生态学研究的前沿方向。《科学》杂志于 2004 年 6 月出版了专辑,系统论述了土壤生物互作与植物地上-地下反馈的机制,认为土壤生态学是当前生命科学与地球科学交叉的并带有根本性的科学前沿。由于全球以及区域生态问题的不断出现,国际土壤生态学研究蓬勃兴起,在理论、方法以及研究内容拓展上取得较大进展,研究的系统性也得到进一步增强,逐步成为现代土壤科学的重要热点领域,也是生态科学的重要生长点之一。为了加强全球对土壤资源的重视,2013 年 12 月,联合国通过了以 12 月 5 日为世界土壤日以及确定 2015 年为国际土壤年的决议。未来的土壤生态学将会侧重于土壤生态系统服务与土壤健康。

这一时期,对土壤生物多样性的监测和保护成为研究重点(Wu 等,2009)。其主要内容包括(Curtis 等,2009):土壤生物多样性的共存和维持机制、土壤生物多样性与生态系统功能、大尺度上土壤生物多样性的分布格局、植物多样性与土壤生物多样性的关系等。除此以外,一些学者还围绕土壤生物功能开展了一系列研究,例如:丛枝菌根真菌与植物共生扩大根系范围,促进植物对氮、磷吸收,提升土壤固碳潜力;线虫直接或间接的影响氮的矿化;大型土壤动物可以改善土壤物理结构,调节土壤养分矿化速率,提高土壤中碳的净固存;土壤食物网复杂性的增加促进植物生长,地上植物的演替也会影响地下食物网的紧密程度,形成地上-地下反馈。在此基础上,土壤生态学家聚焦土壤生物群落在调节生态系统对气候变化和环境污染的响应中的重要作用,致力于解决当今世界面临的重大前沿科学问题,主要体现在以下几个方面。

1)大尺度土壤微生物地理分布格局研究

近年来,大尺度的土壤微生物多样性地理分布格局研究备受关注,全球尺度上土壤细菌和真菌(Bahram 等,2018)、线虫(van den Hoogen 等,2019)、蚯蚓(Phillips 等,2019)和原生生物(Oliverio 等,2020)的生物地理学研究成果陆续在高水平期刊上发表。这些开创性的研究在宏观层面揭示了土壤生物多样性的全球分布格局,探讨了土壤生物群落构建的机制及其潜在的功能特征。未来这一研究方向需要考虑更多不同的土壤生物类群,以及土壤生物的不同功能属性,才能将生物多样性与生态功能连接起来,进而更好地预测全球变化情形下土壤生物多样性及其功能的演变规律。

2)土壤生物互作与土壤食物网

土壤生物通过物种间的共生、竞争和捕食等作用构成复杂的相互作用网络,共同参与土壤生态过程。通过对微生物群落的定向调控,研究人员发现微生物之间的相互作用强度与生态系统多功能性之间存在正相关关系(Wagg 等,2019)。最新的研究发现,土壤原生生物在低温下对细菌和真菌的捕食可以增加土壤有机质的分解和 CO_2 的释放(Morriën 等,2017);土壤原生生物可以通过对植物根际细菌和真菌的捕食作用广泛参与植物根际微生物群落的构建,从而影响地上植物的生长和健康(Gao 等,2019)。这些研究都强烈暗示着土壤食物网在维持土壤生态系统的结构、过程和功能中的关键作用,而这方面的研究方兴未艾。

3)土壤生物组与土壤健康

由于生物对土壤环境的变化非常敏感,土壤生物的多样性和群落组成可以较好地指示土壤的健康状态,并且越来越多的研究表明土壤生物多样性与土壤生态系统的多功能性之间呈现显著的正相关关系(Delgado-Baquerizo 等,2020)。例如,de Vries 等(2020)利用根际微生物组可以增强作物抗逆能力,来恢复退化的生态系统。近年来的研究表明,健康土壤中的微生物群落可以通过微生物竞争互作(Li 等,2019)、抗性物质的分泌(Biessy 和 Filion,2018)、食物网的捕食作用和占据根际生态位(Xiong 等,2020)等来控制土传病害的传播,从而增强土壤免疫。Wang 等(2019)发现某些噬菌体可以“专性猎杀”土壤青枯菌,大幅度降低番茄青枯病的发生率,展现出了强大的生防效果。这些研究都表明土壤微生物群落具有强大的生防潜力,因此发掘和利用土壤生防微生物资源,将有助于构建土传病害生防体系,增强土壤免疫,从而抑制土传病害的暴发。

4)土壤新污染物

当前,土壤抗性基因已经被广泛认为是一种土壤新污染物,其在土壤生态系统中的迁移传播受到研究者的广泛重视。Zhu 等(2019)证实抗性基因可以通过食物链的捕食关系进行传播,而土壤细菌群落和可移动基因元件是抗性基因转移的主要驱动因素。此外,其他土壤污染也可能影响抗性基因在土壤中的传播(Hu 等,2017)。对抗生素抗性基因在土壤中的传播过程与机制的深入研究将为生物污染风险评估和治理提供重要科学依据。

1.2 土壤生态学的研究进展

土壤生态学以土壤生态系统为载体和研究对象,研究土壤生态系统的结构、功能和人类活动对土壤生态系统的影响及过程。其中土壤生物作为元素生物地球化学过程的引擎,在土壤生态系统功能和服务中扮演着关键角色,驱动着土壤圈与其他各圈层之间的物质交换和循环,并且是维系陆地生态系统地上-地下反馈的纽带,支撑着陆地生态系统的过程和功能,在全球物质循环和能量流动过程中发挥着不可替代的作用(Bünemann 等,2018)。自 2000 年以来,Web of Science 数据库中有关土壤生态学的研究性文献共有 18 158 篇,且呈逐年增长趋势(图 1-1)。2015 年后,年发文量达到 1 000 篇以上,且在 2020 年发文量增至 1 400 篇,处于快速增长阶段。

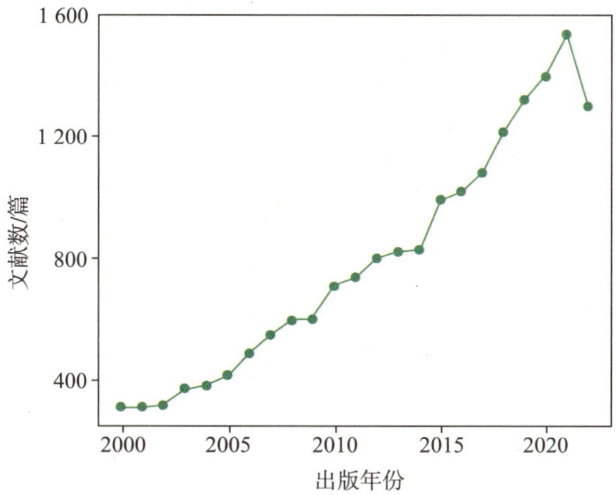

图 1-1 2000—2022 年 Web of Science 数据库中土壤生态学研究领域发文数量

1.2.1 根际生态学的研究进展

根际是作物-土壤-微生物相互作用的微区域,是水分、养分及有害物质进入作物系统、参与生态系统物质循环的必经门户(图 1-2)。根际生态学研究根际的土壤微生物、原生生物、动物等土壤生物与土壤介质之间,以及根系与土壤介质之间的相互作用。研究内容主要包括根际生物地球化学循环、根系构型及其控制因素、根系分泌的机制及其控制、根系与根际微生物的相互作用、根系间的相互作用、地上-地下反馈的机制、根际食物网与食物链、根际激发效应,以及根系分泌物在植物与环境的相互作用过程中的信息传递作用等重要生态过程。这些过程直接影响植物的生长发育、水分和养分的吸收利用、有益和有害微生物的存活与繁殖、植物对逆境的调节反应等。因此,根际生态学一直是国内外多学科交叉研究的前沿。

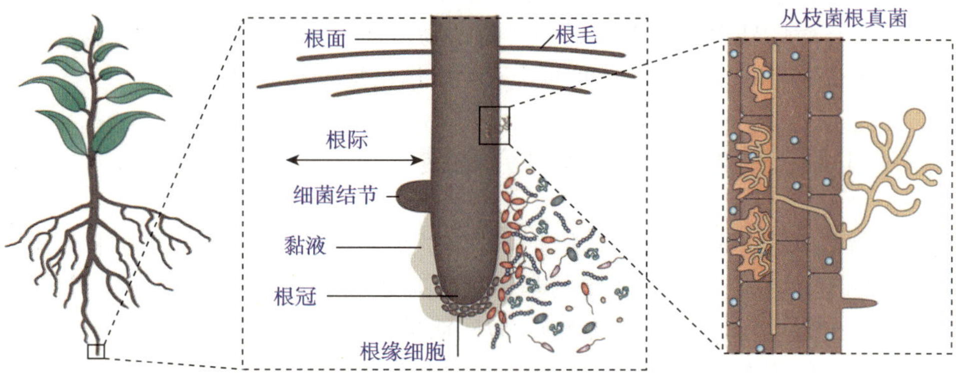

图 1-2 土壤与根际生态系统(Philippot,2013)

自1904年德国微生物学家Hiltner首次提出根际概念以来，有关根际的研究经历了110多年，其发展与对根系及其周际的认识密切相关。在20世纪70年代，澳大利亚的A. D. Rovira就曾对根际微生物动态及其效应开展了一系列的研究。随后，美国的S. A. Barber、英国的P. H. Nye和德国的H. Marschner等科学家相继对根际养分有效性进行了较为系统的研究，提出了养分生物有效性的观点，这是根际生态学思想的雏形。进入20世纪90年代，人们才认识到根际过程决定着植物对养分胁迫的适应能力，逐步形成了以根系分泌为核心的四个主要研究领域：根系与根际土壤之间的交互作用、根系与根系之间的交互作用、根系与土壤微生物之间的交互作用和不同根际生物之间的营养关系。这些研究确立了根系在根际生态学中的核心地位，至此根际生态学的学科体系基本建立。

研究表明，根际区域发生的所有过程及相互作用都与根系分泌这一过程密切相关，因此根际分泌的机制及其调控受到较多关注。其中，在根际分泌的调控研究中，当前研究的重点是载体网络系统和特定基因的表达等方面。此外，根系间的相互作用、根系与根际微生物的相互作用、地上-地下相互作用（Wardle等，2004）、根际食物链和食物网、根际激发效应、根际信号传递与识别等也是当前国际根际生态学研究的热点。

近几年，我国学者率先在根系分泌物、根际和菌根际养分活化利用，以及养分胁迫条件下的根际过程与调控机制研究等方面取得了重大突破。研究发现，VA菌根真菌可使作物吸收土壤磷的范围扩大60倍，对植物吸收磷的贡献潜力高达70%，揭示了菌丝际养分活化的机理，将根际研究深入菌丝际水平；发现解磷细菌可以在菌根真菌的菌丝际定植，并利用菌丝分泌物来活化土壤难溶性磷，这为通过微生物互作强化菌丝际效应来提高作物养分效率提供了新思路（Zhang等，2018）。研究还发现，根际互作是间套作体系养分高效利用的关键过程，禾本科与豆科作物间作显著提高豆科作物结瘤固氮能力，为高产高投入体系仍能充分利用固氮菌的生物学潜力提供了科学依据，而水稻根系可以通过分泌生物硝化抑制剂影响微生物对土壤氮的转化来增强植物氮吸收效率（Li等，2016）。针对农田养分高效利用目标，该研究揭示了土壤微生物群落形成和功能表达的主要驱动因素，提出了最大化作物养分效率的根际高效功能菌群构建策略，并揭示了根际微生物与根系互作提升作物对土传病害的免疫力的分子机理。此外，近20年，植物之间的化学通信识别研究大多集中于地上部空气媒介的信号物质，如茉莉酸甲酯和乙烯等挥发性物质，而地下部土壤媒介的化学信号物质由于土壤和根系互作的复杂性一直未被澄清。针对这一问题，中国农业大学孔垂华教授历时7年发现植物根系分泌的黑麦草内酯是介导植物地下部土壤媒介的化学信号物质，最终阐明小麦是通过根分泌的黑麦草内酯以及茉莉酸信号物质识别邻近的其他植物从而合成释放化感物质，显示化感效应。这一结果对正确认识生态系统中植物间的地下生态作用具有积极的意义。

1.2.2 土壤微生物生态学的研究进展

土壤微生物是地球上多样性最高、物种最丰富的生物类群之一，是生物地球化学过程的关键驱动者（Rillig等，2015）。因此，微生物是土壤生态系统的重要组成部分，直接或者间接地参与所有的土壤生态过程，在生态系统物质循环、能量转换以及生态环境与人类健康中发挥着重要作用。土壤微生物生态学是土壤学、微生物学和生态学相互渗透、相互结合而产生的，以存在物质交换、能量流动和信息交流的微生物群体（如微生物种群、群落和一系列有机集合体等）为研究对象，探究微生物群体之间及微生物群体与环境之间的一门新兴交叉学科。目前土壤微生物生态学主要研究土壤微生物群落的物种多样性及结构组成的分布特征、土壤微生物群落在土壤宏观和微观环境中的生物地理分布、土壤微生物群落对环境变化的响应机制、土壤微生物与植物的相互作用、土壤微生物多样性与生态系统功能过程的关系、土壤微生物对全球变化的适应与反馈机制、土壤生物地球化学循环的微生物驱动机制等。土壤微生物生态学实现了生物学的微观研究与地球宏观研究的有机整合，形成了新兴的学科交叉点。

土壤微生物学是 19 世纪中叶发展起来的一门生命科学和地球科学交叉的分支学科，19 世纪后半叶从多方面揭示了土壤中的部分微生物及其生态功能，并 20 世纪初叶形成了土壤微生物生态学。20 世纪后半叶，土壤微生物研究方法取得了突破性进展，Biolog 微量分析法、磷脂脂肪酸法、基因指纹图谱、克隆文库、基因芯片、稳定同位素酸探针和环境基因组学等新兴技术推动了土壤微生物生态学的发展。21 世纪以来，随着高通量测序和土壤宏基因组学的兴起，土壤微生物分布格局及其驱动机制的研究成为国际上研究的热点。2007 年《生态学》杂志以“New Directions in Microbial Ecology”为题发表了 6 篇专题文章，标志着美国生态学学会微生物生态学分会的成立，说明土壤微生物生态学的研究开始受到主流生态学研究的重视，标志着土壤微生物与其主导的生态学功能过程间的关系成为当前生态学研究的前沿方向。

统计数据显示，1990—2016 年国际学者的研究热点始终围绕土壤氮循环和碳循环与微生物群落的交互作用，磷、根、根际、土壤、植被等关键词贯穿始终，说明国际学者在该领域研究侧重于农田土壤养分循环及其肥力功能，特别关注土壤“热区”——根际微环境的微生物学驱动机制，为提高土壤肥力和氮磷利用率提供理论基础。近 10 余年来，在全球变化背景下，土壤微生物群落对全球变化（CO_2浓度升高、增温、降雨、氮沉降等）的响应机制是土壤微生物生态学研究的另一个热点和难点问题。英国自然环境研究委员会于 1998 年率先启动土壤生物学重大研究计划，重点研究陆地生态系统碳循环微生物群落结构和功能；1999 年美国国家科学基金会启动了“微生物观测”项目群计划，2004 年将其扩展为“微生物观测、相互作用和过程研究”项目群计划；2009 年美国科学院出版战略咨询报告《土壤科学研究前沿》，强调学科交叉研究土壤微生物的重要性；2010 年美国和欧盟土壤生物学家联合提出土壤宏基因组研究计划；同年欧盟启动“欧洲土壤生态功能与生物多样性指标”项目，重点研究土壤生物多样性与土壤功能；2011 年美国阿贡国家实验室启动地球微生物计划，在全球范围内开展地球微生物群落结构和功能的系统研究；2013 年美国微生物科学院出版《微生物如何帮助养活世界》，强调土壤微生物调控能够实现作物增产 20%，化肥和农药投入减少 20%，是绿色农业的新出路。2011—2016 年，高通量测序方法开始更新换代，功能基因微阵列方法加强了对特定功能基因的研究。同时，微生物系统发育/功能分子生态网络和结构方程模型等统计分析方法不断发展。土壤微生物学加强对微生物网络的研究，在微生物网络响应环境条件变化方面取得了新的突破。同时，农田土壤中有机质转化的微生物驱动机制日益成为研究热点。国外对有机质转化过程的影响因素和土壤稳定有机质形成理论开展了深入研究，揭示了秸秆还田和生物炭影响微生物群落演变和土壤养分循环的机制，提出了增加土壤有机质含量和碳库库容的新理论，指出植物与土壤的互作和地上与地下的协同管理成为未来农田养分管理的研究热点。

相比较国际学术界，我国土壤微生物生态学研究起步较晚。近 10 余年来，在国家科学技术部、国家自然科学基金委员会、中国科学院等机构的资助下，我国土壤微生物学家围绕不同地域或不同土地利用类型开展了大量土壤微生物群落结构和多样性的研究(宋长青等,2013)。如中国科学院微生物所通过开展大型真菌的监测工作,对我国典型森林生态系统中真菌的组成和多样性开展了研究,揭示了真菌群落的形成机制。成都生物所在青藏高原、贡嘎山开展了土壤微生物多样性监测工作,揭示了不同细菌类群对氮沉降和增温的响应模式。南京土壤研究所等单位的研究人员调查了长白山垂直带谱上土壤细菌和真菌多样性的变异,发现土壤微生物多样性随海拔的变化与植物表现出不同的趋势,土壤 pH 是驱动微生物多样性变异的关键因子。东北地理与农业生态研究所调查了我国黑土微生物群落的地理分布,发现细菌群落组成主要受土壤 pH 和有机碳的影响,而真菌群落的变化主要受土壤有机碳的驱动(Liu 等,2015)。这些研究为揭示土壤生物多样性形成和维持机制,阐明土壤生物多样性及其生态功能奠定了基础(贺纪正等,2014)。此外,中国科学院 2015 年启动的土壤微生物多样性监测专项网,已完成对中国典型农田、草地和森林的土壤采样工作,行程超过 8 000 km,取得以下四个方面的成果:①评价了当代环境与历史因素对土壤微生物群落空间分布格局的影响规律,揭示了沿纬度及海拔梯度微生物多样性与植物多样性的不同分布模式。②揭示了土壤微生物地理分异规律的环境驱动机制,发现土壤 pH 能够最大限度地解释土壤微生物变异规律,包括微生物类群变异(整体群落和特异功能类群)、空间尺度变异(水平梯度和垂直梯度)、生态系统变异(自然和干扰生态系统)。在高寒地带,有机碳含量能更好地解释青藏高原土壤微生物分布格局。③阐明了全球变化下土壤微生物群落的演替和维持机制。④定量了干旱程度对土壤微生物群落分布的影响规律,分析了干旱程度驱动下土壤细菌群落的变化规律,解析了其在导致生态系统氮循环发生根本性变化过程中的重要作用。经过 10 多年的努力,我国土壤微生物研究论文总发文数量排在第 2 位,土壤微生物生态学的研究已经受到国际同行的关注,在某些领域达到国际先进水平。目前,土壤微生物生态学已经成为我国土壤学、生态学和环境科学发展最快的交叉学科之一。

1.2.3　土壤动物生态学研究进展

土壤动物是土壤中和落叶下生存着的各种动物的总称,对土壤团粒的形成、土壤肥力的形成和演变以及高等植物的营养供应状况均有重要作用。自然界中物质循环的原动力主要来源于众多的土壤动物,如土壤原生生物、线虫、螨类、跳虫、蚯蚓和一些大型节肢动物等。它们可以直接或间接参与土壤碳、氮循环(Bardgett 和 van der Putten,2014),在生物地球化学循环中起着重要作用(Wardle 等,2004)。一般认为,土壤动物科学的研究始于 1840 年达尔文发表《关于壤土的形成》一文。迄今,土壤动物的研究已有 180 多年的历史。1955 年 4 月,在英国诺丁汉大学召开了第一次国际土壤动物学术讨论会,并决定每隔 3 年举行一次学术会议,标志着土壤动物学科的建立。20 世纪后半叶,国际学术联合会组织了为期 10 年的国际生物学计划项目,进一步推动了土壤动物学的研究。目前,土壤动物群落生态学研究已经成为环境与生态领域的研究热点,世界各国的学者正从不同角度探讨土壤动物群落的结构、功能及其与环境乃至全球变化的关系问题。

我国虽然早已有一些关于土壤动物类群新种描述、区系调查、生活习性和生态分布方面的研究,但直到 20 世纪 80 年代初,在张荣组等的倡导下,我国的土壤动物生态学才真正开始起步,并迅速取得了丰硕的成果。例如:陈鹏等开展了大规模的土壤动物调查研究,并编辑成《动物生态地理研究》;尹文英在国家自然科学基金重点项目支持下,通过大量的调查取样和研究,编辑出版了《中国亚热带土壤动物》《中国土壤动物》和《中国土壤动物检索图鉴》。其间,王宗英、王振中、廖崇惠、宋碧玉和刘红等学者对九华山、衡山、鼎湖山、天目山和泰山等区域的土壤动物进行了全面、深入的研究,推动了我国土壤动物生态学的蓬勃发展。20 世纪 90 年代中后期以来,殷秀琴、吴玉红、林英华、朱强根等学者对农田土壤动物进行了全面、深入的研究,研究范围遍及全国,主要涉及土地利用方式、农业生产及人类活动对农田生态系统土壤动物的群落结构及多样性变化的研究。

近几年,以中国科学院华南植物园、沈阳应用生态研究所、东北地理与农业生态研究所、西双版纳热带植物园等为代表的研究所以森林、草地等自然、半自然生态系统为主,在我国不同区域开展了土壤动物群落及演变动态的研究。统计数据表明,我国在土壤动物领域发文量从 2009 年开始呈逐年上升趋势,2013 年的增长速度最快,且当年的发文量仅次于美国;到 2016 年发文量达到 344 篇,在不同生态系统土壤动物群落的结构组成、多样性特征、时空动态及演变/演替规律等方面取得了一系列突出的成果。这些研究主要呈现以下特点:①土壤动物生态地理系统性研究有所加强。不同温度带土壤动物群落种群、种类及数量都存在明显差异。从南到北,我国土壤动物的地理分布也不一样。在土壤湿度较大的西溪湿地公园,螨类占据绝大部分比例,而在北方农牧交错区的科尔沁沙地,拟步甲科、鳃金龟科幼虫、蚁科为优势种群。在温度较低的长白山苔原带,土壤动物类群主要以甲螨亚目、跳虫为主,而在热带雨林、亚热带常绿阔叶林带,土壤动物类群主要以螨类和弹尾类为主。在天童山常绿阔叶林带,弹尾类和螨类占比高达 92.17%,大型土壤动物双翅目占到 45.30%。②我国农田生态系统土壤动物区系调查和研究工作取得了较大的进展。经过近 30 年的系统研究,全国大部分农田生态系统都已开展了土壤动物相关的研究。研究表明,不同气候带农业耕作区土壤动物的种类、数量、优势类群明显不同,土壤含盐量和土壤粗沙粒大小的变化导致了农田大型土壤动物群落演变。③土壤生物的功能逐步得到了解析。同位素标记、土壤动物食物网等方法的运用,进一步揭示了土壤动物对碳、氮循环的贡献。④特殊生境(荒漠/岩漠、矿区/厂区等)土壤动物群落组成、多样性及影响因素研究受到重视。⑤城市化对土壤动物的影响已成为土壤生态学的研究热点之一。土壤动物多样性的大尺度保护将对土壤生态安全和人居环境的健康发展起到积极作用。

1.2.4 土壤食物网的研究进展

通过文献计量学分析发现,在 Web of Science 数据库中,1989—1998 年土壤食物网最早涉及的研究方向是土壤生物的有机质分解功能(图 1-3a)。随着对土壤生物的深入了解,科学家开始意识到土壤食物网对促进氮循环和提高植被生产力的重要性。在 1998—2008 年的土壤食物网研究中,科学家对土壤生物种群、群落结构以及功能的研究更加全面,对氮矿化以及线虫的研究仍在高度持续,关键词之间的联系加强,交互紧密(图 1-3b)。这一时期,科学家加强了对土壤微生物及生物多样性方向的研究,意识到土壤微生物对食物网的结构和功能的重要性。

在土壤食物网的研究热点方面,生物多样性(biodiversity/diversity)处于核心研究位置。由图 1-4 可知,与生物多样性共现的关键词可以大致聚类为三个部分:①生物多样性与动物、

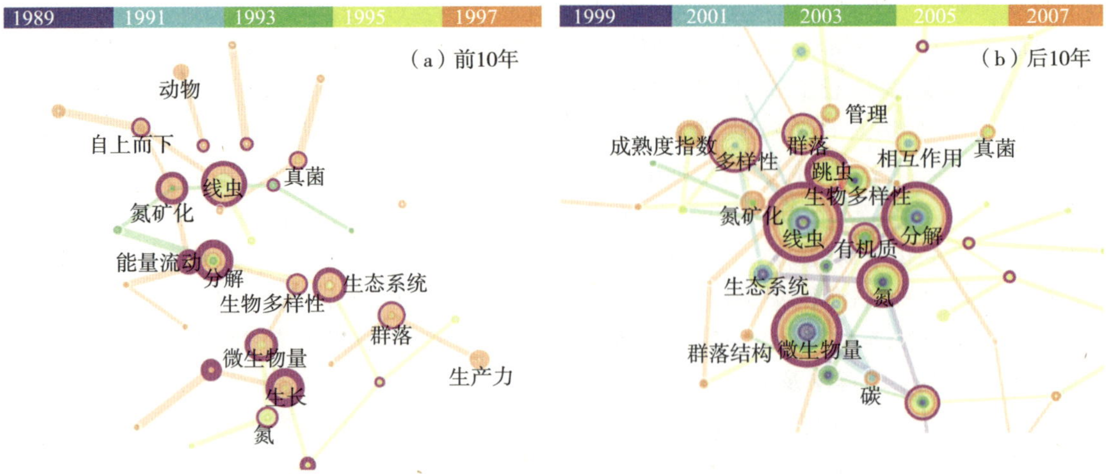

图 1-3 1989—2008 年国际学者发表的土壤食物网的关键词交互网络图谱

真菌、线虫、土壤群落的交互(第一类交互);②生物多样性与农业生态系统、管理方式、干扰的交互(第二类交互);③生物多样性与碳、有机质、氮的矿化的交互(第三类交互)。

图 1-4 中生物多样性与碳、氮、氮矿化的交互,说明科学家对土壤食物网的固碳功能有了深刻的认识,并提供了一些土壤生物多样性管理实践方法,如减少耕作、覆盖农作物、整合害虫和土壤肥力管理、消除污水灌溉等。大量研究提到,单一的使用化学肥料会导致土壤中有机质含量减少,生物群落结构被破坏,应该综合使用有机肥料、生物肥料以及合成肥料来增加土壤有机质含量和土壤生物多样性。农作物秸秆还田为土壤提供大量的有机质,是维持土壤生物多样性的有效土壤管理方法。植物与根际微生物互作有利于提升有机和无机化学物质的有效利用,增加碳储存,为土壤中的微生物提供良好的栖息环境。因此,部分研究建议通过加强植

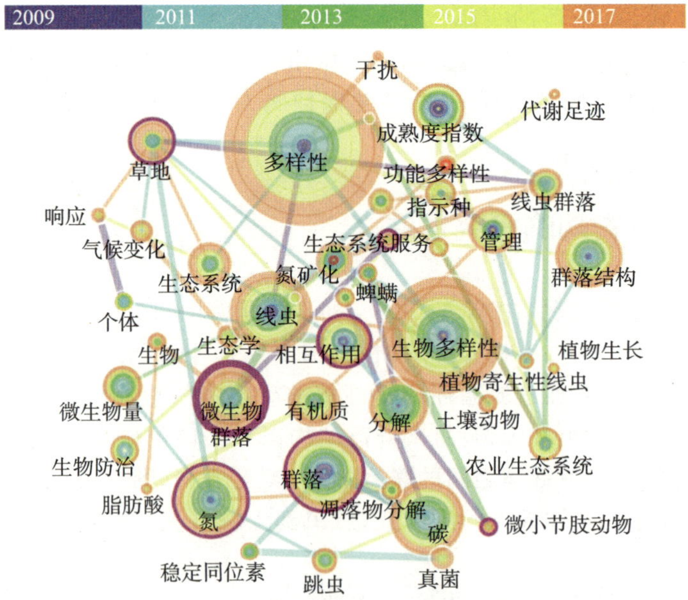

图 1-4 2009—2018 年国际学者发表的土壤食物网的关键词交互图谱

物与微生物互作来增加土壤生物多样性。

国际上的研究不断出现新的热点(表1-1)。一方面,气候变化已经持续成为土壤食物网研究的新热点。主要集中在土壤食物网对气候变暖和干旱洪涝等极端气候的响应,以及土壤生物对气候变化的适应和反馈机制研究。例如,有研究表明,全球气候变化可能促进植物群落更快地演化,改变凋落物的质量和数量,进而影响地下食物网的结构和功能;气温升高会加速土壤异养呼吸及CO_2的排放,对气候变暖产生正反馈;干旱区域的土壤硝化细菌和反硝化细菌数量随干燥度指数增加而增加,而在季度干旱区域土壤微生物多样性剧烈下降。结合全球变化的土壤生态系统优化管理能够为可持续利用提供重要的理论基础。另一方面,由于分子生物学研究技术快速发展,以及高通量测序方法的更新换代,土壤生物的分类发生了快速而根本性的变化,加强了学者对细菌、真菌、微生物群落、土壤动物和功能多样性的研究;同时也表明土壤食物网研究开始从单一的营养级过渡到多个营养级。现阶段土壤生物研究的快速发展为土壤食物网的网络结构完善和功能研究提供了可行性的前提。

表1-1　2009—2018年国际学者发表的土壤食物网涉及的关键词

序号	关键词	起始时间	结束时间
1	土壤生物	2009年	2010年
2	动物	2009年	2011年
3	演替	2009年	2011年
4	食细菌线虫	2009年	2010年
5	蚯蚓	2009年	2010年
6	捕食性线虫	2010年	2011年
7	丰富度	2011年	2012年
8	饮食习性	2011年	2012年
9	凋落物分解	2012年	2014年
10	森林	2013年	2016年
11	线虫	2014年	2016年
12	生长	2014年	2016年
13	细菌	2015年	2016年
14	生态	2015年	2016年
15	微小节肢动物	2015年	2016年
16	气候变化	2015年	2018年
17	功能多样性	2015年	2018年
18	脂肪酸	2016年	2018年
19	代谢足迹	2016年	2018年
20	土壤动物	2016年	2018年
21	微生物群落	2016年	2018年
22	真菌	2016年	2018年

1.2.5 土壤生态学研究方法进展

土壤生态学的研究几乎完全依赖于方法的突破和进展，但由于土壤中绝大多数的生物体积极小，肉眼不可见，土壤生态学的研究方法长期滞后于大型动物和植物多样性与功能的研究。传统土壤生态学的研究方法主要集中于土壤生物化学的表观通量变化观测。土壤动物生态学的研究方法分为三大类：传统方法（野外直接观察法、室内培养实验观察法、显微镜下肠容物分析法）、常用方法（消化酶分析法、脂肪酸分析法、稳定同位素技术、特定化合物分子的稳定同位素分析技术）和现代分子方法（DNA 分子跟踪食物链网络技术、单克隆抗体技术）。已有研究多针对某一个或者数个物种开展模拟研究，其结果无法准确反映土壤生物的原位生态学功能。

现代土壤生态学的研究更多地转向生物个体与群落的分子代谢机制及生物化学特性研究。如核磁共振技术能检测土壤生物代谢物质的结构和组成信息，以及定量分析土壤生物细胞物质的化学功能团等。近年来，利用土壤生物中的生物大分子化合物作为标记物，成为研究土壤生物功能和分类鉴定的重要手段。同时，这些分子标记物与稳定同位素示踪技术相结合，已成为土壤生物相互作用及其功能研究的重要手段。如中国科学院利用 2014 年启动的“土壤-微生物系统功能及其调控”战略性先导科技专项，开发了稳定性同位素示踪土壤微生物组标记物方法，建立了稳定性同位素示踪土壤微生物各种分子标记物，如氨基糖、磷脂脂肪酸和 DNA/RNA 等，并在国际上首次实现了纳升级别的单细胞扩增体系，降低成本 100 倍；构建了首台基于拉曼光谱的活体单细胞筛选设备，开发了土壤-微生物-植物系统中碳、氮耦合研究的技术平台，在土壤学权威刊物 *Plant and Soil* 出版了“土壤-植物系统中的微生物生态”专辑（2015 年）；揭示了典型水稻土微生物介导土壤食物网结构；提出了全转录组水平的微生物群落管理分析理念，阐明了水稻土氧化 2%超低浓度甲烷的微生物过程机制，实现了单一微生物向微生物组研究的转变。此外，荧光原位杂交、超高分辨率显微技术、纳米二次离子质谱技术等显微成像技术不仅能在细胞水平指示微生物的功能，而且能够准确识别负责土壤中活性的生物细胞及其系统分类信息，已经成为土壤生物功能研究的重要手段。

1.3 我国土壤生态学的发展趋势

自国家“十一五”规划以来，国内主要土壤学研究单位抓住机遇，瞄准土壤生态学前沿研究，提出了大量具有交叉性和前沿性的研究课题，在土壤元素生物地球化学循环的微生物驱动机制、土壤-植物根系-微生物之间的相互作用、微生物过程与环境污染修复等方面取得了一定进展。但同时也面临不少问题和挑战：一是基础理论研究不足，学科体系有待完善。相对于母体学科尤其是生态学学科，土壤生态学的基础研究不够深入，理论性偏弱，学科体系化程度较低；二是应用研究和技术开发滞后，需要创新和开发能够解决生态环境退化问题、农业生产力提升与环境保护之间的矛盾以及全球变化、生物入侵、转基因作物生态风险等问题的基于生物调控的土壤生态技术和装备；三是对土壤退化问题重视不够，政策保障有待加强。要实现土壤的可持续利用，需要大力推进全方位的土壤保护立法，制定更加严格的土壤保护法律法规，促进可持续土壤资源管理政策的实施。加强土壤生态学领域的科技攻关和创新能力，面向世界科技前沿、面向经济主战场、面向国家重大需求、面向人民生命健康，加快实现高水平科技自立自强。围绕关键基础理论展开科研攻关，加强应用研究和技术开发的突破，为我国土壤生态系统保护和修复提供理论基础和技术支撑。鉴于土壤生态学在农业可持续发展、生态环境保护和全球变化研究中起到越来越重要的作用，未来若干年我国土壤生态学重点研究领域和亟待解决的科学问题如下。

1.3.1 土壤健康调控过程与机理研究

土壤生态学已经成为土壤学、生态学、环境科学、地球表层科学和生命科学等学科最为活跃的交叉发展前沿，为阐明地球系统的生物要素循环，促进土壤资源可持续利用，理解全球变化及影响，提升污染环境的生物修复技术提供强有力的科学依据和技术支撑。经过几十年的发展，国内土壤生态学取得的主要成就包括：①完善了土壤微生物多样性、结构和功能的基本理论，在土壤元素生物地球化学循环的微生物驱动机制上取得了重要进展；②围绕土壤生态系统的关键过程，在土壤-根系-微生物相互作用、有机质分解、土壤养分元素转化、退化土壤的生态恢复、土壤质量保育、全球变化的土壤生态学效应等方面均取得重要进展，为未来我国土壤生态学发展奠定了坚实的基础。但我国土壤生态学研究与国际相比启动较晚，整体研究力量较薄弱，缺乏高水准的研究平台，以跟进研究为主，原创性研究较少，对重大基础科学问题缺乏足够的研究积累。基于国际土壤生态学的研究前沿动态和我国土壤健康和生态环境的基本状况，建议开展土壤生态系统的结构、功能及提升其稳定性和恢复力调控机制的研究；明晰土壤生物之间、土壤生物与环境之间的相互作用及联动机制，构建土壤微生物时空演变格局的理论框架和模型；揭示土壤生物多样性的成因和维持机制；识别根际、团聚体表面等界面物质迁移和转化过程；厘清土壤结构形成和稳定的生物物理过程；探讨土壤有机碳和养分稳定与平衡的生物动力机制；突破生物代谢产物（酶、激素等）对土壤生产力及农产品提质增效的影响；加强土壤生物网络和生态服务的稳定性及调控机制研究。

1.3.2 土壤生态系统可持续利用技术开发

我国土壤生态学在国际上取得了重要进展，逐渐成为一支不可忽视的生力军，但缺乏将重大基础理论转化为生产力的有效途径，即如何利用土壤微生物过程及其相互作用，提高土壤质量，防治土壤退化，进而实现可持续的土壤管理，提高养分利用率，帮助农民降低农业化学品投入，发展高效、高产和高品质的农业生产，最终实现粮食质量及生态环境的安全。因此，研发土壤生态系统可持续利用技术，是落实国家实施“藏粮于地、藏粮于技”战略，促进粮食增产高效、实现耕地健康和永续利用、保障国家粮食安全和推进农业高质量发展的关键基础。

1.3.2.1 土壤生态投入品开发技术

过去几十年，随着人口急剧增加，资源损耗严重，农民为了追求高产高收入，在农田中投入大量的化学肥料和农药，使土壤退化严重，导致土壤的物理结构、化学性质及微生物多样性发生改变，对土壤生产力产生了深远的影响。因此，亟须针对土壤有机质下降、生物多样性降低、团聚结构降低、自净能力减退、土传病害加剧等问题，研发一批绿色高效的功能性肥料、天然矿物投入品，以及多功能微生物复合菌群制剂等绿色投入品，集成适合不同生态类型土壤健康和基础地力的技术模式与装备，形成以土壤有机质提升为核心的集成技术体系，全面提升土壤生态系统稳定性和恢复力。

1.3.2.2 土壤生态调控抑制植物病害技术

土壤生物污染(包括以大肠杆菌、沙门氏菌、脊髓灰质炎病毒等病原生物为主的土壤污染，以及抗生素的滥用导致的耐药基因的环境扩散和积累)一方面会通过土壤—空气、土壤—植物或者土壤—地下水途径直接进入人体，危害人体健康，另一方面则造成农作物病虫害，从而抑制农作物的生长发育，造成农作物减产或农产品品质下降。系统研究病原菌和抗生素抗性基因在土壤中的分布传播过程及机制是进行生物污染治理的前提。因此，需要针对作物根系分泌物和残留物及某些病原生物在土壤中大量积累、土壤对“有害微生物”的净化能力或抑制作用下降等生产问题，利用多重组学等前沿技术深层次揭示病原生物及病原生物-寄主互作演替机理及关键过程，剖析病原微生物和抗性基因的分布与传播机制；发掘生物、化学、物理调控因子，研发微生物生态调控技术，以抑制主要作物病害，构建保障植物健康的新型生态抑病体系。此外，实际应用中往往需要结合其他修复技术以达到最终的修复目标。

1.3.2.3 退化土壤的生态恢(修)复技术

近年来，土壤盐渍化、土壤酸化、土壤重金属污染(如以镉、砷、汞、铜、铅、铬等为主的土壤污染)和土壤有机污染(以六六六、滴滴涕、多氯联苯、多环芳烃、全氟化合物、多溴联苯醚、五氯苯等为主的土壤污染)已经成为全球面临的主要环境问题。各种污染物进入土壤环境后会对土壤生态系统造成严重的影响。一方面，污染物往往具有致毒作用，会影响土壤生物多样性和生物活性，进而影响土壤的生态功能；另一方面，土壤生物通过一系列代谢途径消纳、转化或富集污染物，影响污染物的环境行为和归趋。尽管在土壤污染物的生态毒理效应及土壤生物对土壤污染的响应和适应机制方面已有很多研究，但尚未有研究能阐明物种间相互作用对土壤污染的响应和适应机制。因此，应针对当前农田土壤生态系统损毁、过程干扰和污染等所导致的土壤退化问题，系统深入研究土壤生物与土壤污染物之间的相互作用及其机制，开发不同类型退化土壤关键危害因素分级、监测评估及危害鉴定技术，盐碱地改良与地力提升生态恢复技术，酸化瘠薄土壤治理与地力提升技术，土壤重金属低活性的农田土壤调控技术和土壤化学农药和抗生素生物降解及土壤原位生态修复技术等。这些技术的开发对于退化土壤的生态修复具有重要的意义。未来的土壤生态修复研究，将向微观和宏观两个方向拓展，微观方向将不断深入基因、分子甚至信号水平，宏观方向则向生态系统水平推进，相关基础理论研究和技术突破亟待跟进。

1.3.3 制定更加严格的土壤保护政策

发达国家的土壤保护大多自上而下，政策法规先行，然后技术措施跟进，而我国则主要从试点做起，生产与技术配套先行。随着国务院《土壤污染防治行动计划》的颁布，全社会对土壤污染造成的生态安全和农产品质量安全问题的关注越来越多，为制定更加严格的土壤保护政策集聚了社会共识，也使得我国的土壤污染防控有法可依、有章可循。与大气污染和水污染相比，土壤污染具有隐蔽性、滞后性、累积性等特点，在蓝天、碧水、净土三大保卫战中，净土保卫战被称为一场“看不见硝烟的战争”。因此，必须摒弃“先污染，后治理”或“边破坏，边治理”的发展模式，大力推进全方位的土壤保护立法，从土壤污染防治法走向土壤保护法，以制定更加严格的土壤保护法律法规，促进可持续土壤资源管理政策的实施。

思考题

1. 土壤生态学的发展经历了哪几个阶段？
2. 当前土壤生态学的研究热点和发展趋势是什么？
3. 土壤生态系统可持续利用技术有哪些？
4. 我国现有的土壤保护相关政策法规有哪些？

参考文献

贺纪正，陆雅海，傅伯杰，2014. 土壤生物学前沿. 北京：科学出版社.

李晶，林先贵，王一明，等，2011. 快腐牛粪在双孢蘑菇栽培中的应用研究. 食用菌，33(1)：24-26.

宋长青，吴金水，陆雅海，等，2013. 中国土壤微生物学研究10年回顾. 地球科学进展，28(10)：1087-1105.

章家恩，徐琪，1996. 土壤生态研究的回顾及其发展趋向. 长江流域资源与环境(3)：87-92.

Bahram M, Hildebrand F, Forslund S K, et al., 2018. Structure and function of the global topsoil microbiome. Nature (London), 560(7717): 233-237.

Bardgett R D, van der Putten W H, 2014. Belowground biodiversity and ecosystem functioning. Nature, 515(7528): 505-511.

Biessy A, Filion M, 2018. Phenazines in plant-beneficial *Pseudomonas* spp.: Biosynthesis, regulation, function and Genomics. Environmental Microbiology, 20(11): 3905-3917.

Bünemann E K, Bongiorno G, Bai Z, et al., 2018. Soil quality: A critical review. Soil Biology and Biochemistry, 120: 105-125.

Cardinale B J, Wright J P, Cadotte M W, et al., 2007. Impacts of plant diversity on biomass production increase through time because of species complementarity. Proceedings of the National Academy of Sciences of the United States of America, 104(46): 18123-18128.

Coleman D C, 2008. From peds to paradoxes: Linkages between soil biota and their influences on ecological processes. Soil Biology and Biochemistry, 40(2): 271-289.

Curtis T P, Sloan W T, Scannell J W, 2009. Estimating prokaryotic diversity and its limits. Proceedings of the National Academy of Sciences, 99(16): 10494-10499.

de Vries F T, Griffiths R I, Knight C G, et al., 2020. Harnessing rhizosphere microbiomes for drought-resilient crop production. Science, 368(6488): 270-274.

Delgado-Baquerizo M, Guerra C A, Cano-Díaz C, et al., 2020. The proportion of soil-borne pathogens increases with warming at the global scale. Nature Climate Change, 10(6): 550-554.

Ehrlich A, 1983. Extinction: The causes and consequences of the disappearance of species. Biological Conservation, 26(4): 378-379.

Gao Z, Karlsson I, Geisen S, et al., 2019. Protists: Puppet masters of the rhizosphere microbiome. Trends in Plant Science, 24(2): 165-176.

Hooper D U, Chapin F S I, Ewel J J, et al., 2005. Effects of biodiversity on ecosystem functioning: A consensus of current knowledge. Ecological Monographs, 75(1): 3-35.

Hu H, Wang J, Li J, et al., 2017. Long-term nickel contamination increases the occurrence of antibiotic resistance genes in agricultural soils. Environmental Science and Technology, 51(2): 790-800.

Lawton J H, 1994. What do species do in ecosystems. Oikos, 71(3): 367-374.

Li M, Wei Z, Wang J, et al., 2019. Facilitation promotes invasions in plant-associated microbial communities. Ecologg Letters, 22(1): 149-158.

Li X, Zeng R, Liao H, 2016. Improving crop nutrient efficiency through root architecture modifications. Journal of Integrative Plant Biology, 58(3): 193-202.

Liu D, Ogaya R, Barbeta A, et al., 2015. Contrasting impacts of continuous moderate drought and episodic severe droughts on the aboveground-biomass increment and litterfall of three coexisting mediterranean woody species. Global Change Biology, 21(11): 4196-4209.

Morriën E, Hannula S E, Snoek L B, et al., 2017. Soil networks become more connected and take up more carbon as nature restoration progresses. Nature Communications, 8(1): 14349.

Oliverio A M, Geisen S, Delgado-Baquerizo M, et al., 2020. The global-scale distributions of soil protists and their contributions to belowground systems. Science Advances, 6(4): x8787.

Philippot L, Raaijmakers J M, Lemanceau P, Putten W H, 2013. Going back to the roots: the microbial ecology of the rhizosphere. Nature Reviews Microbiology, 11: 789-799.

Phillips H, Guerra C A, Bartz M, et al., 2019. Global distribution of earthworm diversity. Science, 366(6464): 480.

Rillig M C, Aguilar Trigueros C A, Bergmann J, et al., 2015. Plant root and mycorrhizal fungal traits for understanding soil aggregation. New Phytologist, 205(4): 1385-1388.

van den Hoogen J, Geisen S, Routh D, et al., 2019. Soil nematode abundance and functional group composition at a global scale. Nature, 572(7768): 194-198.

Wagg C, Schlaeppi K, Banerjee S, et al., 2019. Fungal-bacterial diversity and microbiome complexity predict ecosystem functioning. Nature Communications, 10(1): 4841.

Walker B H, 1992. Biodiversity and ecological redundancy. Conservation Biology, 6(1): 18-23.

Wang X, Wei Z, Yang K, et al., 2019. Phage combination therapies for bacterial wilt disease in tomato. Nature Biotechnology, 37(12): 1513-1520.

Wardle D A, Bardgett R D, Klironomos J N, et al., 2004. Ecological linkages between aboveground and belowground biota. Science, 304(5677): 1629-1633.

Wu T, Ayres E, Li G, et al., 2009. Molecular profiling of soil animal diversity in natural ecosystems: Incongruence of molecular and morphological results. Soil Biology and Biochemistry, 41(4): 849-857.

Xiong W, Song Y, Yang K, et al., 2020. Rhizosphere protists are key determinants of plant health. Microbiome, 8(1): 27.

Zhang C, Liu G, Song Z, et al., 2018. Interactions of soil bacteria and fungi with plants during long-term grazing exclusion in semiarid grasslands. Soil Biology and Biochemistry, 124: 47-58.

Zhu D, Xiang Q, Yang X, et al., 2019. Trophic transfer of antibiotic resistance genes in a soil detritus food chain. Environmental Science and Technology, 53(13): 7770-7781.

第2章 土壤生态系统的组成、结构和功能

土壤圈是联系大气圈、岩石圈、水圈和生物圈的纽带，是维系陆地生态系统功能和服务的基础。土壤中的生物类群复杂多样，数量庞大，不同的土壤生物类群相互作用，形成复杂的营养级和食物网关系，同时土壤生物也和土壤环境相互作用，从而构成自然界中最为复杂的生态系统——土壤生态系统。土壤生态系统具有一定的结构、功能与演变规律。在任何一个土壤环境复合体中，由生物种群、数量、环境条件与土壤的相互作用而构成的土壤生态系统结构，在一定程度上决定了物质和能量的输入、输出与转化，水分与养分的吸收与循环等系统功能。主要分为：生命有机体部分，即植物和土壤微生物等；非生命无机环境部分，即太阳光、能、大气、母岩与母质、地表形态及土壤矿物质、水分和空气等。

土壤环境因素主要指土壤的物理和化学性状：物理性状主要指土壤质地与结构、土壤矿物质、土壤有机质、土壤水、土壤空气和热量；化学性状主要指土壤养分。自然界土壤由矿物质、有机质（土壤固相），土壤水分（液相）和土壤空气（气相）三相物质组成，这决定了土壤具有孔隙结构的特性。土壤水含有可溶性有机物和无机物，又称土壤溶液。土壤空气主要由氮气（N_2）和氧气（O_2）组成并含有比大气中高得多的二氧化碳（CO_2）和某些微量气体。土壤三相之间是相互联系、相互制约、相互作用的有机整体，矿质土壤中固相容积与液相和气相容积一般各占一半。由于液相和气相经常处于此消彼长状态，即当液相容积增大时，气相容积就减小，反之亦然，两者之间的消长幅度在15%～35%。按重量计，矿物质可占固相部分的95%以上，有机质占3%左右。在制约土壤生物的诸多环境因素中，土壤水分和土壤有机质是其中最重要的两个因素。

土壤生物主要包括土壤微生物和土壤动物两大类。土壤动物是指生活史的活动阶段全部或大部分在土体内或土表枯枝落叶层内度过的动物，不包括生活史中仅有不活动阶段（卵、蛹、休眠状态）在土壤中的动物和仅在土壤中短暂居住的脊椎动物（啮齿类、爬行类、两栖类）。土壤动物根据其在土壤中栖息的层次可分为真土居、半土居、地表土居和上方土居动物四类；从土壤动物的食性又可分为根食者、枯食者、尸食者、粪食者、菌食者、捕食者和杂食者七类。

土壤生态系统的功能是土壤生物与土壤环境相互作用的结果。生态学家从生物地球化学观点出发，认为土壤是地球表层系统中，生物多样性最丰富且生物地球化学的能量交换、物质循环（转化）最活跃的生命层。环境科学家认为土壤是重要的环境因素，是环境污染物的缓冲带和过滤器。农业科学工作者和广大农民认为土壤是植物生长的介质，他们更关心影响植物生长的土壤条件，土壤肥力供给、培肥及持续性。土壤学家和农学家则更多地关注发育于地球陆地表面能生长绿色植物的疏松多孔结构表层。

生态学上广为接受的土壤生态系统功能包括：①生物生产，②物质（包括养分、水和污染

物）储存、过滤和转化，③生境、物种和遗传多样性保持，④自然和文化环境维持，⑤提供矿物等原材料，⑥碳库及其循环，以及⑦历史遗迹存留。如果生态系统服务是人类社会通过这些土壤功能而得到的收益，那么土壤的生态服务可以理解为对生物生产、生境、物种和遗传多样性的支撑服务，提供养分、水和矿物质原料的供应服务，对水、碳循环和温室气体排放的调节服务，以及对土壤景观、历史和文化遗迹保存的文化服务（Finvers，2008）。2014 年，联合国粮农组织在组织编制世界土壤资源态势报告时，重新定义和厘清了生态系统服务及其相关土壤功能（表 2-1）（FAO，2014）。

表 2-1　生态系统服务及其相关土壤功能（FAO，2014）

生态系统服务	土壤功能
支撑服务	
原材料生产	支撑陆地植被
土壤形成	岩石风化和有机质积累
养分循环	储存、转化与内部循环
供应服务	
水分保蓄	景观中水分保持
提供食物	供应植物生长
生物质供应（食物、纤维、燃料）	
自然材料（表土、团聚体等）	提供源物质
自然基础	支持建筑物、支撑机械行走
生物庇护所	对土壤动物、鸟类等提供生境
生物多样性与遗传资源	多样化的生物质来源
调节服务	
水质调节	过滤和缓冲水
养分调节	养分循环
气候调节	温室气体释放
沉积调节（土壤侵蚀）	流域内土粒与胶体的保蓄
文化服务	
运动、科教及自然欣赏	古迹与古记录保藏
遗产保护	

2.1　土壤的三相组成

土壤三相是指构成土体的固相、液相和气相物质。固相物质包括土壤矿物质和有机质。在土壤中，三相的混合模式极其复杂，以三相各自的容积分别占土体容积的百分率表示其数量，分别称为固相率、液相率（水分率）和气相率，这三者之比就是土壤三相组成或三相比。此参数可粗略地反映土壤持水能力、透水和通气状况，也基本能确定土壤性能和生产力。

土壤中各种形状的粗细土粒集合和排列成固相骨架（约占土壤体积的一半），骨架内部有宽狭和形状不同的孔隙，构成复杂的孔隙系统。全部孔隙容积与土体容积的百分比，称为土壤孔隙度。水和空气共存并充满于土壤孔隙系统中，占土壤体积的另外一半。土壤孔隙度、水分率、气相率和三相比可反映土壤的松紧程度、充水和充气程度及水容量和气容量等，是农田管理和土建工程中常用的土壤参数，应根据生产要求进行调节。

2.2 土壤的物理结构

2.2.1 土壤质地

土壤质地是土壤物理性质之一，指不同粒级颗粒在土壤中的分布组合状况。土壤质地主要取决于成土母质类型，有相对的稳定性。在野外进行土壤调查时，最先做和最重要的是确定不同土层的土壤质地，可为后续的调查结论提供很好的依据。土壤质地是了解土壤性质，拟定土壤利用、管理和改良措施的重要依据（Shahriari 等，2019）。肥沃的土壤不仅要求耕作层质地良好，还要求有良好的质地剖面。耕作层的质地可通过耕作、施肥等活动进行调节。

以下将从土壤颗粒、粒级和质地分类等方面对土壤质地进行探讨。

2.2.1.1 土壤颗粒、粒级

土壤颗粒（soil particle）简称土粒。土壤中大小和形状不同且成分和性质迥异的各种颗粒，是构成土壤固相基本骨架的部分。在自然状况下，大小不同的土粒可分为单粒（原生颗粒）和复粒（次生颗粒）两种。单粒是在岩石矿物风化、母质搬运和土壤形成过程中产生的，在完全分散时可以单独存在，用简单的物理或化学方法不能再细分，只能通过研磨、溶解或化学处理才能细分的单个的土壤矿物颗粒。复粒是由各种单粒在物理、化学和生物化学作用下复合而成的一个集合体，包括黏团、有机矿质复合体和微团聚体。单粒、复粒可以进一步通过物理、化学、生物化学和生物作用而黏结或团聚，形成各种大小、形状和性质不同的团聚体、结构体（沈仁芳和周健民，2013）。

土壤粒级（soil separate）指土壤中矿物质颗粒按粒径大小、矿物学组成和性质的差异，划分成的不同等级。由于矿物质颗粒大小和形状极其复杂，难以直接测出颗粒的真实粒径。为了便于研究和说明，人为地把土粒粒径看作理想球体的直径，并非真实的粒径大小。故土壤学中所说的土粒粒径，确切地叫作“当量粒径”。每一等级内，其大小、矿物质组成和性质基本相近，而等级间差异明显。各国采用的土壤粒级的划分标准很不一致。我国在新中国成立前采用美国制，新中国成立后改用苏联的卡庆斯基制。至今世界各国采用的标准不尽相同，甚至有的一个国家使用几种分级标准。我国使用的就有国际制、美国制、卡庆斯基制和中国制。由表2-2 可知，各种粒级制基本都在石砾、沙粒、粉粒和黏粒四组分类的基础上进行分类。

表 2-2 我国及国外主要的土粒分级标准(吴克宁和赵瑞,2019)

<table>
<tr><th rowspan="2">粒直径/mm</th><th colspan="2" rowspan="2">国际制</th><th colspan="2" rowspan="2">美国制</th><th colspan="3" rowspan="2">卡庆斯基制</th><th colspan="2" rowspan="2">日本制</th><th colspan="10">中国标准</th></tr>
<tr><th colspan="2">1937 年</th><th colspan="3">1959 年</th><th colspan="2">1961 年</th><th colspan="2">1978 年</th><th>1985 年</th></tr>
<tr><td>＞10</td><td colspan="2" rowspan="3">石砾</td><td colspan="2" rowspan="2">石块</td><td colspan="3" rowspan="2">石块</td><td colspan="2" rowspan="3">石砾</td><td colspan="2" rowspan="3"></td><td colspan="3"></td><td colspan="2" rowspan="3"></td><td colspan="2">石块</td><td rowspan="2">石块</td></tr>
<tr><td>10～3</td><td colspan="2">砾质</td><td rowspan="3">石砾</td><td>粗砾</td><td></td></tr>
<tr><td>3～2</td><td colspan="2">石砾</td><td rowspan="9">物理性沙粒</td><td colspan="2" rowspan="2">石砾</td><td rowspan="2"></td><td rowspan="7">沙粒</td><td rowspan="2">粗沙</td><td rowspan="2">细砾</td><td rowspan="2">石砾</td></tr>
<tr><td>2～1</td><td rowspan="7">沙粒</td><td rowspan="4">粗沙粒</td><td rowspan="6">沙粒</td><td>极粗沙粒</td><td rowspan="6">沙粒</td><td rowspan="3">粗沙粒</td><td rowspan="6">沙粒</td><td>细砾</td><td rowspan="6">沙粒</td><td rowspan="3">沙粒</td></tr>
<tr><td>1～0.5</td><td>粗沙粒</td><td rowspan="4">沙粒</td><td>粗沙粒</td><td>粗沙</td><td rowspan="6">物理性沙粒</td><td rowspan="2">中沙</td><td rowspan="5">沙粒</td><td rowspan="2">粗沙粒</td><td rowspan="2">粗沙粒</td></tr>
<tr><td>0.5～0.25</td><td>中沙粒</td><td>中沙粒</td><td>中沙</td></tr>
<tr><td>0.25～0.2</td><td rowspan="2">细沙粒</td><td rowspan="3">细沙粒</td><td rowspan="3">细沙粒</td><td rowspan="2">细沙</td><td rowspan="3">细沙</td><td rowspan="3">细沙粒</td><td rowspan="3">细沙粒</td><td rowspan="3">细沙粒</td></tr>
<tr><td>0.2～0.1</td><td rowspan="3">细沙粒</td></tr>
<tr><td>0.1～0.05</td><td>极细沙粒</td><td rowspan="4">粉粒</td><td>极细沙</td></tr>
<tr><td>0.05～0.02</td><td colspan="2" rowspan="4">粉粒</td><td rowspan="2">粗粉粒</td><td colspan="2" rowspan="2">粉粒</td><td colspan="2" rowspan="3">粉粒</td><td rowspan="4">粉粒</td><td rowspan="2">粗粉粒</td><td rowspan="5">粉粒</td><td rowspan="2">粗粉粒</td><td rowspan="3">粉粒</td><td rowspan="2">粗粉粒</td><td rowspan="2">粗粉粒</td></tr>
<tr><td>0.02～0.01</td><td colspan="2" rowspan="3">粉粒</td><td rowspan="7">物理性黏粒</td></tr>
<tr><td>0.01～0.005</td><td rowspan="6">物理性黏粒</td><td>中粉粒</td><td colspan="2" rowspan="6">黏粒</td><td>中粉粒</td><td rowspan="3">粉粒</td><td>细粉粒</td><td>中粉粒</td></tr>
<tr><td>0.005～0.002</td><td rowspan="5">黏粒</td><td rowspan="2">细粉粒</td><td rowspan="5">黏粒</td><td></td><td rowspan="2">细粉粒</td><td rowspan="5">黏粒</td><td rowspan="2">粗黏粒</td><td>细粉粒</td></tr>
<tr><td>0.002～0.001</td><td colspan="2" rowspan="4">黏粒</td><td colspan="2" rowspan="4">黏粒</td><td rowspan="4">胶粒</td><td rowspan="4">黏粒</td><td>粗黏粒</td></tr>
<tr><td>0.001～0.0005</td><td>粗黏粒</td><td>黏质黏粒</td><td colspan="2" rowspan="3">黏粒</td><td rowspan="3">黏粒</td><td rowspan="3">细黏粒</td></tr>
<tr><td>0.0005～0.0001</td><td>细黏粒</td><td>胶质黏粒</td></tr>
<tr><td>＜0.0001</td><td>胶质黏粒</td><td>胶体</td></tr>
</table>

2.2.1.2 土壤质地分类

土壤质地主要继承了母质的类型和特征，反映了母质来源和成土过程的某些特征，是一种十分稳定的自然属性，但也受耕作、施肥、灌溉和整地等农艺措施的影响。土壤质地一般分为沙土、壤土和黏土3种，不同质地组成反映不同的土壤性质。土壤质地对肥力影响很大，能在很大程度上支配土壤的各种耕作性能，施肥反应，以及持水、通气、保蓄、耕性和养分含量等特性，是评价土壤肥力和作物适宜性的重要依据。不同的土壤质地往往具有明显不同的农业生产性状，了解土壤的质地类型对农业生产具有指导价值（吴克宁和赵瑞，2019）。

常见的土壤质地分类标准有国际制、美国制、卡庆斯基制及中国制。

国际制：1912年瑞典土壤学家阿特伯（Atterberg）提出了土粒分级标准，1930年该分级标准在第二届国际土壤学会上被采纳，成为国际土粒分级的基础，会上制定了土壤质地分类国际制。该分类方法采用三元分类法（沙、粉、黏三级含量比），以等边三角形（图2-1a）表示。

美国制：1951年美国农业部根据土壤在农田中的持水保肥、通气透水特点，将土壤质地划分为4组12级。美国制的质地分类标准同样采用三元分类法，也用等边三角形（图2-1b）表示。

卡庆斯基制：于1957年由苏联著名土壤物理学家——卡庆斯基（H. A Качинский）根据苏联有关粒级性质的资料拟定，它的粉粒及黏土较其他各制分得更为详细。与上述两种分类标准不同，卡庆斯基制采用的是双极分类法，按物理性沙粒（＞0.01 mm）和物理性黏粒（＜0.01 mm）的质量分数，将土壤划分为沙土、壤土和黏土3类9级，如表2-3所示。

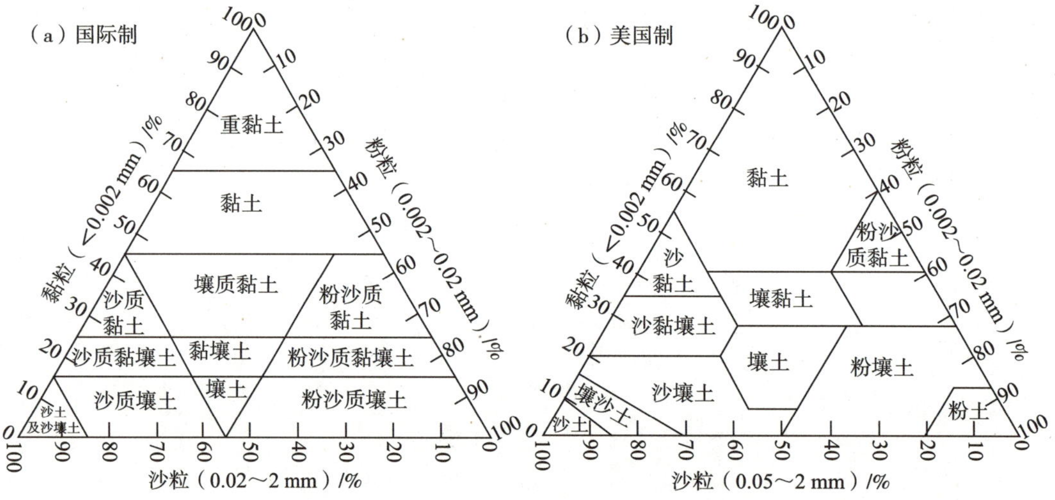

图2-1 土壤质地分类和土壤样本示意图（吴克宁和赵瑞，2019）

中国制：我国现代的土壤质地研究始于1937年。20世纪50—60年代，在全国土壤普查背景下，结合我国特点，拟定了中国土壤质地分类，如粗沙粒级的划分，但因级别多而繁杂，缺乏深入研究，未能广泛应用。

综观各种土壤质地分类制，尽管存在着一些差别，但大体上将土壤质地分为沙土、壤土、黏土3类。关于土壤质地分类，国际上至今还没有一个被普遍采用的系统。世界上有80多个国家和地区采用的是美国土壤系统分类，国际期刊发表的学术论文也普遍采用的是美国制。国内研究学者在科学研究论文中应用土壤质地分类标准最多的也是美国制，其次是国际制和卡庆斯基制。

表 2-3 卡庆斯基土壤质地分类制(吴克宁和赵瑞,2019)

质地分类		物理性黏粒(<0.01 mm)/%			物理性沙粒(>0.01mm)/%		
类别	质地名称	灰化土类	草原土及红黄壤类	碱化及强碱化土类	灰化土类	草原土及红黄壤类	碱化及强碱化土类
沙土	松沙土	0～5	0～5	0～5	100～95	100～95	100～95
	紧沙土	5～10	5～10	5～10	95～90	95～90	95～90
壤土	沙壤土	10～20	10～20	10～15	90～80	90～80	90～85
	轻壤土	20～30	20～30	15～20	80～70	80～ 70	85～80
	中壤土	30～40	30～45	20～30	70～60	70～55	80～70
	重壤土	40～50	45～60	30～40	60～50	55～40	70～60
黏土	轻黏土	50～65	60～75	40～50	50～35	40～25	60～50
	中黏土	65～80	75～85	50～65	35～20	25～15	50～35
	重黏土	>80	>85	>65	<20	<15	<35

2.2.1.3 土壤质地测定

要确定土壤质地的类型,就要测定出土壤中各粒级的百分含量。土壤质地是根据机械分析数据,依据相应的土壤质地分类制来确定的,因此,也有人把土壤机械组成称为土壤质地。实际上二者是有区别的,每种土壤都有自己特定的机械组成。根据质地分类可确定其质地类型,但质地名称相同的土壤其机械组成的数据是不同的。每种质地的土壤各级颗粒含量都有一定的变化。土壤机械组成数据是研究土壤最基本的资料之一,尤其是在土壤模型研究和土工试验方面。

测定土壤质地的传统方法有比重计法、激光粒度仪法、吸管法和密度计法(吴克宁和赵瑞,2019)。这些方法耗时耗力,容易出现人为误差,且无法解释区域土壤质地的确定问题(张娜等,2014)。近年来,为快速获取土壤属性信息,光谱技术逐渐发展起来。

2.2.2 土壤结构

2.2.2.1 土壤结构的概念与研究内容

土壤结构指的是土壤中沙粒、粉粒、黏土和有机颗粒的排列形式以及相应的孔隙状况。其主要表现为土壤固体颗粒和孔隙的大小、形状和空间排列,孔隙的连续性,对土壤液体、有机-无机物质的保持能力,以及支撑植物根系生长和发育的能力。在多种力的作用下,土壤颗粒团聚在一起,形成不同尺度的结构单元,称为结构体或团聚体。尽管团聚体和结构体可以作为同义词使用,但结构体通常被用来描述土壤剖面较大尺度的结构单元,其大小可以从几毫米到大约 1 m。在该尺度下,土壤颗粒之间相互吸附形成的结构单元主要受物理过程的影响,如冻融交替、干湿交替、胀缩过程、植物根系穿插和膨胀、土壤动物的挖掘、人类和机械活动等。

土壤结构体或团聚体内部颗粒之间的相互吸附力远大于结构体之间颗粒的吸附力,导致这些部位的抗张强度较弱。当轻轻地分开从田间挖出的未扰动土样时,土块会沿着其比较脆弱的部位裂开，形成结构体。需要特别指出的是，结构体代表的结构单元与农作过程中常说的土坷垃不同。土坷垃指的是压实的、黏结在一起的土块，往往在含水量较高的土壤上进行耕作或挖掘时形成。

土壤整体上是一个多孔体系，在植物生长过程中作为多孔的生长介质，供应植物生长所需的水分、养分和空气。土壤结构是土壤执行其生态功能的基础。土壤对水肥气热的运输及保持、对有机物的周转和固定、为土壤微生物提供良好的生境以及支撑动植物的生长等功能都与土壤结构有关(Gregory，2006)。土壤结构往往由复杂两相组成：土壤颗粒和团聚体的固相以及孔隙相，且具有一个从纳米到厘米甚至更大的尺寸范围，如图 2-2 所示(Eden 等，2012)。健康的土壤结构通常具有良好的土壤团聚结构和发达的土壤孔隙系统，从而保证土壤各种功能的实现(Peng 等，2015)。

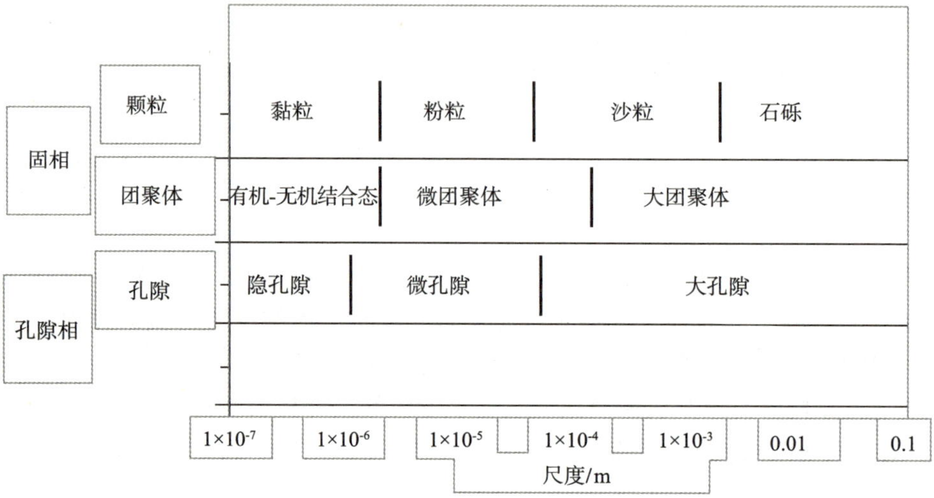

图 2-2 土壤颗粒、团聚体和孔隙的尺寸范围(改自 Eden 等，2012)

现阶段对土壤结构的研究主要从土壤固相(有机矿质复合体、团聚体)和土壤孔隙两个方面进行。

2.2.2.2 土壤孔隙

土壤团聚体的排列决定了孔隙大小分布特征，团聚体周转意味着土壤中孔隙分布和性质的变化(Six 等，2004)。与团聚体层次模型(Tisdall 和 Oades，1982)相对应，一些学者提出了土壤孔隙排除理论(Dexter，1988)。该理论认为较低级别的团聚体占用较高级别团聚体之间的孔隙空间。在该理论的基础上，土壤孔隙可分为 4 个等级，即大孔隙、大团聚体之间孔隙、大团聚体内部微团聚体之间孔隙、微团聚体内部孔隙。基于此，我们可解释较小团聚体密度和强度大于较大团聚体，以及不同大小孔隙中土壤生物分布和食物网特征不同的原因(Elliott 和 Coleman，1988)。此外，不同有机胶结效应取决于胶结物大小与被胶结孔隙大小的相对关系，从而统一了团聚体层次理论模型和孔隙排除理论(Kay，1990)。这进一步表明，土壤有机质性质和组分变化不仅影响土壤团聚体周转而且影响土壤孔隙结构。

土壤孔隙是土壤结构的重要组分(图 2-3)。土壤中一系列物理、化学和生物过程及其相互作用均受孔隙形状、大小分布、表面密度、连通性、弯曲度等因子影响(Gao 等，2021)。土壤孔隙是土壤呼吸、水分运动和养分传输的通道，直接影响植物根系生长。土壤水力特性决定水分的保持和传输，并随孔隙的几何特性变化。Azooz 等(1996)将<7.5 μm 当量孔径的孔隙定义为有效孔隙，它可以保持作物可利用的有效水分，当量孔径>150 μm 时为排水孔隙，在重力作用下孔隙内的水分极易流失。Greenland(1981)把当量孔径在 30～150 μm 的孔隙作为导水孔隙，在 0.2～30 μm 的孔隙定义为储水孔隙。其中导水孔隙和储水孔隙对改善土壤-作物-水分的关系，维持良好的土壤结构，保持作物和微生物利用的水分等方面都起着非常重要的作用。Taboada 等(1998)根据当量孔径大小将土壤孔隙分为大孔隙(>100 μm)、中孔隙(30～100 μm)和小孔隙(<30 μm)。0.5、5 和 50 μm 是孔隙的分界线，其中>50 μm 的孔隙用来调控空气、水分的运移，0.5～50 μm 的孔隙用来保留水分防止因重力作用而流失，<0.5 μm 的孔隙用来维持土壤基质中离子的保持和扩散。在后来一系列研究中，一些学者又提出了双峰-孔隙分布理论(bi-modal pore size distributions)。该理论模型认为，土壤孔隙分布主要分为两个显著不同的域，即质地或基质孔隙度(matrix or textural porosity)和结构孔隙度(structural porosity)。其中质地孔隙位于团聚体内(intra-aggregate)，由土壤初级颗粒(沙粒、粉粒、黏粒)组成，相对比较稳定；而结构孔隙则位于团聚体之间(inter-aggregate)，是由团聚体相对于其他团聚体的空间位置、方向和形状决定的，稳定性差，受到土壤管理措施的影响比较大。

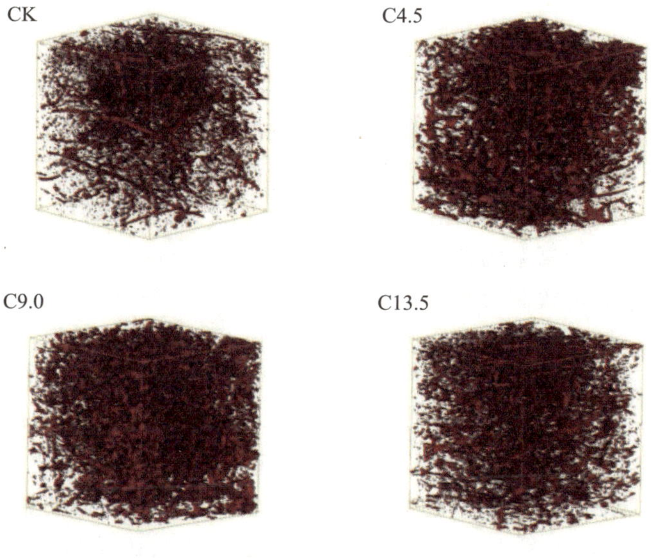

图 2-3 不同生物炭处理下基于计算机断层扫描技术的孔隙三维结构重建(卢稹祎，2022)

注：CK，对照，不施用生物炭；C4.5，施用 4.5 t/hm^2 生物炭；C9.0，施用 9.0 t/hm^2 生物炭；C13.5，施用 13.5 t/hm^2 生物炭。

2.2.2.3 土壤团聚体

土壤整体上是一个多孔体系，在植物生长过程中作为多孔的生长介质，用以供应植物生长所需水分、养分和空气。土壤的多孔性为植物根系穿插提供着通道，使其顺利延伸，在能够支撑植物地上部分的同时，能够将根区以外的植物生长所需水分和养分源源不断地传输到根际范围，并且保证根系周围的土壤空气与大气之间交换和土壤空气质量的更新。土壤孔隙的形态、大小、连续性等是土体结构质量的重要特征，而团聚体之间孔隙及其稳定性是土壤质量的重要度量指标。土壤颗粒和不同大小团聚体的分布与排列方式是影响土壤孔隙分布和组成的决定性因素，因此，土壤颗粒的组成、排列模式与分布是土壤团聚状况的表征基础。充分认识土壤团聚体及其性质是表征土壤肥力的重要前提，是科学地进行改土培肥，提高农林产业可持续发展的基础(徐爽和王益权，2014)。良好的土壤结构对于维持植物生长、有机碳的固定和抗侵蚀能力的提升具有重要意义(Six 等，2000；Barthes 和 Roose，2002)。土壤团聚体是土壤结构的基本单元(Kemper 和 Rosenau，1986)，土壤团聚体形成和稳定性的提高是维持良好土壤结构的基础。土壤团聚过程是土壤颗粒在有机-无机胶结物质作用下逐步胶结和形成网络的过程(Tisdall 和 Oades，1982)，土壤团聚体稳定性与胶结物质的含量及分布密切相关(Oades 和 Waters，1991)。

1)团聚体的分级

依据研究目的不同，团聚体粒级分界点也不同，一般以 0.25 mm 为界，将水稳性团聚体划分为大团聚体(macroaggregate)(＞0.25 mm)和微团聚体(microaggregate)(＜0.25 mm)(Tisdall 和 Oades，1982)；＞0.25 mm 的大团聚体又可分为＞2 mm 的大团聚体和 0.25～2 mm 的小团聚体；＜0.25 mm 的团聚体又可分为微团聚体(0.053～0.25 mm)和粉黏土(＜0.053 mm)(Six 等，2000)。目前主要采用＞2 mm、0.25～2 mm、0.053～0.25 mm 和＜0.053 mm 作为土壤团聚体常用粒径分区(Wick 等，2009；Peng 等，2017)。

2)团聚体的形成

作为土壤结构的基本单元，团聚体是碳、氮、磷等养分赋存的主要场所，也是评价土壤质量的重要指标(Pihlap 等，2021)。团聚体在履行土壤生态系统功能方面具有重要作用，显著影响土壤物理特性、酶活性和土壤结构稳定性，不同粒级的团聚体所起的作用也有差异，进而影响土壤肥力状况(Fang 等，2021)。此外，团聚体还是土壤微生物的生境，不同大小的孔隙、固-液和固-气界面等构成的各种微域是微生物生活的“天堂”。团聚体的动态变化同土壤微生物活动发生着互馈，被视为一个复杂的自组织体系(Young 和 Crawford，2004)。因此，有关土壤团聚体形态特征、形成与稳定机制及相关影响因子的研究一直是科学界的热点问题之一。

土壤团聚体的形成过程非常复杂，涉及多种物理、化学和生物过程，还取决于有机物质、铁铝等金属氧化物及其之间的胶结作用(Six 等，2004)。土壤团聚体的形成过程及机制是团聚体研究的核心问题。自 20 世纪 50 年代以来，人们对影响团聚体的主要因素，包括土壤生物(蚯蚓、线虫等)、微生物、根系、无机胶结剂(金属氧化物、碳酸盐)和环境因子(冻融变化、干湿条件等)等进行了大量研究。在此基础上，一些学者陆续提出了土壤团聚体形成的各种理论和概念模型(Six 等，2004)。最早 Emerson 曾提出“黏团理论”，认为黏粒首先定向凝聚，之后在有机质的作用下同石英颗粒黏结形成黏团。该概念模型包括 4 种不同的结合形式：石英砂粒-腐殖质-石英砂粒；石英砂粒-腐殖质-黏团；黏团-腐殖质-黏团；黏团与黏团之间靠边与面结合。随后，Edwards 和 Bremner(1967)提出“微团聚体理论”，指出微团聚体(＜250 μm)由“黏土-高价金属阳离子-有机质”即 C-P-OM 有机-无机复合体所构成。在该理论中，有机质通过高价阳离子与黏土连接在一起。在上述理论的基础上，澳大利亚土壤物理学家 Tisdall 和 Oades(1982)提出了著名的“团聚体结构层次理论”，指出土壤生物和有机物促进不同尺度上土壤团聚体结构形成和稳定的机制。该理论强调了土壤团聚形成过程中发生的土壤有机质组分分异作用，不同组分对团聚结构形成和稳定的贡献不同：持久性有机物(如腐殖质和多价金属阳离子络合物)与原生矿物颗粒复合形成微团聚体，临时性有机物(如根系和真菌菌丝)和瞬时性有机物(如微生物和多糖类)促进微团聚体聚合形成大团聚体。后来，Oades 对上述等级团聚模型进行了重要的补充，指出大团聚体内部的根系和真菌菌丝等有机物质分泌或者分解过程中会形成胶结物质，将大团聚体内部的土壤颗粒黏结在一起。随着有机物质的分解或者外力的作用，大团聚体会破碎并形成微团聚体。随后，大量研究对多级团聚理论进行了验证，并基于此理论重点阐述了团聚体与土壤有机质、土壤孔隙特征以及作为生物地球化学反应器等之间的关联性（Six 等，2004；张斌等，2014）。

迄今，团聚体等级理论模型已成为土壤生物物理学发展的最重要理论基础（图 2-4）。在土壤团聚体形成的初始阶段，颗粒有机质（particulate organic matter，POM）在大团聚体的形成和稳定方面具有重要作用。Jastrow 和 Miller（1997）描述了土壤初级颗粒在作物残体和真菌及颗粒有机质的胶结下形成微团聚体，而微团聚体在作物根系和真菌菌丝的缠绕下形成大团聚体。在前人研究基础上，Six 提出了"团聚体胚胎发育"模型，阐述了大团聚体周转、微团聚体形成和土壤有机碳稳定之间相关过程的动态关联性。由于土壤类型和环境条件的复杂性，团聚体形成的机制不存在普适性的理论。破碎试验发现，氧化土中团聚体的形成主要依赖金属氧化物，而且不具有多级团聚结构。值得关注的是，土壤微生物是团聚体周转的最活跃因素。在 2004 年《科学》杂志出版的《土壤，最后的科学前沿》专刊中指出，由土壤团聚体构成的土壤结构是最复杂的生物材料，是具有自组织功能的土壤-微生物复合体。

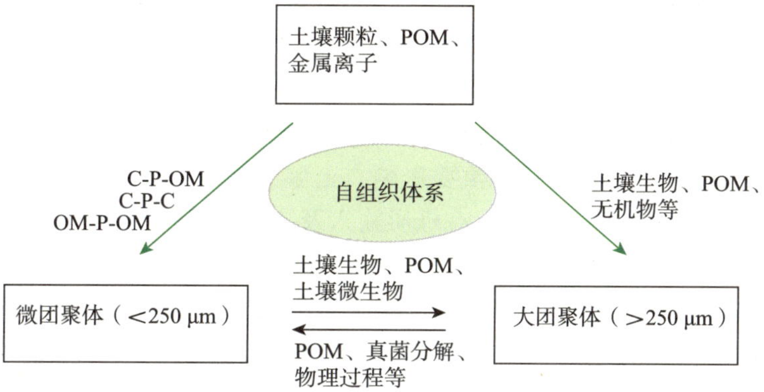

图 2-4 土壤团聚体形成过程示意图（改自 Bronick 和 Lal，2005）

注：C：黏土；P：多价金属（铁、铝、钙）；OM：有机-无机复合体；POM：颗粒有机质。

3）团聚体的作用

土壤团聚体是土壤结构的基本单元。土壤结构作为自然和人工管理生态系统基本属性，对生态环境起着至关重要的作用（Mendham 等，2003），其稳定性往往直接影响一系列土壤过程，如水分的运输和存储、土壤通气性和土壤侵蚀等（Zhang 和 Horn，2001；An 等，2009）。另外，土壤团聚体易于测定，因此被广泛用作土壤结构稳定性的指标（Peng 等，2015）。提高团聚体稳定性有利于减少土壤侵蚀，保持土地生产力，从而抑制土壤退化。健康的土壤结构通常具有良好的土壤团聚结构和发达的土壤孔隙系统，从而保证土壤各种功能的更好实现。

土壤团聚体将土壤有机碳包被起来避免被微生物分解，可以储存碳、氮、磷等养分，作为土壤养分的转化场所和土壤微生物的生存环境，对调控土壤肥力和植被生长等具有重要意义。同时，土壤团聚体的孔隙结构可为微生物提供栖息地与活动场所，且土壤团聚体中微生物的活动又与诸多土壤和环境过程息息相关。

4)土壤团聚体的表征指标与影响因子

土壤团聚体稳定性是指团聚体在外界环境发生改变或外力作用下维持或恢复其原有状态的能力,与水分渗透、传输和侵蚀等过程密切相关,是评估土壤结构特征、土壤健康性状和履行环境功能的重要指标(Six 等,2004;Chaplot 和 Cooper,2015)。其中大团聚体在保护活性有机碳免受酶和微生物的生物降解方面起着重要的作用,大团聚体含量越高说明土壤结构越稳定(Six 等,2004)。此外,平均重量直径和几何平均直径是反映土壤团聚体大小分布和水稳定性特征的常用指标,其值越大,表示团聚体的平均粒径团聚度越高,稳定性越强。水稳性团聚体占总团聚体的比例和其分布情况反映土壤物理结构的稳定性。土壤团聚体构成比例失调和团聚体稳定性下降是土壤结构退化的主要表现,降低了大团聚体和微团聚体对土壤碳和养分保护作用(Six 等,2004;Bronick 和 Lal,2005)。此外,表面电荷性质的变化会引起土壤颗粒间相互作用发生变化,进而对团聚体破碎与稳定等土壤中的宏观过程产生影响(Quirk,1994)。

土壤团聚体稳定性易受多种因素影响,主要包括两个方面:一是土壤内部因素,如矿物组成、土壤有机质的数量和质量、土壤溶质、交换性阳离子(如 Ca^{2+}、Na^{+})、土壤 pH 等;二是外部因素,如耕作管理、土地利用方式、土壤生物等(Tisdall 和 Oades,1982;Six 等,2004;Bronick 和 Lal,2005;Regelink 等,2015)。值得指出的是,土壤溶液对团聚体的影响主要与土壤胶体颗粒表面电化学性质有关。不同离子在土壤胶体颗粒界面的反应特性不同,不可避免地会对团聚体的稳定性产生不同的影响。研究发现,离子类型、电解质溶液浓度和 pH 对团聚体稳定性有重要影响(Quirk,1994)。除此之外,土壤颗粒间相互作用力,包括静电斥力、范德华引力和水合斥力等,对团聚体稳定性也具有重要影响。土壤 pH 是多价阳离子溶解性的重要指标,它通过调节作物生长、土壤微生物活性、有机质输入及离子浓度影响土壤团聚体的形成及稳定(Bronick 和 Lal,2005;Regelink 等,2015)。

土壤团聚体的形成是生物、非生物和环境因子共同作用的结果,且微生物是形成土壤团聚体最活跃的生物因素(Guhra 等,2022)。近年来,土壤生物在团聚体的形成和稳定方面受到更多学者的关注(Guhra 等,2022)。有学者认为,有机质碎屑、真菌菌丝和粪便等有机物质通过土壤动物活动(如吞噬和排泄等)形成大团聚体,随后在微生物协助下大团聚体内部有机质被逐步降解,残余有机质碎屑再与胶结物质(如细菌胞外聚合物)复合形成粒径较小的团聚体。当大团聚体受到外力作用而破碎时,这些小团聚体会逐步形成相对稳定的微团聚体(Regelink 等,2015)。土壤微生物在团聚体的形成和稳定过程中也发挥了重要作用。细菌对土壤大团聚体和微团聚体稳定性均有重要贡献,真菌对土壤大团聚体有较大影响;附着型细菌比运动型细菌对土壤团聚体的影响更大,尤其是对微团聚体,这可能归因于附着型细菌产生胞外聚合物(extracellular polymeric substances,EPS)以及形成生物膜。土壤生物分泌的有机物作为黏结剂影响团聚体形成的途径主要包括三个方面:①作为桥接剂(bridging agent),表面修饰和吸附作用促进了土壤团聚性;②作为分散剂(separation agent),有利于有机矿质复合体的形成、迁移和传输,并抑制它们进一步包被在团聚体中;③作为胶黏剂(gluing agent),调控团聚体稳定性,使受到外力作用的土壤颗粒进一步互相接触。总之,土壤团聚体与土壤微生物之间的关系日益受到关注,土壤团聚体与土壤酶活性、微生物生物量和微生物多样性之间的关系成为研究热点。

2.2.2.4 土壤有机矿质复合体的形成机制及生态意义

土壤有机矿质复合体是决定土壤物理、化学及生物性质的主要物质基础(图 2-5),也是团聚体形成和稳定的重要机制，在履行土壤功能和肥力特性方面具有重要作用(Kleber 等，2015)。国内外的学者就土壤有机矿质复合体的形成机制及其生态环境意义开展了大量研究，尝试将有机矿质复合体和土粒团聚结合起来，并取得了丰硕成果(魏朝富等，2003；Kleber 等，2015；张然等，2021)。一般认为，有机矿质复合体(包括微团聚体)的形成主要归功于非生物机制，例如铁铝氧化物或氢氧化物的沉淀，如 Fe^{3+} 与有机物和黏土发生共沉淀而形成微团聚体(Eusterhues 等，2008)。最初，人们对有机矿质复合体的认识仅基于对其模型的假设。Edwards 和 Bremner(1967)提出的有机矿质复合体为基础的团聚体形成模式，即“微团聚体理论”。后来，Schulten 和 Leinweber(2000)提出的有机质-铁(Fe)-土壤复合体结构模型，其中 Fe 元素 3 个价键是通过氧(O)与 3 个土壤有机质模型结构相连的，电荷和电荷之间、极性和极性之间相互作用使结构具有较高负电荷，对结构稳定性具有重要作用，范德华力和氢(H)键在 Fe-土壤有机质复合体中也起了重要作用。

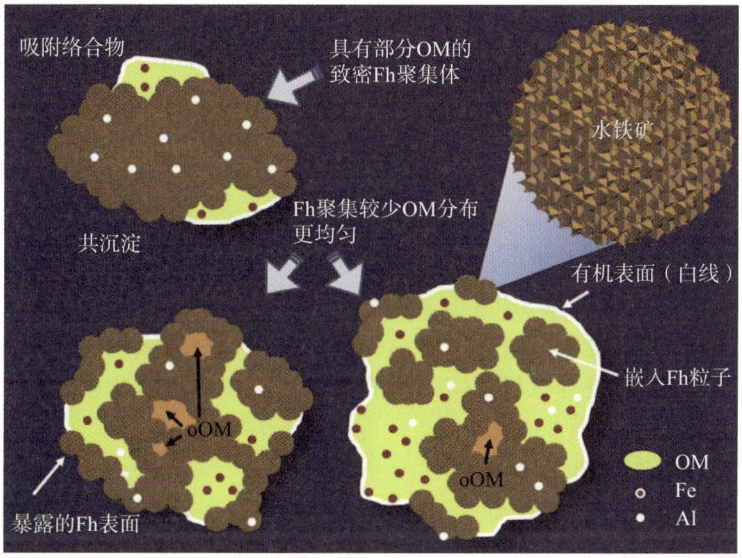

图 2-5 有机矿质复合体(改自 Kleber 等，2015)

一般情况下，有机矿质复合体、黏土矿物以及有机物是形成微团聚体的构建单元，影响土壤结构(如团聚体)形成和稳定过程(Six 等，2004；Kleber 等，2015；Hernandez-Soriano 等，2018)。有机矿质复合体在土壤结构和土壤肥力特性，如有机质储存、营养元素库(N、P、Si、S 等)，以及重金属吸附和污染物的环境化学行为等方面具有重要作用(Kleber 等，2015；Totsche 等，2017)。最近，一些研究在微观尺度上揭示了金属(如 Fe、Al、Mn 等)氧化物和有机碳在不同团聚体粒级下的胶结特征(Fernández-Ugalde 等，2013；Yu 等，2017；Wu 等，2019)。值得指出的是，一些研究表明从团聚体表面到内部的有机碳浓度无明显梯度变化，进一步证实微团聚体形成主要通过有机物-矿物之间的交互作用，而非有机残体的胶结作用(Mueller 等，2017；Hernandez-Soriano 等，2018)。近年来，特别是在气候变化背景下，有关有机矿质复合体尺度的土壤有机质的形成、稳定和贮存机理受到科学界的广泛关注(Kleber 等，2015；Lehmann 和 Rillig，2015；Lavallee 等，2020)。

2.3 土壤的化学组成

2.3.1 有机质

土壤有机质(soil organic matter,SOM)主要源于动植物及微生物残体,经由复杂的微生物和土壤物理化学转化过程,以不均匀混合物状态稳定存在于土壤中。SOM 分子组成主要受物质输入和分解过程共同影响,包含不同分解程度的有机碎片和微生物产物(Lehmann 和 Rillig,2015)。

2.3.1.1 土壤有机质的作用

土壤有机质的功能主要包括:①为作物提供养分,土壤有机质含有大量作物生长所必需的营养成分。②持水保肥,土壤有机质是疏松多孔的亲水胶体,能吸持大量水分。土壤有机胶体巨大的表面还携带有大量负电荷,可以吸附 K^+、Ca^{2+}、Mg^{2+} 等养料阳离子,避免这些离子随水流失,而且这些被吸附的阳离子可以随时被根系附近的 H^+ 等交换出来供作物吸收,从而起到保肥作用(Sahrawat,1983;Parfitt 等,1995)。③改善土壤的物理性质。一方面,有机质胶体的黏结力比沙粒强,有利于土壤团聚体的形成(Oades 和 Waters,1991;Aimanský 等,2007);另一方面,由于土壤有机质松软、多孔,而黏结力又不像黏土那么强,易使黏土变松,从而改善土壤的通气性和透水性(Karlen 等,1994)。

全球尺度范围内,陆地生态系统有机质总含碳量高于植被和大气的总和,对全球气候变化和区域环境变化很敏感,而且有机质能够通过固持养分离子促进植物生长,同时也能控制污染物,保护水质。

2.3.1.2 土壤有机质的来源

有机质在土壤中是以连续输入而又逐级分解的有机混合物形式稳定存在的,反映了从大的植物生物聚合物到小分子化合物的微生物逐级分解过程。外源物质输入后会经过微生物同化作用,所合成的物质进入土壤后还会再次被其他微生物同化利用。

根据土壤有机质形成过程,有机质来源主要包括微生物来源和非微生物来源两部分。其中非微生物来源为进入土壤中的新鲜动植物残体未经过微生物利用的组分,以植物来源为主,而微生物来源为土壤中经过微生物利用和转化后的组分。土壤微生物生物量只占有机质总量的 1%~5%。但是,越来越多研究发现,微生物死亡残体对于长期有机质固持和积累具有重要意义。仅以活体微生物量来评估显然低估了微生物过程对有机质的贡献,无法反映有机质固持过程中微生物的作用,因此对于土壤中有机质两种来源的相对贡献亟待重新评估(邵帅等,2017)。

不过,由于土壤有机质结构复杂,尚缺少合适的分析方法准确测定不同来源有机质的数量和组分。原则上,两种来源能够通过化合物种类和化学结构简单区分,例如 SOM 中微生物来源主要包括肽聚糖、脂蛋白、细胞蛋白和多肽类等,而木质素酚类、几丁质和软木脂、长链正构烷烃类、纤维素和半纤维素等主要是植物来源组分(Kogel-Knabner,2002)。

2.3.1.3 土壤有机质的含量及其组成

以腐殖质为主要成分的土壤有机质占土壤固相组成的 2%~8%,但对土壤的物理、化学与生物性状的影响都极大。土壤有机质是土壤固相物质中最活跃的部分，是土壤中养分元素的承载者、微生物活动的驱动者以及矿质转化的调节者，对于土壤功能的发挥起着关键作用。有机质不是单一的物质，其组成和结构是复杂的，碳、氮是其主要组成元素。不同的组分性质不同，其混合物在土壤物理、化学、生物过程中相互作用，导致组成成分不同的土壤有机质周转速度不同，从而导致土壤有机质的稳定性不同。

土壤有机质按化学组成可分为腐殖物质和非腐殖物质两大类。腐殖物质是一种由新鲜有机质经过微生物分解转化形成的颜色深暗的胶体物质，占土壤有机质总量的85%～90%，属于较稳定的惰性有机质。腐殖质又可分为胡敏素、胡敏酸和富里酸，后二者合称腐殖酸（宋春雨等，2008；吴启堂，2015）。腐殖酸含有酚羟基、羧基、醇烃基、烯醇基、磺酸基、氨基、醌基、羰基、甲氧基等多种官能团，这些官能团的含量和占比共同决定了腐殖质的化学稳定性和作用（商素云，2012）。腐殖质中的胡敏酸可以增加植物细胞膜的渗透压，从而促进植物吸收和积累营养，并提高植物的抗旱能力（Tahir 等，2011）。因此，腐殖质的化学组成与性质也是影响土壤肥力的重要因素。胡敏酸是腐殖质中最活跃的成分，当腐殖质被降解时，最早被消耗的就是胡敏酸（李学垣，2001）。胡敏酸还可以在一定程度上表征腐殖质的芳香性、化学稳定性和有效性，胡敏酸的含量越高，表明腐殖质的活性越高，品质越好。因此，胡敏酸含量、化学结构与性质的变化可以反映腐殖质以及土壤肥力的变化情况。

非腐殖物质包含未分解或半分解的动植物残体，含有多肽、氨基酸、各种碳水化合物等有机化合物，以及溶解性有机碳和表征土壤微生物的微生物量碳等。它们都属于易分解的活性有机质，一般占土壤有机质总量的10%～20%（王清奎等，2005）。活性有机质有效性高，易于被微生物分解利用，且对植物养分的供应有最直接的作用（徐明岗等，2000；徐鹏等，2013）。因此，活性有机质的化学组分和含量也在土壤质量和生产力的评价中占有重要地位。

2.3.2 矿物质

矿物是天然产生于地壳中具有一定化学组成、物理性质和内在结构的物体，是基岩风化和成土母质经成土作用残余和新生成的物质，其组成受源区母岩类型、环境气候及成土时间等因素的影响。土壤中大量的黏土矿物是在表生风化作用中形成的（郭正堂等，1996；Ibáñez 等，1998；张铭杰和王先彬，1998；汤艳杰等，2002）。土壤矿物质是土壤的主要组成物质，构成了土壤的“骨骼”，是组成岩石的基本单位，一般占土壤固相部分质量的95%～98%，是植物矿质营养的主要来源，是土壤保肥供肥的重要物质基础。矿物的种类很多，共有3 300种以上，其对土壤物理、化学和生物性质作用明显，并直接参与土壤风化、成土和植物生长发育全过程，同时也受气候、植被和土壤母质、养分、微生物、风化程度和淋溶作用的影响。研究土壤矿物质组成是鉴定土壤类型和识别土壤形成过程的基础，调控土壤矿质元素可直接影响土壤肥力和植物的成长。

2.3.2.1 土壤矿物质的主要元素组成

土壤矿物部分的元素组成很复杂，元素周期表中的全部元素几乎都能从土壤中发现，但主要的有10余种，包括氧、硅、铝、铁、钙、镁、钛、钾、磷、硫以及一些微量元素如锰、锌、铜、钼等。

氧和硅是地壳中含量最多的两种元素，分别占47%和29%，两者合计占地壳重量的76.0%；铁、铝次之，四者相加共占88.7%。地壳中其余90多种元素合在一起，占地壳重量的

11.3%。所以，在组成地壳的化合物中，绝大多数是含氧化合物，其中以硅酸盐最多。

在地壳中，植物生长必需的营养元素含量很低，其中如磷、硫均不到0.1%，氮只有0.01%，而且分布很不平衡。由此可见，地壳所含的营养元素远远不能满足植物和土壤生物的营养需要。土壤矿物的化学组成，一方面继承了地壳化学组成的遗传特点，另一方面有的化学元素是在成土过程中增加的，如氧、硅、碳、氮等，有的显著下降了，如钙、镁、钾、钠。这反映了成土过程中元素的分散、富集特性和生物积聚作用。

2.3.2.2 不同类型土壤的黏土矿物组合

红壤的黏土矿物组成充分说明了红壤类土壤的脱硅富铝过程。砖红壤的黏土矿物中，高岭石约为64%，三水铝石约为13%，氧化铁约为18%；红壤的黏土矿物中，高岭石约为30%，三水铝石约为5%，氧化铁约为6%；黄红壤是红壤向黄壤或黄棕壤过渡的土壤类型，黏土矿物除高岭石、水云母外，还含有少量蒙脱石，黏土的淋溶淀积十分明显；褐红壤黏土的矿物组成以高岭石为主，其次为水云母和少量三水铝石（熊毅，1987）。黄棕壤原生矿物的风化比较迅速，母岩中的长石高岭石化，云母脱钾转化为蛭石，黏土矿物中的蒙脱石有转变成高岭石的趋势，黏土矿物处于脱钾阶段和脱硅阶段，黄棕壤的指示矿物为水云母、蛭石、高岭石；棕钙土的黏土矿物以水云母为主，其次为蒙脱石，并有铁的氧化物出现；灰钙土的黏土矿物以水云母为主，夹有少量蒙脱石、绿泥石、蛭石和高岭石，表明土体的风化程度较低（熊毅，1987）。

2.3.2.3 微生物介导的生物矿化过程

随着土壤生态学与地质学研究的深入，以及电子显微镜等科技工具的进步，人们发现土壤矿物与自然有机物和微生物关系密切。1998年，王夔院士在《生物无机化学》一书中最早并且系统地论述了生物矿化理论，指出生物矿化是生物体将溶液中的离子转化为固体矿物质的过程。对于这个不完整的定义，需要进一步补充：这种转化是细胞活动的结果，细胞活动使矿物形成和晶体生长所需的物理化学变化成为可能。生物矿化在生物界广泛存在，生物矿物的形成过程及其分子机制一直是地球科学与生命科学的交叉前沿，但也是研究的难点。钙离子是大多数生物的首选阳离子，含钙矿物约占已知生物矿物的50%（Lowenstam 和 Weiner，1989）。钙在细胞代谢中具有许多基本功能（Lowenstam 和 Margulis，1980；Berridge 等，1998）。含钙矿物的主导地位导致了"钙化"一词的广泛使用，特指形成含钙磷酸盐、碳酸盐、草酸盐等矿物类型。

许多生物矿化过程是在最近几年才被发现的，是一个引人入胜的新研究领域。其中生物诱导矿化（biologically induced mineralization）是目前生物矿化研究的热点。生物诱导矿化是由于生物活动和环境的相互作用而发生的矿物的二次沉淀。尽管生物代谢过程会引起细胞内外环境的离子富集、pH变化等诱导矿物向沉淀反应方向移动，但生物不主动参与调控矿物的沉积和结构（Fortin 等，1997；Frankel 和 Bazylinski，2003）。代谢过程引起的化学条件变化以间接的方式参与特定的矿化过程（图2-6）。无论是就产量而言，还是就其广泛分布而言，碳酸钙矿物都是最丰富的生物诱导矿物（Lowenstam 和 Weiner 1989）。

在某些情况下，生物表面在诱导阶段很重要，因为成核通常直接发生在细胞壁上，所产生的生物矿物可以牢固地附着在细胞壁上。其中最有代表性的是2000年发表在《科学》杂志上的文章，其作者 Labrenz 等（2000）在硫酸盐还原菌表面获得了纳米级闪锌矿微球粒集合体（图2-7）。

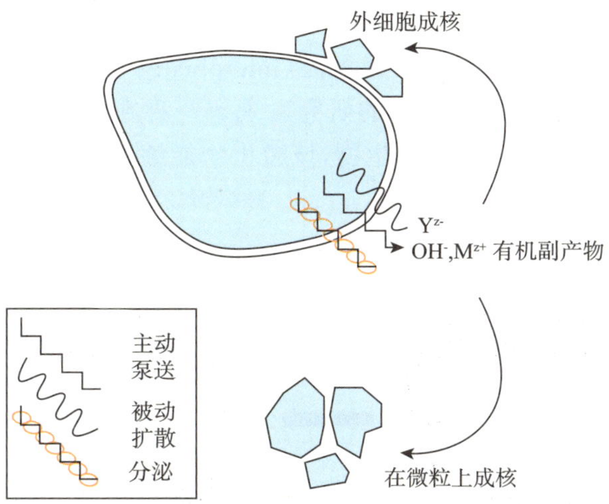

图 2-6　生物诱导矿化示意图(改自 Weiner 和 Dove,2003)

注:矿物沉淀的形成是代谢活动的结果。

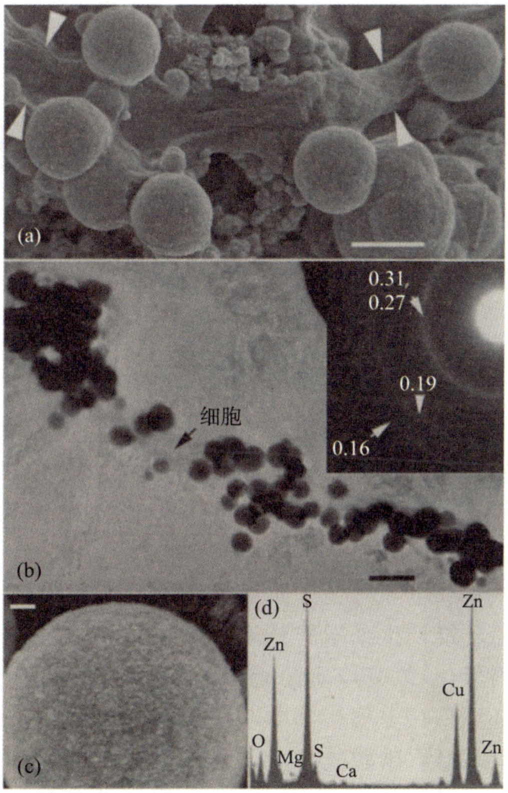

图 2-7　硫酸盐还原菌生物膜表面富集 ZnS 晶体图像及能量色散 X 射线谱(改自 Labrenz 等,2000)

注:(a) 丝状细胞和相应的微米级矿物聚合体的扫描电子显微镜(SEM)图像。横线代表 1 μm。(b) 细胞和矿物聚合体的透射电子显微镜(TEM)图像。右上角部分显示了具有晶面间距的聚合体电子衍射图案。横线代表 1 μm。(c) 更高分辨率 SEM 图像显示(a)和(b)中的聚合体由几个纳米直径的颗粒组成(表面的粗糙颗粒)。横线代表 0.1 μm。(d) 能量色散 X 射线谱。数据表明微米级聚合体由纳米级闪锌矿微球粒构成。

在极端环境下高产产脲酶的新型微生物的发现，以及利用其特殊功能强化岩土材料的研究，引发了岩土材料中微生物诱发碳酸盐沉淀（microbially induced carbonate precipitation，MICP）的研究。一项对青藏高原嗜盐菌的研究发现了一种在青藏高原寒冷干旱区柴达木盆地高盐环境中的新型耐盐高产产脲酶微生物，该微生物能够通过脲酶的高产导致碳酸钙沉淀（图 2-8）。

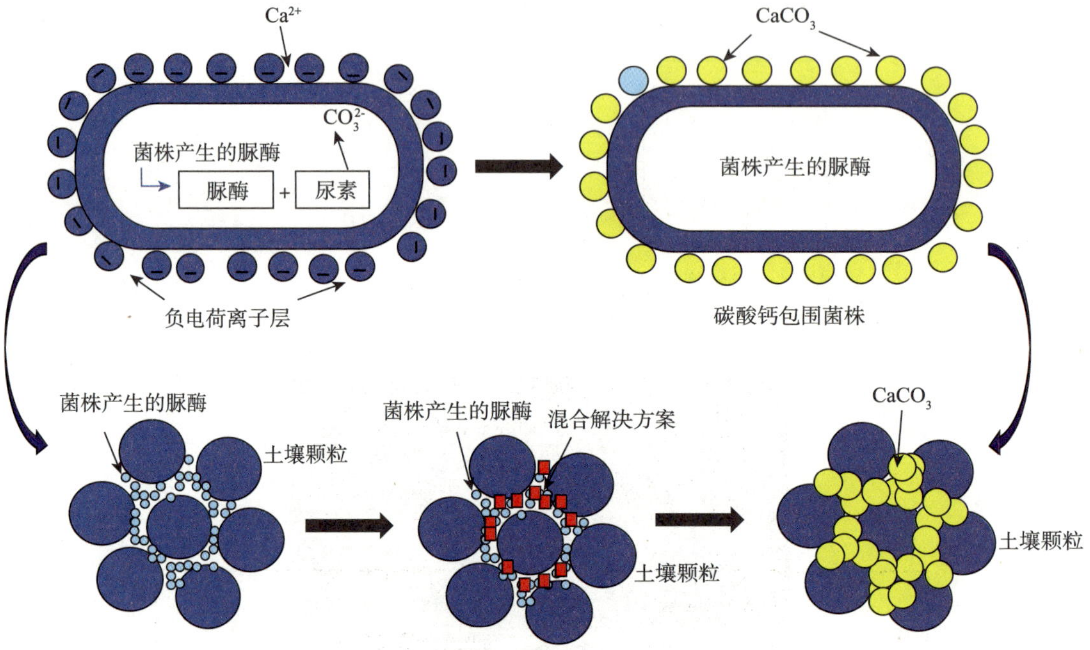

图 2-8　微生物诱发碳酸盐沉淀（改自 Yuan 等，2022）

趋磁细菌是一类独特的矿化微生物，能在细胞内合成由生物膜包被的、纳米尺寸磁铁矿（Fe_3O_4）或胶黄铁矿（Fe_3S_4）晶体颗粒，也叫磁小体。磁小体常常首尾相连，被组装成单链或者多链结构，作为细胞的生物小磁针，使趋磁细菌能在水生环境的有氧-缺氧过渡带沿地磁场方向上下穿梭。趋磁细菌合成细胞内磁性颗粒，包括氧化铁、硫化铁或两者兼而有之（Bazylinski 和 Frankel，2004）。

微生物在土壤母质表面的生长繁殖使母质逐步累积有机质和氮，为低等植物的生长提供了条件。土壤微生物和低等植物能产生大量的分泌物，这些分泌物对土壤的形成起着开拓先锋的作用，可腐蚀岩石、加速岩石风化、改变母质性能、不断提升土壤肥力，逐渐形成土层浅薄的原始土壤。微生物介导的氧化还原作用是微生物参与土壤形成与演化中比较典型的过程。Fe 能形成各种形态的矿物相，包括氧化物、碳酸盐、硅酸盐及硫化物等（图 2-9）（朱永官等，2014）。

外生菌根真菌能从风化岩石中获取营养元素，包括从磷矿石中获取磷（Finlay 等，2009）。并不是所有的外生菌根真菌风化矿物的能力都是一致的，矿物风化过程也会受到多种因素的影响和调控。外生菌根真菌通过分泌有机配体、促进矿物内部孔隙形成，以及影响植物生长和蒸腾这几条途径影响矿物风化。丛枝菌根真菌主要通过分泌物改变土壤微环境和改善植物矿质营养影响植物生长和蒸腾作用，以及调节土壤团聚过程等几条途径影响岩石矿物的风化（图 2-10）（朱永官等，2014）。

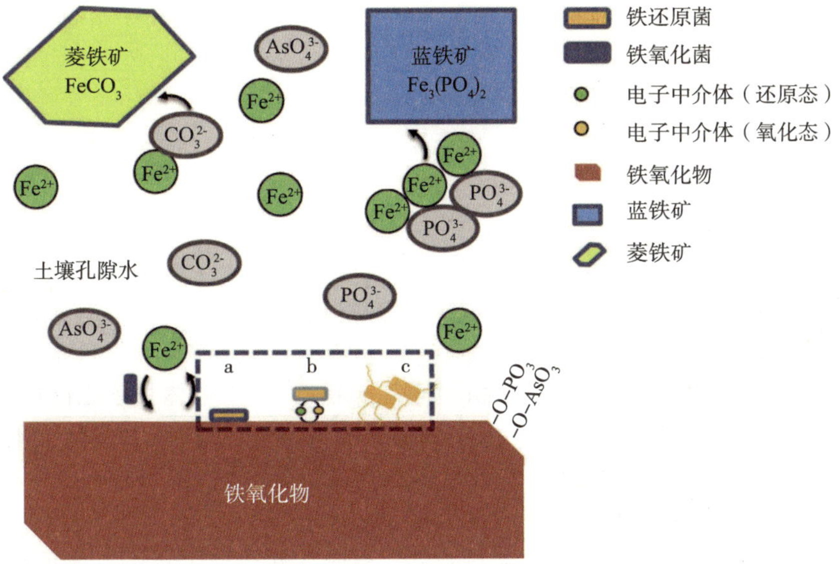

图 2-9 微生物介导的铁氧化还原（朱永官等，2014）

注：虚线框内为铁还原菌实现铁氧化物还原的三种方式。a. 微生物细胞与 Fe(III) 矿物直接接触，以 Fe 为电子受体，将电子传递给难溶的铁氧化物，造成这些物质的还原。b. 微生物自身分泌的或其他途径形成的可溶性有机物（如腐殖质、喹啉类、吩嗪类和核黄素）作为电子中介体，传递电子强化铁氧化物的还原。c. 一些微生物还可以产生纳米导线（一类具备电子传导性质的菌毛或鞭毛），通过该导线实现电子的长距离运输，甚至不同微生物之间的电子传递，将不溶性铁氧化物还原。

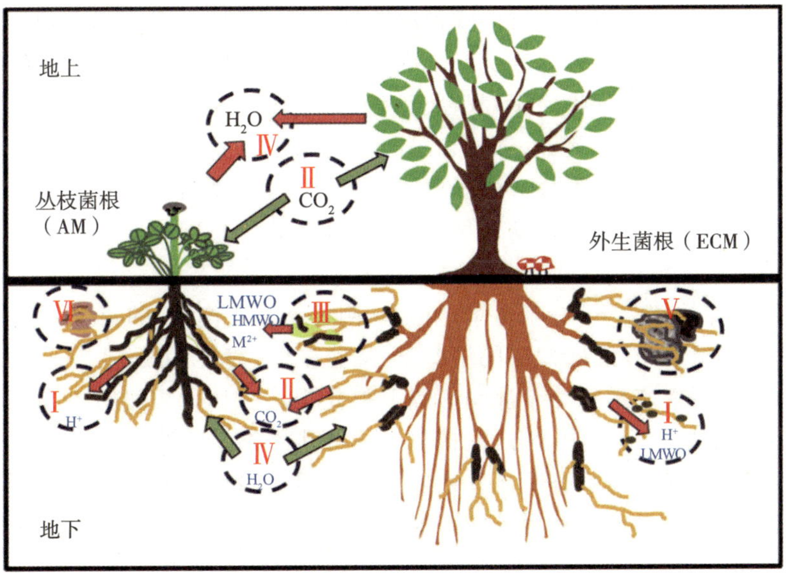

图 2-10 植物菌根共生体系影响矿物风化的主导机制（朱永官等，2014）

注：Ⅰ. 植物根系、菌根真菌及根际细菌分泌 H^+ 和低分子量有机酸（LMWO），络合阳离子；Ⅱ. 部分植物光合产物分配到地下，根系和菌根真菌的强烈呼吸作用增加土壤溶液中 CO_2 分压；Ⅲ. 根际有机残体降解释放高分子量（HMWO）及低分子量有机酸，经过异养生物的呼吸作用，把阳离子（M^{2+}）归还到土壤溶液中；Ⅳ. 植物蒸腾作用促进阳离子及其他养分随水流进入植物体，影响土壤水分存留时间并在区域尺度影响降水量，进而影响土壤水分状况；Ⅴ. 外生菌根根尖及菌丝通过物理和化学作用在矿物内部形成细小孔隙，促进矿物风化；Ⅵ. 根系和根外菌丝通过物理、化学及生物学作用促进土壤团聚体形成，减少土壤侵蚀。

2.4 土壤的生物组成

2.4.1 植物根系

根系在调节陆地生态系统功能方面起着不可或缺的作用(Bardgett 等,2014)。在植物水平上,根系占植物总生物量的 16%~63%,具有重要功能,包括获取水分和养分,以及植物锚固、资源储存和支持土壤微生物群落。在植物群落水平上,共生个体根系之间的促进性、互补性和竞争性相互作用影响群落组成。在生态系统层面,根系生产力占大多数陆地生态系统净初级生产力的 10%~60%(Aerts 等,1992;Mccormack 等,2015),从而形成了有机化合物进入土壤的主要自然通道,对碳和养分循环产生了重大影响。根与土壤动物和土壤好氧微生物争夺氧气,但同时也为它们提供大部分的碳和能量。根的活性也极大影响土壤的物理和化学性质,根系通过一系列机械、生化和生物过程在构建土壤结构中发挥重要作用(Angers 等,1998;Rillig 等,2015)。

2.4.1.1 植物根系的形态

高等植物的根是生长在地下的营养器官,单株植物全部的根总称为根系。细根的直径在 100~400 μm,而根毛的直径在 10~50 μm,和菌丝直径类似。根毛是单个外表皮细胞伸长后的突起。根毛的功能之一是根在土壤中穿插时起锚固作用,另一个作用是增大根从土壤溶液中吸收水分和养分的表面积。紧靠根尖后部的生长点(分生组织)形成新的细胞,细胞扩展使根生长。根尖本身处于根冠保护之下,根在土壤中穿插时,这些细胞脱落而被损耗。根形态受植物类型和土壤条件的影响。例如,细根在局部富含养分的区域大量生长,而与土粒的接触和较低的养分含量会促进根毛的形成。当土壤水分亏缺时,植物通常把更多的能量用于根系而不是地上部的生长,以减小冠根比,从而增加水的吸收,并尽量减少蒸腾损失。在容重高的土壤或铝浓度高的土壤溶液中,许多根变得厚和粗短。

在土壤条件允许的情况下,一年生草本植物(例如大多数作物)的根可下扎 1~2 m。多年生植物,特别是木本植物,在无障碍层的情况下,某些根下扎深度可超过 5 m。一般来说,在干热气候下根扎得深,而在寒带和热带湿润环境下根扎得浅。林木根系分布范围广、根量大,对土壤影响广泛。林木根系有不同形态,概括起来可将其分成 5 种类型。

(1)垂直状根系　此类根系有明显发达的垂直主根,主根上伸展出许多侧根,侧根上着生许多营养根,营养根顶端常生长着根毛和菌根。大部分阔叶树及针叶树的根系属此类型,尤其在各种松树和栎类中特别普遍。这类根系多发育在比较干旱或透水良好、地下水位较深的土壤中。

(2)辐射状根系　此类根系没有垂直主根,初生或次生的侧根由根茎向四周延伸,其纤维状营养根在土层中结成网状,槭属、水青冈属以及杉木、冷杉等都具有这种根系。辐射状根系发育在通气良好、水分适宜和土质肥沃的土壤中。

(3)扁平状根系　此类根系侧根沿水平方向向周围伸展,不具垂直主根,由侧根上生出许多顶端呈穗状的营养根。云杉、冷杉、铁杉以及趋于腐朽的林木都具有这类根系,尤其在积水的土壤中，如在泥炭土中这种根系发育得最为突出。

(4)串联状根系　此类根系是变态的地下茎，分布较浅，向一定方向或四周蔓延、萌蘖，并生长出不定根。此类根对土壤要求较严格，紧实或积水土壤对它们的生长不利。

(5)须状根系　此类根主根不发达，从茎的基部生长出许多粗细相似的须状不定根。棕榈的根属于此类型。此类根呈丛生状态，在土壤中紧密盘结。

2.4.1.2　根际与根际效应

根际是指植物根系直接影响的土壤范围。根际的概念最早是在1904年由德国科学家黑尔特纳提出的。根际范围的大小因植物种类不同而有较大变化，同时也受植物营养代谢状况的影响。根际并不是一个界限十分分明的区域。通常把根际范围分成根际与根面两个区，受根系影响最为显著的区域是距活性根1～2 mm的土壤和根表面及其黏附的土壤(也称根面)。根际土壤的化学和生物学性质与原土迥异，根际土壤活性可能高出原土10倍。

由于植物根系的细胞组织脱落物和根系分泌物为根际微生物提供了丰富的营养和能量，在植物根际的微生物数量和活性常高于根外土壤，这种现象称为根际效应。根际效应的大小常用根际土和根外土中微生物数量的比值(R/S)来表示，R/S值越大，根际效应越明显。R/S值一般在5～50，高的可达100。土壤类型对R/S值有很大影响，有机质含量少的贫瘠土壤，R/S值更大。植物生长势旺盛，也会使R/S值增大。

根在已有的裂缝和通道中，沿着土壤阻力最小的方向移动，且延伸到孔隙中，根开始生长和扩展，并施加侧向力来扩大孔径。通过从土壤吸收水分，植物根系稳定有机-无机复合体，并促进土壤收缩和开裂，这又反过来增强土壤团聚体的稳定性。同时，根系分泌物也能支撑大量的微生物，这有助于进一步稳定土壤团聚体。

2.4.1.3　菌根

菌根是自然界中普遍存在的一种共生现象，它是由土壤中的菌根真菌与高等植物根系形成的一种共生体(江志阳等，2020)。真菌帮助植物从土壤中吸收矿物质和水，保护根部不受其他真菌的侵害(Duan等，2015)，而植物则为真菌提供碳水化合物。鉴于菌根在自然界中的重要作用，其研究日益引起世界各国学者的普遍关注。目前，有关菌根共生体在生态系统中可以提高植物对土壤矿质营养元素的吸收和累积，促进植物的抗旱、抗涝、抗盐、抗病、耐受重金属胁迫等方面的作用已经得到普遍认同(Gąstoł等，2016)。其中，丛枝菌根真菌是一类广泛分布于土壤生态系统的有益微生物，与90%以上的陆地高等植物形成共生关系。它们在促进植物生长、提高植物抗病性和抗逆性、维持农业生态系统的可持续发展等方面发挥着重要作用。菌根真菌还能降解土壤中残留的农药、除草剂等有机污染物(Jansa等，2016)，改善重金属污染土壤的健康状况，在土壤污染的生物修复中发挥着重要作用(Kayama和Yamanaka，2014)。丛枝菌根真菌因其能提高植物耐盐性而被认为是盐渍土的生物改良剂(Li等，2016)。

2.4.1.4　根瘤

根瘤菌是一种共生的重氮营养性土壤细菌，它通过侵染豆科植物的根形成根瘤，在固氮酶的作用下固定大气氮(N_2)(Baum等，2015)，使其更易于被植物利用。根瘤菌还具有促进植物生长的特性，这些机制的揭示为豆科植物和配种植物根际根瘤菌的多功能研究提供了思路(Bettoni等，2014)。植物激素、酶和铁受体的综合活性有助于相关植物的生长发育，有利于养分的吸收和修复。此外，根瘤菌通过抗生、寄生或与不同病原菌竞争以获得必需的营养物质(Blackwell等，2015；Bowles等，2016；Cely等，2016；Chandrasekaran等，2016)，从而起到生物防治的作用。尽管根系在许多生态过程中具有重要作用,但我们对功能性根系生态学的理解仍然有限。部分原因是:①根系隐藏在土壤中,在不破坏根系生长的情况下,追踪其生长和生物活性的方法仍然需要进一步拓展;②根可以表现多种形式和功能,养分的获取由末端执行,而高阶根确保锚固及营养素和水分运输。更为复杂的是,根的形状和功能可能会随着根的年龄和季节而改变(江志阳等,2020)。

2.4.2 土壤微生物

土壤微生物是土壤中肉眼看不见的所有微生物的总称,严格来说包括细菌、古细菌、真菌、病毒、原生生物和微生物藻类。它们个体很小,通常以微米或纳米为单位,1 g 土壤中通常有数亿到 100 亿个个体。根据土壤形成环境和深度的不同,个体的种类和数量也不同。它们能在土壤中氧化、硝化、氨化、固氮和硫化,促进土壤有机质的分解和养分的转化。

土壤微生物多样性是土壤生物多样性的研究主体。其主要研究土壤环境中微生物的种类、丰度、分布均匀性、结构变化和微生物群落的功能多样性等,涉及土壤学、微生物学及生态学等重要基础学科。研究表明,将高效微生物群落接种于土壤生态系统可以改善土壤质量、土壤健康、作物生长、产量和品质(Wani 和 Khan,2013)。根际土壤中有多种有利于植物生长、养分吸收、抗逆性、抗病、碳捕获等的生物有机体,这些微生物包括菌根真菌、细菌、放线菌等,它们能溶解营养物质,帮助植物根系吸收营养。

土壤微生物多样性的研究从 19 世纪末建立的传统分离培养方法开始。在 20 世纪 90 年代,形成了微量计数方法,实现在显微镜下直接观察和计数少量土壤样本,该方法成本低、速度快,可以提供不同物种的信息。但由于该方法受到人为限制,某些培养条件不能完全模拟微生物生长的自然条件,往往导致某些微生物选择性富集,而无法获得其他微生物,导致自然界中绝大多数微生物仍然无法通过传统的微生物培养方法鉴别。随着研究方法的不断突破与改进,20 世纪 70 年代形成以磷脂脂肪酸法和 Biolog 微量分析法为代表的生物化学方法。20 世纪 90 年代后期,以分子技术为基础的研究方法优势突出,以末端限制性片段长度多态性(terminal restriction fragment length polymorphism,T-RFLP)、克隆文库和高通量测序等为代表的分子技术引入土壤微生物研究中(宋长青等,2013)。目前常用的微生物研究方法还有宏基因组方法、稳定同位素探测法、荧光原位杂交法、实时定量 PCR 等(Wang 等,2019)。

2.4.2.1 土壤细菌

土壤细菌包括土壤自养细菌(soil autotrophic bacteria)和土壤异养细菌(soil heterotrophic bacteria)。在土壤中,细菌占土壤微生物总数量的 70%~90%,土壤细菌在土壤微生物中数量最多、分布最广。自养细菌能直接利用光能或无机物氧化时所释放的能量,并能同化二氧化碳,如硝化细菌、硫黄细菌、硫化细菌、铁细菌、氢细菌。异养细菌从有机物中获取能源和碳源。对农业生产来说,土壤细菌又可分为有益的和有害的,有益的如固氮菌、硝化细菌和腐生细菌,有害的如反硝化细菌。此外,细菌的数量和类型还受土壤类型及其微环境、有机质、耕作方式等因素的影响,它们在耕地中的数量比在没有开垦的土地中多;在根际数量最多,在非根际土壤中数量较少,这可能是土壤中的通风情况和养分的有效性不同导致的。

土壤细菌丰度高、种类多、代谢活性强,能迅速对环境扰动做出反应,是土壤生态系统重要的活性部分(Wang 等,2019)。其群落在土壤环境中参与动植物降解过程(郑勇和贺纪正,

2020)，释放养分，驱动土壤中碳、氮、硫、磷等重要元素的生物地球化学循环(Bünemann 等，2018)，在调节养分循环、影响植物生产力和生态系统稳定性方面起着重要作用(Schlatter 等，2019)，可作为低投入技术用于可持续作物生产和生态系统保护。培养群体中约 2/3 为根际促生菌(plant growth-promoting rhizobacteria，PGPR)，可直接或间接地促进植物生长，或与生物修复和生物防治有关。土壤细菌在土壤污染修复过程中也发挥着重要作用(Ayangbenro 和 Babalola，2017)，对于稳定生态系统具有重要意义，被认为是土壤养分的“转化器”、环境污染物的“净化器”和生态系统的“稳定器”(宋长青等，2013；褚海燕等，2020)。

2.4.2.2 土壤真菌

真菌是一类种类繁多、分布广泛的真核微生物。真菌多样性在维持生物圈生态平衡和为人类提供大量未开发的生物资源方面起重要作用。真菌构成土壤的大部分微生物生物量，具有分解有机质、为植物提供养分的功能，是生态系统健康的指示物。

土壤中真菌的数量仅次于细菌。它们拥有由单个菌丝组成的丝状菌丝体。在大多数通气或栽培土壤中，真菌由于直径大、菌丝网粗大而占微生物总生物量的主要部分。每克干土中真菌的数量从 2 000～10 万个不等。

大多数陆地生态系统中的土壤真菌在营养循环过程中扮演着重要角色，比如菌根真菌与植物通过有机质分解等形成共生体。基于营养模式，土壤真菌可以分为两个主要的功能团：腐生真菌(依靠已死亡有机体)和共生真菌(生活在具有互利、致病或寄生关系的寄主上)。有的真菌是专性腐生或共生菌，另外一些是与营养供应有关的兼性真菌。腐生真菌将死亡有机物质转换成真菌生物量、CO_2 和小分子物质如有机酸等。死亡有机物质有很多，诸如枯枝落叶、粪便、动物尸体和木材。腐生真菌通常可以通过分解高纤维素和木质素含量的有机残体来获得营养素。此外，腐生真菌释放可以被其他土壤生物利用的营养物质，使得真菌在土壤健康生态系统中至关重要。

土壤真菌多样性可以受多种因素影响，所有影响细菌和放线菌分布的环境因素也影响土壤真菌，如土壤 pH、土壤类型、植物种类、土壤深度和管理策略等。土壤中有机质的质量和数量直接影响土壤中真菌的数量，因为大多数真菌在营养上是异养的。相对细菌多样性，土壤 pH 对真菌多样性的影响效果较弱(Rousk 等，2010)，由于酸性环境不利于细菌或放线菌的存在，真菌在酸性土壤中占主导地位。它们也存在于中性或碱性土壤中，有些 pH 超过 9.0 的土壤中也有真菌。可耕土壤含有丰富的真菌。因为它们是严格需氧的，土壤水分过多会减少真菌的数量。从土壤剖面不同层位分离真菌的结果表明，这些微生物对土壤的不同深度表现出选择性的偏好。作物轮作、施用化肥或农药都会影响真菌物种的性质和优势种群。

降解有机质和促进土壤团聚体形成是真菌在土壤中的主要功能。某些种类的真菌能够在土壤中产生类似于腐殖质的物质，在土壤有机质的维持中起到重要作用。一些真菌通常在作物的根系上形成外生的联系，比如松树上的牛肝菌属和乳菇属，有助于土壤磷和氮向植物迁移。在许多情况下，人们可以通过接种菌根真菌来帮助植物建立良好的生长条件。丛枝菌根(AM)和外生菌根(ECM)是两种主要的植物-真菌共生关系类型。AM 是最常见的且与 80% 陆生植物相关的菌根类型，而 ECM 仅由约 8 000 种植物形成。AM 真菌存在于植物根系和土壤之间，使得它们成为土壤真菌的重要功能团，能够对生态系统过程产生强烈影响，并且可以在所有的生态系统中发现。AM 真菌能保护植物免受病原体侵染(Whipps，2011)，并能影响植物的生长特性。另外，AM 真菌多样性可以决定植物群落结构、生态系统变化趋势和生产力

(van der Heijden 等,1998)。AM 真菌对植物性能和土壤健康的有益影响对农业生态系统的可持续管理举足轻重(Jeffries 等,2003;Barrios,2007)。

2.4.2.3 土壤放线菌

放线菌呈丝状,经常密集分枝,虽然看起来像纤细的真菌,但放线菌没有核膜,菌丝直径与细菌相同,并往往断裂形成酷似球状细菌细胞的孢子。

放线菌通常为好气异养生物,生活在土壤中正在腐烂的有机物质或植物分泌的物质上。某些种类与植物建立寄生或共生关系,对土壤有机质的分解和养分释放非常重要。它们能将纤维素、几丁质等抗分解性非常强的物质以及磷脂降解为简单的物质。在物质腐烂后期,易分解的有机物质消耗殆尽时,它们常会占优势,在堆肥过程的最后(熟化)阶段也非常重要。

通常放线菌是数目最多的原核生物,其生物量也常常超过其他细菌。当酸度不是太强时,放线菌在腐殖质含量高的牧场和草原土壤中数目很大。富含有机质的土壤和刚耕翻的土地散发的泥土气味,主要来自放线菌产生的挥发性萜烯衍生物土味素。

土壤中最丰富的放线菌是链霉菌。小单胞菌属、诺卡菌属、链球菌属是数量较少的放线菌属(Zai 等,2015;Zwetsloot 等,2016)。放线菌,特别是链霉菌,是最重要的根系定植微生物之一。丝状群落形态有助于它们在根际区域进行定植,从而能够非常有效地建立宿主-根菌共生关系(Zucchi 等,2008)。放线菌建立有效定植后,能够产生许多对植物有益的有机化合物和酶。放线菌产生这些化合物的能力使其能够将土壤中复杂的有机质分解成更简单的形式,使植物更容易吸收。据报道,60%左右的杀虫剂和活性化合物都是从放线菌特别是链霉菌中发现的(Saito 等,2003),这使得放线菌能够作为生物防治剂有效地对抗多种真菌和细菌的植物病原。

2.4.3 土壤动物

土壤是植物生长的基础,土壤中寄居着数量庞大的微小动物类群。这些动物对于土壤的形成和理化性质的改变有着重要作用,它们使土壤成为具有活性的活体,是巨大的、潜在的、可持续利用的自然资源。

土壤动物有两种定义,一种是"生活史全部都在土壤中度过的动物",这是狭义的土壤动物;另一种是"凡是能在土壤中或地表找到的,并能对土壤产生各种影响的动物"。还有一种土壤动物定义是:经常或暂时栖息在包括大型植物残体在内的土壤环境中,并在那里进行某些活动,对土壤有一定影响的动物群。尹文英(2000)将土壤动物定义为生活史中有一段时间定期在土壤中度过,而且对土壤有一定影响的动物,这一定义成为中国土壤动物研究的权威定义。土壤动物体型小、数量大、类群多、食性复杂、分布广,是陆地生态系统重要的组成部分(Lavelle 等,2006),是生态系统中物质与能量交换的枢纽。土壤动物是生态系统中重要的消费者和分解者,在土壤生态系统中分解动植物残体,促进物质循环,改善土壤物理、化学和生物学性质,同时能反映生境的优越程度及人类活动的强度。土壤动物存在于相对稳定的土壤环境中,受人类活动的影响相对较小,且对环境变化比较敏感,可以真实地反映土壤环境及土壤生态系统的基本状况,是相对稳定的环境指示因子。此外,它们在病虫害的生物防控和污染物降解方面也起着重要作用。土壤动物群落与土壤环境有密切关系,土壤动物的群落结构、功能在土壤生态系统中有不可替代的重要作用。近年来随着地下生态系统研究的崛起,土壤动物生态学研究越来越受到重视。

土壤动物涉及从原生生物到节肢动物多种类群，主要包括线虫、线蚓、甲壳类、多足类、软体动物、昆虫及其幼虫、螨类、蜘蛛当中的某些类群。其中，线虫、螨类和跳虫是土壤动物中种类和数量最为丰富的类群，是土壤微食物网的主要组成部分。它们是新生境的早期定植者，并影响其他生物的建立(de Deyn 等，2003)。

根据土壤动物与土壤微生物的关系以及土壤动物排泄物的类型，可将土壤动物划分为三种功能类型：一类称为微食物网组成者，是联系微生物及其捕食者的食物链的重要组成部分，主要包括以细菌和真菌为食的土壤动物及其捕食者。第二类称为凋落物分解者，由中型土壤动物和大型节肢动物组成。一般它们直接采食有机物质，对凋落物具有机械粉碎作用。第三类称为“生态系统工程师”，主要包括蚯蚓和白蚁。这些大型土壤动物与其肠道内的微生物相互作用，经常摄食有机物混合物和矿物质；其排泄物相对较大且含有更加复杂的矿物质和部分未分解的有机物质；具有较强的挖掘能力，是土壤结构和土壤形成的主要贡献者。

根据土壤动物的食性可分为三类：腐食性土壤动物、植食性土壤动物和捕食性土壤动物。

根据体宽可分为小型土壤动物(体长小于 0.2 mm)、中型土壤动物(体长在 0.2～2 mm)、大型土壤动物(体长在 2～20 mm)和巨型土壤动物(体长在 20～200 mm)。其中，小型土壤动物主要是原生生物的鞭毛虫、变形虫、纤毛虫等，都生活在高湿的土壤中。作为微生物的取食者，小型土壤动物对微生物的群落结构和生物量有重要的调节作用。中型土壤动物包括线虫、轮虫、螨类、综合纲，无翅昆虫亚纲的弹尾目、双尾目、原尾目，以及部分有翅亚纲的小型昆虫等。中型土壤动物生存在土壤和凋落物的充气孔隙中，能够使凋落物破碎，增大微生物分解的接触面积。大型土壤动物包括大部分土壤昆虫和其他土栖节肢动物，多足类、蛞蝓、蜗牛、甲虫及蜘蛛等都是典型的大型土壤动物。大型土壤动物常被称为“生态系统工程师”，通过它们的排泄、掘穴、取食和消化等过程可改变土壤结构，促进土壤团聚体的形成，进而改变资源的可利用性(Maaß 等，2015)。

土壤动物群落被认为是生物地球化学循环、土壤结构与功能的驱动者，每一个土壤动物类群都有其特殊的生态功能，在地下生态系统中扮演着重要角色。目前关于土壤动物类群的生态功能研究相对缺乏，主要集中在一些具有代表性的优势类群及常见类群上。

2.4.3.1 土壤原生生物

原生生物最早由德国生物学家海克尔(E. Haeckel)在 1886 年提出，主张增加一个原生生物界(Protista)。原生生物界包含单细胞的生物、一些简单多细胞动物和植物。1969 年惠特克(R. H. Whittaker)提出了五界系统。这五界是原核生物界、原生生物界、植物界、真菌界和动物界。原生生物结构简单、数量多、分布广、形态差异大，可以无性繁殖，也可以有性繁殖。原生生物的生物多样性在整个真核生物类群中具有非常大的跨度(Adl 等，2012)。在不良条件下能够形成孢囊，抵御不良环境因子。在五界系统中，单细胞的真核生物归在原生生物界，包括陆地植物(胚胎门)、动物和真菌以外的所有真核生物(Adl 等，2012)。与大多数微生物一样，原生生物的种群规模非常大，从比许多细菌还小的“皮克真核生物”类群(Not 等，2012)到几米大的多细胞褐藻(海带)等都属于原生生物的范畴。原生生物同时也是生物圈中最丰富的吞噬性生物群。大多数原生生物具有吞噬能力——捕获和摄取食物颗粒的能力。许多还具有功能性叶绿体或内共生藻类，由此产生的联合体被称为“混合营养体”，因为它们既具有吞噬功能又具有光营养功能。它们通过光养或异养等不同方式获得生物所需的碳(Geisen 和

Bonkowski，2017）。原生生物具有许多宏观动植物所不具备的特征，它们在土壤真核群落中占据很大比例，是土壤微生物组的重要组成部分（Li 等，2021）。

以往对原生生物群落的研究大多集中在水生生态系统中。在水生生态系统中，原生生物容易获取，但在土壤生态系统中受到技术手段的限制，对土壤原生生物的研究起步较晚。各类土壤中都有原生生物，不同地区和不同类型的土壤中原生生物的种类和数量有差异。土壤中原生生物的总数一般为 10^4～10^5 个/g，表土中数量最多，下层土壤中很少。原生生物在土壤中主要依靠土壤孔隙水活动，许多原生生物与土壤颗粒紧密结合，无法直接获取，而直接应用真核生物通用引物对土壤 DNA 进行扩增，最终所得到的序列绝大多数是土壤中占优势的真菌。但是随着新一代高通量测序技术的问世，人们对土壤原生生物群落组成、多样性和结构的了解逐渐深入。

在土壤生态系统中，原生生物具有重要的服务功能，如调节有机质分解，影响养分循环过程，维持土壤肥力和植物生产力（Geisen 等，2018）。Guo 等（2021）研究发现原生生物在激发植物性能中发挥重要作用，可以将其作为微生物因子用于调控和指示植物健康。原生生物的分类包括光养型（phototrophs）、捕食型（phagotrophs）、寄生型（parasites）以及兼性营养类等多种功能类群，它们是构成地下微食物网的基础。传统观点认为土壤原生生物群落以细菌消费者为主。研究表明，非食细菌性土壤原生生物（食真菌性原生生物、杂食性原生生物等）在土壤食物网中发挥重要作用（图 2-11），原生生物可以通过降低植物根际环境中致病菌的丰度和毒性或与植物有益微生物协同作用，达到抑制植物病害、促进植物生长、保持植物健康的作用（Stefan，2016）。

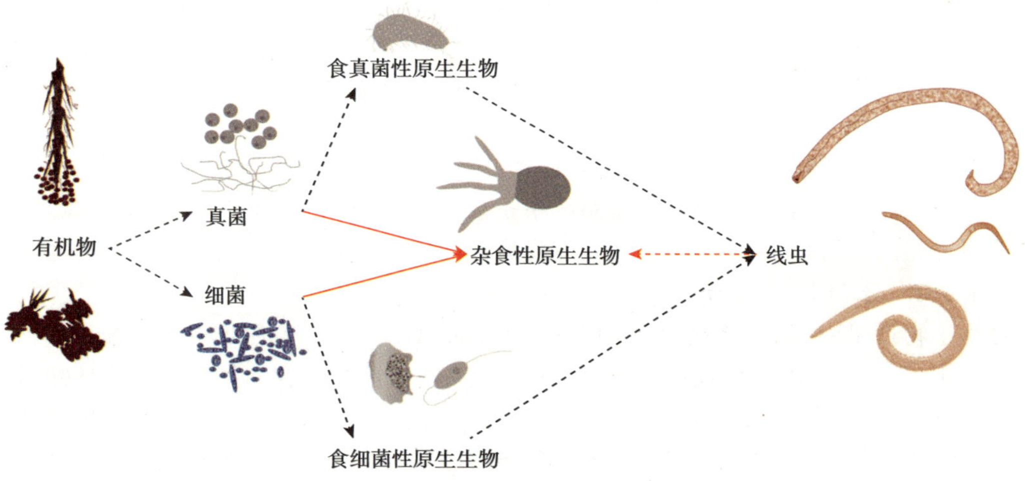

图 2-11　原生生物在土壤微食物网中的地位（改自 Stefan，2016）

另有研究表明，原生生物是土壤地下食物网中对施肥处理和季节变化较敏感的种群，具有监测农田土壤质量的潜力，施肥诱发的土壤理化性质的变化改变了土壤微生物功能，尤其对原生生物群落的影响最大（Zhao 等，2019）。原生生物对能量的转化效率很高，在运动和代谢方面消耗的能量很少，而将大多数能量用于生长。大多数原生生物受到土壤团聚体水膜的限制而以细菌为食。

土壤中常见的原生生物有以下几类。

(1)变形虫　属于原生生物肉足门,因体型能不断变化而得名。在运动时,体表任何部位形成的临时性细胞质突起称为伪足,是变形虫的临时运动器,同时也具有摄食作用。变形虫和其他土壤动物一样需要利用能量进行呼吸作用,其呼吸作用主要通过体表进行。变形虫结构简单,容易培养,是研究生命科学的理想材料,如研究细胞核与细胞质的关系问题、形态发生与核的关系问题等。

(2)纤毛虫　在分类上比较复杂,尚无统一的定论。按传统的分类,原生生物作为五界分类系统中的一个界,纤毛虫被划为其中的一个门——纤毛门。按照汤玛斯·卡弗利尔-史密斯提出的分类系统则属于囊泡藻界的纤毛虫门(Ciliophora)。纤毛虫因全身长满纵行排列的纤毛而得名。纤毛的结构与鞭毛相同,每一根纤毛是由位于表膜下的一个基体发出来的。纤毛虫的呼吸作用主要通过体表进行。主要特点有以纤毛作为运动器;细胞核一般分化出大核(营养)、小核(生殖)、摄食胞器等,无性生殖为横二分裂,有性生殖为接合生殖;生活在淡水或海水中,也有寄生的。代表生物有草履虫、小瓜虫等。

(3)绿藻门　是植物中的一门,包含约 8 000 个物种,大部分是水生光合真核生物。和陆生植物(苔藓植物和维管植物)一样,绿藻也含有叶绿素 a 和叶绿素 b,且可将能源转化为淀粉存储在其色素体内。绿藻门和轮藻门与有胚植物相关,一起合称为绿色植物。此门包含单细胞和多细胞的物种。大部分物种生活在淡水里,其他许多物种则生活在海水中。另外还有一些物种适应了极端的环境,如雪藻生活在夏天的高山雪原中。其他还有依附在岩石或树木上的。一些地衣和真菌与绿藻有共生关系,绿藻门中的藻类也会和原生动物、海绵及刺胞动物等形成共生关系。有些有鞭毛而利于移动,有些具备同配生殖或异配生殖等有性生殖。常见的绿藻门生物如图 2-12 所示(Sherwood,2016)。绿藻门在土壤中属于原生生物优势菌门,主要依靠土壤孔隙水活动,主要功能以光养型为主(胡菏等,2022)。

原生生物在土壤生态系统中的功能分类目前没有统一的划分。根据现有文献研究来看,原生生物在土壤生态系统中主要以捕食型原生生物占据主导地位,一般具有三方面的作用:调节细菌数量;增进某些土壤生物的活性;参与土壤中有机残体的分解,促进营养元素的转化。其次是光养型与寄生型,其中,光养型主要由一些藻类菌纲原生生物组成。虽然人们已经认识到在土壤生态系统中无处不在的原生生物执行着重要的生态功能,但其与土壤中其他生物的相互作用在很大程度上仍未被探索。尤其是在农田土壤生态系统中,有关农业管理措施对土壤微生物组影响的研究大多集中在细菌和真菌群落,而在探索土壤原生生物群落及其与其他生物的关联方面的研究较少。研究发现施肥措施引起的土壤理化性质变化影响了原生生物,进而会影响土壤细菌和真菌的生态功能(Fournier 等,2020;Nguyen 等,2020)。这为后续基于原生生物群落开发可以有效加强营养循环和提升农业可持续性的生产技术提供了新的见解。

2.4.3.2　土壤后生动物

1)线虫

线虫又称圆虫、丝线虫或发状虫,隶属于线虫动物门(Nematoda),是原腔动物中的一个重要类群,体型微小(土壤线虫体长 0.1～5 mm),数量极大,是土壤后生动物中数量最多的种类,每平方米可达几百万个。线虫适应能力极强,在土壤中广泛存在,能够在土壤孔隙间的水膜中活动。

线虫具有多种食性。一些线虫以藻类、细菌、真菌或植物根为食,另一些捕食其他线虫或

图 2-12　几种常见藻类的形态(Sherwood 等,2016)

注:(a)隐藻属(*Aphanochaete*),生长在较大的丝状藻上;(b)毛囊虫(*Chaetonema nowakowski*),生长在淡水红藻;(c,d)毛毛藻(*Chaetophora schrank*),其中(c)为藻的细丝,(d)为在溪流中的形态;(e)珠藻属(*Draparnaldia*);(f,g)链瘤藻属(*Gongrosira*),其中(f)为宏观菌落,(g)为藻的细丝;(h)裂齿藻属(*Schizomeris*);(i)毛枝藻(*Stigeoclonium*);(j)四胞藻属(*Tetraspora*);(k)毛鞘藻属(*Bulbochaete*);(l)绒枝藻属(*Oedocladium*);(m)鞘藻属(*Oedogonium*);(n)水网藻属(*Hydrodictyon*);(o)微孢子门(Microspora)。比例:(f)=2 cm;(d)=1 cm;(e)=100 μm;(h)=75 μm;(i,j,m,n)=30 μm;(c,k,l,o)=20 μm;(a,b,g)=10 μm.

原生动物,还有一些是杂食性,能够根据环境中的资源取食以上所有的食物。植食性线虫以细菌、单细胞藻类、真菌、植物根及腐败有机物为食,肉食性线虫以原生生物、轮虫及其他线虫为食,可寄生在植物、动物的各种器官中。

土壤线虫通过与其他土壤生物相互作用,在多个层次上参与到复杂的生态网络中。它们能够占据土壤食物网中大多数重要位置(Hunt 和 Wall,2002),参与土壤食物网中的养分循环和能量转移,在维持生态系统功能中发挥着重要作用。土壤线虫主要通过取食、携带或传播微生物,调节微生物群落组成,从而对有机质分解和养分循环起到关键的调控作用。

食微生物的线虫通过将复杂的有机物转化为无机物和改变微生物群落组成等多种方式影响有机物分解。此外,土壤线虫在土壤的养分循环方面也发挥着重要作用。土壤中 70%~80%易分解的碳和氮滞留在微生物体内。土壤线虫通过对细菌和真菌的取食,影响土壤中碳和氮的周转速率。其摄入的 40%~60%碳可以通过呼吸进行矿化,能够直接或间接地调节土壤内部氮的利用率。土壤线虫的排泄物可贡献 30%的土壤氮矿化速率和 19%的可溶解氮

(Ferris 等,1997)。线虫捕食的微生物氮含量通常高于其自身体结构所需,且线虫生长速率远小于微生物(Chen 和 Ferris,1999),即土壤线虫所取食微生物的碳氮比通常低于线虫的需要。取食细菌和真菌后,线虫会将超过自身生长所需要的氮,直接以铵(NH_4^+)的形式排泄、释放至土壤中(陈颖,2021)。线虫影响秸秆分解和养分释放的方式主要有机械破碎作用、适度取食刺激微生物活动、传播真菌和细菌的繁殖体等。

土壤线虫是反映土壤养分与扰动状态的关键指示者。20 世纪 70 年代早期,有研究开始利用线虫作为指示生物,并采用群落结构指标(优势度、相似性和多样性)评价陆地环境状况(Matveeva 和 Sushchuk,2016)。到 20 世纪 80 年代,以线虫作为指示生物的研究大量增加(Bongers,1990),后续研究不仅使用营养类群比例和线虫多度等指标,还开始使用在区域尺度上评价土壤健康状况更有优势的成熟度指数(maturity index,MI)等指标(Bongers,1990)。其中,对环境变化最敏感的为结构足迹、群落足迹以及各营养类群的多度和丰富度。与其他土壤动物相比,线虫具有结构简单、营养适应性广泛(存在于所有营养水平)、分布广泛、数量多、对有效营养源响应快速和对环境变化十分敏感等特征,这些特征使得它们在评价土壤条件变化和土壤功能状态的生态学研究中具有重要意义。目前,土壤线虫作为一种重要的指示生物,线虫群落的生态指标被广泛用于评价和监测森林、草原和农业等生态系统内土壤在自然和人为干扰条件下的变化状态(Neher,2001;陈颖,2021)。

土壤线虫能够参与植物根部的营养循环和碳转化。线虫可以通过改善土壤物理性质和水分状况,提高植被吸收养分的数量和效率,改善植物的健康状况(Mandal 和 Neenu,2012)。线虫也可以通过改变土壤微生物群落间接地影响植物的生长(Neher,2010)。线虫是细菌或真菌的捕食者,食真菌线虫在取食真菌原生质体过程中,可将空菌丝细胞壁中的养分释放出来,可以抑制由细菌或真菌引起的疾病(Yeates 和 Wardle,1996)。许多种寄生于高等植物和动物体上的线虫,常常引起多种植物根部的线虫病。植物寄生线虫通过消耗植物细胞的细胞质,触发植物激素反应,也可以直接破坏植物根系,从而降低其宿主的初级生产力(Neher,2010)。

2)螨虫

螨类隶属于节肢动物门(Arthropoda)蛛形纲(Arachnida)蜱螨目(Acari),土壤螨类和跳虫常常是土壤小型节肢动物中最为多样的类群。土壤螨类体型小,通常只有 0.5~2.0 mm,呈圆形或椭圆形,全身不分节,头胸部和腹部相互愈合。地球上现存的螨类可能有 50 万种之多。陆地上的螨类以栖息于土壤中的为最多,是最先定植在新出现的矿物和有机基质中的动物之一。它们以多种方式进行远距离扩散,如通过哺乳动物、鸟类和昆虫扩散(携播),通过风或水流被动扩散。但由于肉眼不易发现,不为人们所注意。

螨类占据多个营养级,分中气门亚目(Mesostigmata)、前气门亚目(Prostigmata)、无气门亚目(Astigmata)、内气门亚目(Endeostigmata),有食真菌、植食性、捕食性等多种食性。

有数据表明,螨类在土壤动物中的数量占总个体数的 28%~78%,而甲螨在土壤螨类中的数量占 62%~94%。大多数的甲螨亚目(Oribatida)取食真菌菌丝和孢子,一些体型较大的甲螨会直接取食植物凋落物和碎屑。地面植物的枯枝、落叶、落果以及土壤中的残根等通过甲螨等土壤动物的取食而得到粉碎、瓦解,加之土壤微生物的共同参与,使得有机物质的分解得以完成,并有助于土壤的形成和肥力的增加。甲螨对其所取食的有机物在消化道内吸收率很低,大多作为粪便排出,这种粪便积蓄在土壤中,对土壤腐殖化有重大意义。由于甲螨的种类、个体数量在土壤生态系统中非常庞大,其对于土壤物质循环和能量转换、保持土壤肥力及可持续利用、恢复和治理退化土壤等发挥着重要作用。

螨类是很好的土壤指示动物，土壤污染常常可以通过螨类的变化表现出来，如受铜、锌、汞污染的土壤中螨类数量明显减少。其中，甲螨是土壤螨类中最主要的类群，数量大、分布广，对环境变化十分敏感，是指示环境变化的合适物种。但有些土壤螨类在农业上为作物害虫，如红叶螨（红蜘蛛），为害多种作物（尤其是果树）和森林。

3）跳虫

跳虫，也称为弹尾虫，属于节肢动物门六足总纲。其种类和个体数量都很丰富，在全球均有广泛分布，以腐殖质、微生物等为食，是微节肢动物中数量最多的类群。目前海洋和淡水水面以下水体暂未发现其生活轨迹，而在气候严寒的南极（如南纬 83°的南极）、高山冻土带、赤道沙漠、热带雨林地区，上至树顶下至土壤深层，都能观察到跳虫活动的踪迹。它们的密度也相当惊人，每平方米可达 10 万只以上，最高能达到 700 万只，物种丰富度从 1～3 到 50～60 个物种不等。

大多数跳虫在温带地区出现频繁，喜阴凉与潮湿的环境，以及与土壤相关的环境（如地表枯枝落叶中、砖瓦石块下和地面植物上），特别是在有机质丰富的土壤中表现活跃。跳虫繁殖速度快，生活史 *r*-策略，对土壤、凋落物以及食物网的变化敏感，年际变化相对稳定，能够综合反映环境因素作用，在土壤中分布广泛且具有特殊地位和功能，可作为良好的环境指示生物，在土壤质量评价、污染监测、污染土壤的生物修复等方面起重要作用。其多样性在养分循环、凋落物分解和土壤微团聚体的形成、土壤生物群落的维护等诸多方面也都发挥了重要作用。它们是许多寄生原生动物、线虫、吸虫和病原菌的宿主，是土壤动物群落组成中不可或缺的一部分，与线虫、螨虫共称为土壤动物三大类群。

近年来，一批国际知名分类学家从事弹尾纲的分类学研究。国内以张峰为代表的一批分类学家长期立足于跳虫研究，2005 年至今发表的新种和新纪录种以及相关成果为之后的跳虫多样性评估、系统发育分析等多个方面提供了重要的参考依据，推动了跳虫研究的发展进程。比利时的 Frans Janssens 博士等于 1996 年创建了跳虫信息交流平台（http://www.collembolaorg/），并对其进行定期维护及相关研究信息汇总，为弹尾纲分类学研究提供了便捷。截至 2020 年 4 月，跳虫网站汇总的全世界现生跳虫分为 4 目、27 科、709 属、9 162 种。据研究统计我国现有跳虫为 4 目、19 科、130 属、636 种，分别占全球跳虫各分类阶元总数的 70%、18%、7%，各分类阶元多样性现状见图 2-13。

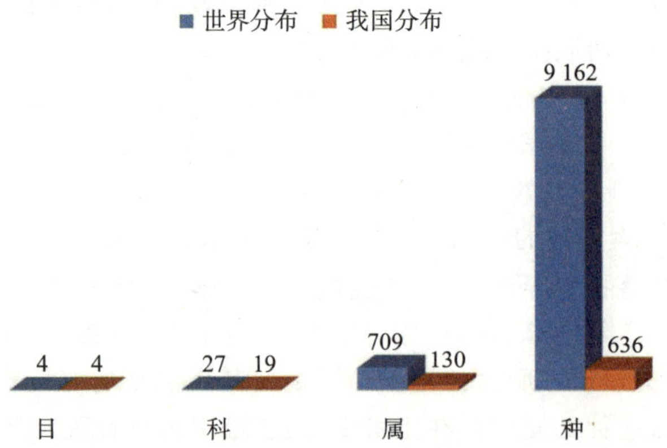

图 2-13　世界及我国跳虫目、科、属、种各分类阶元多样性（陈可欣，2020）

跳虫早期分类方法几乎完全基于外形、躯节、体色、眼、触角等外部形态学特征。进入 20 世纪后，研究者们纷纷开始借助分子生物学等现代技术手段对跳虫进行鉴别。如利用基于 PCR 的扩增片段长度多态性标记技术对跳虫细胞色素氧化酶亚基Ⅱ(COⅡ)基因序列进行对比分析，可快速、高效地对跳虫种类进行鉴定。随着基因测序方法的进一步发展，近几年来，高通量测序技术开始广泛应用于土壤生物多样性研究。学者们开始利用已发表的原始序列数据来获取有用的生物学信息。

4)蚯蚓

蚯蚓属于环节动物门(Annelida)寡毛纲(Oligochaeta)后孔寡毛目(Opisthopora)无脊椎动物，是温带土壤中生物量最大的无脊椎动物，也是陆地生态系统土壤中的主要动物类群。其生物量巨大，分布广泛。依据蚯蚓的生存环境和食物来源偏好等不同，分为表栖型(epigeic)、内栖型(endogeic)和深栖型(anecic)(崔莹莹等，2020)。表栖型蚯蚓栖息在土壤上表层，以表面的枯枝落叶为食；内栖型蚯蚓生活在中层土壤，将土壤表面凋落物拖入孔穴中取食；深栖型蚯蚓生活在土壤深层，取食含有大量有机物的土壤(马伟胜，2022)。

由于蚯蚓具有取食和掘穴习惯，每天通过其肠道的土壤可达其体重的 3～20 倍。其分泌蚯蚓黏液、排泄(蚯蚓粪)等生理活动显著改变土壤生态系统中元素循环和能量转移过程，进而影响各种重要的生态系统功能，如成土过程、水调节、养分循环、初级生产、气候调节和污染修复等，因此蚯蚓被称为“生态系统工程师”，在土壤生态系统中扮演着不可或缺的角色(Blouin 等，2013)。

蚯蚓通过自身活动增加土壤大团聚体数量和土壤孔隙度，在维持土壤稳定性的同时有利于植物根系的生长。已有文献报道，添加蚯蚓能显著提高粒径大于 2 mm 的大团聚体百分比含量，降低小粒径团聚体(<0.053 mm)的百分比含量。蚯蚓还能够增加盐碱土中微团聚体的数量，通过掘穴活动增加土壤孔隙度，提高土壤的通气性和持水能力。此外，蚯蚓的排泄物蚯蚓粪是一种良好的土壤结构改良剂。蚯蚓在土壤中的混合、挤压作用以及黏蛋白、黏多糖对土壤颗粒的胶结作用，使经过蚯蚓肠道后的蚯蚓粪比原土的稳定性更高(郭亚飞，2018)。

蚯蚓取食富含有机物的土壤颗粒，通过挖掘和排泄活动，将有机物质运往下层土壤，蚯蚓排泄物中无机氮的浓度远远高于周围土壤。通过蚯蚓肠道后有机残体破碎度增大，影响微生物活性。蚯蚓粪中有机碳和全氮含量一般高于周围土壤，尤其在含碳较低的土壤中，这种富集作用增加了土壤有机质的空间变异性。也有许多研究表明，蚯蚓会影响土壤有机质的稳定性。蚯蚓活动能混合有机质与矿质土，形成富含有机质的土壤微粒，为有机质提供物理保护，提高土壤潜在的碳固存能力。

蚯蚓对土壤污染胁迫比较敏感，被称为土壤质量的指示者，是众多生态毒理标准中推荐的受试物种(GB/T 31270.15—2014)。蚯蚓种群的丰度和多样性都是评价污染物环境危害的直观工具。蚯蚓的抗氧化酶、胆碱酯酶等生物标志物也在土壤生态风险评价中得到了广泛应用。此外，蚯蚓在污染土壤的修复中也有应用。蚯蚓的分泌物能够提高酸性土壤 pH，缓解土壤酸化(Garcia-Montero 等，2013)。蚯蚓自身通过取食和体表渗透等方式活化和富集土壤重金属(Becquer 等，2005)。一方面，一些蚯蚓自身可富集重金属；另一方面，蚯蚓还能增加土壤重金属的生物有效性，进而提高植物对重金属的修复效率，并且能够与土壤微生物协同作用，有效降解土壤有机污染物，从而修复污染土壤。

蚯蚓对盐碱土具有生态修复作用。张荣涛等(2013)的盆栽试验结果表明，蚯蚓粪对盐碱土具有一定的改良效果，能显著提高盐碱土壤中速效养分的含量，并降低土壤 pH、碱化度、总碱度和钠吸附比。蚯蚓的活动可以降低盐碱土壤的含盐量。有研究向盐渍土中添加蚯蚓和含有蚯蚓粪的堆肥，结果发现，盐渍土的含盐量和 pH 均降低(Oo 等，2015)。张雯雯(2018)研究表明，向盐碱土中添加蚯蚓的处理能显著降低土壤的盐浓度，其可能的机制是：蚯蚓活动增加了土壤孔隙度，提高盐溶液的淋溶，从而降低土壤盐度；蚓粪中大量的 Ca^{2+} 增加了 Na^{+} ～Ca^{2+} 在土壤中的交换作用和交换性 Na^{+} 的淋溶。蚯蚓还可以通过与土壤微生物的相互作用，间接修复盐碱土壤-植物系统。蚯蚓能够驱动土壤微生物提高土壤生物肥力。有研究表明，通过蚯蚓肠道的土壤微生物群落中特定细菌的丰度不断增加，如黄杆菌(*Microbacterium maritypicum*)、放线菌、厚壁菌门(Firmicutes)和 γ-变形菌门(Proteobacteria)以及假单胞菌属(*Pseudomonas*)的成员。这些微生物参与了土壤中硝化和反硝化作用以及腐殖质的分解过程。蚯蚓通过调控土壤微生物活性、数量、群落结构及功能，增强微生物的分解作用，提高土壤养分含量(图 2-14)(王丙磊等，2021)。

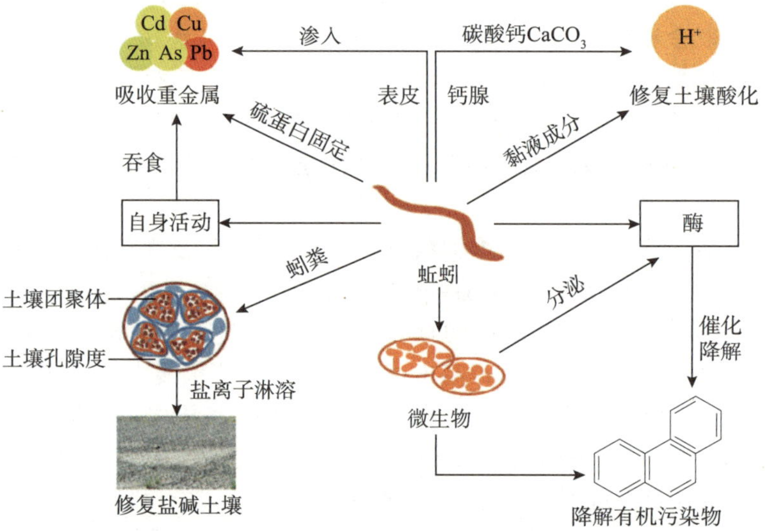

图 2-14　蚯蚓对土壤的修复作用(改自王丙磊等，2021)

思考题

1. 土壤的三相组成是什么？常用什么参数来表征？

2. 土壤质地大致可分为哪几类？测定土壤质地的方法有哪些？

3. 什么是土壤团聚体？土壤团聚体有何作用？

4. 土壤有机质和矿物质的来源和作用分别是什么？不同地区土壤有机质含量有所差异，我国哪些地方土壤有机质含量高？

5. 土壤生物有哪些类群？它们对土壤的影响如何？

参考文献

陈颖，2021.中国北方主要草地土壤线虫群落特征及对家畜放牧的响应:学位论文.长春:东北师范大学.

褚海燕,刘满强,韦中,等,2020.保持土壤生命力,保护土壤生物多样性.科学,72(6):38-42.

崔莹莹,吴家龙,张池,等,2020.不同生态类型蚯蚓对赤红壤和红壤团聚体分布和稳定性的影响.华南农业大学学报,41(1):83-90.

郭亚飞,2018.保护性耕作下蚯蚓在土壤结构形成和有机碳周转过程中的作用:学位论文.长春:中国科学院大学(中国科学院东北地理与农业生态研究所).

郭正堂,丁仲礼,刘东生,1996.黄土中的沉积-成壤事件与第四纪气候旋回.科学通报(1):56-59.

胡菏,李胜君,王蕊,等,2022.氮肥配施秸秆对土壤原生生物群落的影响.土壤学报:1-13.

江志阳,高立红,尹微,2020.土壤微生物:可持续农业和环境发展的新维度.微生物学杂志,40(3):1-7.

李学垣,2001.土壤化学.北京:高等教育出版社.

卢禛伟,2022.长期施用生物炭措施下土壤结构定量化与物理质量评价:学位论文.北京:中国农业大学.

马伟胜,2022.蚯蚓介导下纳米材料调控玉米生长及植食者抗性的研究:学位论文.无锡:江南大学.

商素云,2012.亚热带不同林分土壤有机碳组分及其结构特征研究:学位论文.杭州:浙江农林大学.

邵帅,何红波,张威,等,2017.土壤有机质形成与来源研究进展.吉林师范大学学报(自然科学版),38(1):126-130.

沈仁芳,周健民,2013.土壤学大辞典.北京:科学出版社.

宋长青,吴金水,陆雅海,等,2013.中国土壤微生物学研究10年回顾.地球科学进展,28(10):1087-1105.

宋春雨,张兴义,刘晓冰,等,2008.土壤有机质对土壤肥力与作物生产力的影响.农业系统科学与综合研究(3):357-362.

汤艳杰,贾建业,谢先德,2002.粘土矿物的环境意义.地学前缘(2):337-344.

王丙磊,王冲,刘萌丽,2021.蚯蚓对土壤-植物系统生态修复作用研究进展.应用生态学报,32(6):2259-2266.

王清奎,汪思龙,冯宗炜,等,2005.土壤活性有机质及其与土壤质量的关系.生态学报(3):513-519.

魏朝富,谢德体,李保国,2003.土壤有机无机复合体的研究进展.地球科学进展(2):221-227.

吴克宁,赵瑞,2019.土壤质地分类及其在我国应用探讨.土壤学报,56(1):227-241.

吴启堂,2015.环境土壤学.北京:中国农业出版社.

熊毅,1987.中国土壤.北京:科学出版社.

徐明岗,于荣,王伯仁,2000.土壤活性有机质的研究进展.土壤肥料(6):3-7.

徐鹏,江长胜,郝庆菊,等,2013.缙云山土地利用方式对土壤活性有机质及其碳库管理指数的影响.环境科学,34(10):4009-4016.

徐爽,王益权,2014.不同类型土壤团聚体化学稳定性分析.农业机械学报,45(4):173-178.

尹文英,2000.中国土壤动物.北京:科学出版社.

张斌,许玉芝,李娜,等,2014.土壤团聚结构变化的关键控制过程研究进展.土壤与作物,3(2):

41-49.

张铭杰，王先彬，1998. 干旱地区硫化矿床风化过程的穆斯堡尔谱特征：以青海锡铁山铅锌矿为例. 沉积学报(4)：153-158.

张娜，张栋良，李立新，等，2014. 基于高光谱的区域土壤质地预测模型建立与评价：以河套灌区解放闸灌域为例. 干旱区资源与环境，28(5)：67-72.

张然，陈雅丽，武晓娟，等，2021. 离子强度和胡敏酸影响下不同土壤胶体稳定性研究. 环境科学学报，41(6)：2347-2357.

张荣涛，周东兴，申雪庆，2013. 蚯蚓粪对盐碱土壤速效养分和碱化指标的影响. 国土与自然资源研究(4) ：83-86.

张雯雯，2018. 蚯蚓和菌根协同促进盐碱地玉米生长的作用机理：学位论文. 北京：中国农业大学.

郑勇，贺纪正，2020. 森林土壤微生物对干旱和氮沉降的响应. 应用生态学报，31(7)：2464-2472.

朱永官，段桂兰，陈保冬，等，2014. 土壤-微生物-植物系统中矿物风化与元素循环. 中国科学：地球科学，44(6)：1107-1116.

Adl S M, Simpson A G B, Lane C E, et al. , 2012. The revised classification of eukaryotes. Journal of Eukaryotic Microbiology, 59(5): 429-493.

Aerts R, Bakker C, de Caluwe H, 1992. Root turnover as determinant of the cycling of C, N, and P in a dry heathland ecosystem. Biogeochemistry, 15(3): 175-190.

Aimanský V, Tobiašová E, Zaujec A, 2007. Influence of soil organic matter on aggregate stability of chernozems. Phytopedon, 6: 25-29.

An S, Huang Y, Zheng F, 2009. Evaluation of soil microbial indices along a revegetation chronosequence in grassland soils on the Loess Plateau, Northwest China. Applied Soil Ecology : A Section of Agriculture, Ecosystems and Environment, 41(3): 286-292.

Angers D A, Caron J, van Breemen N, 1998. Plant-induced changes in soil structure; processes and feedbacks. Biogeochemistry, 42(1-2): 55-72.

Ayangbenro A S, Babalola O O, 2017. A new strategy for heavy metal polluted environments: A review of microbial biosorbents. International Journal of Environmental Research and Public Health, 14(1): 94.

Azooz R H, Arshad M A, Franzluebbers A J, 1996. Pore size distribution and hydraulic conductivity affected by tillage in northwestern Canada. Soil Science Society of America Journal, 60: 1197-1201.

Bardgett R D, Mommer L, de Vries F T, 2014. Going underground: Root traits as drivers of ecosystem processes. Trends in Ecology and Evolution, 29(12): 692-699.

Barrios E, 2007. Soil biota, ecosystem services and land productivity. Ecological Economics, 64 (2): 269-285.

Barthes B, Roose E, 2002. Aggregate stability as an indicator of soil susceptibility to runoff and erosion; validation at several levels. Catena (Giessen), 47(2): 133-149.

Baum C, El-Tohamy W, Gruda N, 2015. Increasing the productivity and product quality of vegetable crops using arbuscular mycorrhizal fungi: A review. Scientia Horticulturae, 187: 131-141.

Bazylinski D A, Frankel R B, 2004. Magnetosome formation in prokaryotes. Nature Reviews Microbiology, 2(3): 217-230.

Becquer T, Dai J, Quantin C. et al., 2005. Sources of bioavailable trace metals for earthworms from a Zn-, Pb- and Cd-contaminated soil. Soil Biology and Biochemistry, 37(8): 1564-1568.

Berridge M J, Bootman M D, Lipp P, 1998. Calcium: A life and death signal. Nature, 395: 645-648.

Bettoni M M, Mogor Á F, Pauletti V, et al., 2014. Growth and metabolism of onion seedlings as affected by the application of humic substances, mycorrhizal inoculation and elevated CO_2. Scientia Horticulturae, 180: 227-235.

Blackwell P, Joseph S, Munroe P, et al., 2015. Influences of biochar and biochar-mineral complex on mycorrhizal colonisation and nutrition of wheat and sorghum. Pedosphere, 25(5): 686-695.

Blouin M, Hodson M E, Delgado E A, et al., 2013. A review of earthworm impact on soil function and ecosystem services. European Journal of Soil Science, 64: 161-182.

Bongers T, 1990. The maturity index: An ecological measure of environmental disturbance based on nematode species composition. Oecologia, 83(1): 14-19.

Bowles T M, Barrios-Masias F H, Carlisle E A, et al., 2016. Effects of arbuscular mycorrhizae on tomato yield, nutrient uptake, water relations, and soil carbon dynamics under deficit irrigation in field conditions. Science of the Total Environment, 566-567: 1223-1234.

Bronick C J, Lal R, 2005. Soil structure and management: A review. Geoderma, 124(1-2): 3-22.

Bünemann E K, Bongiorno G, Bai Z, et al., 2018. Soil quality: A critical review. Soil Biology and Biochemistry, 120: 105-125.

Cely M V, de Oliveira A G, de Freitas V F, et al., 2016. Inoculant of arbuscular mycorrhizal fungi (*Rhizophagus Clarus*) increase yield of soybean and cotton under field conditions. Frontiers in Microbiology, 7: 720.

Chandrasekaran M, Kim K, Krishnamoorthy R, et al., 2016. Mycorrhizal symbiotic efficiency on C3 and C4 plants under salinity stress: A meta-analysis. Frontiers in Microbiology, 7: 1246.

Chaplot V, Cooper M, 2015. Soil aggregate stability to predict organic carbon outputs from soils. Geoderma, 243-244: 205-213.

Chen J, Ferris H, 1999. The effects of nematode grazing on nitrogen mineralization during fungal decomposition of organic matter. Soil Biology and Biochemistry, 31(9): 1265-1279.

Coq S, Barthès B G, Oliver R, et al., 2007. Earthworm activity affects soil aggregation and organic matter dynamics according to the quality and localization of crop residues: An experimental study(Madagascar). Soil Biology and Biochemistry, 39(8): 2119-2128.

de Deyn G B, Raaijmakers C E, Zoomer, H R, et al., 2003. Soil invertebrate fauna enhances grassland succession and diversity. Nature, 422: 711-713.

Dexter A R, 1988. Advances in characterization of soil structure. Soil and Tillage Research, 11(3-4): 199-238.

Duan J, Tian H, Drijber R A, et al., 2015. Systemic and local regulation of phosphate and nitrogen transporter genes by arbuscular mycorrhizal fungi in roots of winter wheat (*Triticum Aestivum* L.). Plant Physiology and Biochemistry, 96: 199-208.

Eden M, Moldrup P, Schjønning P, et al., 2012. Linking soil physical parameters along a density gradient in a loess-soil long-term experiment. Soil Science, 177: 1-11.

Edwards A P, Bremner J, 1967. Microaggregates in soils. Journal of Soil Science, 18: 64-73.

Elliott E T, Coleman D C, 1988. Let the soil work for us. Ecological Bulletins, (39): 23-32.

Eusterhues K, Wagner F E, Hausler W, et al., 2008. Characterization of ferrihydrite-soil organic matter coprecipitates by X-ray diffraction and mossbauer spectroscopy. Environmental Science and Technology, 42(21): 7891-7897.

Fang Y, Singh B P, van Zwieten L, et al., 2021. Additive effects of organic and inorganic amendments can significantly improve structural stability of a sodic dispersive subsoil. Geoderma, 404: 115281.

FAO, 2014. World reference base for soil resources 2014. URL: http://www.fao.org/3/a-i3794e.pdf

Fernández-Ugalde O, Barré P, Hubert F, et al., 2013. Clay mineralogy differs qualitatively in aggregate-size classes: Clay-mineral-based evidence for aggregate hierarchy in temperate soils. European Journal of Soil Science, 64(4): 410-422.

Ferris H, Venette R C, Lau S S, 1997. Population energetics of bacterial-feeding nematodes: Carbon and nitrogen budgets. Soil Biology and Biochemistry, 29(8): 1183-1194.

Finlay R, Wallander H, Smits M, et al., 2009. The role of fungi in biogenic weathering in boreal forest soils. Fungal Biology Reviews, 23(4): 101-106.

Finvers M A, 2008. Application of DPSIR for analysis of soil protection issues and an assessment of British Columbia's soil protection legislation. UK: Cranfield University.

Fortin D, Ferris F G, Beveridge T J, 1997. Surface-mediated mineral development by bacteria. Geomicrobiology: Interactions Between Microbes and Minerals, 35(1):161-180.

Fournier B, Santos S, Gustavsen, J A. et al., 2020. Impact of a synthetic fungicide (fosetyl-Al and propamocarb-hydrochloride) and a biopesticide (*Clonostachys rosea*) on soil bacterial, fungal, and protist communities. Science of the Total Environment, 738: 139635.

Frankel R B, Bazylinski D A, 2003. Biologically induced mineralization by bacteria. Reviews in Mineralogy and Geochemistry, 54(1):95-114.

Gao Y, Liang A, Fan R, et al., 2021. Quantifying influence of tillage practices on soil aggregate microstructure using synchrotron-based micro-computed tomography. Soil Use and Management, 38(1):850-860.

Garcia-Montero L G, Valverde-Asenjo I, Grande-Ortiz M A, et al., 2013. Impact of earthworm casts on soil pH and calcium carbonate in black truffle burns. Agroforestry Systems, 87: 815-826.

Gąstoł M, Domagała-Świątkiewicz I, Bijak M, 2016. Effect of mycorrhizal inoculation and phosphorus application on the growth and mineral nutrient status of apple seedlings. Journal of Plant Nutrition, 39(2): 288-299.

Geisen S, Mitchell E A D, Adl S, et al., 2018. Soil protists: A fertile frontier in soil biology research. Fems Microbiology Reviews, 42(3): 293-323.

Geisen S, Bonkowski M, 2017. Methodological advances to study the diversity of soil protists and their functioning in soil food webs. Applied Soil Ecology, 123: 328-333.

Greenland D, 1981. Soil management and soil degradation. Journal of Soil Science, 32(3):

301-322.

Gregory P J, 2006. Roots, rhizosphere and soil: the route to a better understanding of soil science? European Journal of Soilence, 57(1): 2-12.

Guhra T, Stolze K, Totsche K U, 2022. Pathways of biogenically excreted organic matter into soil aggregates. Soil Biology and Biochemistry, 164: 108483.

Guo S, Xiong W, Hang X, et al., 2021. Protists as main indicators and determinants of plant performance. Microbiome, 9(1): 64.

Hernandez-Soriano M C, Dalal R C, Warren F J, et al., 2018. Soil organic carbon stabilization: Mapping carbon speciation from intact microaggregates. Environmental Science and Technology, 52(21): 12275-12284.

Hunt H W, Wall D H, 2002. Modelling the effects of loss of soil biodiversity on ecosystem function. Global Change Biology, 8(1): 33-50.

Ibáñez J J, de-Alba S, Lobo A, et al., 1998. Pedodiversity and global soil patterns at coarse scales (with discussion). Geoderma, 83(3): 171-192.

Jansa J, Yezáčová V, Amilauer P, et al., 2016. Root colonization of bait plants by indigenous arbuscular mycorrhizal fungal communities is not a suitable indicator of agricultural land-use legacy. Agriculture, Ecosystems and Environment, 231: 310-319.

Jastrow J, Miller R, 1997. Soil aggregate stabilization and carbon sequestration: Feedbacks through organomineral associations. Soil processes and the carbon cycle. CRC press : 207-223.

Jeffries P, Gianinazzi S, Perotto S, et al., 2003. The contribution of arbuscular mycorrhizal fungi in sustainable maintenance of plant health and soil fertility. Biology and Fertility of Soils, 37 (1): 1-16.

Karlen D L, Varvel G E, Bullock D G, et al., 1994. Crop rotations for the 21st-century// Sparks DL, ed. Advances in Agronomy, 53: 1-45.

Kay B D, 1990. Rates of change of soil structure under different cropping systems// Stewart BA, ed. New York, NY: Springer New York: 1-52.

Kayama M, Yamanaka T, 2014. Growth characteristics of ectomycorrhizal seedlings of *Quercus glauca*, *Quercus salicina*, and *Castanopsis cuspidata* planted on acidic soil. Trees (Berlin, West), 28(2): 569-583.

Kemper W D, Rosenau R C, 1986. Aggregate stability and size distribution//John Wiley and Sons, Ltd: 425-442.

Kleber M, Eusterhues K, Keiluweit M, et al., 2015. Mineral-organic associations: Formation, properties, and relevance in soil environments. Advances in Agronomy, 130: 1-140.

Kogel-Knabner I, 2002. The macromolecular organic composition of plant and microbial residues as inputs to soil organic matter. Soil Biology and Biochemistry, 34(2):139-162.

Labrenz M, Druschel G K, Thomsen-Ebert T, et al., 2000. Formation of sphalerite (ZnS) deposits in natural biofilms of sulfate-reducing bacteria. Science, 290(5497): 1744-1747.

Lavallee J M, Soong J L, Cotrufo M F, 2020. Conceptualizing soil organic matter into particulate and mineral-associated forms to address global change in the 21st century. Global Change Biology, 26(1): 261-273.

Lavelle P, Decaëns T, Aubert M, et al., 2006. Soil invertebrates and ecosystem services. European Journal of Soil Biology, 42: S3-S15.

Lehmann A, Rillig M C, 2015. Understanding mechanisms of soil biota involvement in soil aggregation: A way forward with saprobic fungi? Soil Biology and Biochemistry, 88: 298-302.

Li F F, Sun A Q, Jiao X Y, et al., 2021. Specific protistan consumers and parasites are responsive to inorganic fertilization in rhizosphere and bulk soils. Journal of Soils and Sediments, 21(12): 3801-3812.

Li X, Zeng R, Liao H, 2016. Improving crop nutrient efficiency through root architecture modifications. Journal of Integrative Plant Biology, 58(3): 193-202.

Lowenstam H A, Margulis L, 1980. Calcium regulation and the appearance of calcareous skeletons in the fossil record. In: The mechanisms of biomineralization in animals and plants. Omori M, Watabe N (eds) Tokai University Press, Tokyo: 289-300.

Lowenstam H A, Weiner S, 1989. On biomineralization. Oxford University Press.

maaß, S, Caruso, T, Rillig, M C, 2015. Functional role of microarthropods in soil aggregation. Pedobiologia, 58: 59-63.

Mandal A, Neenu S, 2012. Impact of climate change on soil biodiversity: A review. Agricultural Reviews, 33(4): 283-292.

Matveeva E M, Sushchuk A A, 2016. Features of soil nematode communities in various types of natural biocenoses: Effectiveness of assessment parameters. Biology Bulletin, 43(5): 474-482.

Mccormack M L, Dickie I A, Eissenstat D M, et al., 2015. Redefining fine roots improves understanding of below-ground contributions to terrestrial biosphere processes. New Phytologist, 207(3): 505-518.

Mendham D S, O'Connell A M, Grove T S, 2003. Change in soil carbon after land clearing or afforestation in highly weathered lateritic and sandy soils of south-western Australia. Agriculture, Ecosystems and Environment, 95(1): 143-156.

Moore J, 2006. An introduction to the invertebrates: Nematoda. Cambridge: Cambridge University Press.

Mueller C W, Hoeschen C, Steffens M, et al., 2017. Microscale soil structures foster organic matter stabilization in permafrost soils. Geoderma, 293: 44-53.

Neher D A, 2001. Role of nematodes in soil health and their use as indicators. Journal of Nematology, 33(4): 161.

Neher D A, 2010. Ecology of plant and free-living nematodes in natural and agricultural soil. Annual Review of Phytopathology, 48(1): 371-394.

Nguyen B, Chen Q L, He J Z, et al., 2020. Microbial regulation of natural antibiotic resistance: Understanding the protist-bacteria interactions for evolution of soil resistome. Science of the Total Environment, 705: 135882.

Not F, Siano R, Kooistra W H C F, et al., 2012. Diversity and ecology of eukaryotic marine phytoplankton. Advances in Botanical Research, 64: 1-53.

Oades J M, Waters A C, 1991. Aggregate hierarchy in soils. Australian Journal of Soil Research, 29(6): 815-828.

Oo A N, Iwai C B, Saenjan P, 2015. Soil properties and maize growth in saline and nonsaline soils using cassava-industrial waste compost and vermicompost with or without earthworms. Land Degradation and Development, 26: 300-310.

Parfitt R L, Giltrap D J, Whitton J S, et al. , 1995. Contribution of organic matter and clay minerals to the cation exchange capacity of soils. Communications in Soil Science and Plant Analysis, 26(9-10): 1343-1355.

Peng X, Horn R, Hallett P, et al. , 2015. Soil structure and its functions in ecosystems: Phase matter & scale matter. Soil and Tillage Research, 146: 1-3.

Peng X, Zhu Q, Zhang Z, et al. , 2017. Combined turnover of carbon and soil aggregates using rare earth oxides and isotopically labelled carbon as tracers. Soil Biology and Biochemistry, 109: 81-94.

Pihlap E, Steffens M, Kögel-Knabner I, 2021. Initial soil aggregate formation and stabilisation in soils developed from calcareous loess. Geoderma, 385: 114854.

Quirk J P, 1994. Interparticle forces: A basis for the interpretation of soil physical behavior. Advances in Agronomy: 121-183.

Regelink I C, Stoof C R, Rousseva S, et al. , 2015. Linkages between aggregate formation, porosity and soil chemical properties. Geoderma, 247-248: 24-37.

Rillig M C, Aguilar-Trigueros C A, Bergmann J, et al. , 2015. Plant root and mycorrhizal fungal traits for understanding soil aggregation. New Phytologist, 205(4): 1385-1388.

Rousk J, Bååth E, Brookes P C, et al. , 2010. Soil bacterial and fungal communities across a ph gradient in an arable soil. The ISME Journal, 4(10): 1340-1351.

Sahrawat K L, 1983. An analysis of the contribution of organic matter and clay to cation exchange capacity of some philippine soils. Communications in Soil Science and Plant Analysis, 14(9): 803-809.

Saito A, Fujii T, Miyashita K, 2003. Distribution and evolution of chitinase genes in streptomyces species: Involvement of gene-duplication and domain-deletion. Antonie Van Leeuwenhoek, 84(1): 7-15.

Schlatter D C, Baugher C M, Kahl K, et al. , 2019. Bacterial communities of soil and earthworm casts of native palouse prairie remnants and no-till wheat cropping systems. Soil Biology and Biochemistry, 139: 107625.

Schulten H R, Leinweber P, 2000. New insights into organic-mineral particles: Composition, properties and models of molecular structure. Biology and Fertility of Soils, 30(5): 399-432.

Shahriari M, Delbari M, Afrasiab P, et al. , 2019. Predicting regional spatial distribution of soil texture in floodplains using remote sensing data: A case of southeastern iran. Catena, 182: 104149.

Sherwood A R, 2016. Greenalgae (Chlorophyta and Streptophyta) in rivers. River Algae: 35-63.

Six J, Bossuyt H, Degryze S, et al. , 2004. A history of research on the link between (micro)aggregates, soil biota, and soil organic matter dynamics. Soil and Tillage Research, 79(1): 7-31.

Six J, Elliott E T, Paustian K, 2000. Soil macroaggregate turnover and microaggregate formation: A mechanism for C sequestration under no-tillage agriculture. Soil Biology and Biochemistry,

32(14): 2099-2103.

Stefan G, 2016. The bacterial-fungal energy channel concept challenged by enormous functional versatility of soil protists. Soil Biology and Biochemistry, 102: 22-25.

Taboada M, Micucci F, Cosentino D, et al., 1998. Comparison of compaction induced by conventional and zero tillage in two soils of the Rolling Pampa of Argentina. Soil and Tillage Research, 49(1-2): 57-63.

Tahir M M, Khurshid M, Khan M Z, et al., 2011. Lignite-derived humic acid effect on growth of wheat plants in different soils. Pedosphere, 21(1): 124-131.

Tisdall J M, Oades J M, 1982. Organic matter and water-stable aggregates in soils. Journal of Soil Science, 33(2): 141-163.

Totsche K U, Amelung W, Gerzabek M H, et al., 2017. Microaggregates in soils. Journal of Plant Nutrition and Soil Science, 181(1): 104-136.

van der Heijden M G A, Klironomos J N, Ursic M, et al., 1998. Mycorrhizal fungal diversity determines plant biodiversity, ecosystem variability and productivity. Nature, 396(6706): 69-72.

Wang J, Liu G, Zhang C, et al., 2019. Higher temporal turnover of soil fungi than bacteria during long-term secondary succession in a semiarid abandoned farmland. Soil and Tillage Research, 194: 104305.

Wani P A, Khan M S, 2013. Nickel detoxification and plant growth promotion by multi metal resistant plant growth promoting rhizobium species RL9. Bulletin of Environmental Contamination and Toxicology, 91(1): 117-124.

Weiner S, Addadi L, 2002. At the cutting edge. Perspectives. Science, 298:375-376.

Weiner S, Dove P M, 2003. An overview of biomineralization processes and the problem of the vital effect. Reviews in Mineralogy and Geochemistry, 54(1): 1-29.

Whipps J, 2011. Prospects and limitations for mycorrhizas in biocontrol of root pathogens. Canadian Journal of Botany, 82: 1198-1227.

Wick A F, Ingram L J, Stahl P D, 2009. Aggregate and organic matter dynamics in reclaimed soils as indicated by stable carbon isotopes. Soil Biology and Biochemistry, 41(2): 201-209.

Wu S, Nguyen T A H, Liu Y, et al., 2019. Deficiencies of secondary Fe (oxy)hydroxides associated with phyllosilicates and organic carbon limit the formation of water-stable aggregates in Fe-ore tailings. Chemical Geology, 523: 73-87.

Yeates G W, Wardle D A, 1996. Nematodes as predators and prey: relationships to biological control and soil processes. Pedobiologia, 40(1): 43-50.

Young I M, Crawford J W, 2004. Interactions and self-organization in the soil-microbe complex. Science, 304(5677): 1634-1637.

Yu X, Fu Y, Lu S, 2017. Characterization of the pore structure and cementing substances of soil aggregates by a combination of synchrotron radiation X-ray micro-computed tomography and scanning electron microscopy. European Journal of Soil Science, 68(1): 66-79.

Yuan Y, Yuan Z, Xi Y, et al., 2022. Effect of microbially induced carbonate precipitation (MICP) in the highly saline silty soil of the cold plateau area of the Qinghai-Tibetan Plateau. KSCE Journal of Civil Engineering, 26: 4407-4418.

Zai X, Zai Y, Zhang H, et al., 2015. Characterising the rhizospheric soil niches of beach plum (*Prunus Maritima*) colonised by arbuscular mycorrhizal fungi and/or phosphate-solubilising fungi when grown under NaCl stress. Journal of Horticultural Science and Biotechnology, 90: 469-475.

Zhang B, Horn R, 2001. Mechanisms of aggregate stabilization in ultisols from subtropical China. Geoderma, 99(1-2): 123-145.

Zhao Z B, He J Z, Geisen S, et al., 2019. Protist communities are more sensitive to nitrogen fertilization than other microorganisms in diverse agricultural soils. Microbiome, 7(1): 7-33.

Zucchi T D, de Moraes L A B, de Melo I S, 2008. *Streptomyces* sp. ASBV-1 reduces aflatoxin accumulation by *Aspergillus parasiticus* in peanut grains. Journal of Applied Microbiology, 105(6): 2153-2160.

Zwetsloot M J, Lehmann J, Bauerle T, et al., 2016. Phosphorus availability from bone char in a P-fixing soil influenced by root-mycorrhizae-biochar interactions. Plant and Soil, 408(1): 95-105.

第3章 根际土壤过程及其生态学效应

3.1 根际生态系统的组成与结构

3.1.1 根际的概念与发展

根际的概念由1904年德国微生物学家 Hiltner 在德国农学会议所作的报告中首次提出。根际生态学以生态学的基本理论为基础，以根际生态系统为研究对象，突出植物的主导作用，主要研究植物、土壤和微生物及其环境之间的相互关系。同生态系统是生态学的基本功能单位类似，根际生态系统是根际生态学的基本功能单位。根际生态系统是一个以植物为主体，以根际为核心，以植物-土壤-微生物及其环境条件相互作用过程为主要研究内容，囊括了从生物遗传，即基因调节和表达等引起的根际竞争，到植物、土壤、微生物及其环境条件性相互作用的各个方面，是一个由基因水平到生态系统水平各个组分构成的特殊系统。

3.1.2 根际生态系统的组成

生态系统由非生物成分（光、水、空气、无机盐及非生物的有机物等）和生物成分（生产者、消费者、分解者）组成。根际生态系统主要由土壤、植物、微生物及其外环境四要素构成（图3-1）。植物-土壤-微生物交互的界面称为根际。外环境涉及岩石圈、大气圈、水圈以及宇宙中驱动整个根际生态系统的光、温、水、气。根际生态系统中由绿色植物充当生产者，它是生态系统中最为积极的因素。绿色植物将光能、CO_2、水转化为碳水化合物，除了为人类和动物提供能源，还以植物残体或者根系分泌物的形式固定到土壤中为微生物提供能源。人类、动物、根际微生物为系统中的消费者。其他的微生物在生态系统中充当分解者。

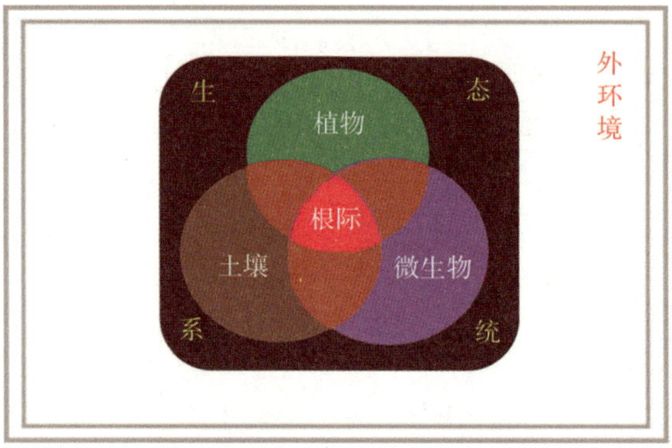

图3-1 根际生态系统结构示意图
（改自张福锁和申建波，1999）

3.1.3 根际生态系统的结构

生态系统需要通过一定的结构组成才能成为一个完整的具有一定功能的系统，并能发挥作用进行运转。根际生态系统的结构有两方面：一为形态结构，二为营养结构。

3.1.3.1 形态结构

对于植物根际来说，在时间尺度上和空间尺度上的研究都是十分重要的。在植物生命周期中，其根际微生物群落的结构也随之变化。由于根的类型（初生、次生）与区域（根管、侧生、边缘细胞）的不同，微生物在根际也不是均匀分布的，它们会在根系生长的过程中在土壤中发生移动。对根基和根尖的根际样品的对比显示出快速生长细菌比例的差异非常明显，可以实现 *r*-策略者和 *k*-策略者的演替。根际生态系统的结构是其时间和空间结构相互作用的结果，是植物-土壤-微生物及其环境相互作用并发挥系统功能的有机组合。生态系统的形态结构通常是由生态系统中的生物种类、数量、时间和空间分布及动态变化组成的。从根际生态系统的概念可以看出，广义的根际生态系统涵盖了地球陆地上所有绿色植物、土壤、微生物及其环境相互作用的根际动态过程及其影响因素的共性部分。从研究范围上来看，根际生态系统涉及农业生态系统以及所有的自然生态系统。就时间因素而言，在植物生长发育的小尺度上看，根际生态系统起源于根的形成，并伴随根的生长而发展；在地质历史的大尺度上看，根际生态系统的形成源于绿色植物的登陆，从水生到陆生，伴随生物和地球的演化发展。就空间而言，在个体水平上，根际生态系统的空间结构反映在根的构型，各种生物特别是微生物在根横向和纵向的种群分布和群落结构特征，以及植物、土壤、微生物三者间稳定的空间关系；在群落水平上，根际生态系统的空间结构反映在同种或不同植物群落根层的分布构型，不同生态环境下植物群落与根际微生物群落在不同土壤属性下的空间分布和相互关系。根际生态系统的结构是其时间和空间结构相互作用的结果，是植物-土壤-微生物及其环境相互作用并发挥系统功能的有机组合。

根际在不同的时间段及作物生长的不同生育期受到根系影响的大小不同，则根际的范围不同，因此根际没有具体的范围。研究发现，在距离根 2 mm 内的范围内，会出现磷素的耗竭区，因此传统上定义根际的大小为根周围 2 mm 的区域。但实际上根际的大小是不断改变的，因作物种类不同、生育期变化以及对养分需求的不同而变化。研究发现，通过非破坏性可视化技术评估的大多数参数（气体、根系分泌物、养分和过剩元素、pH、氧化还原电位、酶活性和微生物生命活性）确定的根际范围为 0.5～4 mm（图 3-2）。

3.1.3.2 营养功能

生态系统的营养功能是通过食物链和食物网来体现的，根际生态系统也是如此。根际生态系统的营养结构是以营养物质的循环为纽带，把生物和非生物紧密结合起来。这种营养物质的循环结构包括物质循环的多个过程。首先，植物将光能转化为二氧化碳和碳水化合物，碳水化合物的一部分形成籽粒或其他部分，为人类和动物提供食物。除此之外，还有一部分有机碳由植物根系释放到根际中（分泌物、脱落细胞组织等），为微生物活动提供能量和碳源，提高土壤肥力，这被称为根际淀积作用。其次，在菌丝际层面，根据菌根真菌菌丝侵入植物根系的方式将菌根分为两大类，即内生菌根和外生菌根。菌根真菌与植物根系结合形成复杂的菌丝网络结构，大大增加了植物根系对养分的有效吸收面积，并且活化了土壤中的难溶性养分，提

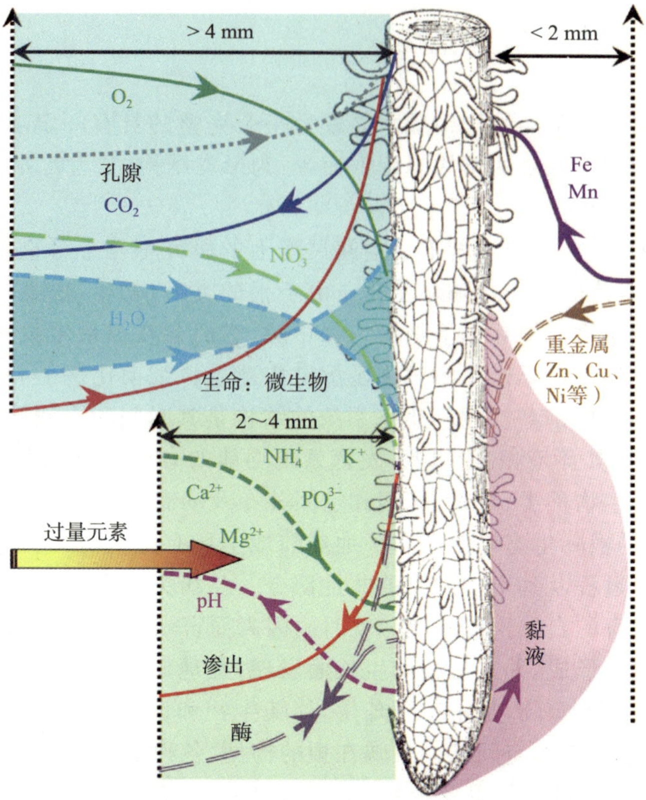

图 3-2 根际结构及组成（改自 Kuzyakov 和 Razavia，2019）

高植物对土壤养分的利用效率。最后，在物质循环过程中，植物吸收土壤中的养分须通过根际通道，动植物的残体也只有在土壤微生物的分解作用下才能将养分重新返回土壤。因此，根际生态系统是一个动态开放的物质循环和能量交换系统。

3.2 根际过程及其生态功能

在自然生态系统中，由于植物的根系和土壤紧密接触，在接触的这部分土壤微区中，许多微生物（真菌、细菌、放线菌、原生生物和线虫）非常活跃。微生物利用根系分泌物和根际土壤中存在的各种有机物质进行代谢活动，使得根际土中的土壤微生物数量和活性都远远超过原土体，甚至由于微生物的强烈活动，这部分土壤还会形成嫌气或者好气的微域。因此，将根际定义为受到植物根系生长活动影响，在物理、化学和生物学特性上不同于原土体的特殊土壤微域，是植物-土壤-微生物及其相互作用的场所。

3.2.1 根际物理化学过程

根际动态过程有：根际的化学过程、根际的物理过程、根际的生物过程。根际的物理和化学过程主要有根际 pH 动态、根际氧化还原动态、根际离子浓度动态以及配合反应动态(图 3-3)。

3.2.1.1 根际物理过程

在紧实的土壤中,生长的根较粗,在松软的土壤中,植物根系往往较细。原因是在根受到机械阻力的时候会分泌一些根系分泌物来试图穿过阻碍。

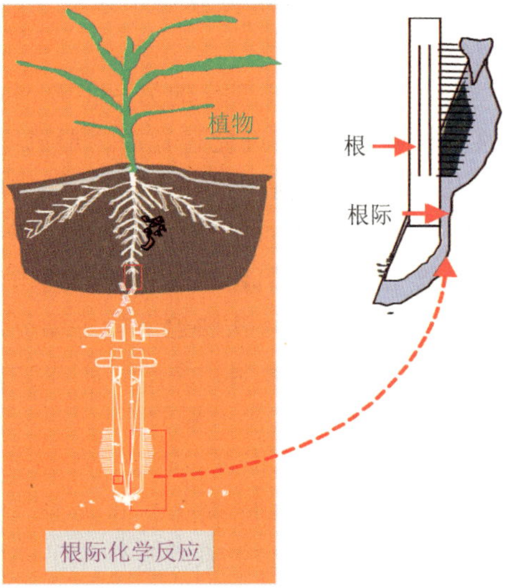

图 3-3 根际化学反应示意图

人们应用电子显微技术研究了根土界面的显微形态,初步明确了根冠细胞和根毛细胞分泌的黏液能加强根与土壤颗粒的联结。根分泌的黏液与土壤混合在植物的根表形成根壳,如玉米根系可释放大量黏液,从而形成明显的根壳(Watt 等,1994)。根壳对于植物的生长具有重要意义:一方面为根的生长提供了湿润的保护环境,有利于根系的生长;另一方面有可能成为水分和养分向根表运输的屏障。根壳对重金属及其他污染物产生钝化和阻止作用,降低了污染物进入植物体的风险。但是,有关根壳的作用尚需进一步深入研究。除了根冠部位能分泌大量黏液外,从根冠脱落的根缘细胞(root border cells)能在 3 周内继续分泌黏液,而且根际微生物也释放一部分黏液。黏液层的总厚度在根表可达 10～50 μm,黏液层的外沿首先附着在土壤的黏粒上,再延伸到土壤孔隙中与土壤颗粒相混合。黏液与土壤的这种混合层可扩展到距根表 1～4 mm。黏液与根际土壤的这种物理的相互作用有 3 种形式,即黏附、渗透和穿透。黏附(mold contact)是指黏液与土壤颗粒表面的接触,渗透(interpenetration)是指黏液占据疏松团聚体孔隙,而穿透(permeation)是指黏液进入紧密团聚体内部。黏液层与根土界面相互作用,尤其在干旱条件下能保证根系与土壤的紧密接触。黏液与土壤的黏结作用对于土壤颗粒的团聚来说是十分重要的,尤其在草地生态系统上。研究表明,玉米根际土壤稳定性团聚体含量明显高于非根际土壤,这是因为黏液中的多糖与黏土矿物形成了有机-无机复合体。黏液中多糖可占约 95%,另含少量蛋白质。黏液分子量约为 15×10^{16},原生的高分子黏液是由中等分子量的多糖与 Ca^{2+} 以及不同单位的半乳糖醛酸聚合而成的。根际土壤团聚体的形成取决于多糖的特性和黏土矿物类型。蒙脱石类型的黏土矿物比高岭石类型的黏土矿物更有利于与多糖产生联结,形成团聚体。

3.2.1.2 根际 pH 及其生态功能

土壤中植物所需要的养分有效性往往受到土壤酸碱度(pH)和氧化还原电位(Eh)的影响。根际土的 pH 和 Eh 也往往不同于原土体,以往认为这种改变是根系分泌有机酸,酸化根际导致的。但研究发现,根系分泌有机酸和根系释放质子 H^+ 是两个不同的过程。

阴阳离子吸收不平衡是根际 pH 变化的主要原因。施入不同形态的氮肥,会引起根际 pH 变化。比如施入硝态氮后,为了保持电荷平衡,植物释放 OH^-,碱化根际,根际 pH 会升高。在酸性土壤中施入硝态氮使得根际 pH 上升,可以提高磷的有效性,减轻酸性土壤引起的铝毒危害。施入铵态氮后,植物为了保持电荷平衡,会释放出质子酸化根际,使得根际 pH 降低。豆科植物的固氮作用也会引起根际 pH 的变化。在作物固氮的时候,会将空气中的 N_2 还原为 NH_4^+ 供植物吸收利用,导致植物根系释放质子酸化根际。不仅如此,当植物缺乏微量元素时也会诱导植物根系释放质子酸化根际，根际 pH 下降后，会增强自身对磷、铁、锰、锌元素的吸收。

影响根际 pH 变化的另一主要因素是植物基因型间的差异。生长在养分贫瘠的土壤中的某些植物，在长期进化过程中会形成不同的养分获取策略，通过一些主动机制改变根际环境，提高对养分的吸收利用。比如在缺磷的石灰性土壤上，除了形成大量的排根来吸收磷素外，植物根系还能主动向根外分泌柠檬酸阴离子和质子酸化根际。柠檬酸阴离子还能螯合土壤中与磷结合的钙、铁、铝释放出磷酸根离子，提高磷的有效性。一些耐缺铁的非禾本科单子叶植物和双子叶植物在缺铁胁迫下能主动分泌某些还原性物质，也分泌质子酸化根际。

根际 pH 会影响根系的形态和生长速率，在酸性土壤上根际酸化作用可能会引起根尖和次生根受损变黑，使得根的伸长和根毛生长受到抑制，甚至整个根细胞死亡。但加入钙盐后可以消除上述症状，因此，有的研究者认为是 H^+ 代换了根细胞膜上的 Ca^{2+} 导致的。

3.2.1.3 根际氧化还原反应

根际微生物和根系呼吸作用消耗氧气较多造成根际氧化还原电位下降，同时，会使得一些变价营养元素活化，甚至出现毒害。在双子叶和非禾本科单子叶植物的根际，缺铁会导致根系的还原能力增强。此时微域皮层细胞原生质膜上的还原酶受到低 pH 的诱导，还原铁的能力显著增强。植物对缺铁的适应性反应增大了 Fe^{3+} 的溶解度，增强了 Fe^{3+} 的移动性，同时有利于改善铁的还原和吸收。另外，这种适应性反应也增加了根际铜和锰被还原的比例，提高了缺铁植物体内这两种元素的含量。在铁和锰有效性低的土壤上，上述过程可以提高铁和锰的有效性。而在其有效性较高的土壤中，由于植物适应缺铁的条件，可能会出现“锰中毒”现象。

适应嫌气环境的植物（如水稻）能通过通气组织将 O_2 从地上部输送到根部再释放到根际，使得根际的氧化还原电位升高。这时，一方面会降低 Fe^{2+} 和 Mn^{2+} 的危害浓度，另一方面在氧化区会形成铁、锰氧化物沉淀。但当植物同时遭受缺镁、钾、磷时，根系分泌低分子量有机物的数量增加，根系微生物的活性增强，此时对 O_2 的消耗量增大，可能会造成水稻根际铁的毒害作用。

3.2.2 根际生物学过程

传统的微生物分类系统将土壤微生物分为细菌、放线菌、真菌、藻类、原生生物和病毒。土壤细菌的数量最大，放线菌次之，其他依次为真菌、藻类、原生生物。若从生物量来说，真菌是最大的类群。

植物为微生物的生长和增殖提供了多种生态位，微生物群落与植物形成复杂的共生关系，在自然环境中对促进植物的生产力和健康具有重要作用。植物微生物群中的微生物可能是有益的、中性的，还可能是致病的。植物和相应的微生物群落之间直接和间接的相互作用已被证明可以促进植物生长、营养吸收和提高抗病性（Trivedi 等，2020）。

土壤是微生物的栖息地，也是天然培养基，它具有微生物生长繁殖所必需的各种条件。土壤微生物被植物根系分泌物趋化吸引，然后在这种富含碳的环境中增殖。根据估计，地球上细菌约有 4 万种，真菌约有 150 万种，绝大多数种类在人工培养基上不能生存，现在能够被成功培养的细菌仅占细菌种类的 5%～10%，甚至更少（Bull 等，1992；Doornbos 等，2012）。分子探针技术的不断成熟和完善使得很多不能人工培养的、未知的微生物种类通过基因检测而被发现(Lu 和 Conrad,2005)。很多土壤微生物的生存并不依赖于活的植物,但是由于植物根系分泌物和脱落物的诱导作用,根际土壤范围内的微生物数量、群落组成和活性都不同于非根际土壤。根际内的微生物不仅在数量上居多,而且许多根际微生物与植物之间存在密切的联系。例如根瘤菌、菌根真菌能够与植物共生,土传病原菌能够使植物致病等,这些与植物生长密切相关的过程都发生在根际内。也正是由于存在这些不同的过程,根际生态系统成为外表千姿百态、内部过程错综复杂、对环境和生态系统影响显著的体系。

3.2.2.1 微生物对植物的影响

植物根际促生菌(PGPR)这一概念由美国奥本大学 Kloepper 和 Schroth 在 1978 年首次提出,用于描述根际环境中定植于根部并促进植物生长的有益菌群。PGPR 是一类能够自由生活在土壤或定植于植物根际的微生物,能直接或间接促进植物生长、增加作物产量、增强矿质营养的吸收和利用,并增强植物抵抗生物和非生物胁迫的能力。理想的 PGPR 菌株应满足以下标准:①具备较强的根际竞争力和较好的生态友好性;②可以在植物根部大量生长、繁殖;③能够促进植物生长;④呈现出广泛的行动范围;⑤可以与根际的其他细菌相容;⑥对物理和化学因素(热、干燥、辐射、氧化剂)耐受;⑦与现存的根瘤菌菌群相比,应表现出更好的竞争力。

自 1978 年根际促生菌这一概念提出以来,有关 PGPR 的研究始终是农业微生物学、植物病理学的研究热点。纵览过去几十年的研究成果可以发现,PGPR 广泛存在于多种植物中,且具有丰富的类群。目前,研究最广泛、最深入的 PGPR 菌属有假单胞菌属、芽孢杆菌属(*Bacillus*)和类芽孢杆菌属(*Paenibacillus*)。假单胞菌属是目前研究最为广泛、深入且具有较好应用前景的 PGPR,其中贡献最为突出的是荧光假单胞菌(*Pseudomonas fluorescens*)。芽孢杆菌属是一类可定植于植物根际环境中的革兰氏阳性、好氧型细菌,能形成内生孢子,对环境的适应性较强,具有耐酸碱、耐高温、耐挤压、极高的环境兼容性和较好的重金属吸附性等特征。大多数芽孢杆菌具备产生抑菌物质而抑制其他竞争对手的能力,因而在根际环境中具有较强的竞争优势。类芽孢杆菌属是 PGPR 的重要来源,可通过固氮、分泌植物激素、分泌铁载体、活化矿物营养元素等促进植物生长。此外,根际中普遍存在的 PGPR 菌属还包括固氮螺菌属(*Azospirillum*)、固氮弧菌属(*Azoarcus*)、固氮根瘤菌属(*Azorhizobium*)、根瘤菌属(*Rhizobium*)、肠杆菌属(*Enterobacter*)、产碱杆菌属(*Alcaligenes*)、无色杆菌属(*Achromobacter*)、泛菌属(*Pantoea*)、伯克霍尔德菌属(*Burkholderia*)、节杆菌属(*Arthrobacter*)、链霉菌属(*Streptomyces*)、微球菌属(*Micrococcus*)、拟杆菌属(*Paenibacillus*)、沙雷氏菌属(*Serratia*)、硫杆菌属(*Thiobacillus*)、不动杆菌属(*Acinetobacter*)、气单胞菌属(*Aeromonas*)、农杆菌属(*Agrobacterium*)、异根瘤菌属(*Allorhizobium*)、茎杆菌属(*Caulobacter*)、德尔夫提菌属(*Delftia*)、黄杆菌属(*Flavobacterium*)、弗兰克氏菌属(*Frankia*)、葡萄糖酸杆菌属(*Gluconacetobacter*)、克雷伯菌属(*Klebsiella*)、中根瘤菌属(*Mesorhizobium*)等(Basu 等,2021)。据统计,大量 PGPR 在增加植物养分吸收、提高土壤肥力、增加种子发芽率、分泌植物激素刺激生长、耐干旱及耐盐胁迫、耐生物胁迫、修复重金属和污染物等方面均有较为突出的贡献。

PGPR 促进植物生长的作用机制是通过一种或多种促生机制直接或间接影响植物生长的(图 3-4):直接促生机制包括通过活化养分改进植物营养状况(如自生固氮作用、磷酸盐增溶、溶钾、活化微量营养元素等)或通过调节植物激素水平(如生长素、细胞分裂素、赤霉素、脱落酸和乙烯)来有效促进植物的生长和发育(A-Fraile 等,2015;Basu 等,2021);间接影响包括通过抑制植物病原体和其他有害微生物来影响植物健康,产生拮抗物质(如氰化氢、铁载体、抗生素和抗菌代谢物)和溶解酶(如几丁质、葡聚糖酶和蛋白酶)等减轻病虫害,以及诱导植物对病原菌产生系统抗性(Islam 等,2016;Berg 等,2017;Sayyed 等,2019;Meena 等,2020)。此外,PGPR 还可促进有益共生作用(根瘤和菌根的形成),降解农药、重金属、抗生素、石油烃等外源性污染物(Pandey 等,2013;Sayyed 等,2015;Khan 和 Bano,2016;Patel 等,2016)。

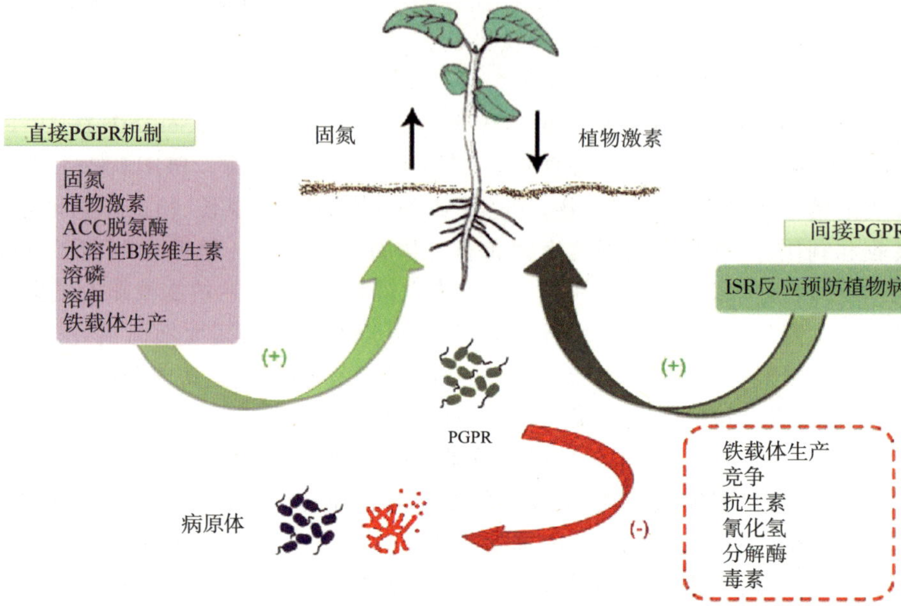

图 3-4 根际促生菌的作用机制(改自 García-Fraile 等,2015)

1)提高植物根际养分可利用性

PGPR 通常通过自身固氮、磷钾溶解或产生铁载体提高土壤营养元素的生物有效性,促进植物根系对养分的吸收和利用(Pii 等,2015)。氮是植物生长所需重要元素,在自然界中主要以双原子分子(N_2)形式存在于大气中,不能被植物直接吸收和利用。固氮菌是 PGPR 的重要组成部分,可将大气中的 N_2 通过生物固氮作用提高植物对氮的利用。目前已鉴定出来的具有固氮能力的 PGPR 主要有固氮弧菌属、慢生根瘤菌属、固氮菌属、拜叶林克氏菌属、弗兰克氏菌属、葡糖醋杆菌属、草螺菌属(Vejan 等,2016)。除了氮以外,磷是植物生长的另外一个必需营养元素。土壤中磷的含量十分丰富,但能被植物直接吸收利用的有效磷含量不到 5%。研究表明,一些 PGPR(如芽孢杆菌属、类芽孢杆菌属、叶杆菌属、假单胞杆菌属)可分泌有机酸,降低植物根际土壤 pH,可将难溶性磷转化成易于被植物吸收的状态。此外,研究发现假单胞菌属、芽孢杆菌属和微杆菌属(*Microbacterium*)具有较好的解钾效果。铁是几乎所有生命形式均需要的重要营养物质,但通常以三价铁离子(Fe^{3+})的形式存在于土壤中,其溶解性低,难以被植物直接吸收利用。部分 PGPR(如假单胞菌属、叶杆菌属、根瘤菌属、链霉菌属)可以通过产生铁载体来络合土壤中的铁元素,供给植物生长发育。

2)促进植物根部生长

PGPR 根际定植能够调控植物根系构型,促进侧根和根毛的发育,增强植物的生长和根际养分吸收,提高养分利用率。PGPR 可通过合成植物激素、1-氨基环丙烷 -1-羧酸(1-aminocyclopropane-1-carboxylate oxidase,ACC)脱氨酶、挥发性物质等刺激根的代谢活动促进植物生长(Cassan 等,2001;Tahir 等,2017)。大量研究表明,芽孢杆菌、维罗纳气单胞菌(*Aeromonas veronii*)、巴西固氮螺菌(*Azospirillum brasilense*)、芸薹叶杆菌(*Phyllobacterium brasssicacearum*)、慢生根瘤菌(*Bradyrhizobium*)、食酸丛毛单胞菌(*Comamonas acidovorans*)、阴沟肠杆菌(*Enterobacter cloacae*)以及豌豆根瘤菌(*Rhizobium leguminosarum*)等 PGPR 菌株可通过分泌生长素来促进根生长、增加根长度和根表面积。此外,多黏类芽孢杆菌(*Paenibacillus polymyxa*)、荧光假单胞菌、豌豆根瘤菌等通过分泌细胞分裂素促进根细胞分裂及组织膨大,增加根表面积。短小芽孢杆菌(*Bacillus pumilus*)和地衣芽孢杆菌(*Bacillus licheniformis*)等芽孢杆菌属的 PGPR 可以通过产生赤霉素(gibberellic acid,GA),促进植物形态的改变。产碱杆菌(*Alcaligenes* sp.)、短小芽孢杆菌(*Bacillus pumilus*)、阴沟肠杆菌、洋葱单胞菌(*Pseudomonas cepacia*)、恶臭假单胞菌(*Pseudomonas putida*)等 PGPR 能够产生 ACC 脱氨酶,降低植物根乙烯(C_2H_2)的合成,解除乙烯对根的抑制作用。

3)保护植物健康

植物的根际是植物抵御病害的第一道防线。许多 PGPR 具有生物防治的作用,可以在植物受到病原菌侵染前以及侵染的过程中,有效地抑制土传病原菌的生长和繁殖,从而保护植物的健康。PGPR 发挥生防作用的机制主要包括与病原菌竞争营养资源和生态位、分泌抑菌类的化合物,释放具有抑菌性的挥发性有机化合物(volatile organic compounds,VOCs)以及诱导植物产生系统抗性(systemic acquired resistance,SAR)等(Gowtham 等,2016;Srivastava 等,2016;Verma 等,2016)。假单胞菌属和芽孢杆菌属是目前研究较多的生防菌种,一方面通过竞争作用降低病虫害对植物伤害的潜在风险,另一方面可产生氰化氢、铁载体、抗生素和抗菌代谢物等抑菌物质以及溶解酶(如几丁质、葡聚糖酶和蛋白酶)等有效抑制病原菌。还有部分 PGPR 能产生一类分子量小、易挥发、扩散能力强的 VOCs,可有效抑制病原菌。此外,研究发现一些 PGPR 能够通过茉莉酸和乙烯信号途径,使宿主植物获得诱导系统抗性(induced systemic resistance,ISR),从而增强植物对病害的抵抗力。通过这种方式,植物可以对病原菌的攻击做出更快更强烈的响应,从而维持其生长健康。迄今为止,已发现的能够使宿主植物获得诱导系统抗性的 PGPR 种类主要有假单胞菌属、芽孢杆菌属和沙雷氏菌属。

4)增强植物抗逆性

在自然界中,干旱、积水、盐渍等非生物胁迫影响植物的基因表达、代谢、生长和生理表型。PGPR 可通过多种机制积极影响植物营养参数和生理生化指标,增强植物对环境胁迫的抗逆性。诸多研究表明,PGPR 可以有效缓解盐渍胁迫对植物造成的损害(Ha-Tran 等,2021)。盐渍化使土壤板结,降低土壤肥力,阻碍植物的营养和水分吸收,引起植物生理性干旱和盐离子毒害,进而导致植物的枯萎性死亡。PGPR 可通过提高植物吸水能力,增强必需营养元素的吸收,增加渗透压(产生脯氨酸、谷氨酸、甜菜碱、可溶性糖、胆碱、O-硫酸盐和多元醇等),增强植物体中抗氧化酶活性(超氧化物歧化酶、过氧化物酶、过氧化氢酶等)等降低渗透及离子胁迫毒害。此外,PGPR 还可以通过产生与 Na^+ 结合的胞外多糖改善离子稳态,通过 ACC 脱氨酶作用降低乙烯水平以及合成植物激素来减轻盐应激症状(Ha-Tran 等,2021)。在干旱条件下,PGPR 能增加植物叶片气孔电导率,提高植物水分利用率,改善干旱条件下植物生长。同时,近年来 PGPR 对污染土壤进行生物修复方面的研究也受到持续关注。相关研究证实了 PGPR 能有效缓解重金属离子对植物的毒害作用并降解化学农药等有机污染物。

3.2.2.2 植物通过根系分泌物与微生物间接互作

1)根系分泌物的概念、种类和性质

在自然界中,植物根系在生长过程中不断被动或主动地通过根的不同部位释放一类种类繁多的生物化学物质,这些化合物被称为根系分泌物。这些物质主要包括低分子量的初级代谢产物(如碳水化合物、氨基酸和有机酸)、次级代谢产物(如类黄酮、生长素)、高分子量的黏胶物质(如黏液和蛋白质)以及其他根细胞脱落物的分解产物等。根际沉积是植物根系通过各种主动或被动的形式将输入根部的有机、无机化合物释放到邻近的土壤而形成的。植物根际碳的沉积主要来源于植物残体、脱落根部细胞的分解,根部细胞的更新,以及植物生育期内的根系分泌物。根际沉积是介导植物与邻近植物、植物与微生物交流,以及植物与土壤交换的主要媒介,同时对土壤碳循环起着重要作用。根系分泌物作为根际沉积的重要组成部分,参与根际内的许多相互作用,有助于碳和氮的循环(Jones 等,2009)。

除此之外,根系分泌物还介导植物对矿质元素的吸收利用和对外界环境变化的适应等。在养分和环境胁迫时,有些植物的根系分泌物成分和数量会产生急剧变化以适应变化的环境。这些植物一般都具有较高的养分利用效率和利用能力,具有较强的抗逆性。

根系分泌物可以通过改变根际物理、化学或生物学特性来提高植物根系对营养元素的吸收利用率和适应外界环境的变化,同时它也是调控根际微生态功能的关键因子。通过调节根系分泌物的成分,植物可以改变土壤性质,以适应并确保它们在不利条件下的生存,如改变土壤 pH 将养分溶解成可吸收的形式,螯合有毒化合物,吸引有益的微生物群等(Vives-Peris 等,2020)。

研究证明,根系分泌物的释放量相当可观,11%～27%的净固定碳被分配到根部,并被释放到根际中(Jones 等,2009)。生长在土壤中的植物,整个生育期释放到根际中的有机碳总量甚至比收获时根中储存的有机碳总量还高 1 倍。从根系分泌物的总量来看,细胞脱落物占根系分泌物释放量的 90%左右,分泌的黏液占根系分泌物释放量的 2%～5%,可溶性物质占 1%～10%。在低分子量可溶性物质中,糖类占 65%、有机酸占 33%、氨基酸占 2%。根系分泌物是根际微生物的主要碳源和能源,同时也是植物与根际微生物、植物与土壤和环境因素相互作用的信息物质和决定因素。根系分泌物的种类和数量决定了根际生物的种类和数量。某些特定的根系分泌物能够刺激真菌孢子的萌发,从而决定根际有益或有害生物的种群分布。根系释放的有机物质不仅为根际微生物提供了丰富的碳源,而且极大地改变了根际的物理和化学性质,进而对根系的养分状况产生重大的影响。

2)根系分泌过程及其调节途径

植物分泌不同的代谢物到根际有不同的机制:被动运输和主动运输。分泌物的化学性质决定了分泌过程。糖类、氨基酸、羧酸和酚类主要通过扩散到达根际,大多数盐的运输通过蛋白质介导的转运机制跨膜运输(Baetz 和 Martinoia,2014)。

3)根系分泌物的功能

(1)营养供给　根系分泌物中的大量碳源可直接供给土壤微生物吸收利用。

(2)改变土壤质地　根系分泌物对土壤微团聚体的大小、分布、稳定性、吸附性能及亲水性等物理性质有显著影响。根系分泌物还显著地影响根际土壤 pH,主要的影响途径有:①植物对阳离子、阴离子吸收利用的不平衡性;②有机阴离子的释放;③根部呼吸;④根际微生物产酸。也有研究表明,根际土壤尤其是根尖土壤的阳离子交换量显著增加,主要原因可能是根系分泌的黏胶物质（如聚糖醛酸）含有大量羧基，而羧基是很好的阳离子交换基团。

（3）提高植物营养吸收 已有的很多研究表明，根系分泌物介导植物的营养吸收，尤其是在营养胁迫的条件下。在缺磷的土壤中，白羽扇豆（*Lupinusalbus*）首先在根形态上产生变化，即形成“簇状根”，而后分泌大量的柠檬酸，而且柠檬酸的增加量会随植株年龄和缺磷程度而改变。双子叶植物根系在缺铁时会分泌柠檬酸、草酸和咖啡酸等，通过对土壤中难溶性铁的螯合作用来增加铁的有效性。禾本科植物缺铁时，根系通过分泌一种对 Fe^{3+} 具有极强络合能力的铁载体（phytosiderophore，PS）来提高对铁的吸收。而且 PS 对 Fe^{3+} 的络合不是专一的，还可与其他微量金属元素如铜、锌、锰、钴、镍进行络合，提高了根际环境中这些元素的生物有效性。禾本科植物与豆科植物间套作时，豆科植物如蚕豆根系会通过释放有机酸和质子来酸化土壤，活化土壤难溶性磷，从而促进禾本科植物如玉米对磷的吸收利用。

（4）信号传导 植物的根系分泌物中含有一些具有生物活性的大分子和小分子次生代谢产物。这些物质调节着根系周围的土壤微生物种群与数量，调节着植物与微生物之间的根际对话。在缺氮条件下，豆科植物根系通过分泌黄酮类和异黄酮类物质来诱导启动根瘤菌结瘤基因（*nodD*）的表达，最终导致根瘤菌侵染根系并形成根瘤。百脉根（*Lotus japonicus*）的根系分泌物中含有一种分枝因子，在很低浓度时即可刺激菌根真菌萌发孢子的菌丝大量分枝。

（5）化感作用 植物根系分泌物中含有一类对邻近其他植物或自身产生抑制或促进作用的生物活性物质，即化感物质（allelochemicals）。牛鞭草（*Hemarthria altissima*）根系分泌物中对受体植物生长有抑制作用的主要是酚类化合物。在小麦、水稻、玉米等作物的根系分泌物中也都检测到一些化感物质，这些物质对农业杂草具有抑制作用，而且化感作用的强弱与品种有关。同时，研究发现黄瓜、大豆、烟草、地黄、西洋参等忌连作作物的连作障碍现象与根系分泌物中的化感物质密切相关。黄瓜根系分泌物中含有苯甲酸、对羟基苯甲酸、2，5-二羟基苯甲酸、苯丙烯酸等 11 种酚酸物质，其中有 10 种具有生物毒性。另有研究也表明，根系分泌物对某些入侵植物的成功入侵起到决定性的化学生态学作用，如矢车菊（*Centaurea maculosa*）根系分泌释放的儿茶素对其成功入侵起重要作用。

（6）保护功能 植物可以通过产生和释放根系分泌物来抵御各种非生物因素的干扰与生物胁迫。在金属污染物胁迫下，某些植物的根系分泌物通过螯合、络合、沉淀等作用将金属污染物滞留在根外，降低土壤中金属的生物有效性，减少植物对有害金属的吸收。例如，在铝胁迫下，一些高等植物可分泌大量的柠檬酸、苹果酸、酚类化合物以及黏液、蛋白质复合物等来螯合游离的 Al^{n+}，从而降低铝对植物根系的毒害作用。最近一项对普通豆类的研究表明，根际微生物群为抵御土壤真菌病原尖孢镰刀菌（*Fusarium oxysporum*）提供了第一道防线。也有研究表明，某些植物通过分泌苹果酸、柠檬酸等根系分泌物来缓解重碳酸盐毒害，同时这些分泌物有利于植物吸收利用磷、铁、锌、锰等矿质元素。近年来还陆续发现，某些植物可以通过分泌几丁质酶、β-1，3-葡聚糖酶、植物抗毒素等生物活性物质来抑制病原菌的生长。

4）根际土壤微生物群落

大量报道表明，根系分泌物能显著影响根际中的微生物群体，根际沉积物中 9%～25%的碳可转化为微生物态碳。根际微生物数量比原土体高 5～50 倍，其中细菌数量大于真菌数量。通常以根际和非根际微生物数量的比值（R/S）来表示根际效应，细菌的 R/S 值为（10～50）∶1，而真菌的为（5～10）∶1。可见无论是真菌还是细菌，在根际中其生物量都比在非根际土壤中占绝对优势。根际中真菌与细菌的生物量之比为 0.13～1.5，而在非根际土壤中，两者的比值为 1.5～9,可见非根际土壤主要以真菌为主。根际中的碳素和养分状况都可影响微生物的生长和繁殖。当细菌群体密度增加到一定程度,碳素缺乏可能成为细菌繁殖的限制因子。当碳源供应充足时,矿质养分的缺乏成为微生物生长的限制因素。在碳素和养分状况供应良好的土壤中,根际淀积物中碳转化为微生物体的量迅速增加。对特定根来说,微生物的快速繁殖仅限于最初的几天。如研究表明小麦最初生长的 5 d 内,细菌在根表增加了约 100 倍,其后的 5 d 只增加了 2 倍。

根系分泌物对微生物种类的影响既有特异性又有非特异性。大多数情况下,根系分泌物对根际微生物的作用是松散的、非特异性的,主要是促进革兰氏阴性无芽孢杆菌在根际聚积。根际细菌的趋化性研究证明,同类细菌可能具有不同的趋化行为。豆科植物根系分泌物中存在诱导结瘤的信号物质,这种物质促使根瘤菌产生结瘤因子,从而诱导根瘤菌对豆科植物根系产生识别、侵染、定植和结瘤。这意味着在植物与微生物相互作用中存在某种程度的专一性。这种关系一方面可用来调控豆科植物的固氮系统,提高氮营养状况,另一方面可用来防治有害微生物对植物根系生长的影响,在农学、植物病理学和生态学方面具有重要的作用。由于根系分泌物种类和数量的变异,根际微生物在根际的空间分布上表现出明显的规律性。在纵向分布上,从根冠到成熟区根际微生物的数量快速增加,而根系分泌物释放量最大的根尖部位是微生物数量较多的部位,从而保证了根系分泌物以较高浓度对周围环境产生影响而不至于被微生物所快速分解。在横向分布上,从内根际、根面、外根际到土体,微生物在不同区域的分布存在明显的差异。在内根际中,沿根面向皮层方向微生物的数量迅速减少,根面上微生物的数量较多。竞争力强的微生物能大量利用根系分泌物,因而在根表附近大量集聚。竞争力弱的微生物不能在根表附近存活,只能利用根表附近微生物的分解产物作为能源物质,所以这些微生物一般分布在远离根表的部位。由此可见,根系分泌物对根际微生物群落的分布具有重要的影响。

根释放的有机物质决定着根际微生物的种类、数量及其空间分布状况。根系分泌物为根际微生物提供了能源和碳源。反之,根际微生物的存在也促进了植物根系分泌物的释放。由于根系分泌物种类和数量的差异,不同植物品种其根际微生物的数量和生理特性不同,甚至同一植株的不同根段也存在差异。根际微生物刺激根系分泌物释放的强度取决于微生物的种类。微生物影响根分泌作用的机制涉及 4 个方面:第一,根际微生物影响根细胞膜的透性;第二,微生物可能使根的代谢活动受到影响;第三,微生物对根系分泌物的吸收利用,产生了浓度梯度;第四,改变了根际养分的生物有效性。根瘤菌或菌根真菌与根建立的共生关系对植物生长产生了有益的效应,从而间接引起植物代谢过程的改变,促进了根系分泌物的释放。此外,所有的致病微生物都能引起碳水化合物、氨基酸、蛋白质、脂类、核酸以及自然生长调节剂等物质代谢的变化,从而导致根分泌作用加强,使根际的微生物活动更加旺盛。快速生长的植物,沿根面形成了根系分泌物和微生物的分布梯度。根释放分泌物梯度的高峰集中在根尖部位,而微生物分布梯度的高峰集中在距离根尖较远的基部。分布状况的差异大大提高了根系分泌物的作用效率,这对于植物的抗逆性、养分活化、资源获取和信息传递等方面具有重要的生态意义。

由于受根系分泌物、脱落物选择压力的影响,相对于非根际而言,根际微生物的多样性要单调的多,而且各类群间的比例也与非根际存在很大差异。例如,根际中的细菌多为革兰氏阴性菌、异养微生物(Killham 等,1993)。根际微生物的种类也与土壤中有机物的组成特征密切相关。例如,森林土壤存在分解纤维素的真菌;含动植物残体多的土壤中氨化细菌和硝化细菌较多;在油田污染的土壤中存在以碳氢化合物为碳源的微生物(Killham 等,1993)。根际中原生生物在转化和释放微生物体养分方面起着重要作用,原生生物通过获得微生物体养分满足自身需要,从而避免了与植物争夺土壤养分(Lavelle,1997)。

从生态效应大小的角度来讲,比数量更为重要的是微生物的活性。受根系分泌物和脱落物的刺激,根际微生物的生长速率要比非根际快得多。但是,由于根际碳淀积刺激了各类微生物的活动,以及根际微生物作用的复杂性,定量评价根际微生物活性对植物生长的影响是十分困难的,这也是人们通常只用微生物数量表征根际活动强弱的原因所在。

微生物在根际生态系统中的分布很大程度上受植物生物特征和土壤性质的影响,存在时空分布特性。土壤养分、水分资源的空间异质性和植物根系分泌物、脱落物降解产物对微生物种群的选择压力,导致根际微生物群落结构存在时空变异性。根际范围内的小尺度上,微生物群落结构主要受植物代谢活动的调控。在较大尺度上,微生物群落的时空分布则主要受土壤性质的影响,如氧化还原特性、通气性、养分和水分含量等。

随着植物生育时期的变化,根际内的微生物种群也随之发生变化。微生物在土壤中的分布有明显的规律性。除了藻类以外,细菌、真菌、放线菌在根际内的分布量均大于在非根际土壤中的分布量。水平方向上土壤中微生物种类的分布取决于根分系泌物的扩散特性。分泌物、脱落物数量大,有机质扩散范围大的植物根系,其根际周围的微生物分布范围也相应要大一些。

土壤微生物的垂直分布与紫外线照射强度、营养、水、温度以及植物根系分布等因素有关。表层土壤因受到强烈紫外线照射和缺水等因素的影响,微生物容易死亡,因此数量较少。在5～20 cm 的根层范围内微生物数量最多,根层以下土壤微生物的数量随土层深度增加而减少。这是因为深层土壤养分尤其是有机质含量低、氧气不足、温度较低等。

5)植物-微生物互作

植物生活在一个复杂土壤环境中,与定植在根际的土壤微生物相互作用,这是一个十分重要的过程。根际微生物多样性随植物发育阶段、基因型和土壤环境而变化。植物根系通过分泌各种次生代谢物质对根际微生物的种类、数量和分布产生影响。根系分泌物是植物与土壤微生物相互作用的关键机制,在植物-土壤反馈中发挥重要作用,影响植物在生物和非生物胁迫下的生长。

有研究发现,不同的微生物群落可通过系统性诱导根系代谢物渗出的过程,调控番茄根系分泌物发生特定的系统性变化。例如,根际定植的芽孢杆菌属细菌可诱导植物酰基糖次级代谢物的系统性渗出。此外,根际微生物群落能够改变植物叶片和根系的代谢组和转录组。

植物通过光合作用固定的碳可通过根系分泌物的形式释放到土壤中,为土壤微生物提供丰富的营养,而土壤微生物可借助趋化感应向富含根系分泌物的根际及根表面定植与繁殖。

3.3 根际过程调控与土壤可持续利用

根际过程是地球上植物-土壤-微生物及其与环境相互作用的核心,是地球陆地表面最基本的生态过程。植物的根系能够感知周围的土壤环境并做出适应性的响应,比如根系形态的改变、分泌质子有机酸等。根际调控就是在更好地理解根际过程的基础上，通过操纵根际生态系统的不同组成部分，优化作物根系-土壤-微生物的相互作用来实现高产高效的目的。我国农业当前发展状况是外部资源投入存在较大差异。我国东部地区的养分投入量过大，土壤肥力较高；西部地区养分投入资源有限，生产力较低。通过调控根际的构型和分布，可以提高根系的分泌能力，优化养分的供应强度，进而实现养分高效利用、作物高产、环境友好的农业可持续发展。

3.3.1 养分局部调控

根际异质性是指土壤物理结构和水分、养分资源的非均匀性分布会极大地影响植物根系分布和功能，并诱导一系列根际过程的适应性变化。研究发现，局部施肥会引起植物根系形态及地上部的变化。局部供氮会促进供肥区侧根和根毛的生长，但其他根系仍因养分不足出现生长受阻的现象，地上部总的生长量也减少。基于根系对异质性土壤养分响应的特点建立的局部磷加铵调控是根际调控的重要策略。局部供磷会使得供肥区的根系发达，第一、第二侧根发生量增加，但对主根的影响不大。局部施肥也会引起根系分泌能力增加、养分吸收速率加快等。养分局部施用人为创造了更大的异质性土壤环境。当根系生长进入局部调控施肥区后，玉米根系在形态和生理上做出响应，细根和侧根增加，酸性磷酸酶活性以及铵诱导的质子分泌均有显著提高，极大地提高了根系效率。此外，由于磷的集中施用，减少了磷与土壤颗粒的接触面积，降低了磷被土壤颗粒固定的概率，显著提升了磷肥利用效率。

3.3.2 种植体系调控

间套作、水旱轮作等是我国特色的种植模式，这些种植模式可以最大限度地发挥作物的生物学潜力，实现地上地下部空间的合理利用以及养分的高效利用等。

3.3.2.1 间套作体系根际调控与土壤可持续利用

间套作是将两种或两种以上的作物交替种植在同一地块上的种植体系。在间套作体系中存在着互惠和竞争两种关系。互惠效应体现在豆科和禾本科间作体系中氮和磷的利用方面，而竞争关系主要体现在禾本科作物间作体系中。根际的互作主要有根系在空间上的分布，对养分的吸收需求等方面。

豆科和禾本科作物间作具有明显的氮营养促进作用。例如，蚕豆和玉米根系间的互作使间作体系氮吸收量相对于没有根系互作的体系增加了20%左右，小麦和蚕豆间作也观察到了类似的促进作用现象。

小麦和玉米分别与蚕豆间作，种间相互作用能够促进蚕豆的固氮作用。应用氮同位素标记技术证明：相对于蚕豆而言，小麦对土壤和肥料氮的依赖更强，蚕豆则更多依赖于大气中的氮。小麦与蚕豆的根系相互作用使得蚕豆吸收施入土壤的氮降低80.1%，但蚕豆地上部总吸氮量较单作并没有显著下降，表明蚕豆中来自大气的氮显著增加。同时，间作使得小麦从土壤中获得更多的氮，间作小麦中来自施入土壤的^{15}N量比单作增加达79.2%。

在豆科-禾本科体系中，豆科作物均具有促进禾本科作物吸收磷营养的作用。在蚕豆-玉米体系中，间作蚕豆地上部吸磷量显著高于单作，说明玉米和蚕豆间作不仅提高了蚕豆的磷吸收率，也改善了玉米的磷营养。间作中根系形态和分布的变化也是增强作物磷吸收和提高产量的有效途径。例如，玉米与鹰嘴豆或蚕豆间作后玉米总根长增加，从而增强了对磷的吸收。相似地，玉米与小麦间作可显著增加表层土壤小麦的根密度，提高间作小麦的磷吸收和产量。种间互作也可以促进磷的吸收和活化。有研究表明，豆科与禾本科间作或轮作，可以提高作物产量，改善磷营养，提高作物对土壤磷的获取能力，其机制主要是通过释放质子和有机酸活化土壤中难溶性的无机磷和有机磷。

在玉米-花生间作体系中，玉米可利用其在石灰性土壤中适应缺铁胁迫的生态优势活化吸收土壤铁，不仅能够满足其自身对铁的需求，同时能够明显地改善花生铁营养（图 3-5）。在玉米-花生间作体系中，改善花生根瘤铁营养是促进花生根瘤固氮功能增强的核心因素。间作促进根瘤对铁的吸收，而花生根瘤铁营养的改善有利于根瘤形成和发育，有利于改善根瘤形态结构以及类菌体的超微结构，有利于提高根瘤豆血红蛋白的含量以及增加花生根瘤细胞内类菌体数量，进而极大地增强固氮酶活性，促进花生共生固氮功能的发挥。在合理施用氮肥的条件下，玉米-花生间作改善花生生育前期铁营养是促进花生固氮功能提高的主要因素。在花生不同的生长阶段间作可使根瘤吸铁量增加 38%～60%，根瘤活性铁提高 30%～63%。研究证明间作促进根瘤对铁的吸收对花生共生固氮体系的形成和功能的发挥起了非常重要的作用。

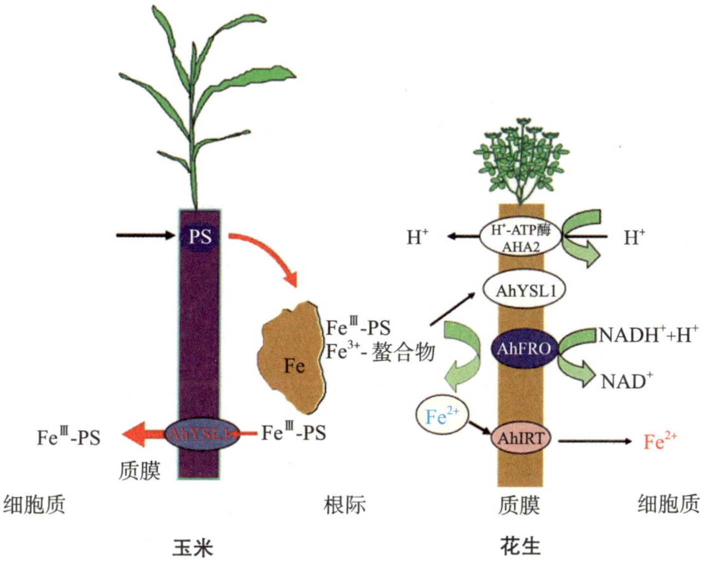

图 3-5　玉米-花生间作吸收铁机制示意图（邱巍等，2019）

3.3.2.2　水旱轮作系统的根际调控与土壤可持续利用

水旱轮作是极具中国特色的稻田耕作制度，其轮作形式包括稻-麦、稻-油、稻-菜等。目前我国实行水旱轮作的面积在 1300 万 hm^2 以上，在保障我国粮食安全、农民增收中起着至关重要的作用。由于在水旱轮作过程中周期性的干湿交替不可避免地对土壤物理、化学和生物学性质产生一系列的影响，如何协调水作与旱作中作物对水分和养分需求的矛盾始终是理论和实践中尚待解决的关键问题。而解决这一问题的关键在于通过根际调控途径实现水稻和旱地作物二者的高产、高效与环境友好。

1)水旱轮作系统中锰的根际调控

小麦缺锰是在河流沿岸的冲积性水稻土上出现的主要营养胁迫问题,并与水旱轮作密切相关。在水稻季土壤处于连续淹水的条件下,高价锰在土壤剖面中通过还原为二价锰发生向下迁移而沉积在犁底层以下的土壤中,导致耕层土壤中有效锰和全锰的含量逐渐减少。在稻-麦轮作条件下,小麦或其他旱作作物缺锰现象较为普遍。通过将所有种植小麦缺锰的土壤进行比较,发现它们存在 3 个共同特点:①土壤呈石灰性反应,土壤 pH 大于 7.0;②土壤质地属轻质或粗质土;③长期处于稻-麦轮作条件。只有当这 3 个条件同时存在时,小麦缺锰现象才会明显发生。因此,水旱轮作或稻-麦轮作确实为小麦缺锰的关键诱导因子。在稻-麦轮作制度下,表土层的总锰浓度和活性锰浓度分别仅占非稻-麦轮作制作物体系中的 42%和 11%。在轻质石灰性土壤中,锰的向下淋溶是锰损失的主要途径,然而在黏质土和酸性土壤中锰损失的主要途径是水稻对锰的吸收。当表土层缺锰时,底土层中的有效锰就成为限制小麦生长的关键因素。当底土层中有充足的锰时,小麦可以正常生长;当底土层缺锰时,小麦出现缺锰症状且生长明显受抑制。

小麦缺锰这种营养失调与土壤高 pH、轻质地和水旱轮作密切相关,在极端情况下缺锰会导致小麦减产 30%~50%。然而,在相同土壤条件下种植油菜却没有发现类似的缺锰问题。这两种作物对缺锰的不同根际反应即根系的空间分布和根系酸化还原能力不同,是二者耐缺锰能力差异显著的主要原因。根际效应的不同是小麦和油菜耐缺锰机制存在较大差异的主因。小麦的浅根系限制了它对底土层锰的吸收。通过田间试验发现,用尼龙网袋限制根系的下扎可以引起水旱轮作土壤的小麦缺锰。换言之,水旱轮作条件下油菜能通过增强酸化和根际还原过程活化土壤中大量的易还原锰,而小麦的这一反应能力相对较弱,只有通过根系的下扎或地下部根际范围的扩展来适应缺锰胁迫。总之,小麦和油菜耐缺锰生物学机制的主要差别可以概括为:油菜主要是通过根际的酸化和还原能力活化土壤中难溶性的高价氧化态锰,而小麦主要是依靠根的穿透能力,到有效锰含量丰富的底土层中吸收摄取。

不断加剧的小麦缺锰问题与由此引起的产量下降,促进了通过各种管理措施来解决这一营养失调问题的研究。但是针对这一生产问题,以前的多数研究均集中在如何通过合理使用含锰肥料(如硫酸锰、螯合态锰肥、含锰废渣等)和施用方法(土壤基施、叶面肥、种肥)来改进小麦锰营养状况等方面,很少考虑通过根际管理改变锰或根系在土壤剖面空间的分布来增强小麦对锰的吸收。既然在稻-麦轮作条件下底土层中有充足的有效锰,就完全有可能通过一些根际管理技术来利用这些锰资源。深耕被证明是一种适合的解决小麦缺锰的方法,把有效锰含量高的底层土壤带到表土层,也可以使根系更容易下扎到底土层。与没有深耕的情况相比,深耕可以显著增加水旱轮作条件下小麦地上部对锰的吸收,这一改变小麦根际环境的措施对提高小麦对锰的吸收发挥了重要作用。

2)水旱轮作系统氮的根际调控

氮是自然界最为活跃的营养元素之一,水旱轮作条件下氮的土壤行为与作物利用效率直接受到根际管理措施的影响。20 世纪 80 年代,地膜覆盖技术被引进中国,在一些地区作为新的水稻种植技术。这项技术是在非淹水条件下进行水稻生产,通过关键生育期的少量几次灌溉,创造出一种不同于传统淹水和雨养水稻的生产模式。这项新的栽培技术不仅能显著抑制杂草生长,还起到显著提高水分利用效率、土壤温度和水稻产量的作用。同时,为了解决作物收获后秸秆焚烧的问题,小麦和水稻秸秆也被成功地运用于水稻覆盖旱作栽培之中。从 1999

年以来，覆膜和覆秸秆这两项节水栽培技术开始被引入四川盆地的水旱轮作体系中。这两种覆盖旱作栽培模式都是通过调控水稻根际环境，来实现水稻节水和养分资源的高效利用。

三年覆盖旱作栽培对土壤性质的影响主要集中在0～10 cm和10～20 cm的土壤层次。覆麦秸和覆膜系统与传统淹水系统相比，0～10 cm土层的pH呈下降趋势。在覆膜和覆麦秸系统中，0～10 cm和10～20 cm土层中土壤有机碳和总氮都没有受到显著影响。相反，两个层次的土壤有效磷(Olsen-P，8.3～12.0 mg/kg和2.9～4.1 mg/kg)和0～10 cm的交换性钾(24.1～33.7 mg/kg)均为覆麦秸高于传统淹水和覆膜，说明长期秸秆覆盖有利于耕层土壤有效磷和钾的累积。然而，在覆麦秸、传统淹水和覆膜三个系统中，土壤交换性钾在10～20 cm土层没有明显的差异。

总而言之，和传统淹水体系相比，覆盖旱作条件下的主要土壤肥力指标均有所提高(覆麦秸体系)或变化不大(覆膜体系)。这说明，至少在短期内覆盖旱作管理措施对土壤质量没有明显的不利影响。同时，土壤剖面(0～60 cm)中残留的无机态氮在传统淹水、覆麦秸、覆膜三种体系中并没有明显的不同。这些结果表明，覆膜和覆麦秸体系并不会导致土壤肥力下降或者产生额外的环境问题，如硝酸盐淋失问题。事实上，覆盖措施尤其覆盖秸秆可能有利于土壤有机碳的积累和肥力水平的提高。

水稻覆盖旱作栽培能大大缩短土壤淹水的持续时间，改善土壤通气状况。在低氮情况下，这种水文条件的改变对作物的产量和耕作系统的生产力影响很大，而在高氮情况下，这种影响相对较小。长期定位试验的结果表明，和传统淹水处理相比，覆膜旱作可在一定程度上提高水稻的产量，但麦秸覆盖旱作会使水稻产量有所降低。在低氮供应水平下，播种初期覆麦秸旱作处理的水稻根际土壤温度较低是水稻减产的主要原因。当采用麦秸和塑料膜双层覆盖时，由于消除了低温的影响，水稻产量可以达到覆膜和传统淹水的水平。与之相反，稻季覆膜和传统淹水处理其小麦产量基本相同，稻季覆麦秸处理其小麦产量高于覆膜和传统淹水处理，这一效应在低氮条件下(如60 kg/hm^2，以纯氮计，下同)尤其明显。耕作系统的生产力，即水稻+小麦产量之和保持在一个相对较窄的变幅范围(10.2～13.2 t/hm^2)，不论氮水平的高低，均表现为覆膜≥传统淹水≥覆麦秸。

在水稻生长季，残留的麦秸会在下一季小麦生长期分解，可能会提高土壤的供氮能力和生产力，产生所谓的后效。不施氮条件下秸秆还田处理水稻产量从第三年开始高于秸秆焚烧和不还田的处理。在作物第二季时，有秸秆覆盖的作物的氮吸收量和产量均优于不施肥的处理。绿肥的残余效应在稻-麦轮作体系中能够提高小麦的产量。总之，在给予适当氮输入的情况下，水稻覆盖旱作栽培特别是覆膜模式能够维持或提高稻-麦轮作体系的生产力水平。在三季的稻-麦轮作体系中，总氮平衡显著地受到氮输入量的影响。当然覆膜也对其产生一定影响。无论是高氮输入(150～200 kg/hm^2)还是低氮输入(60～150 kg/hm^2)，秸秆覆盖措施都有利于氮的盈余。比较这三种管理系统，覆膜系统作物吸氮量最高，即从土壤中输出氮最多，该系统土壤中氮盈余量相对最低；覆麦秸体系由于氮输入较高，而输出较低，土壤中氮盈余量最高。表层覆盖秸秆可以提高土壤硝态氮含量，提高作物氮吸收量和产量。这表明从氮平衡和培肥土壤地力的角度来看，覆麦秸无疑是一个非常好的措施。更进一步的研究显示，在整个稻-麦轮作体系中，覆盖旱作栽培下氮肥的施入对整个系统的氮平衡没有显著影响。

综合上述结果，根际生态调控能够显著提高水旱轮作体系中锰和氮的有效性，改善整个轮作系统的生产力和养分资源利用效率。这无疑为挖掘生物学潜力实现轮作体系作物高产和资源高效的双赢提供了技术可能。然而,关于在水旱轮作过程中土壤水分的周期性交替变化如何影响土壤中养分释放和迁移转化或损失等方面,仍有许多科学问题尚待深入研究。特别需要指出的是,随着节水农业的迅猛发展,传统水旱轮作可逐步转向半淹水或覆盖水稻旱作系统。同时这种种植方式的转变对将来稻田生态系统生产力、养分利用效率甚至全球生态环境影响的研究也需要进一步加强。

3.3.2.3 连作障碍过程中的根际调控

由于土地资源短缺、种植习惯、环境条件和经济利益驱动等原因,我国在同一地块上连续种植同一种作物的做法比较普遍。然而,许多种作物在连续种植的条件下,植株出现生长和发育受阻,病、虫、草害严重,从而导致减产等问题,这被称为连作障碍。这些植物包括大田作物中的大豆、花生、高粱、水稻、豌豆等,园艺作物的黄瓜、番茄、茄子、草莓、西瓜、苹果、柑橘以及许多花卉植物等,经济林中的杉木以及中草药的人参、西洋参、黄芪等。连作障碍的严重发生是我国农业生产中的一个特有问题。多年来,许多研究分别从土壤物理、化学和生物学性质,以及化感作用和土传病害等方面对连作障碍的机理进行了探讨,涉及养分亏缺、土壤 pH 和物理性状变化、化感(自毒)物质积累、土壤微生物区系变化和土传病害等内容。植物通过主动释放和淀积多种有机物质,为根际微生物提供碳源、能源和生长因子,同时释放化感物质和信号物质,并通过根际生物之间的相互作用,影响根际生物的种群特征和功能多样性。这些特定的生物种群又会反过来对植物根系生长发育和植物与土壤之间的相互关系产生影响。因此,通过对根际微生态环境的合理调控解决连作生产体系中的土壤生物学障碍问题具有重要意义。

植物的化感作用(allelopathy)又称他感作用或相生相克,是化学生态学的重要分支学科之一。广义的化感作用是指植物或微生物的代谢分泌物对环境中其他植物或微生物的有利或有害的效应。然而,许多人习惯上仍然只把生物之间的抑制作用定义为化感作用。如果这种抑制作用发生在同一种植物之间,称为自毒作用。化感作用是自然界生物之间存在化学联系的一种方式。植物中的化感物质来自植株自身的化学组分和微生物在分解残茬过程中地下部分产生的代谢物质。大豆地上部分残茬的 1 000∶1 水浸提液,就对植株生长有明显的抑制作用。其中,对根系生长的抑制作用尤为明显。大豆残茬的水浸提液在量非常低时就对胚根的生长有抑制作用。植物组织中的醇溶组分抑制作用更为显著。经过对大豆残茬及其腐解产物的分离和鉴定,这些化感物质有间羟基苯乙酸和对羟基苯乙酸、2,4-二叔丁基苯酚、十八烯酸甲酯和异黄酮类(包括大豆苷元和可斯麦醇)。此外,还在大豆根系分泌物和活的根系中检测到 3 种异黄酮,除上述 2 种外,还有染料木因。后者含量较低,且离体后很容易分解。根系分泌物中其他的化感物质还有对羟基苯甲酸。大豆连作减产可能的机制如图 3-6 所示。

传统上消除土壤生物学障碍最有效的方法是进行土壤处理,比如使用溴甲烷熏蒸土壤,但存在很大的环境安全问题,已被禁止。使用药剂或蒸气进行土壤消毒会导致土壤污染或损害土壤中有益细菌。近年来,尝试使用有机肥(生物菌肥)和菌剂来改良土壤。一般认为,大量使用有机肥可以改善土壤的物理、化学和生物学性状。然而城市垃圾堆肥中含有重金属,而畜禽粪便中含有抗生素和激素类物质。由于这些物质的存在,城市垃圾堆肥和畜禽有机肥的应用受到一些限制。国外研究表明,动物饲养和发育过程中使用抗生素后,这些抗生素可以通过动物源有机肥转移到蔬菜中,对蔬菜安全和人体健康构成潜在的危险。但在我国蔬菜生产中,特别是设施蔬菜生产中,有机肥的大量施用非常普遍,尽管如此,地力退化问题依然十分突出。根际生物环境失衡是土壤地力下降的首要原因。利用微生物菌剂(包括生防菌和微生物肥料

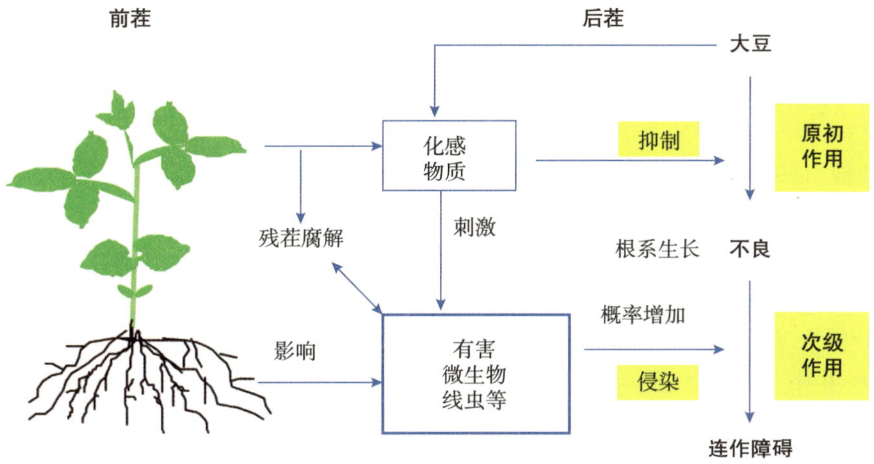

图 3-6 大豆连作减产的可能机制

菌剂）改善地力的效果，除根瘤菌外均存在不稳定的问题。

丛枝菌根真菌是农业生态系统中十分普遍和重要的有益微生物，它与大多数园艺作物形成稳定的共生体系。菌根真菌能参与植物许多生理生化代谢过程，对植物有多方面作用。研究表明，菌根真菌在土传病害的防治方面具有明显的效果和很大的潜力，它能够有效防治尖孢镰刀菌、立枯丝核菌（*Rhizoconia solani*）等引起的病害。番茄联合接种菌根真菌和穿刺巴氏杆菌（*Pasteuria penerans*）后，能够有效降低南方根结线虫的危害，根结数减少，番茄地上部生物量和产量都显著增加。接种菌根真菌后最直观的效应是提高苗木的移栽成活率、促进生长发育、增加产量。利用丛枝菌根真菌提高蔬菜抗病性，减少病害发生，减轻土壤中有毒物质的危害，对改善土壤生态环境，促进无公害生产具有重要意义。

综上所述，根际过程决定着我国典型农业生态系统如间作、水旱轮作和连作等中植物对养分、水分的吸收与利用，而且也控制着植物-土壤系统中有害物质的转化、迁移和去向，对农业生态系统的资源高效利用、稳定性和可持续性有重要的影响。大量的研究发现和验证了在生产中根际调控的重要性与可行性，接下来要做的是进一步完善和丰富根际调控理论，并应用这些理论指导农业生产，为建立和完善高效农业生产体系提供重要的理论依据和技术支撑。

思考题

1. 根际生态系统的组成成分是什么？根际生态系统结构可分为哪两部分？
2. 试述不同根际过程对土壤的作用。
3. 根系分泌物有哪些功能？请简要概括并举例说明。
4. 针对土壤可持续利用的根际过程调控手段有哪些？

参考文献

邱巍,王男麒,代晶,等,2019. 玉米/花生间作改善花生铁营养的生理及分子机制,64(11):1129-1136.

张福锁,申建波,1999. 根际微生态理论框架的初步构建. 中国农业科技导报,1(4):15-20.

A-Fraile P G I, Ndez E M E, Rivas R U L, 2015. Role of bacterial biofertilizers in agriculture and forestry. AIMS Bioengineering, 2(3): 183-205.

Baetz U, Martinoia E, 2014. Root exudates: the hidden part of plant defense. Trends in Plant Science, 19(2): 90-98.

Basu A, Prasad P, Das S N, et al., 2021. Plant growth promoting rhizobacteria (PGPR) as green bioinoculants: Recent developments, constraints, and prospects. Sustainability, 13(3): 1140.

Berg G, Koberl M, Rybakova D, et al., 2017. Plant microbial diversity is suggested as the key to future biocontrol and health trends. FEMS Microbiology Ecology, 93(5): fix050.

Bull A T, Goodfellow M, Slater J H, 1992. Biodiversity as a source of innovation in biotechnology. Annual Review of Microbiology, 46: 219-252.

Cassan F D, Lucangeli C D, Bottini R, et al., 2001. *Azospirillum* spp. metabolize [17,17-$^2H_2$] gibberellin A_{20} to [17,17-$^2H_2$]gibberellin A_1 in vivo in *dy* rice mutant seedlings. Plant Cell Physiol, 42(7): 763-767.

Doornbos R F, van Loon L C, Bakker P A H M, 2012. Impact of root exudates and plant defense signaling on bacterial communities in the rhizosphere. A review. Agronomy for Sustainable Development, 32(1): 227-243.

Garcia-Fraile P, Menendez E, Rivas R, 2015. Role of bacterial biofertilizers in agriculture and forestry. Bioengineering, 2(3): 183-205.

Gowtham H G, Hariprasad P, Nayak S C, et al., 2016. Application of rhizobacteria antagonistic to *Fusarium oxysporum* f. sp. *lycopersici* for the management of Fusarium wilt in tomato. Rhizosphere, 2: 72-74.

Ha-Tran D M, Nguyen T T M, Hung S H, et al., 2021. Roles of plant growth-promoting rhizobacteria (PGPR) in stimulating salinity stress defense in plants: A review. International Journal of Molecular Sciences, 22(6): 3154.

Islam S, Akanda A M, Prova A, et al., 2016. Isolation and identification of plant growth promoting rhizobacteria from cucumber rhizosphere and their effect on plant growth promotion and disease suppression. Frontiers in Microbiology, 6: 1360.

Jones D L, Nguyen C, Finlay R D, 2009. Carbon flow in the rhizosphere: Carbon trading at the soil-root interface. Plant and Soil, 321(1-2): 5-33.

Khan N, Bano A, 2016. Role of plant growth promoting rhizobacteria and Ag-nano particle in the bioremediation of heavy metals and maize growth under municipal wastewater irrigation. International Journal of Phytoremediation, 18(3): 211-221.

Killham K, Amato M, Ladd J N, 1993. Effect of substrate location in soil and soil pore-water regime on carbon turnover. Soil Biology and Biochemistry, 25(1): 57-62.

Kloepper J, Schroth M N, 1978. Plant growth-promoting rhizobacteria on radishes. IV international conference on plant pathogenic bacteria. France, 2: 879-882.

Kuzyakov Y, Razavi B S, 2019. Rhizosphere size and shape: Temporal dynamics and spatial stationarity. Soil Biology and Biochemistry, 135: 343-360.

Lavelle P, 1997. Faunal activities and soil processes: Adaptive strategies that determine ecosystem function. Advances in Ecological Research, 27: 93-132.

Lu Y, Conrad R, 2005. In situ stable isotope probing of methanogenic archaea in the rice rhizosphere. Science, 309(5737): 1088-1090.

Meena M, Swapnil P, Divyanshu K, et al., 2020. PGPR-mediated induction of systemic resistance and physiochemical alterations in plants against the pathogens: current perspectives. Journal of Basic Microbiology, 60(10): 828-861.

Pandey S, Ghosh P K, Ghosh S, et al., 2013. Role of heavy metal resistant *Ochrobactrum* sp. and *Bacillus* spp. strains in bioremediation of a rice cultivar and their PGPR like activities. Journal of Microbiology, 51(1): 11-17.

Patel P, Shaikh S, Sayyed R, 2016. Dynamism of PGPR in bioremediation and plant growth promotion in heavy metal contaminated soil. Indian Journal of Experimental Biology, 54: 286-290.

Pii Y, Mimmo T, Tomasi N, et al., 2015. Microbial interactions in the rhizosphere: Beneficial influences of plant growth-promoting rhizobacteria on nutrient acquisition process. A review. Biology and Fertility of Soils, 51(4): 403-415.

Sayyed R, Patel P, Shaikh S, 2015. Plant growth promotion and root colonization by EPS producing *Enterobacter* sp. RZS5 under heavy metal contaminated soil. Indian Journal of Experimental Biology, 53: 116-123.

Sayyed R Z, Seifi S, Patel P R, et al., 2019. Siderophore production in groundnut rhizosphere isolate, *Achromobacter* sp. RZS2 influenced by physicochemical factors and metal ions. Environmental Sustainability, 2(2): 117-124.

Srivastava S, Bist V, Srivastava S, et al., 2016. Unraveling aspects of bacillus amyloliquefaciens mediated enhanced production of rice under biotic stress of rhizoctonia solani. Frontiers in Plant Science, 7: 587.

Tahir H A, Gu Q, Wu H, et al., 2017. Plant growth promotion by volatile organic compounds produced by bacillus subtilis SYST2. Frontiers in Microbiology, 8: 171.

Trivedi P, Leach J E, Tringe S G, et al., 2020. Plant-microbiome interactions from community assembly to plant health. Microbiology, 18: 607-621.

Vejan P, Abdullah R, Khadiran T, et al., 2016. Role of plant growth promoting rhizobacteria in agricultural sustainability: A review. Molecules, 21(5): 573.

Verma P, Yadav A N, Khannam K S, et al., 2016. Molecular diversity and multifarious plant growth promoting attributes of bacilli associated with wheat (*Triticum Aestivum* L.) rhizosphere from six diverse agro-ecological zones of india. Journal of Basic Microbiology, 56(1): 44-58.

Vives-Peris V, de Ollas C, Gómez-Cadenas A, et al., 2020. Root exudates: from plant to rhizosphere and beyond. Plant Cell Reports, 39(1): 3-17.

Watt M, Mccully M E, Canny M J, 1994. Formation and stabilization of rhizosheaths of *Zea mays* L. (effect of soil water content). Plant Physiology, 106(1): 179-186.

第4章 土壤生物网络与生态系统功能

生态系统的结构和功能是生态学研究的核心问题之一。根据系统论，系统的结构决定了其功能。例如，石墨和钻石同样由碳原子组成，但原子排列结构不同，决定了前者黑色柔软，而后者透明坚硬。在生态系统中，物种之间具有极其复杂的互作关系，这种关系的复杂程度不同，也能决定生态系统的功能。例如，一般认为种间捕食关系复杂的生态系统具有更强的稳定性（Dunne 等，2002；Zhao 等，2016）。因此，厘清生态系统的结构及其对生态系统功能的影响，对于生态学研究和生态系统保护都有重要的意义。然而，由于物种之间互作关系错综复杂，构成了复杂的网络，长久以来一直缺乏有效的工具对其进行分析。

21 世纪初，复杂网络理论的兴起，为深入解析种间互作关系提供了良好的工具。复杂网络理论根源于数学中的图论（graph theory）。一般而言，复杂网络是由数量巨大的节点（node）和节点之间错综复杂的关系（link）共同构成的网络结构（汪小帆等，2006），用数学的语言说，就是一个有着足够复杂拓扑结构特征的图（graph）。复杂网络往往具备简单网络所不具有的特性，与非线性现象紧密相连，是现今科学研究的一个热点，广泛应用于各学科领域，比如万维网（Barabási 和 Albert，1999）、社交网络（Christakis 和 Fowler，2007）、交通网络（Cui 等，2020）、蛋白质互作网络（Miryala 等，2018）、新冠病毒传播网络（Firth 等，2020），以及食物网（Zhao 等，2018）、共现网络（Ma 等，2016）等各类生态网络。

本章首先介绍复杂网络理论的基本概念、基本方法，以及在生态网络中的应用案例；其次，介绍土壤生物网络的不同类型（主要介绍土壤食物网和微生物共现网络）及相应的构建方法、分析工具和研究进展；最后，介绍土壤食物网和微生物共现网络在物质循环、能量流动、稳定性、地上-地下互作等不同生态系统功能中的作用。

4.1 复杂网络理论

网络是某些系统或结构的图形化描述，由节点以及节点之间的连接按某种拓扑结构排列而成（陈关荣等，2015）。网络研究来源于数学中的图论，最早的研究始于 1736 年的哥尼斯堡七桥问题。然而，自欧拉基于图的思想解决了七桥问题后，图论的发展陷入了长达两百年的停滞期。1960 年，两位匈牙利数学家 Erdös 和 Rényi 创立了著名的随机图理论（random graph theory），将两个节点之间是否有连接由概率函数决定，从而生成了随机网络，为网络构建提供了一种新方法（Erdös 和 Rényi，1960）。2000 年左右，科学家研究了大量真实系统中的网络，发现绝大多数的实际网络既不是规则网络，也不是完全随机网络，表现出了自身独有的一些特性，这些网络称为复杂网络。例如，1998 年，Watts 和 Strogatz 在 *Nature* 发文刻画了复杂网络的“小世界”(small-world)特性(Watts 和 Strogatz，1998)。1999 年，Barabási 和 Albert 在 *Science* 发文总结了复杂网络的无标度(scale-free)属性(Barabási 和 Albert 1999)。2002 年，Givan 和 Newman 在 *PNAS* 发文提出了复杂网络的社团结构(Girvan 和 Newman，2002)。这些研究共同开启了 21 世纪复杂网络研究的新纪元。

4.1.1 基本概念

复杂网络研究中常用的概念总结在表 4-1 中。其中，邻接矩阵 **A** 包含了复杂网络中的所有关系，是后续分析的基础。在二元网络中，不考虑连接的权重，**A** 仅包含 0 和 1 两种元素，若节点 i 与节点 j 之间存在连接，则记 $a_{ij}=1$，否则 $a_{ij}=0$。在计权重的网络中，使用非零值表示连接的权重。除了复杂网络外，其他的概念由大到小可以分为三个层次：网络整体层次、子结构层次、节点层次。

(1)网络整体层次　包括网络大小、连接度、嵌套性、稳健性、模块度等。这些概念均反映了整体网络结构的某一方面属性。网络大小指网络中节点的个数。连接度度量了网络的复杂程度，连接度越高，网络越复杂。嵌套性度量了特化种是如何与泛化种互作的(Staniczenko 等，2013)。稳健性度量了网络对于节点丧失(即生态网络中的物种灭绝)的抵抗能力(Zhao 等，2016)。模块度表征了复杂网络被划分为某些子结构的强度(Newman，2006)。

(2)子结构层次　复杂网络最基本的构成单元可以认为是模体(motif)。模体是在复杂网络中普遍存在的小的构型。例如，在食物网中由三个物种构成的模体，包含了三级食物链(tri-trophic food chain)、集团内捕食(intraguild predation)(图 4-1a)、似然竞争(apparent competition)、利用性竞争(exploitative competition)等。这四种模体均包含三个物种，但各自具有不同的结构和功能，共同构成了复杂的食物网结构。

集聚核心描述了网络的“核心-边缘”结构，将复杂网络划分为核心节点和边缘节点两部分(图 4-1b)。核心节点的度较高，且互相连接紧密。其计算过程如下：将物种按连接数从大到小排序，计算第 r 个物种和所有排序小于 r 的物种之间的连接数 k^+，最后找出对于所有排序大于 r^* ($r>r^*$)均满足公式 $k_r^+>k_{r^*}^+$ 的物种 r^*，该物种即为核心的边界，所有排序小于该物种的物种构成集聚核心(Lu 等，2016)。

分室结构是复杂网络中较为重要的概念，它和模块度描述的是同一现象，即复杂网络可以按某种算法划分为数个子网络。子网络内部连接紧密，子网络之间连接松散。这些子网络即为分室，度量分室划分程度的指标即为模块度。图 4-1c 中描述了美国东海岸 Chesapeake 湾的水生食物网。该食物网可大体分为两个分室，左边分室的主要能量来源于浮游植物，并通过植食食物链传导；右边分室的主要能量来源于分解者分解碎屑层，并通过腐食食物链传导(Zhao 等，2018)。根据 Newman 的定义(Newman，2006)，模块度 $Q=\frac{1}{2L}\sum_{i,j}\left(a_{ij}-\frac{D_iD_j}{2L}\right)\delta(C_i,C_j)$。其中 a_{ij} 为邻接矩阵的元素，D_i 为节点 i 的连接数，D_j 为节点 j 的连接数，L 为网络的总连接数。$D_iD_j/2L$ 为节点 i 和 j 之间存在连接的概率。δ 为 Kronecker 函数(Kronecker's delta)。当 $a=b$ 时，$\delta(a,b)=1$；当 $a\neq b$ 时，$\delta(a,b)=0$。C_i 为节点 i 所属的子网络。模块度描述了分室内部的连接数实际所占的比例与期望比例之间的差值，划分分室的过程就是使得模块度最大化的过程。

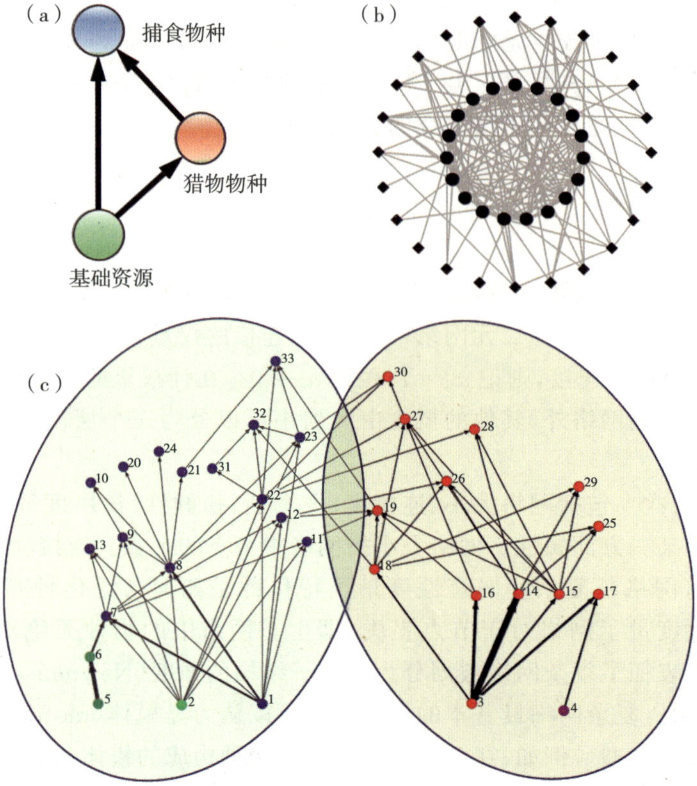

图 4-1　三种主要的子网络构型

(a)集团内捕食模体,(b)核心-边缘结构,(c)分室结构

表 4-1　复杂网络理论常用概念总结

概念	公式	描述
邻接矩阵	$\mathbf{A}=[a_{ij}]$	邻接矩阵描述了一个有限网络,矩阵的元素 a_{ij} 表征了节点 i 和节点 j 之间的关系
网络大小	S	网络中节点的个数
连接度	$C=L/S^2$	在复杂网络中实际连接个数与所有可能连接个数的比值,式中 L 表示网络中的连接数
嵌套性	—	节点具有与某些更容易连接的节点进行连接的倾向性(Staniczenko 等,2013)
稳健性	R_{50}	要造成系统中 50% 节点失去连接所需要进行初级移除的节点的百分比(Zhao 等,2016)

续表 4-1

概念	公式	描述
模块度	$Q=\frac{1}{2L}\sum_{i,j}\left(a_{ij}-\frac{D_iD_j}{2L}\right)\delta(C_i,C_j)$	指复杂网络中连接分室内部节点的边所占的比例，与另一个随机网络中连接分室内部节点的边所占的比例的期望值的差值(Newman，2006)，通常用来度量分室结构的分离程度
分室	—	在图论中也称为“簇”“模块”“社团”或“子图”，指的是复杂网络按某些算法分成数个子集，其中子集内部的节点具有紧密的连接，而子集之间的节点连接较少，这些子集称为分室(Stouffer 和 Bascompte，2011)
集聚核心	—	复杂网络中某些连接数较高且相互连接较多的节点的集合(Lu 等，2016)
模体	—	在复杂网络中出现概率显著高于随机网络的某种相互连接的模式，是构筑复杂网络的基本模式(Milo 等，2002)
中心性	—	判定复杂网络中节点重要性的指标，经常使用的有度中心性、接近度中心性、介数中心性等
度	$D_i=\sum_j a_{ij}+\sum_j a_{ji}$	所有与某个节点相连的连接个数
接近度	$C_i=1/\sum_j d_{ji}$	某个节点到其他所有节点的平均距离的倒数，衡量了该节点与其他节点的接近程度
介数	$B_i=\sum_{v\neq i\neq j}\frac{\sigma_{vj}(i)}{\sigma_{vj}}$	网络中所有最短路径中经过该节点的路径的数目占最短路径总数的比例
特征向量	$\lambda\boldsymbol{e}=\boldsymbol{eA}$ 或 $\lambda\boldsymbol{e}=\boldsymbol{Ae}$	基于邻接矩阵的最大特征值对应的特征向量来表征节点的中心性，综合考虑了直接影响和间接影响

(3)节点层次　在节点层次，复杂网络理论最关注的是节点的重要性，即中心性。中心性描述了网络中节点的重要程度和排序，表征了节点在网络中发挥的功能。常见的中心性指标有度中心性、接近度中心性、介数中心性、特征向量中心性等。中心性的度量是复杂网络的核心研究之一，可用于各个领域各种类型的复杂网络。

节点的度(degree)为与该节点有直接连接的所有邻居的个数，即该节点的连接个数。度中心性是最早也是最简单的中心性指标。一个节点的度直接反映了该节点在网络中的直接影响，例如在一个社交网络中，有更高的度的节点可以有更大的影响力，更多的途径获取信息，或者更高的声望。在一个有向网络中，节点的度可以拆分为两类：入度(in-degree)和出度(out-degree)。入度指的是流入节点的所有连接个数，出度指的是流出节点的所有连接个数，二者之和为节点的度。

节点的紧密度(closeness)度量了一个节点与网络中其他节点的接近程度，可以表示为该节点远度(farness)的倒数。远度为该节点到网络中所有其他节点的最短路径的平均长度。一个节点越靠近中心位置,它的紧密度越高。

节点的介数(betweenness)指的是一个网络中所有其他节点之间的最短路径所能经过该节点的次数。一个节点的介数中心性越高,意味着它在任意两个随机节点的最短路径中出现的概率越大。介数中心性的计算过程可分为三步:第一,计算网络中某个节点对的所有最短路径;第二,计算要求的节点在该节点对的最短路径中出现的比例;第三,将该比例对所有节点对进行加和,即得到所要求的节点的介数。

度中心性计算了某个节点的所有邻近节点个数,这些邻近节点被视为等价的。然而,有些节点会比另一些重要。特征向量中心性(eigenvector centrality)考虑了这一点,认为如果一个节点与另一个重要节点相连,那么这个节点的重要性也会较高。例如,一个节点 i 只有一个临近节点 j,节点 i 的度中心性非常低,但如果节点 j 的中心性很高,那么节点 i 的特征向量中心性也会很高。特征向量中心性有三种计算方式:左特征向量(left-hand eigenvector)、右特征向量(right-hand eigenvector)、平均特征向量(average eigenvector)。左特征向量满足公式 $\boldsymbol{e}_i=\frac{1}{\lambda}\sum_k \boldsymbol{a}_{ki}\boldsymbol{e}_k$,其中 $\boldsymbol{e}$ 为最大特征值对应的特征向量,λ 为最大特征值,$\boldsymbol{a}_{ki}$ 为网络矩阵的元素。其矩阵形式为 $\lambda\boldsymbol{e}=\boldsymbol{eA}$,这里 $\boldsymbol{A}$ 为邻接矩阵。右特征向量满足公式 $\lambda\boldsymbol{e}=\boldsymbol{Ae}$。在无向网络中,左特征向量和右特征向量是等值的。在有向网络中,左特征向量是行向量,表征的是流入的影响(对应于入度),而右特征向量是列向量,表征的是流出的影响(对应于出度)。实际应用中会对这两种特征向量分别做归一化处理。平均特征向量为二者的均值。在复杂网络中心性的研究中,多数采用右特征向量。

4.1.2 生态网络

常见的生态网络有三种:食物网、二分网络、共现网络。这些网络都可以使用 R 语言中的"igraph"程序包进行分析和可视化(Csárdi 和 Nepusz,2006)。食物网是生态学中一个传统的核心概念,描述了群落内物种之间的捕食关系,从而定量生态系统内部的物质能量流动。食物网为有向网络,通常由被捕食者指向捕食者。按连接的权重可以分为定性食物网和定量食物网。定性食物网仅描述两个物种之间是否存在捕食关系,即为二元网络;而定量食物网不仅描述是否存在捕食关系,而且描述捕食系数(或互作强度)的大小。针对食物网的分析和可视化,在 R 语言中还有另外两个专门的程序包"Cheddar"(Hudson 等,2013)和"enaR"(Borrett 和 Lau,2014)。前者倾向于分析食物网的结构、个体重量和丰度分布等,后者倾向于分析物质能量流动。图 4-2a 展示了使用 Cheddar 程序包绘制的其自带的 Tuesday Lake 食物网。食物网按营养级划分,底层绿色节点为生产者,顶部为顶级捕食者。

二分网络由两类节点以及两类节点之间的连接构成。在生态学中,常见的二分网络有植物-传粉者构成的传粉网络、被寄生者-寄生者构成的寄生网络等。鉴于二分网络的特殊性(仅在两类节点之间存在连接,而节点内部无连接),一般使用专门针对二分网络的程序包"bipartite"(Dormann 等,2008)进行分析。图 4-2b 展示了英国萨默赛特郡 Norwood 农场中植物(绿色节点)与传粉者(红色节点)构成的二分网络(Pocock 等,2012),图由 bipartite 程序包生成。

微生物群落通常包含大量的物种,要定量分析种间互作关系是极为困难的。共现网络从

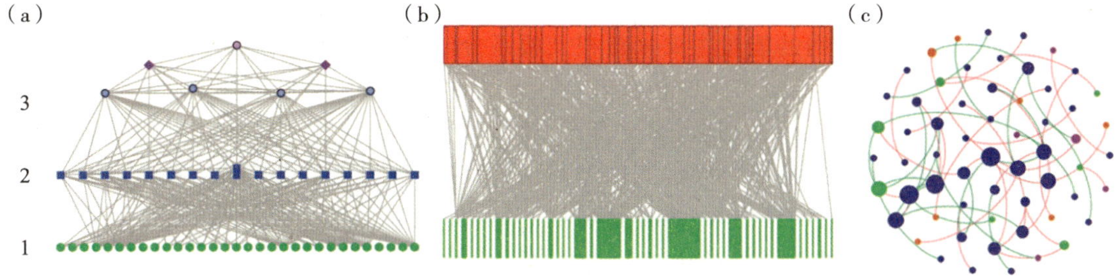

图 4-2 三种常见的生态网络

注：(a)食物网，1、2、3 表示营养级；(b)二分网络；(c)共现网络。

复杂网络的角度分析物种间的相关关系，提供了一个较为有效的工具，因此在微生物生态学领域应用极为广泛。要构建共现网络，通常需要基于操作分类单元(operational taxonomic unit，OTU)测序数据首先得到物种间丰度的相关关系，根据相关关系是否显著(或其绝对值是否大于某个阈值)来决定两个物种间是否存在共现关系。针对共现网络，除了使用 R 语言的 igraph 程序包外，还可使用其他软件进行分析，如 Gephi、Cytoscape 等。图 4-2c 展示了曲周试验地土壤中真菌的共现网络，节点颜色表征了物种类别，红色连线表示物种间存在正相关关系，绿色连线表示存在负相关关系。图 4-2c 由 Gephi 软件生成。

4.2 土壤生物网络

4.2.1 土壤食物网

食物网提供了结合物种丰度、组成、能量流通、物质循环等多个方面的重要研究方法(Thompson 等，2012)。地下的碎屑食物网负责有机质的分解、循环、养分矿化等重要生态过程(Wardle 等，2004)。土壤食物网可提供大量的生物防治服务(Yadav 等，2012)，影响土壤的碳动态(Sprunger 等，2019)、氮动态(Adl 等，2020)，与土壤健康紧密相关(Kibblewhite 等，2008)。土壤食物网中生物之间的相互作用是土壤功能的关键决定因素(de Vries 和 Wallenstein，2017)。

在传统的研究中，异养土壤微生物群大多被视为一个“黑匣子”系统，关于微生物群落中每个物种的具体活动和功能的详细信息很少。有研究指出，土壤食物网的时间、空间变异性可能被低估了(Berg 和 Bengtsson，2007)。分子技术的发展给土壤食物网的研究提供了重要机遇，节点识别率相较传统方法更高。基于微生物分子分析数据构建的食物网表明土壤食物网非常复杂，且连接密度非常高(Morriën，2016；Sanna 和 Majaneva，2016)。稳定同位素技术也是一种很有应用前景的新方法，可以利用稳定同位素作为标记物来确定物种的食源比例和食性偏好，并监测土壤生态系统的物质循环和能量流动(Pollierer 等，2019)。例如，关于跳虫食性的研究，传统方法是通过口器特征、肠容物分析和实验室观察等手段，调查困难，费时费力，而且只能反映跳虫在一段时间的取食情况。采用稳定同位素技术，可以效率更高地反映跳虫的食物来源及在食物网中所处的营养位置，并能整合长期数据来反映跳虫与食物之间的长期作用关系(王敏和徐国良,2013)。

一般而言,土壤食物网的能量主要来自根及根系分泌物和有机碎屑,这些构成了土壤食物网的第一营养级。根及根系分泌物的植食者包括了植食性线虫和节肢动物、内生真菌、菌根真菌等;有机碎屑的分解者包括了细菌、腐生真菌、腐食节肢动物和环节动物(如蚯蚓)等。这些共同构成了土壤食物网的第二营养级,其中细菌、真菌等分解者通过分解源自植物和其他动物残体的复杂有机物来促进自身生长,维持新陈代谢,并促进养分的矿化,而植食者可以直接取食植物的不同器官和组织来获取养分和能量。第三营养级主要包括小型土壤动物(如原生生物和一些取食微生物的线虫)和中型土壤动物(如小型节肢动物),它们中的一些又被中型土壤动物中一些捕食性线虫和节肢动物取食。图 4-3 展示了两个典型的土壤食物网。其中,Hunt 等(1987)提出的北美矮草草原展示了 25 个类群中错综复杂的捕食关系,并构成了进一步分析和模型模拟的基础(Rooney 等,2006;de Castro 等,2021)。与之相似的案例是荷兰 Lovinkhoeve 试验农场的土壤食物网(de Ruiter 等,1993),包含了 19 个功能类群,该食物网中各类群的参数较为明确,因此在后续的研究中通过构建模型揭示了食物网结构和稳定性之间的关系(de Ruiter 等,1995;Moore 和 de Ruiter,2012)。

土壤食物网的结构和功能通常会受外界环境因子的影响。例如,气候变暖和凋落物清除会改变土壤线虫群落以及土壤食物网的结构、稳定性和功能(Wu 等,2021)。氮、磷添加显著增加了微生物生物量,并引起自下而上的级联效应。施肥不平衡会对农业土壤生态系统和作物产量造成不利影响(Sun 等,2017)。土壤食物网结构主要由线虫群落决定,土地利用类型改变能显著驱动其变化(Li 等,2016)。另外,农业集约化会减少功能群多样性,降低土壤互作网络的复杂性和连接性(Bloor 等,2021),降低蚯蚓、甲虫等土壤动物的丰度,使食物网的复杂性降低(Tsiafouli 等,2015;Pressler 等,2017)。在灌水玉米农业系统中,长期农业管理对土壤食物网功能结构的负面影响大于有限灌溉,而短期的生物炭修复不能减轻农业管理的负面影响(Pressler 等,2017)。在半干旱条件下,有机农业在土壤食物网结构方面并没有比传统农业表现更优(Sánchez-Moreno 等,2018)。而在温室条件下,有机管理增强了土壤食物网的复杂性,生物量也有所增加(Li 等,2021c)。相较定期施肥、杀虫、种植豆类绿肥等管理措施,覆盖作物和减少耕作可以明显增加土壤生物多样性和食物网稳定性(Henneron 等,2014;Bongiorno 等,2019)。

案例 4.1:气候变暖会改变土壤食物网的结构和能量流通。Schwarz 等(2017)研究增温以及其他全球变化因子的协同作用对土壤食物网的影响,设置了两个双因素交叉试验。试验在美国明尼苏达州北部森林中进行,林龄为 40～60 年。在第一个试验中,分别对郁闭的树冠和近期砍伐后种植树苗的斑块施加地上和地下增温处理(3 个处理强度:环境温度,+1.7 ℃,+3.4 ℃)。增温处理持续进行了 2 年,研究增温和冠层干扰 2 个因素及其交互作用对土壤食物网的影响。第二个实验在清除树木的林窗区进行,除增温处理外,还模拟了夏季干旱处理(−40%降水量)。增温处理进行了 7 年,干旱处理进行了 4 年。在上述两个试验中,测量土壤线虫、微型节肢动物、微生物的生物量碳、基础呼吸,将研究区域的土壤生物按捕食关系构建食物网;测量个体重量、土壤温度、系统发育关系以及动物的代谢率,计算各营养级群落代谢,计算营养级间能量流。结果表明,增温会降低微生物的能量通量,而森林冠层的干扰和干旱均能协同促进变暖对高营养级能量流通的增加作用,以及对微生物能量流通的降低作用(图 4-4)。另外,食物网整体对扰动的恢复力稳定性并不受扰动的影响,但这些扰动使得生态系统

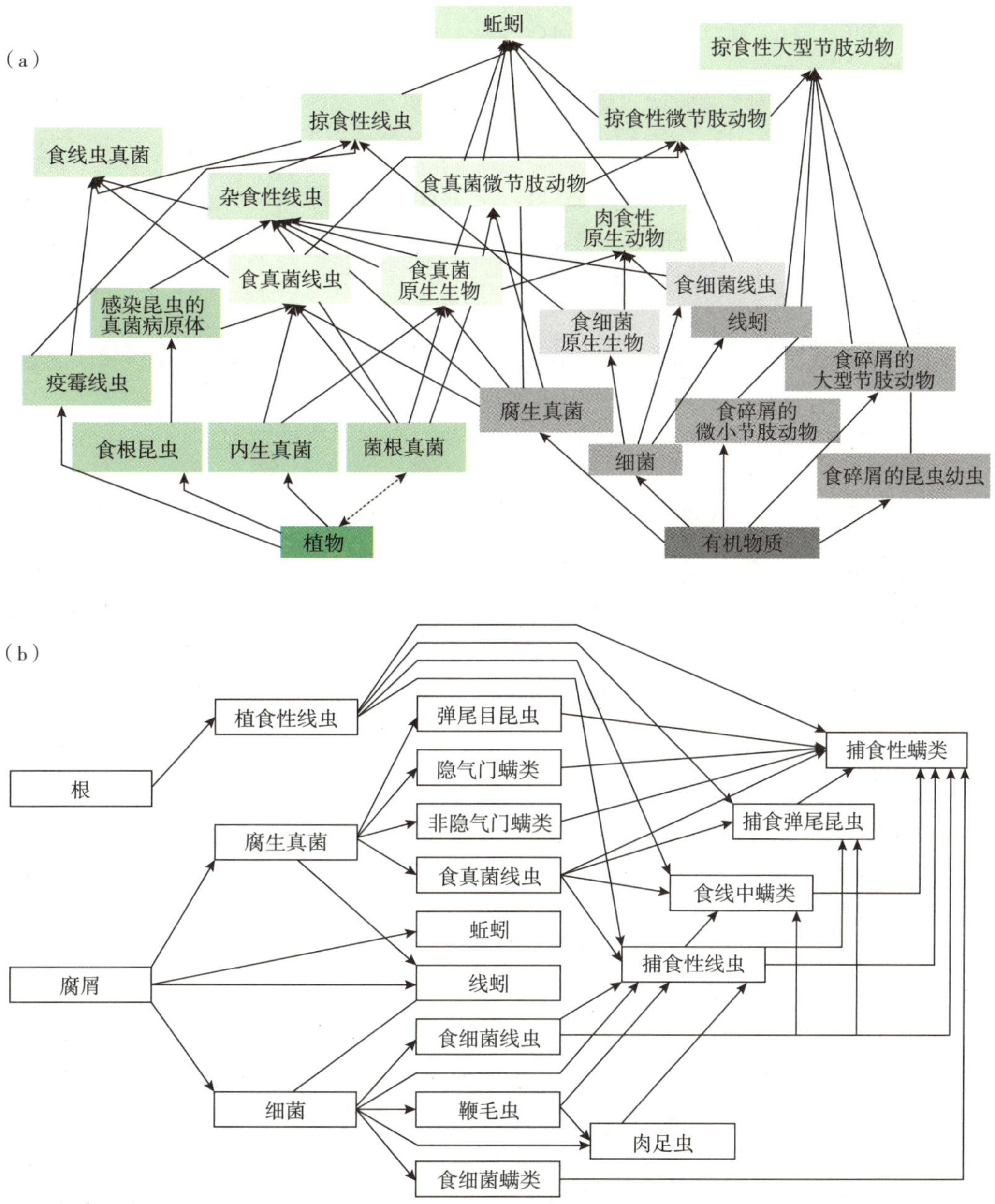

图 4-3 土壤食物网实例

注：(a)北美矮草草原土壤食物网(改自 de Castro 等，2021)；(b)荷兰 Lovinkhoeve 试验农场土壤食物网(改自 de Ruiter 等，1993)。

功能出现显著降低。因此，增温与冠层干扰和干旱的协同作用，共同塑造了土壤食物网的能量结构，并威胁到北方温带森林多种生态系统服务功能。

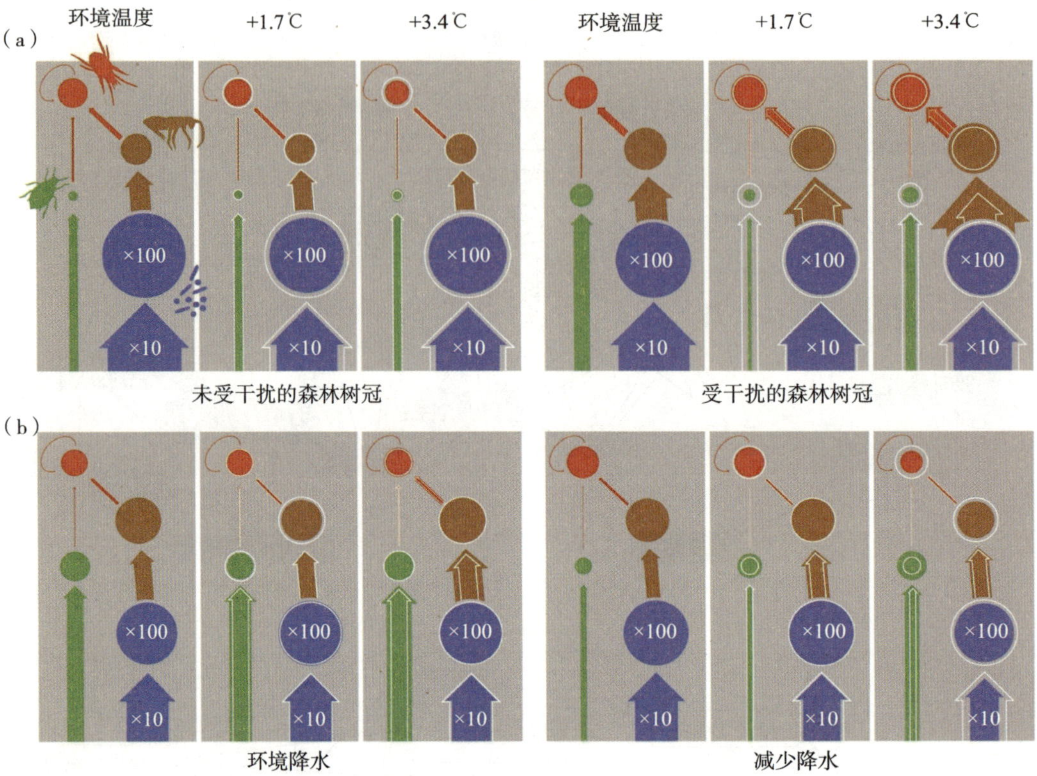

图 4-4　增温对土壤食物网结构的影响(改自 Schwarz 等,2017)

注:增温与冠层去除干扰双因素(a)及增温与干旱双因素(b)对食物网内能量流通和各类群生物量的影响。图中蓝色圆形及箭头表示微生物及其能量流入;绿色表示植食者;棕色表示腐食者;红色表示捕食者。箭头粗细表示能量流通的大小,圆面积表示生物量大小。

4.2.2　土壤微生物共现网络

随着对各种生态问题的深入研究,生态学家们逐渐意识到植物间许多重要的相互作用都发生在地下。植物根系、动物、微生物可能共同决定了什么物种可以在何地生长,如何生长。土壤微生物包括细菌、放线菌、病毒、真菌和原生生物,是地下生态系统中的重要组成部分,其多样性是调节生态系统功能的关键因素(Copley,2000),在分解有机物、养分循环等方面有重要作用(Shah 等,2021)。在农业生态系统中,土壤微生物对生产力的维持有重要作用,有助于维持土壤结构并保持土壤健康(Wani 等,2015)。对于作物来说,菌根和根际微生物可以缓冲污染物、病原体的影响,可以促进物质的吸收利用(Selosse 等,2004)。

由于微生物种类繁多,且对其种间关系缺乏深入认知,要构建微生物的群落结构非常困难。随着测序技术的发展,基于高通量测序技术结果可以获取微生物群落中各分类单元的相对丰度,利用这些相对丰度之间的相关关系,生态学家提供了一种间接描述微生物种间互作的方法,即共现网络。微生物共现网络分析对于了解微生物群落的结构、功能和主要特征具有重要意义。在一个生态系统中,不同物种/类群之间通过捕食、竞争和互惠等多种相互作用形成复杂的关系网络(Montoya 等,2006)。由于食物网对生态群落复杂性和稳定性研究至关重要,了解群落中不同物种之间的相互作用以及它们对环境变化的响应成为生态学的核心。因此,生态学网络分析被广泛应用于微生物群落之间生态关系的研究(Deng 等,2012)。这种研究方法突破了传统对微生物群落研究的局限性,能够进一步揭示微生物之间潜在的相互作用和影响因素,能够更直观地反映微生物群落之间复杂的联系及微生物对环境变化的响应。同时,分子生态网络基于随机矩阵理论表示 OTUs 之间的相互作用,使得网络构建和功能预测更加准确可靠。微生物共现网络中的节点通常代表微生物,边则通常代表节点之间的显著关联,最常见的为相关性关系(Ma 等,2020)。当前,众多研究引入共现网络以揭示微生物间关系及微生物功能背后的机制。

微生物共现网络的拓扑性质受生境和微生物类群的影响。一项全球性浮游生物共现网络的研究发现网络中的模块与浮游生物的生境偏好有关(Lima-Mendez 等,2015)。对三七种植区根际微生物共现网络的分析发现,根际真菌、细菌具有不同生态位,真菌模块度高于细菌,占据更多分散生态位,而地理距离和扩散限制对真菌共现结构的影响比细菌要大(Zhang 等,2021)。榛子树根际微生物共现网络相较其根内微生物连通度高,结构更复杂、更稳定,但根内和根际真菌群落大部分呈正相关,即大多数真菌具有相似的行为(Ma 等,2021a)。

地上作物对土壤微生物共现网络也有重要影响。不同品系生菜根际微生物有一定差异,大部分微生物相关性为正,说明它们生态位较为相似(Cardinale 等,2015)。对比近交玉米和杂交玉米的根际微生物共现网络发现,杂交对根际微生物群落结构有重要影响(Brisson 等,2019)。

与非嫁接葡萄相比,嫁接葡萄的根系微生物共现网络复杂度更高,网络稳定性也更好,可能有利于抵抗生物或非生物因素的胁迫(Marasco 等,2018)。

案例 4.2:嫁接影响了葡萄根系微生物共现网络。为调查用于嫁接的酿酒葡萄(*Vitis vinifera*)根茎是否对根际细菌和根内细菌多样性及潜在功能有决定作用,研究人员(Marasco 等,2018)将酿酒葡萄嫁接在 4 种不同的砧木上进行试验,并使用 16S rRNA 高通量测序对根组织和根际的微生物群落进行分析。共现网络如图 4-5 所示,在所有网络中,正相关的连接数量明显多于负相关。在嫁接植物中记录的节点数、模块度、互作数和连接密度明显多于未嫁接组。所有的嫁接根系都呈现出高度的分室化,最多有 66 个模块,并且连接数量很多(每个节点多达 179 个)。相比之下,未嫁接系统中的网络仅呈现 16 个模块。

共现网络分析发现,农业管理模式影响根际真菌、细菌的群落组成、结构、功能和潜在恢复力(Schmidt 等,2019)。例如,种植模式会影响根际微生物共现网络结构。多年连续单作下,随着单作持续时间的增加,微生物间连接数减少,即微生物间相互作用减弱,连接不同模块的节点减少,这可能是作物产生连作障碍的重要原因(Yan 等,2021)。在豌豆-小麦间作、单作对比研究中发现,间作根际微生物网络复杂度更高,但尚不清楚复杂性的提升通过何种机制对植物生长和营养利用产生有益影响(Pivato 等,2021)。在木薯-花生间作体系中,邻近植物分泌物(根乙烯)能够改变花生根际微生物网络中的关键种,重塑整个根际微生物网络,使得营养物质可用性提高,进而提高产量(Chen 等,2020b)。有机肥和生物肥料的施用也可以改变土壤微生物共现网络。施用生物肥料(根瘤菌)可以改变花生根际细菌间的关联程度及核心微生物类群,调节根际细菌群落组成和结构(Shang 等,2021)。水稻内生真菌的定植促进根际有益微生物丰度升高,进而提高了水稻对土壤营养物质的转化和利用(Tang 等,2019)。土壤有机改良剂和化肥结合施用可以增加作物根际微生物网络连接数,即增加微生物相互作用数量,还能提高有益微生物丰

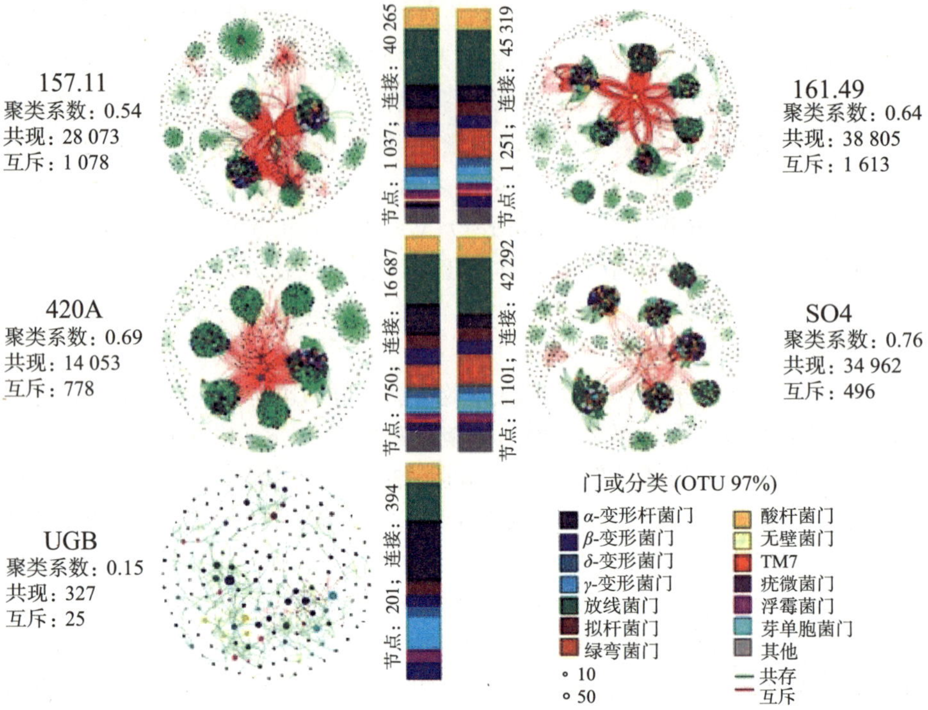

图 4-5　与未嫁接和嫁接葡萄藤根系相关的细菌群落的共现网络（改自 Marasco 等，2018）

注：嫁接（157.11、161.49、420A 和 SO4）和未嫁接（UGB）葡萄藤根系（根和根际部分）中 OTU 之间的共现网络。每个网络的节点根据门或类隶属关系进行着色，并根据连接程度确定大小。连接节点的边用绿线表示协同关系，用红色表示拮抗关系。柱状图表示连接数在前 3%的节点在门或类水平上的相对丰度。

度，进而提高营养利用效率，增加作物产量（Schmid 等，2018；Wu 等，2022）。

案例 4.3：塑料残留影响了土壤微生物共现网络。地膜是一种农业生产中常用的材料，但地膜产生的塑料残留会对土壤微生物产生影响。研究人员通过玉米地田间试验（每年 4 月播种玉米，9 月收割，至次年 4 月休耕），设置 3 个塑料残留浓度（0、75、600 kg/hm^2），持续 4 年。使用 16S rRNA 高通量测序对土壤细菌群落进行测定，共现网络构建结果如图 4-6 所示。土壤、根际和塑料圈分别包含 1 053、1 100 和 1 389 个节点，分别有 1 893、1 617 和 4 058 条连接。与土壤和根际相比，塑料圈下的网络密度和平均连通性更高。与土壤和根际的模块数相比，塑料圈的模块数和聚类系数大大减少，这意味着塑料圈生态位比其他两个生态位更脆弱。塑料残留导致土壤生态系统网络复杂性和微生物组稳定性降低（Shi 等，2022）。

案例 4.4：氮肥配施秸秆提高了土壤微生物生态网络的复杂性。该研究的目的是探讨小麦-玉米轮作体系下土壤细菌、真菌和原生生物群落对氮肥与秸秆还田的响应，明确驱动土壤细菌、真菌和原生生物群落结构变化的主要因子，为构建合理施氮和秸秆还田技术提供理论依据和技术支撑，为华北农田生态系统的健康运行和农业可持续发展提供参考依据。研究采取 2 × 4 全因子交互式设计，包括 2 个秸秆还田组（秸秆不还田组和秸秆还田组）和 4 个氮肥梯度，分别是不施氮肥秸秆不还田处理（CK）、N 100 kg/hm^2 处理（N1）、N 200 kg/hm^2 处理（N2）、N 300 kg/hm^2 处理（N3）、秸秆还田处理（S）、秸秆还田配施 N 100 kg/hm^2 处理（SN1）、秸秆还田配施 N 200 kg/hm^2 处理（SN2）、秸秆还田配施 N 300 kg/hm^2 处理（SN3），共计 8 个处理。

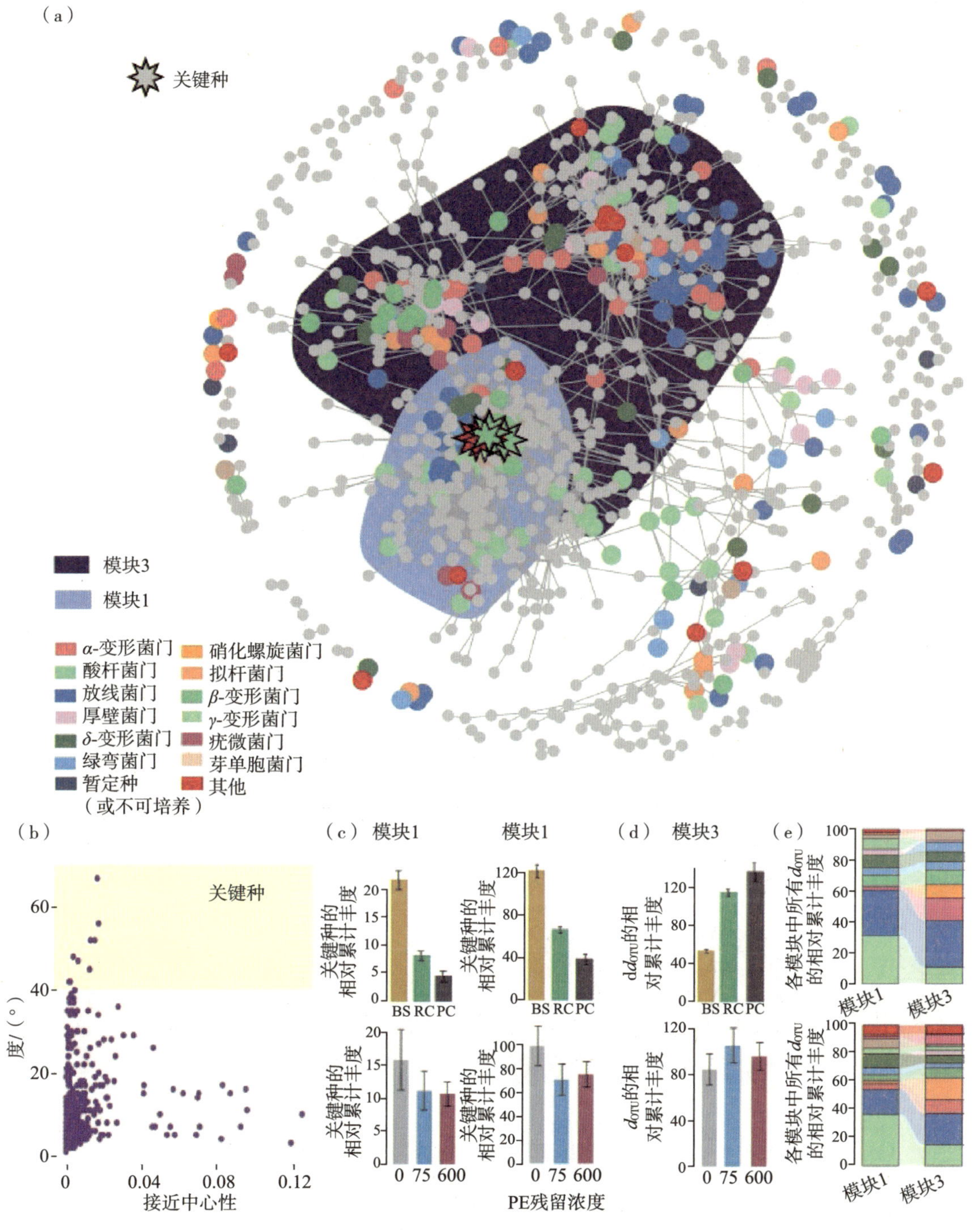

图 4-6 玉米开花期细菌 OTU 的共现模式及其网络特征(改自 Shi 等,2022)

注:(a)细菌 OTU 的共现网络。星号表示关键节点。灰色节点表示该 OTU 在不同塑料残留浓度中没有显著差异,不同颜色的 OTU 表示其相应的门级别。网络主要包含两个模块,模块 1 和模块 3。(b)度指数>40 的 10 个关键节点。(c)在模块 1 中关键节点和显著差异节点在土壤(BS)、根际(RC)、塑料圈(PC)和不同残留浓度下的相对丰度。(d)在模块 3 中有显著差异节点在土壤、根际、塑料圈和不同残留浓度下的相对丰度。(e) 显著差异 OTU 和所有 OTU 在门级别的相对丰度在模块 1 和模块 3 中的变化。

采用实时荧光 PCR 技术、Illumina 高通量测序技术等方法结合网络分析，比较了不同氮肥梯度配施秸秆以及在不同季节下土壤细菌、真菌和原生生物的群落变化（图 4-7、图 4-8）。

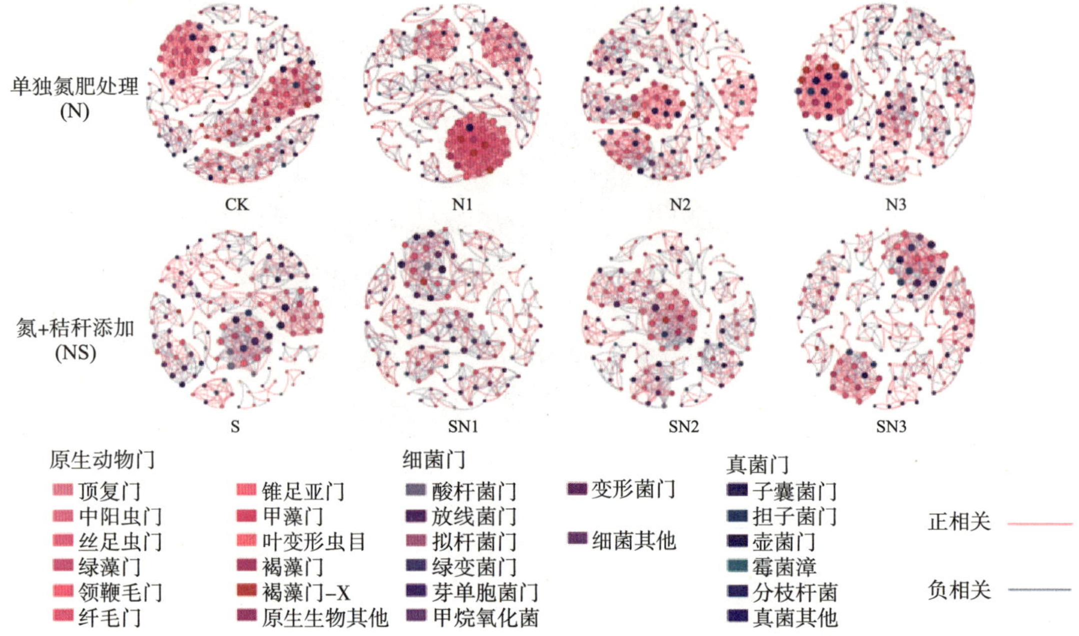

图 4-7　小麦季土壤细菌、真菌和原生生物群落的互作网络（改自胡菏，2022）

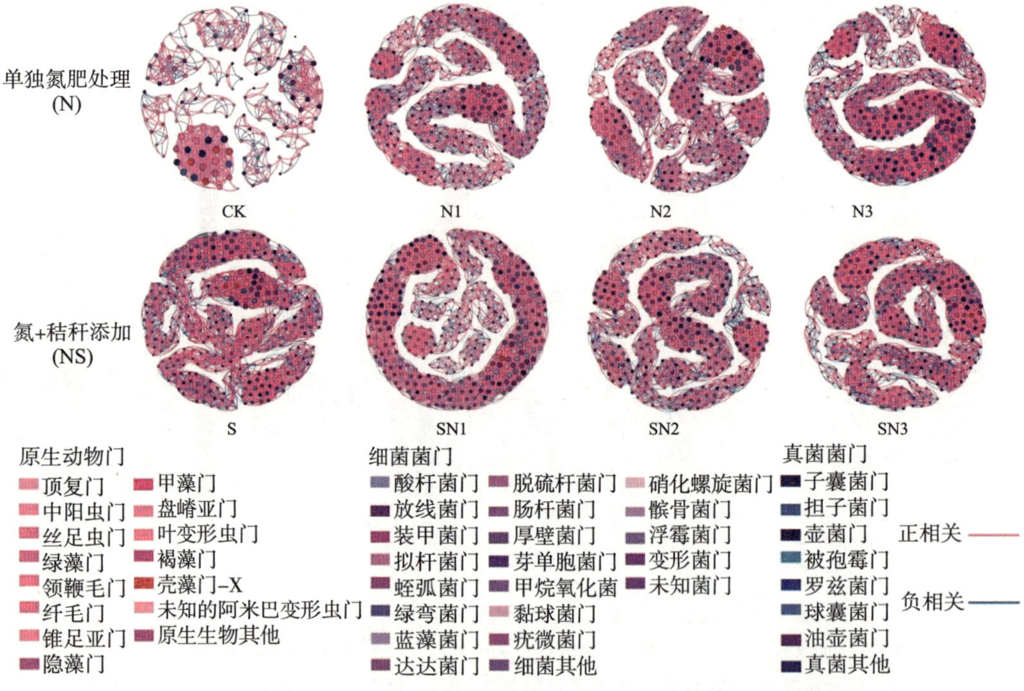

图 4-8　玉米季土壤细菌、真菌和原生生物群落的互作网络（改自胡菏，2022）

注：每个节点代表一个属，连线代表重要相关性，粉红边表示正相关，蓝色边表示负相关。粉色系列节点代表原生生物，紫色系列节点代表细菌，蓝色系列节点代表真菌，同系列不同深浅的颜色表示节点所隶属的不同菌门。

通过对分类学水平上的跨界分子生态网络分析表明，秸秆还田增加了网络中菌群之间的互作和促进了生态网络的稳定性。小麦季，秸秆还田降低了归属于原生生物和真菌的节点数(归属于原生生物的节点数降低 20～31，归属于真菌的节点数降低 25～16)，菌属的多样性降低，使细菌-真菌-原生生物生态网络结构变得更加稳定；而玉米季网络的节点数量与边数均高于小麦季网络，网络规模更大，物种间传递物质、能量和信息的效率也更高。同时，决定生态网络结构稳定性的因素更为复杂(胡菏，2022)。

作物致病菌会影响根际微生物共现网络。例如，高丰度的青枯菌会减少番茄根际微生物网络的连接数，即减少微生物的相互作用，从而降低抵抗病原体的能力(Wen 等，2020)。黄萎病对橄榄也有类似结果，病原体感染后，节点连接度降低，节点间距离增加，模块化增加，且增加了负相互作用的数量，微生物丰度下降(Fernández-González 等，2020)。在槟榔的根腐病研究中，研究人员使用高通量测序技术对比健康槟榔和害病槟榔根际样本，借助共现网络分析发现根腐样品中有益细菌出现生态失衡现象(Li 等，2021b)。由此可见，共现网络分析是揭示微生物群在生物胁迫耐受、易感方面作用的重要工具。

在已有的研究中，共现网络的模块度和连接度等指标得到了较多的应用和解释，但其他网络指标的生态意义尚不明确，仍需进一步研究验证。目前对于农业生态系统中微生物的研究主要集中在根际和根系微生物，对植物地上部分微生物少有研究。已有研究提到小麦叶内微生物网络中的核心物种参与植物生长，并且与植物适合度有关(Ma 等，2021b)，但二者间存在何种关系尚不清楚。对于微生物间关系的研究也主要集中在根际微生物类群中，少有研究提及土壤微生物和作物根际微生物群之间的关系、根际微生物与作物内部微生物的关系，以及不同耕种模式、肥料、污染物等因素对这些关系的影响等问题。进一步研究这些关系可能对农业生态系统物质循环、资源利用、种植作物组合选择有重要指导意义。

4.3 生态系统功能

生态系统功能被定义为生态系统的不同生境、生物学的或系统的性质或过程。这可以从两个层面来理解：①指生态系统的过程；②指生态系统本身所具备的一种基本属性。第一个层面中的生态系统过程通常指构成生态系统的生物及非生物因素为了某目标发生的相互作用，故而此层面中生态系统功能包括物质循环、能量流动和信息传递(冯剑丰等，2009)，其中物质循环、能量流动受到较多关注和研究。第二个层面指生态系统具有的基本属性，如稳定性(包括时间稳定性)、恢复力、抵抗力等(de Bello 等，2021)。

4.3.1 物质循环

物质循环指地球上各种生命元素(C、N、P、S 等)的地球生物化学循环，可以是全球尺度也可以是区域范围。土壤微生物在生态系统的物质循环中发挥重要作用，包括有机碳分解、碳固定、氮循环、磷循环、硫循环等。已有众多研究证明了土壤生物，如细菌、真菌、线虫(Jiang 等，2015)、原生生物(Li 等，2021a)等，在物质循环过程中发挥了重要作用。土壤微生物的共现网络被用于研究功能基因的共现模式，从而提供对功能结构的新见解，还可以阐明代谢过程之间的互作关系。研究人员利用微生物硝酸盐还原过程中 4 个功能基因（*nir K*、*nir S*、*nos Z*、*hzs B*）的高通量测序结果，基于拓扑概念和方法构建了分子生态网络，发现含有 *nos Z* 基因的细菌可能在厌氧氨氧化、反硝化和反硝化厌氧甲烷氧化细菌群落中具有主导功能（Wang 等，2019）。对巢湖沉积物中功能基因与细菌类群的共现模式研究发现，放线菌、变形菌和螺旋体与碳、氮和磷循环基因呈正相关（Fan 等，2019）。通过对比种植不同作物的同种土壤和同一河口不同深度沉积物中的微生物碳、氮、磷、硫代谢过程共现模式，发现土壤和沉积物网络规模较小，但具有强大的功能稳定性，四个代谢过程在两个微生物组中紧密耦合，众多基因中植酸酶水解相关基因和 S 循环相关基因可以作为土壤和沉积物栖息地的独特和主要功能代表或标识符（Zheng 等，2019）。

研究发现多种因素都能影响微生物间的相互作用，进而影响其对物质循环的贡献。有研究认为生物炭具有增强土壤中微生物介导的磷循环的潜力，在低磷条件下添加葡萄糖可以增强含有 *phoD* 基因（最关键的碱性磷酸酶编码基因，含有此基因的细菌群落在介导磷转化中发挥重要作用）细菌网络中溶磷细菌之间的互作，形成更复杂的网络，提高土壤磷的有效性（Huang 等，2021；Tian 等，2021）。外源碳和氮输入促进异养微生物的生长，降低自养微生物的相对丰度。秸秆投入可以提高 Gaiellaceae 菌的相对丰度，从而增加土壤不稳定碳含量（Duan 等，2021）。碳固定、硝酸盐/亚硝酸盐还原、N 固定和硫酸盐还原相关基因与砷和锑浓度呈正相关，即砷和锑生物地球化学循环可能与碳、氮和硫循环产生相互作用，砷和锑共污染不仅影响砷相关基因，还影响其他与微生物碳、氮、硫循环相关的基因（Li 等，2021d）。土地利用强度增加会改变土壤细菌群落结构并减少细菌相互作用。

案例 4.5：石油污染造成微生物共现网络改变，进而影响土壤温室气体排放。为了解石油污染下与土壤温室气体（包括二氧化碳、甲烷和一氧化二氮）排放相关的微生物功能基因模式，研究人员探索了胜利油田土壤微生物功能基因对石油污染的响应，使用随机矩阵理论构建功能分子生态网络，并识别其中的关键基因。结果发现，功能基因网络中参与反硝化过程的氮循环基因连通性最高，确定为关键基因。网络结构和性质在石油污染土壤和未污染土壤之间存在显著差异（$P<0.05$），石油污染显著降低了网络节点数、连接性和复杂性。微生物功能基因之间的相关性减弱可能会影响功能群落稳定性和土壤温室气体排放过程（Yang 等，2018）（图 4-9）。

4.3.2 能量流动

能量流动指能量在生态系统内部的输入、传递、散失的过程。土壤食物网中的能量流动通道分别有细菌、真菌和植食三种。估算食细菌、食真菌、植食的生物其相对生物量可以反映生态系统中碳能量来源和能量流动渠道的大小。线虫群落常有多个营养级，其生物量常用于估算食物网能流，食细菌线虫和食真菌线虫的比值可反映不同分解通道的相对重要性，反映土壤食物网结构和养分动态（Ferris 和 Bongers，2006）。有研究指出表层土壤有机碳丰富，分解较快，主要是细菌分解通道在起作用；深层土壤有机碳缺乏，分解较慢，主要是真菌分解通道在起作用（Ingwersen 等，2008）。在生态修复过程中，土壤食物网中各营养级的能量流动逐渐增强，低营养级的能量转化要高于高营养级能量转化，并且在碳矿化中，捕食性螨和食细菌线虫相对其他营养功能群对碳矿化率的调节作用较弱；在氮矿化中，隐气门亚

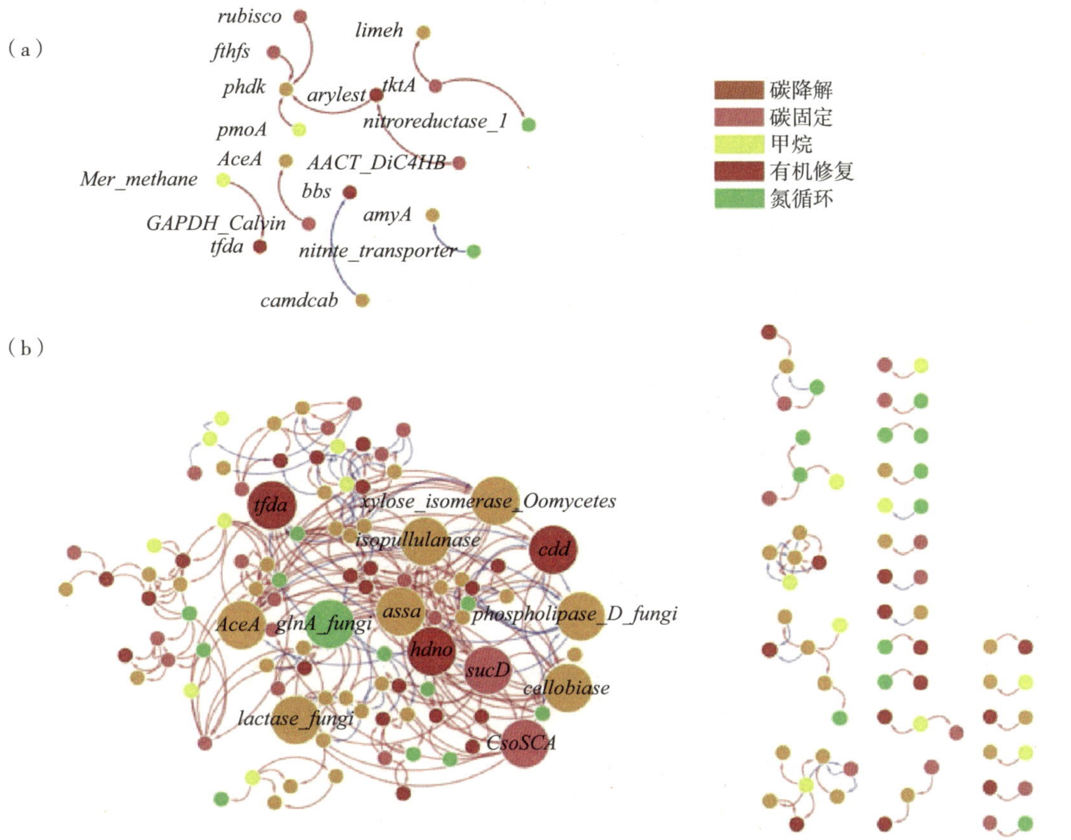

图 4-9 石油污染土壤(a)和未污染土壤(b)中碳、氮循环功能基因的共现网络(Yang 等,2018)

注:节点颜色表示碳、氮循环的主要过程。节点大小与其连接数成正比。蓝色连接代表负相关,而红色连接代表正相关。箭头方向表示从一个基因到另一个基因的前后关系。

目螨、食细菌线虫相对其他营养功能群对氮矿化率的调节作用较弱。在“微节肢动物-线虫”组成的土壤微食物网中,随着生态恢复的进行,能量流动逐渐从真菌通道向细菌通道转化(李宜蓉,2021)。

案例 4.6:化肥减量配施有机物料影响土壤共现网络及能量流通。为探究华北小麦-玉米轮作田土壤微生物和线虫群落对化肥减量配施有机肥和秸秆的响应,采用实时荧光 PCR 技术、Illumina 高通量测序技术和土壤线虫形态学鉴定等方法结合网络分析,比较单施化肥处理(F)、化肥减量处理(FR)、化肥减量配施秸秆处理(FRS)、化肥减量配施有机肥处理(FRO)及化肥减量配施有机肥和秸秆处理(FROS)5 个施肥处理下土壤细菌、真菌和线虫的群落变化(图 4-10)。结果发现,化肥减量配施有机物料能提高细菌-真菌-线虫生态网络规模,物种间关系更为复杂,同时能提高物种间传递物质、能量和信息的效率(吴宪,2021)。

4.3.3 生态系统稳定性

生态系统的稳定性是维持生态系统持续为人类提供服务的重要生态功能之一。在全球气候变化、物种灭绝速度加快的背景下,生物多样性与生态系统功能之间关系的研究受到极大重

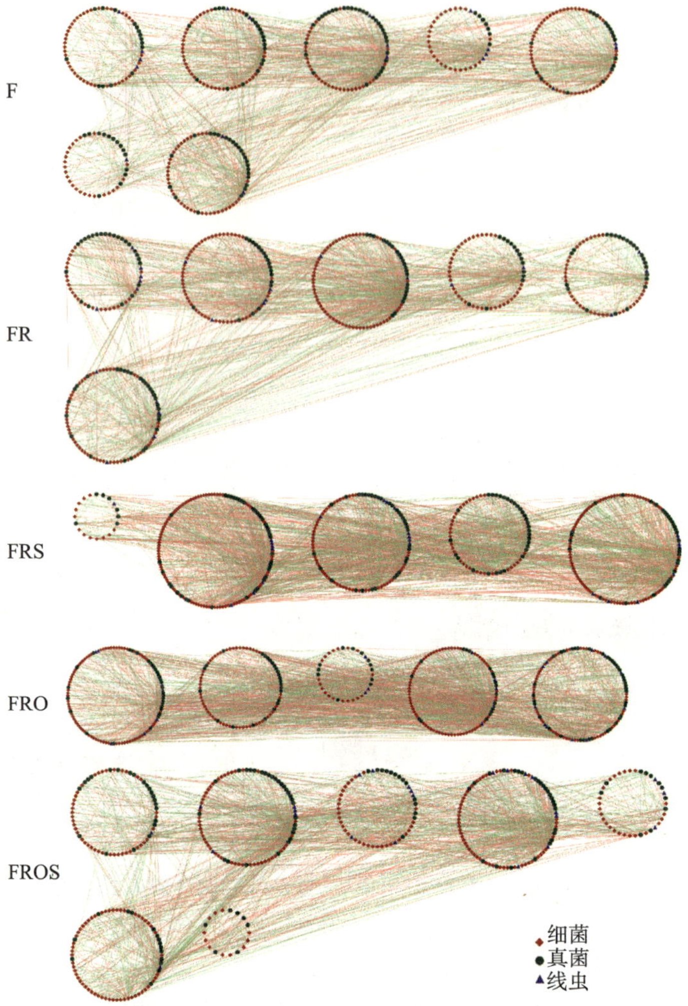

图 4-10 细菌、真菌和线虫共现网络(吴宪,2021)

注:每个节点代表一个属,连线代表重要相关性,红边表示正相关,绿边表示负相关。红色节点代表细菌,绿色节点代表真菌,蓝色节点代表线虫。

视。这个主题的研究大多数集中在传统的生态系统,对地下生物多样性丧失和稳定性下降的功能性后果了解不够深入。众多证据表明,土壤生物多样性在确定陆地生态系统对当前和未来环境变化的生态和进化响应方面具有关键作用(Bardgett 和 van der Putten 2014)。

随着以网络的形式研究种间互作方法的发展,网络复杂性和稳定性之间关系成为讨论的重点。部分模型表明稳定性会随着食物网的大小和复杂性的增加而增加,但也有模型研究表明食物网的大小和复杂性会降低其稳定性,Johnson 等(2014)研究发现丰富和复杂的土壤食物网的稳定性主要是由相互作用强度和土壤食物网的功能群组织驱动的。现实中任何破坏土壤食物网相互作用强度的功能结构和分布模式的因子都将破坏系统的动力学,导致物种相对丰度的重大变化甚至物种灭绝(de Castro 等,2021)。物种间的间接相互作用对维持食物网复杂性和生物多样性也有重要作用(Montoya 等,2009)。

案例 4.7:土壤食物网复杂性的提升降低了其稳定性。生态学家长期以来一直在争论复杂的、物种丰富的生态网络是否更加稳定。物种水平的土壤食物网是研究生态系统功能至关重要的大型结构化网络。研究人员提出了综合考虑物种水平和种间互作的新模型,用互作强度、网络的连接度、非随机营养结构之间的强相关性来解释网络稳定性。结果如图 4-11 所示,在小扰动的假设下,理论土壤食物网的拓扑结构使得它们比随机网络更复杂且更稳定;土壤食物网的物种丰富度、互作强度、互作强度的变异均降低了稳定性,而互作强度的负相关性提升了土壤食物网的稳定性(de Castro 等,2021)。

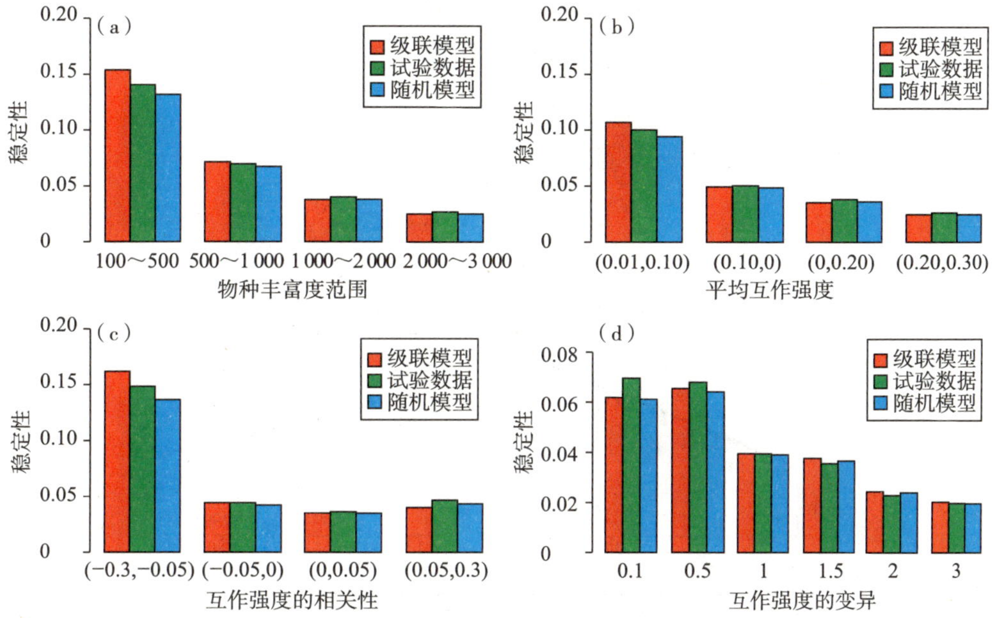

图 4-11 土壤食物网稳定性的影响因子(改自 de Castro 等,2021)

注:(a)物种丰富度、(b)互作强度、(c)互作强度的相关性、(d)互作强度的变异。一般来说,复杂性的增加,即物种丰富度、互作强度、互作强度的变异,会使土壤食物网的稳定性降低。互作强度之间的强负相关能提升土壤食物网的稳定性。

外界环境因子对土壤食物网的稳定性有至关重要的作用。生物多样性的形式和互作网络的复杂性有助于理解和预测污染和其他生态系统威胁的影响,不同丰富度、连接度的食物网复杂性对稳定性的积极影响随着污染物压力的增加而增强(Garay-Narváez 等,2013)。草原土壤微生物群落分子生态网络在增温处理下变得更加健壮,而且网络稳定性与网络复杂性密切相关,支持了复杂性促进稳定性的理论(Yuan 等,2021)。

案例 4.8:微生物核心类群决定了土壤微生物组功能稳定性。研究人员通过高通量扩增子和宏基因组研究,探索了在退耕还林生态系统的自然演替过程中,核心微生物群是否影响整个土壤剖面微生物组功能的时间稳定性(图 4-12)。结果发现,土壤微生物网络中的核心分类群具有相似的生态偏好,对功能稳定性有重大贡献。重新造林显著降低了土壤微生物组的功能稳定性,在重新造林的土壤中沿垂直土壤剖面其微生物类群表现出显著变化(Jiao 等,2022)。

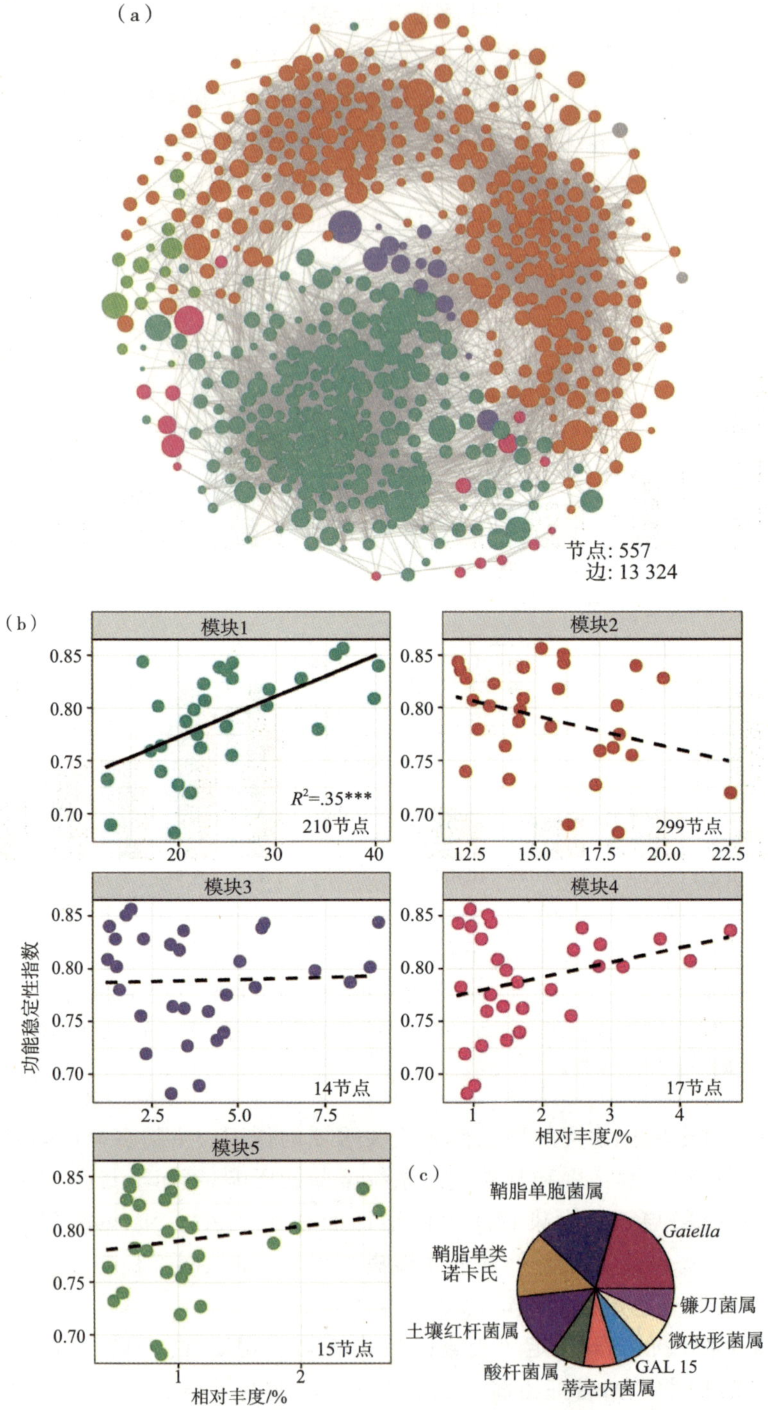

图 4-12　微生物核心类群与土壤微生物组功能稳定性之间的联系(改自 Jiao 等,2022)

注:(a)包含 5 个模块的共现网络,这些模块囊括了网络内 99.6%的节点。节点的颜色代表不同的模块,每个节点的大小与 OTU 的相对丰度成正比。(b)功能稳定性指数与主要模块内核心类群相对丰度之间的线性关系,只有模块 1 中的相对丰度与功能稳定性呈显著正相关。(c)饼图显示了模块 1 中节点的属的组成,其中,*Gaiella* 暂无中文名称。结果表明,具有相似生态偏好的模块 1 的核心类群是土壤微生物组功能稳定性的关键预测因子。

4.3.4 地上-地下互作

地上、地下两个子系统相互影响，相互依赖。地下分解者增加植物的营养供应和生长，影响地上植物的生物量和互作，活跃的微生物和土壤食物网是作物生产的重要保障(de Vries 和 Wallenstein，2017)。而地上植物和动物也会影响地下生态系统，地上、地下系统之间具有密切的关系(Eisenhauer 等，2010)。高达 80%的植物其氮和磷由菌根真菌提供，碳和养分可以通过菌根网络从一种植物转移到另一种植物。网络分析发现丛枝菌根-植物相互作用网络是嵌套的，有几种真菌，如不规则根霉、丝状霉等，与特定生态系统中几乎所有的植物都有关联(van der Heijden 等，2015)。作物的内生菌影响根际微生物群落，激活土壤氮、磷功能基因，加速根际养分周转(Tang 等，2019)。地上植物会影响地下能量通道，植物资源的输入会刺激植物、细菌和真菌能流通道，影响土壤线虫群落发展，并主要通过影响细菌能流通道加速养分周转(王祖艳等，2017)。地上放牧改变了植物物种组成，影响草食动物和杂食动物、食肉动物，并通过土壤食物网影响了食碎屑动物，放牧处理能够增加食物链的长度(Neilson 等，2002)。

多种外部因素都会影响地上-地下互作关系，并产生级联影响。长期施肥会降低植物和微生物功能群落之间的网络节点数、连通性、网络密度和聚类系数方面的复杂性(Huang 等，2019)。放牧会降低土壤食物网功能组之间的相关性，进而削弱土壤微食物网与土壤碳和氮矿化的相关性(Wang 等，2019)。在青藏高原草甸的放牧试验表明，适度放牧增加了土壤微食物网的线虫丰度和结构复杂性，并且增加了食草动物和食真菌动物丰度(Wan 等，2021)。

案例 4.9：土壤理化性质和细菌群落组成共同影响作物产量。以冬小麦(*Triticum aestivum* L.)为试验材料，在温室内进行氮、磷、钾施肥处理试验(图 4-13)。共现网络分析显示小麦生物量与速效磷含量和某些特定细菌类群丰度呈正相关，除此之外，速效磷与微杆菌属(*Microbacterium*)和类诺卡氏属(*Nocardioides*)和 *Phycicoccus*(暂无中文译名)丰度呈正相关。作物产量的提升可能是更高的速效磷含量和对参与氮循环微生物的有效激发导致的(Chen 等，2020a)。

土壤生物间的互作与众多生态过程紧密相关，其中包括物质循环、能量流动，还影响土壤健康，决定土壤功能。有研究认为互作网络的复杂性与生态系统的稳定性之间有重要关联，但二者之间的关系尚不十分明确。虽仍有众多问题需要进一步的研究，但复杂网络理论的引入为土壤生态系统的研究提供了新的视角，开展生态网络研究对土壤生态系统是十分必要的。

党的二十大报告提出，要“提升生态系统多样性、稳定性、持续性”。这要求我们要从系统观的角度看待生态问题，尊重自然，顺应自然，保护自然。“人的命脉在田，田的命脉在水，水的命脉在山，山的命脉在土，土的命脉在树。”因此，对土壤生态系统的研究，不能仅仅局限在土壤中。生态系统作为一个有机开放系统，不是各部分生态要素的机械组合，其功能通过系统整体得以发挥。实施生态系统保护不能头痛医头、脚痛医脚，必须统筹山水林田湖草沙等自然生态各要素，实行一体化保护和系统治理，从而增强生态系统循环能力、维护生态平衡，最终推动绿色发展，促进人与自然和谐共生。

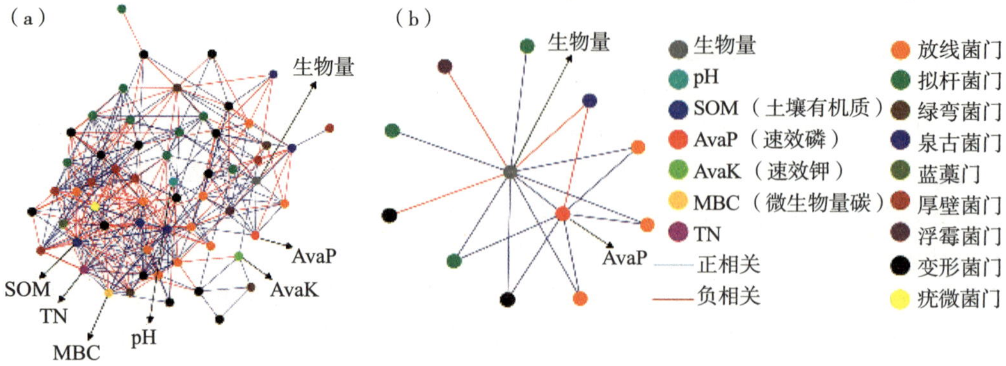

图 4-13　土壤理化性质、细菌群落和小麦生物量的共现网络(改自 Chen 等，2020a)

注：(a)不同施肥处理的共现网络。(b)与小麦生物量关联的子网络。蓝线和红线分别代表强正相关($r>0.6$)和强负相关($r<-0.6$)。彩色节点表示主要门的 OTU。小麦生物量与土壤速效磷、红游动菌属(*Rhodoplanes*)、海洋杆菌属(*Pontibacter*)和溶杆菌属(*Flavisolibacter*)强正相关，而与浮霉菌属(*Planctomyces*)强负相关。此外，小麦生物量和土壤速效磷均与三个放线菌属(*Microbacterium*、*Nocardioides* 和 *Phycicoccus*)呈正相关，而与 *Nitrososphaerales*(古菌中的一种，暂无中文译名)呈负相关。

思考题

1. 什么是复杂网络？常见的生态网络有哪些？
2. 常见的土壤生物网络有哪些？试举例描述。
3. 请简述土壤生物网络在生态系统功能中发挥的作用。

参考文献

陈关荣，汪小帆，李翔，2015. 复杂网络引论：模型、结构与动力学. 2 版(英文版). 北京：高等教育出版社.

冯剑丰，李宇，朱琳，2009. 生态系统功能与生态系统服务的概念辨析. 生态环境学报，18(4)：1599-1603.

胡莳，2022. 氮肥施用与秸秆还田对农田土壤微生物及原生生物的影响：学位论文. 北京：中国农业大学.

李宜蓉，2021. 喀斯特地区生态恢复过程中土壤微食物网功能的研究：学位论文. 贵阳：贵州师范大学.

汪小帆，李翔，陈关荣，2006. 复杂网络理论及其应用. 北京：清华大学出版社.

王敏，徐国良，2013. 稳定同位素技术在土壤跳虫研究上的应用. 应用生态学报，24(6)：1754-1760.

王祖艳，邵元虎，夏汉平，等，2017. 基于土壤线虫群落分析的油页岩废渣地不同植被类型恢复过程中的土壤食物网能流状况. 生态学报，37(17)：5612-5620.

吴宪，2021. 化肥减量配施有机肥和秸秆对小麦-玉米田土壤微生物和线虫群落的影响：学位论文. 北京：中国农业科学院.

Adl S, Liu M, Xu X, 2020. Mapping soil nitrogen fractionation. Rhizosphere, 16: 100279.

Barabási A, Albert R, 1999. Emergence of scaling in random networks. Science, 286(5439): 509-512.

Bardgett R D, van der Putten W H, 2014. Belowground biodiversity and ecosystem functioning. Nature, 515(7528): 505-511.

Berg M P, Bengtsson J, 2007. Temporal and spatial variability in soil food web structure. Oikos, 116(11): 1789-1804.

Bloor J, Si-Moussi S, Taberlet P, et al., 2021. Analysis of complex trophic networks reveals the signature of land-use intensification on soil communities in agroecosystems. Scientific Reports, 11(1): 18260.

Bongiorno G, Bodenhausen N, Bünemann E K, et al., 2019. Reduced tillage, but not organic matter input, increased nematode diversity and food web stability in European long-term field experiments. Molecular Ecology, 28(22): 4987-5005.

Borrett S R, Lau M K, 2014. enaR: An R package for ecosystem network analysis. Methods in Ecology and Evolution, 5(11): 1206-1213.

Brisson V L, Schmidt J E, Northen T R, et al., 2019. Impacts of maize domestication and breeding on rhizosphere microbial community recruitment from a nutrient depleted agricultural soil. Scientific Reports, 9(1): 15611.

Cardinale M, Grube M, Erlacher A, et al., 2015. Bacterial networks and co-occurrence relationships in the lettuce root microbiota. Environmental Microbiology, 17(1): 239-252.

Chen M, Xu J, Li Z, et al., 2020a. Soil physicochemical properties and bacterial community composition jointly affect crop yield. Agronomy Journal, 112(5): 4358-4372.

Chen Y, Bonkowski M, Shen Y, et al., 2020b. Root ethylene mediates rhizosphere microbial community reconstruction when chemically detecting cyanide produced by neighbouring plants. Microbiome, 8(1): 4.

Christakis N A, Fowler J H, 2007. The spread of obesity in a large social network over 32 years. New England Journal of Medicine, 357(4): 370-379.

Copley J, 2000. Ecology goes underground. Nature, 406(6795): 452-454.

Csardi G, Nepusz T, 2006. The igraph software package for complex network research. Interjournal Complex Systems, 1695.

Cui Z Y, Ke R M, Pu Z Y, et al., 2020. Learning traffic as a graph: A gated graph wavelet recurrent neural network for network-scale traffic prediction. Transportation Research Part C-Emerging Technologies, 115: 102620.

de Bello F, Lavorel S, Hallett L M, et al., 2021. Functional trait effects on ecosystem stability: Assembling the jigsaw puzzle. Trends in Ecology and Evolution, 36(9): 822-836.

de Castro F, Adl S M, Allesina S, et al., 2021. Local stability properties of complex, species-rich soil food webs with functional block structure. Ecology and Evolution, 11(22): 16070-16081.

de Ruiter P C, Moore J C, Zwart K B, et al., 1993. Simulation of nitrogen mineralization in the below-ground food webs of two winter wheat fields. Journal of Applied Ecology, 30(1): 95-106.

de Ruiter P C, Neutel A, Moore J C, 1995. Energetics, patterns of interaction strengths, and stability in real ecosystems. Science, 269(5228): 1257-1260.

de Vries F T, Wallenstein M D, 2017. Below-ground connections underlying above-ground food production: A framework for optimising ecological connections in the rhizosphere. Journal of Ecology, 105(4): 913-920.

Deng Y E, Jiang Y H, Yang Y F, et al., 2012. Molecular ecological network analyses. BMC Bioinformatics, 13(1):113.

Dormann C F, Gruber B, Fruend J, 2008. Introducing the bipartite package: Analysing Ecological Networks. R News, 8(2): 8-11.

Duan Y, Chen L, Li Y, et al., 2021. N, P and straw return influence the accrual of organic carbon fractions and microbial traits in a mollisol. Geoderma, 403: 115373.

Dunne J A, Williams R J, Martinez N D, 2002. Network structure and biodiversity loss in food webs: robustness increases with connectance. Ecology Letters, 5(4): 558-567.

Eisenhauer N, Hörsch V, Moeser J, et al., 2010. Synergistic effects of microbial and animal decomposers on plant and herbivore performance. Basic and Applied Ecology, 11(1): 23-34.

Erdös P, Rényi A, 1960. On the evolution of random graphs. Publications of the Mathematical Institute of the Hungarian Academy of Sciences, 38(4): 343-347.

Fan Y Y, Li B, Yang Z C, et al., 2019. Mediation of functional gene and bacterial community profiles in the sediments of eutrophic Chaohu Lake by total nitrogen and season. Environmental Pollution, 250: 233-240.

Fernández-González A J, Cardoni M, Gómez-Lama Cabanás C, et al., 2020. Linking belowground microbial network changes to different tolerance level towards Verticillium wilt of olive. Microbiome, 8(1): 11.

Ferris H, Bongers T, 2006. Nematode indicators of organic enrichment. Journal of Nematology, 38(1): 3-12.

Firth J A, Hellewell J, Klepac P, et al., 2020. Using a real-world network to model localized COVID-19 control strategies. Nature Medicine, 26(10): 1616-1622.

Garay-Narváez L, Arim M, Flores J D, et al., 2013. The more polluted the environment, the more important biodiversity is for food web stability. Oikos, 122(8): 1247-1253.

Girvan M, Newman M E J, 2002. Community structure in social and biological networks. Proceedings of the National Academy of Sciences, 99(12): 7821-7826.

Henneron L, Bernard L, Hedde M, et al., 2014. Fourteen years of evidence for positive effects of conservation agriculture and organic farming on soil life. Agronomy for Sustainable Development, 35(1): 169-181.

Huang R, McGrath S P, Hirsch P R, et al., 2019. Plant-microbe networks in soil are weakened by century-long use of inorganic fertilizers. Microbial Biotechnology, 12(6): 1464-1475.

Huang Y, Dai Z, Lin J, et al., 2021. Labile carbon facilitated phosphorus solubilization as regulated by bacterial and fungal communities in *Zea mays*. Soil Biology and Biochemistry, 163: 108465.

Hudson L N, Emerson R, Jenkins G B, et al., 2013. Cheddar: analysis and visualisation of ecological communities in R. Methods in Ecology and Evolution, 4(1): 99-104.

Hunt H W, Coleman D C, Ingham E R, et al., 1987. The detrital food web in a shortgrass prairie.

Biology and Fertility of Soils, 3(1): 57-68.

Ingwersen J, Poll C, Streck T, et al., 2008. Micro-scale modelling of carbon turnover driven by microbial succession at a biogeochemical interface. Soil Biology and Biochemistry, 40(4): 864-878.

Jiang Y, Sun B, Li H, et al., 2015. Aggregate-related changes in network patterns of nematodes and ammonia oxidizers in an acidic soil. Soil Biology and Biochemistry, 88: 101-109.

Jiao S, Chen W, Wei G, 2022. Core microbiota drive functional stability of soil microbiome in reforestation ecosystems. Global Change Biology, 28(3): 1038-1047.

Johnson S, Dominguez-Garcia V, Donetti L, et al., 2014. Trophic coherence determines food-web stability. Proceedings of the National Academy of Sciences of the United States of America, 111(50): 17923-17928.

Kibblewhite M G, Ritz K, Swift M J, 2008. Soil health in agricultural systems. Philosophical Transactions of the Royal Society B-Biological Sciences, 363(1492): 685-701.

Li F, Sun A, Jiao X, et al., 2021a. Specific protistan consumers and parasites are responsive to inorganic fertilization in rhizosphere and bulk soils. Journal of Soils and Sediments, 21(12): 3801-3812.

Li H, Ma X, Tang Y, et al., 2021b. Integrated analysis reveals an association between the rhizosphere microbiome and root rot of arecanut palm. Pedosphere, 31(5): 725-735.

Li N, Pan F, Han X, et al., 2016. Development of soil food web of microbes and nematodes under different agricultural practices during the early stage of pedogenesis of a mollisol. Soil Biology and Biochemistry, 98: 208-216.

Li Y, Chen Y, Li J, et al., 2021c. Organic management practices enhance soil food web biomass and complexity under greenhouse conditions. Applied Soil Ecology, 167: 104010.

Li Y, Zhang M, Xu R, et al., 2021d. Arsenic and antimony co-contamination influences on soil microbial community composition and functions: Relevance to arsenic resistance and carbon, nitrogen, and sulfur cycling. Environment International, 153: 106522.

Lima-Mendez G, Faust K, Henry N, et al., 2015. Determinants of community structure in the global plankton interactome. Science, 348(6237): 1262073.

Lu X, Gray C, Brown L E, et al., 2016. Drought rewires the cores of food webs. Nature Climate Change, 6: 875-878.

Ma B, Wang H Z, Dsouza M, et al., 2016. Geographic patterns of co-occurrence network topological features for soil microbiota at continental scale in eastern China. ISME Journal, 10(8): 1891-1901.

Ma B, Wang Y, Ye S, et al., 2020. Earth microbial co-occurrence network reveals interconnection pattern across microbiomes. Microbiome, 8(82): 1-12.

Ma W, Yang Z, Liang L, et al., 2021a. Characteristics of the fungal communities and co-occurrence networks in hazelnut tree root endospheres and rhizosphere soil. Frontiers in Plant Science, 12: 749871.

Ma Y, Weisenhorn P, Guo X, et al., 2021b. Effect of long-term fertilization on bacterial communities in wheat endosphere. Pedosphere, 31(4): 538-548.

Marasco R, Rolli E, Fusi M, et al., 2018. Grapevine rootstocks shape underground bacterial microbiome and networking but not potential functionality. Microbiome, 6(1): 3.

Milo R, Shen-Orr S, Itzkovitz S, et al., 2002. Network motifs: simple building blocks of complex networks. Science, 298(5594): 824-827.

Miryala S K, Anbarasu A, Ramaiah S, et al., 2018. Discerning molecular interactions: A comprehensive review on biomolecular interaction databases and network analysis tools. Gene, 642: 84-94.

Montoya J, Pimm S, Sole R, 2006. Ecological networks and their fragility. Nature, 442(7100): 259-264.

Montoya J M, Woodward G, Emmerson M C, et al., 2009. Press perturbations and indirect effects in real food webs. Ecology, 90(9): 2426-2433.

Moore J C, de Ruiter P C, 2012. Energetic food webs: An analysis of real and model ecosystems. Oxford University Press. http://dx. doi. org/10. 1093/acprof:oso/9780198566182. 001. 0001

Moore J C, Zwetsloot H J C, de Ruiter P C, 1990. Statistical analysis and simulation modeling of the belowground food webs of two winter wheat management practices. Netherlands Journal of Agricultural Science, 38: 303-316.

Morriën E, 2016. Understanding soil food web dynamics, how close do we get? Soil Biology and Biochemistry, 102: 10-13.

Neilson R, Robinson D, Marriott C A, et al., 2002. Above-ground grazing affects floristic composition and modifies soil trophic interactions. Soil Biology and Biochemistry, 34 (10): 1507-1512.

Newman M E J, 2006. Modularity and community structure in networks. Proceedings of the National Academy of Sciences, 103(23): 8577 -8582.

Pivato B, Semblat A, Guégan T, et al., 2021. Rhizosphere bacterial networks, but not diversity, are impacted by pea-wheat intercropping. Frontiers in Microbiology, 12: 674556.

Pocock M J, Evans D M, Memmott J, 2012. The robustness and restoration of a network of ecological networks. Science, 335(6071): 973-977.

Pollierer M M, Larsen T, Potapov A, et al., 2019. Compound-specific isotope analysis of amino acids as a new tool to uncover trophic chains in soil food webs. Ecological Monographs, 89(4): 1-24.

Pressler Y, Foster E J, Moore J C, et al., 2017. Coupled biochar amendment and limited irrigation strategies do not affect a degraded soil food web in a maize agroecosystem, compared to the native grassland. Global Change Biology Bioenergy, 9(8): 1344-1355.

Rooney N, McCann K, Gellner G, et al., 2006. Structural asymmetry and the stability of diverse food webs. Nature, 442(7100): 265-269.

Sánchez-Moreno S, Cano M, López-Pérez A, et al., 2018. Microfaunal soil food webs in mediterranean semi-arid agroecosystems. Does organic management improve soil health? Applied Soil Ecology, 125: 138-147.

Sanna M, Majaneva S, 2016. The use of DNA barcodes in food web construction-terrestrial and aquatic ecologists unite. Genome, 59(9): 603-628.

Schmid C A O, Schröder P, Armbruster M, et al. , 2018. Organic amendments in a long-term field trial-consequences for the bulk soil bacterial community as revealed by network analysis. Microbial Ecology, 76(1): 226-239.

Schmidt J E, Kent A D, Brisson V L, et al. , 2019. Agricultural management and plant selection interactively affect rhizosphere microbial community structure and nitrogen cycling. Microbiome, 7(1): 146.

Schwarz B, Barnes A D, Thakur M P, et al. , 2017. Warming alters energetic structure and function but not resilience of soil food webs. Nature Climate Change, 7(12): 895-900.

Selosse M, Baudoin E, Vandenkoornhuyse P, et al. , 2004. Symbiotic microorganisms, a key for ecological success and protection of plants. Comptes Rendus Biologies, 327(7): 639-648.

Shah K, Tripathi S, Tiwari I, et al. , 2021. Role of soil microbes in sustainable crop production and soil health: A review. Agricultural Science and Technology, 13(2): 109-118.

Shang J Y, Wu Y, Huo B, et al. , 2021. Potential of bradyrhizobia inoculation to promote peanut growth and beneficial rhizobacteria abundance. Journal of Applied Microbiology, 131(5): 2500-2515.

Shi Z, Xiong L, Liu T, et al. , 2022. Alteration of bacterial communities and co-occurrence networks as a legacy effect upon exposure to polyethylene residues under field environment. Journal of Hazardous Materials, 426: 128126.

Sprunger C D, Culman S W, Peralta A L, et al. , 2019. Perennial grain crop roots and nitrogen management shape soil food webs and soil carbon dynamics. Soil Biology and Biochemistry, 137: 107573.

Staniczenko P P, Kopp J C, Allesina S, et al. , 2013. The ghost of nestedness in ecological networks. Nature Communications, 4: 1391.

Stouffer D B, Bascompte J, 2011. Compartmentalization increases food-web persistence. Proceedings of the National Academy of Sciences, 108(9): 3648-3652.

Sun F, Tariq A, Chen H, et al. , 2017. Effect of nitrogen and phosphorus application on agricultural soil food webs. Archiv für Acker- und Pflanzenbau und Bodenkunde, 63(8): 1176-1186.

Tang M, Zhu Q, Zhang F, et al. , 2019. Enhanced nitrogen and phosphorus activation with an optimized bacterial community by endophytic fungus *Phomopsis liquidambari* in paddy soil. Microbiological Research, 221: 50-59.

Thompson R M, Brose U, Dunne J A, et al. , 2012. Food webs: reconciling the structure and function of biodiversity. Trends in Ecology and Evolution (Amsterdam), 27(12): 689-697.

Tian J, Kuang X, Tang M, et al. , 2021. Biochar application under low phosphorus input promotes soil organic phosphorus mineralization by shifting bacterial phoD gene community composition. Science of the Total Environment, 779: 146556.

Tsiafouli M A, Thebault E, Sgardelis S P, et al. , 2015. Intensive agriculture reduces soil biodiversity across Europe. Global Change Biology, 21(2): 973-985.

van der Heijden M, Martin F M, Selosse M A, et al. , 2015. Mycorrhizal ecology and evolution: the past, the present, and the future. New Phytologist, 205(4): 1406-1423.

Wan B, Mei X, Hu Z, et al. , 2021. Moderate grazing increases the structural complexity of soil micro-food webs by promoting root quantity and quality in a tibetan alpine meadow. Applied Soil Ecology, 168: 104161.

Wang S, Liu W, Zhao S, et al., 2019. Denitrification is the main microbial N loss pathway on the Qinghai-Tibet Plateau above an elevation of 5000 m. Science of the Total Environment, 696: 133852.

Wani F, Ahmad D, Ali T, et al., 2015. Role of microorganisms in nutrient mobilization and soil health-a review. Journal of Pure and Applied Microbiology, 9(2): 1401-1410.

Wardle D A, Bardgett R D, Klironomos J N, et al., 2004. Ecological linkages between aboveground and belowground biota. Science, 304(5677): 1629-1633.

Watts D J, Strogatz S H, 1998. Collective dynamics of 'small-world' networks. Nature, 393: 440-442.

Wen T, Zhao M, Liu T, et al., 2020. High abundance of ralstonia solanacearum changed tomato rhizosphere microbiome and metabolome. BMC Plant Biology, 20(1): 166.

Wu X, Liu Y, Shang Y, et al., 2022. Peat-vermiculite alters microbiota composition towards increased soil fertility and crop productivity. Plant and Soil, 470(1): 21-34.

Wu Y, Zhou H, Chen W, et al., 2021. Response of the soil food web to warming and litter removal in the Tibetan Plateau, China. Geoderma, 401: 115318.

Yadav P, Duckworth K, Grewal P S, 2012. Habitat structure influences below ground biocontrol services: A comparison between urban gardens and vacant lots. Landscape and Urban Planning, 104(2): 238-244.

Yan L, Zhang W, Duan W, et al., 2021. Temporal bacterial community diversity in the nicotiana tabacum rhizosphere over years of continuous monocropping. Frontiers in Microbiology, 12: 641643.

Yang, Li G, Qian Y, et al., 2018. Microbial functional gene patterns related to soil greenhouse gas emissions in oil contaminated areas. Science of the Total Environment, 628-629: 94-102.

Yuan M M, Guo X, Wu L, et al., 2021. Climate warming enhances microbial network complexity and stability. Nature Climate Change, 11(4): 343-348.

Zhang G, Wei G, Wei F, et al., 2021. Dispersal limitation plays stronger role in the community assembly of fungi relative to bacteria in rhizosphere across the arable area of medicinal plant. Frontiers in Microbiology, 12: 713523.

Zhao L, Zhang H, O Gorman E J, et al., 2016. Weighting and indirect effects identify keystone species in food webs. Ecology Letters, 19(9): 1032-1040.

Zhao L, Zhang H, Tian W, et al., 2018. Identifying compartments in ecological networks based on energy channels. Ecology and Evolution, 8(1): 309-318.

Zheng B, Zhao Y, Bi Q, et al., 2019. How to disentangle microbially functional complexity: an insight from the network analysis of C, N, P and S cycling genes. Science Bulletin (Beijing), 64(16): 1129-1131.

第5章 土壤生物与元素循环

地球的岩石中分布有极其丰富的元素，其中大多数元素都可以在土壤中被发现，但很少有某一种元素能够在土壤中占主导地位。目前在土壤中发现了氢、碳、氧、氮、磷、硫、铝、硅、碱金属和碱土金属等元素，同时也包括很多微量元素和痕量元素。某些微量元素和痕量元素是酶的组成成分，像铁、钴、镍、铜、镁、锰、钼、锌等微量元素对维持酶的结构、电子传递等功能具有重要作用。这些元素在土壤中的迁移、转化，对于土壤生物多样性的维持和土壤生态系统功能具有重要意义。

土壤为植物提供了必需的氮、磷、钾等营养元素和微量元素，这些元素通过植物-动物食物链系统为人类提供了能量等物质，也为工业生产提供生产原料。进入21世纪以来，地球上人口持续增多，对食物和能量的需求也日益增多。人类的发展依赖肥沃的土地来提供可持续的食物生产，在维持食物生产的同时还需要保持清洁的环境。人口增长、可持续农业、环境压力、气候变化等人类发展面临的多层次问题，都需要我们充分理解土壤中各元素的生物地球循环过程，探索实现土壤中各类资源可重复性利用的技术路径。

5.1 土壤生物与碳的生物地球循环

5.1.1 土壤碳库

土壤碳库对维持土壤生态系统功能具有重要意义。土壤碳的变化会通过影响二氧化碳和甲烷的排放、光合作用碳固定等方式影响全球气候变化（Smith 等，2015）。土壤是最重要的碳库，碳储量为 500～2 400 Pg，大大高于目前空气中的碳库（590 Pg）和陆生植物中的碳库（350～550 Pg）。土壤中的碳以有机碳和无机碳两个形态存在。全球 1 m^3 土体的土壤中有机碳的储量为 1 500 Pg，2 m^3 土体中有机碳储量为 2 500 Pg（Batjes，1996）。虽然土壤碳在 0～30 cm 的土层浓度较高，但 61%以上的土壤碳库储存在 30 cm 以下的土壤中（Tarnocai 等，2009）。

与海洋生态系统碳循环主要是物理化学过程的溶解和释放不同，陆地生态系统碳循环中生物是其主要驱动力。陆地碳循环在周转时间上也仅在百年内，在循环上属于中短期循环而非地质周期的长循环过程。在营养物质充足的时候，植物通过叶绿素将太阳能转化为糖等可以生长利用的能量，这个过程称为初级生产。目前陆地生态系统初级生产力约为 120 Pg/a，其中植物呼吸消耗约 50%，净初级生产力约 60 Pg/a。但是从长时间尺度看，植物残体进入土壤后，微生物及其他异养生物将这些植物残体分解，只有约 5%的总初级生产力（约 10 Pg/a）会保留下来，这部分就是净生态系统生产力(净生态系统生产力 NEP＝净初级生产力 NPP－自养型生物呼吸 R_{auto}－异养型生物呼吸 R_{heterp})。土壤二氧化碳的排放由土壤有机质的矿化、土壤呼吸和无机碳的风化三个部分共同组成,这部分也是全球陆地二氧化碳最大排放来源,每年有约 60 Pg 的碳排放到空气中(Smith 等,2015)。这个排放量比化石燃料的燃烧和陆地土地利用改变引起的碳排放量还要高一个数量级。碳在土壤中的周转与温度显著相关,同时也与生态类型相关(Carvalhais 等,2014)。在寒冷区的冻土带碳周转期是 65 年,寒带森林系统是 53 年,温带草原和灌丛带是 41 年,沙漠地区是 36 年,而热带森林和草原分别只有 14 和 16 年。

全球无机碳库规模较大,1 m^3 土体中约有 750 Pg。土壤中的无机碳主要以碳酸盐的形态存在。干旱和半干旱土壤中的碳酸盐从重碳酸盐衍生而来,石灰性土壤中的碳酸盐主要来自石灰石。大多数情况下,土壤无机碳库周转速率较慢,对常规性的土壤管理措施响应较小,在土壤生态系统功能中扮演角色也较小(Smith 等,2015)。

与无机碳不同,土壤中有机碳对改良土壤物理结构和化学组成具有重要作用,特别是对土壤养分的保持、水分涵养、对有机和无机污染物的吸附等。提高土壤有机碳的含量可以增加土壤对碳的固定能力。这种方式不仅是一个经济友好型的应对气候变化的方法,还可以从多个层面提升土壤生态系统服务功能,包括提高农业生产、清洁水源和保护生物多样性等(Lal,2004),这使得如何提高土壤有机质(有机碳的主要形态)成为构建健康土壤的核心,也成为国内外研究的热点内容。目前研究表明,提高土壤碳储量的主要手段包括提升植物生产量,提高有机肥的投入,增加绿肥投入和生物炭等碳输入方式,同时通过调控土壤微生物活动,减少可溶性碳淋洗和碳酸盐的风化等以减少土壤碳流失,通过增加土壤碳输入和减少土壤碳流失两个方式提升土壤碳储量(Smith 等,2015)。

5.1.2 土壤碳的主要来源

植物地上部的植物残体和植物根系分泌物是土壤碳的主要输入来源。大量的植物残体输入提高土壤有机质含量,同时植物也可以通过与菌根真菌互作共同影响土壤有机质和土壤碳循环(Batjes,1996)。与植物细胞结构相比,菌根真菌细胞结构中含有更高比例的几丁质。几丁质与植物细胞结构中的纤维素相比更难降解,在土壤中也更容易固定下来转化为土壤有机质含量。菌根真菌中的球囊霉素也有利于土壤团聚体形成和有机质的固持,合成的胞外酶也会影响有机质形成和周转(Finzi 等,2015;Averill 等,2014)。但土壤中碳的输入不是均一化的,表层土壤碳主要来源于植物残体,底层土壤碳主要来源于植物根所含有的碳和土壤上层可溶性碳向下迁移,其中植物根所含有的碳是土壤有机质的主要来源(Rasse 等,2005)。来源于植物残体的有机碳主要被土壤生物所利用并被分解释放到空气中,而植物根系碳(包括植物根本身和根系分泌物)进入土壤的部分是土壤碳固定的主要来源,也是土壤有机质的主要来源(Tarnocai 等,2009)。

土壤有机质是植物残体、微生物和动物分解的联合产物。土壤有机质的形成是一个复杂的生物地球化学过程。土壤有机质主要来源于植物和土壤微生物的残体,少量来源于土壤动物残体。土壤成为这些生物体、有机物不断循环的载体。进入土壤中的生物质含有大量大分子物质。当生物死亡,土壤动物将有机物移入土壤中,土壤动物、微生物等利用细胞内和分泌到细胞外的酶将大分子物质进行分解,像糖脂类物质、蛋白质类物质等大分子物质被分解成小分子物质,小分子物质进一步分解成水溶性物质。这些可溶物在土壤颗粒中不停地吸附、解吸附,在土壤中迁移、氧化,并且与土壤颗粒形成团聚体和矿物界面,形成的土壤团聚体和矿物界面又会在有机物进一步分解过程中形成保护作用。有机质与土壤矿物结合或者被土壤团聚体形成的物理保护可以大大减缓有机质在土壤中的分解过程,提高有机质在土壤中的稳定性,经土壤矿物结合或土壤团聚体物理保护的有机质可以在土壤中稳定存在上百年(Dungait 等,2012;von Luetzow 等,2008)。土壤微生物对植物残体的利用效率也影响土壤有机质的稳定性。土壤中生物分子的固定和分解过程不但与分子结构有关系,还与所在土壤中所处的位置有关系。在好氧条件下,二氧化碳是有机质降解的最终产物;在厌氧条件下,甲烷和二氧化碳是最终产物。例如,土壤中大分子物质首先降解成氨基酸、脂肪酸、单糖这样的小分子物质,这些小分子物质在好氧的条件下被分解成二氧化碳,而在厌氧条件下它们会被进一步分解成挥发性脂肪酸或者醇,然后再转化为二氧化碳和甲烷(Megonigal 等,2003)。

低温、干旱和缺氧条件会抑制土壤微生物的活动,促进土壤有机质的积累(Trumbore,2009)。通常条件下,在水分不受限的情况下,土壤温度提高,土壤微生物分解加速,土壤有机质降解速度提升,这使得土壤温度成为土壤碳固定中的主要影响因素。土壤水分也会影响土壤碳固定,在土壤通气条件良好的情况下,水分含量降低,微生物的活力下降,有机质分解速度降低(Smith 等,2015)。同时,干旱条件也会通过影响植物碳固定、根系分泌物、植物根酶活性等影响土壤碳固定(Sanaullah 等,2011;Sanaullah 等,2014)。但是在水淹条件下,土壤有机质分解速度较慢,土壤会含有较高含量的有机碳(像泥沼类土壤),高含水量也会提升可溶性有机质和颗粒态有机质向深层土壤的淋洗(Clark 等,2012)。

甲烷在陆地碳循环中占有比较重要的作用,也是人类活动引发的第二大温室气体。虽然甲烷的浓度是二氧化碳的 1/200,但温室潜力是二氧化碳的 28 倍以上。甲烷显著的温室效应使得它在土壤碳循环研究中是热点内容。甲烷主要由微生物在厌氧条件下分解有机物产生。甲烷的产生目前主要有两条途径,乙酸分解成二氧化碳和甲烷途径,以及二氧化碳与氢气生成甲烷和水途径。甲烷产生主要由古菌驱动,古菌是单细胞的原核生物,被认为是由 38 亿年前太古代的最早细菌演化而来,目前主要分布在湿地、稻田、沉积物中。深层土壤在厌氧条件下,甲烷合成菌生产甲烷,但甲烷在向表层土壤迁移过程中会被进一步氧化为二氧化碳,从表层土壤中释放,这个时候会把这部分由甲烷形成的二氧化碳也计算入土壤二氧化碳排放中。甲烷氧化菌在有氧的条件下以硫酸盐、铁和氮氧化物作为电子受体把甲烷氧化成二氧化碳,这类细菌以甲烷为碳源,可以大大减少甲烷向空气中的排放(Raghoebarsing 等,2005),泥炭藓根部的甲烷氧化菌将甲烷产生量降低了 98%。

5.1.3 影响土壤碳循环的其他因素

土壤碳的循环会受到其他元素的影响,其中土壤碳循环与土壤氮和磷具有较强的耦合关系。土壤有机质中的碳氮磷的剂量比与植物相比要小,也就是说单位碳含量下,土壤中具有更高含量的氮和磷(Alberti 等,2015)。因此,当土壤中增加生物质碳的时候农田土壤氮利用效率会随之提高(Huang 等,2013);在营养受限的泥炭土壤类型条件下,增加氮和磷,会提高植物对碳的固定量(Olid 等,2014)。而甲烷的形成除了需要一定的氧浓度、pH、盐和温度等条件以外,营养条件和微量元素也具有重要作用。厌氧条件是甲烷产生的先决条件,有机物的分解提供了甲烷合成的底物。微量元素镍、钴、钠和铁等作为酶的辅酶或电子受体也在甲烷产生中发挥了重要作用，当缺少这些微量元素的时候，甲烷也无法产生。但是，土壤中碳循环与其他元素之间的联系及其相互作用，目前还有很多未知机制等待研究，比如土壤中其他元素的循环需要依赖碳提供能量，土壤有机质同时也会极大影响土壤生物的活性。

5.2 土壤生物与氮的生物地球循环

5.2.1 土壤氮循环

与碳循环主要由绿色植物驱动不同，氮循环主要由微生物驱动。微生物的某一生理过程参与到了氮的某一个生物转化过程，土壤中多样的微生物和复杂的生理过程组合在一起构成了土壤氮循环。

氮是最重要的营养元素，是氨基酸、蛋白质、核酸等的重要组成成分。这些分子是生物功能的基础，包括碳循环中碳固定所需要的光合作用的酶也主要由氮元素构成(Galloway 等，2008)。氮元素是生命元素，生命的出现也极大促进了地球氮的循环过程，而人类活动也对全球氮循环产生了极大的影响。人和动物需要从植物中获取有机氮，植物需要从土壤中吸收矿物氮(NH_4^+ 和 NO_3^-)，但是土壤母质中含氮较少，土壤中氮的初始来源需要由微生物从空气中固定氮气而来。

氮元素主要保存在大气圈，原核生物中的细菌和古菌可以将空气中的氮气转化为氨，这些固氮生物广泛分布在地球的土壤、海洋、湖泊、沉积物等环境。一些固氮微生物可以在有氧或无氧条件下利用固氮酶，将氮气中的氮-氮三键转化为氮-氮双键，并且这个过程既可以由固氮微生物单独完成，也可以由固氮微生物与共生植物共同完成。在微生物与植物共生体系中，植物为固氮菌提供碳源等能量物质，固氮菌为植物提供生长需要的营养物质氨、硝酸盐或亚硝酸盐。土壤碳氮的循环在固氮共生体系中实现双元素耦合，植物通过光合固定碳，传递给固氮微生物，固氮微生物利用植物合成的有机碳固定空气中的氮，再传递给植物。氮元素在植物-土壤间的循环利用过程：微生物固氮、分解和矿化氮，提供给植物利用，植物吸收土壤中的无机氮并固定到生物体内，植物残体再将氮返回到土壤中成为土壤有机质的组成成分，成为土壤中储存的稳定土壤氮(Smith 等，2015)。

氮的转化和循环过程也主要由细菌和古菌完成，目前对细菌的研究比较多，而古菌在氮循环中的作用仍知之甚少。微生物不但完成了氮从大气圈向生物圈的转化，也参与到了后续氮的转化过程。在好氧条件下氨氧化为亚硝酸盐，这个过程称之为硝化作用。硝化作用是一个自养过程，这个过程中微生物利用氨中的能量而不是光能将二氧化碳转化为有机物。在硝化作用之后的下一个氮循环过程是由好氧细菌驱动，将亚硝酸盐氧化为硝酸盐。亚硝酸盐的反硝化过程通常有三个途径，一个是转化为氮氧化物进而转化为氮气，一个是直接反硝化为氮气，还有一个是 1999 年发现的一条新的反硝化途径——厌氧氨氧化过程，亚硝酸盐和氨结合生产氮气。固氮作用、硝化作用、反硝化作用等氮循环过程均由微生物驱动完成。在反硝化过程中产生的氮氧化物是重要的温室气体，因此土壤氮循环的研究不但对农业生产具有重要作用，对气候变化也具有重要意义。

生物固氮是生态系统重要氮来源，不同生态系统生物固氮量不同。其中北方森林每年 1.5～2.0 kg/hm^2(以纯氮计，下同)，温带森林每年 6.5～26.6 kg/hm^2，天然草场每年 2.3～3.1 kg/hm^2，农田系统每年 30～120 kg/hm^2。但是从 20 世纪以来，人工固氮极大影响了生态系统的氮循环。在 1908 年，Fritz Haber 发现在高温高压条件下，氮气与氢气反应产生氨。随后，Carl Bosch 完成了工业生产氨，此后利用 Haber-Bosch 法，人类合成了大量的氨。人工合成氨的发展，使得目前陆地生态系统中氮进入土壤的流量翻倍，人工氮与生物固氮来源的氮基本持平，使得通过河流进入海洋的氮也翻倍，同样氮氧化物和氨向环境中释放的量也受到极大影响。由人类活动驱动的氮洲际间流通在决定全球氮循环方面起了重要作用。

在大多数的地球自然生态系统中，土壤可利用氮是受限营养元素。农业生产系统中，通过种植固氮植物，使用无机氮肥，或使用畜禽和作物废弃物提高土壤中氮含量，特别是大量的无机氮肥造成土壤生态系统氮处于过量状态(Galloway 等，2008)。相对于农业生态系统，自然系统或者森林系统储存了大量氮；但当自然系统土地利用方式发生改变后，会极大影响氮循环。

5.2.2 固氮微生物

氮是所有生物的基本组成元素，也是合成蛋白质和核酸等生物体内关键细胞化合物的必要物质。大气中的氮气是可自由获取氮的主要来源(约 3.9×10^9 Tg N)。由于氮分子中两个氮原子之间的化学键为三键，氮气非常稳定，常表现为化学惰性，无法被大多数生物直接利用。大部分生物是依赖其可利用的氮形式(如铵盐和硝酸盐)来生长。氮元素的可利用性取决于微生物进行的多种氮转化反应，这些氮转化反应是在不同代谢功能的微生物所构成的复杂网络中实现的。在自然界中，微生物形成了连接氮转化反应的复杂网络：即氮循环过程。氮循环主要是同化作用(assimilation)、氨化作用(ammonification)、硝化作用(nitrification)、反硝化作用(denitrification)、厌氧氨氧化作用(anammox)和固氮作用(nitrogen fixation)这六个不同的氮转化过程。全球生物氮循环是由大气氮气(N_2)还原为氨(NH_3)推动的。氨是一种生物可以直接利用的氮存在形式，很容易被转化为硝酸盐等其他形式的氮，是植物的首选氮源。地球上的氮循环始于氮气，在微生物构成的氮循环网络中，形成了由携带固氮酶的微生物将氮气转化为植物可利用的氨态氮的过程(生物固氮)。该过程是氮对生态系统的主要自然输入形式，影响着植物生长和碳交换。固氮微生物是强大的引擎，可确保为生态系统提供大量的生物活性氮。生物固氮是地球上最重要的微生物驱动生态系统过程之一，由固氮微生物进行的生物固氮过程贡献了自然陆地生态系统中超过 97%的氮转换。人类自 1888 年发现豆科植物与根瘤菌共生结瘤固氮现象以来对生物固氮的研究已有 135 年之久。固氮微生物具有广泛的系统发育分布、生态分布和适应性(Silva 等，2013)。按照微生物的生活习性和固氮条件的特殊性，固氮微生物可分为共生固氮微生物、自生固氮微生物和联合固氮微生物三类。

5.2.2.1 共生固氮微生物

共生固氮微生物与植物互利共生形成共生固氮体系，是固氮效率最高的自然固氮系统。固氮微生物直接(共生体内)和间接(菌体死亡解体)为植物提供氮，植物为微生物提供生长所需的碳源。这类菌效率非常高但局限性也最大。大豆、豌豆、花生等豆科植物可以利用根瘤菌进行共生固氮，根瘤菌固定的氮占自然界生物固氮总量的绝大部分。豆科植物从根瘤中获得氮，衰老的根瘤破溃后，里面的根瘤菌和含氮化合物仍遗留在土壤中间接为植物提供氮源。

5.2.2.2 自生固氮微生物

自生固氮微生物指在土壤中能够独立进行固氮的微生物。该类微生物生长繁殖过程中将分子态氮固定成 NH_3，然后合成氨基酸，进而组成自身的蛋白质。自生固氮微生物菌体死亡解体后释放的氮，以 NH_4^+ 或 NO_3^- 的形式间接为植物供给氮源。一般情况下自生固氮微生物固定氮是为了满足自身生长繁殖需要，固氮作用有一定的局限性。施用到土壤中的自生固氮菌可显著提高农作物产量。

5.2.2.3 联合固氮微生物

此类固氮微生物既可以与植物共生，又可以自生，其固氮特征介于共生固氮和自生固氮之间。联合固氮微生物的主要共生植物是粮食作物（如水稻、玉米、小麦），对植物有一定的专一性，但不会形成根瘤结构，常见的有固氮螺菌和雀稗固氮菌等。

生物固氮过程是由固氮酶催化的，固氮酶普遍分布于细菌和古菌中。固氮酶是一种复杂的氧敏感金属酶，共有三种类型：钼固氮酶、钒固氮酶和铁固氮酶。这些固氮酶有相似的序列、结构和功能特征，它们的金属辅助因子不同。钼固氮酶是三种酶中将 N_2 转化为 NH_3 效率最高的酶，且所知的所有固氮微生物都合成钼固氮酶，它的活性部位有一种独特的钼铁辅因子。钼固氮酶是由铁蛋白（*nifH* 编码）和钼铁蛋白（*nifDK* 编码）组成的双组分酶；*nifH* 是用来检测环境中有固氮微生物的标记基因。钼固氮酶催化的总反应应为：$N_2 + 16ATP + 8e^- + 8H^+ \rightarrow 2NH_3 + H_2 + 16ADP + 16Pi$。固氮作用过程中每固定一分子的氮分子，需要消耗 16 分子的三磷酸腺苷（ATP），还需要大量的质子和以高能量电子形式存在的还原剂。

5.2.2.4 生物固氮与植物氮的高效利用

氮肥是实现农作物稳产和高产的重要保障，农业生态系统中约 24%作物生物量的氮来源于生物固氮。农业土壤是人为建造的最大的生态系统，微生物结合对植物氮营养的重要性主要体现在根瘤菌的生物固氮过程中。种植的豆科农作物和固氮微生物群（根瘤菌）形成的共生关系，大大增加了环境中氮的输入量。植物通过释放有机碳来影响周围土壤中的微生物群落，并与固氮微生物共生。由于固氮是一种高耗能过程，根际土壤中有机碳有效性的增加以实现固氮微生物在土壤中的竞争优势。固氮微生物菌（如 *Bradyrhizobium* spp.）经常生活在特定的根瘤中，并给豆科植物提供铵盐。而铵盐泄漏到周围土壤中又可以促进其他微生物进行需氧的氨氧化及亚硝酸盐氧化过程。随后硝酸盐扩散到土壤中的缺氧区，微生物异化硝酸盐还原为铵离子、一氧化二氮和二氧化氮气体。

氮肥是实现农作物稳产和高产的重要保障。工业氮肥施用到土壤中只有 30%被植物吸收，大部分进入土壤和水体，造成环境污染，严重阻碍了农业的可持续发展。而生物固氮不会对生态环境造成破坏。近年来，全球微生物肥料市场规模保持稳定增长的态势。2017 年全球微生物肥料（固氮菌占 75%）市场规模为 346.85 亿美元，比上年同期增长 11.80%。国际固氮微生物产业呈现出新一轮的技术升级与产业革命态势。英国农业技术公司 Azotic Technologies 采用生物工程和种衣剂技术，研发出固氮技术产品 Envita 并实现了全球市场销售。2018 年 Envita 产品在美国玉米、大豆和水稻的田间试验数据表明，作物产量提高幅度平均达到 5%～13%。目前应用比较广泛的生物菌肥主要有两类：一类是联合固氮菌，包括多黏芽孢杆菌和巴西固氮螺菌等。该类菌肥主要应用于玉米、小麦、蔬菜等非豆科植物，固氮菌定植在植物根表面或进入植物体内，但不形成根瘤。另一类是共生固氮菌（根瘤菌），与豆科植物共生形成根瘤，如大豆根瘤菌、花生根瘤菌等。采用大豆种子拌种和包衣的方式接种根瘤菌，或采用机械化液体喷施到播种沟内，可有效提高豆科作物产量。美国、巴西、阿根廷是全球主要大豆生产国，这些国家均以施用大豆根瘤菌剂为主要的植物氮供给方式。

5.2.3 氨化微生物

土壤有机氮占全氮的95%以上，而微生物可直接吸收利用氮不足5%，土壤中植物可利用氮元素是植物生长的最大限制性营养元素。土壤氨化过程，即自然条件下有机氮转化为铵态氮的过程是铵态氮的主要来源，随后部分铵态氮参与硝化过程生成硝态氮，两者成为植物可利用氮元素的主要来源。氨化过程是氮矿化（有机氨转化为铵态氮、硝态氮过程）的第一步，也是植物可利用氮元素供应的关键一步。由于氨化过程基本是土壤微生物作用的结果，因此从氨化微生物生长代谢和微生物群落等角度研究其作用机理，才能从本质上解释土壤中铵态氮的变化规律。

影响氨化作用的环境条件主要为温度、湿度和酸度。氨化作用的最适温度是20～35 ℃，超过或低于这一温度，氨化作用的强度就将减弱。一般而言，在30 ℃以下，氨化作用随着温度的升高而增强，这种趋势导致土壤中有效氮随着季节而变化。氨化细菌所需pH并不严格，一般在酸性或碱性土壤均可进行，但以中性条件下最为旺盛。土壤温度和通气条件对氨化作用有一定影响。水分过多影响通气，水分不足影响氨化细菌的活动。一般在土壤含水量为田间持水量的60%左右时，最适宜有机氮的矿化，湿度过高或过低均有抑制作用。

5.2.3.1 微生物胞外有机氮降解

参与氨化过程的最初天然有机氮大分子以蛋白质为主，其在微生物细胞外物理、化学、生物作用（胞外酶）下变性、解聚生成多肽，接着在多种肽酶作用下断裂肽键形成二肽、氨基酸，微生物可以直接吸收氨基酸并同化，多余氮元素将以铵态氮形式排出体外。很多天然大分子有机氮较难降解，易被微生物降解吸收的主要是低分子量可溶性有机氮。高分子量可溶性有机氮在胞外酶作用下转变为低分子量可溶性有机氮的过程可能是氨化过程的限速步骤。高分子量可溶性有机氮主要包括腐殖质类、蛋白质等高分子物质，占可溶性有机氮的比例超过75%（Jones 等，2004），且50%以上未知。低分子量可溶性有机氮主要是氨基酸、氨基糖、核苷酸类，占可溶性有机氮5%以下，相对易被微生物吸收利用（Jonest 和 Kielland，2012），并且不同氨基酸的吸收几乎无差异。土壤中氨化过程基本上是一系列酶作用的过程，因而高分子量可溶性有机氮降解的过程必然是以酶催化为主（Mengel，1996）。不同酶对氨化过程的贡献不同，其中蛋白酶对土壤生物可利用氮贡献最大（Schimel 和 Bennett，2004）。蛋白酶主要来源于真菌的半胱氨酸、天冬氨酸蛋白酶，细菌的丝氨酸蛋白酶、碱性和中性金属蛋白酶。

5.2.3.2 微生物胞内代谢产铵态氮

当氨基酸等低分子量可溶性有机氮进入细胞后，首先经转氨基作用将氨基转移到α-酮戊二酸上生成谷氨酸，再由其经转氨酶作用生成其他氨基酸进而形成蛋白。而当细胞内碳水化合物产能不足时，前面转氨作用生成的另一产物有机酸与酮戊二酸结合生成丙酮酸，丙酮酸参与细胞内的三羧酸循环，最终释放能量。当有机氮供应超过微生物生长代谢所需时，即转氨基作用产生的中间产物氨基态氮过量时，解聚作用和脱氨基作用被启动，氨基将以铵离子形式被排出体外。因此，微生物胞内释放的氨主要是碳不足时启动有机氮供能的废料。*L*-氨基酸氧化酶(*L*-amino acid oxidase,LAO)能够催化 *L*-氨基酸的 α-氨基氧化脱氨生成铵态氮,许多细菌、真菌都能表达 LAO 且其具有较广的底物特异性,LAO 有潜力作为评价生态系统水平下催化氨基酸氨化作用机制的一个候选指标。

5.2.3.3 氨化细菌微生物群落

在自然生态系统中,有机氮主要来自土壤中死亡的微生物、原生动物和根系分泌物。虽然每年会有大量植物叶片等凋落物进入土壤,但降解较为缓慢,而土壤微生物较短的生长周期和易降解性使人们逐渐开始重视其对土壤氨化过程的重要贡献。

细菌是降解新鲜植物凋落物和死亡微生物残体的第一批微生物,它们分泌的蛋白酶中以碱性和中性金属蛋白酶催化的反应类型最多。研究人员用^{15}N同位素标记易降解有机氮,发现胞外蛋白酶活性和净氮溶解速率高度相关,且有研究发现热带森林土壤中总矿化氮和总可溶性氮与酶活性呈正相关关系,这些均说明蛋白酶的胞外酶活性是土壤有机氮溶解的一个重要限制因素(Asmar 等,1994)。不同蛋白质水解细菌释放不同数量和活性的蛋白酶。目前发现,荧光假单胞菌、蜡样芽孢杆菌(*Bacillus cereus*)、蕈状芽孢杆菌(*B. mycoides*)、噬细胞菌属(*Cytophaga*)和黄杆菌属等均分泌金属蛋白酶,是多类土壤中主导蛋白水解的细菌(Bach 和 Munch,2000)。其中,芽孢杆菌属分泌的肽酶,尤其是蜡样芽孢杆菌和蕈状芽孢杆菌分泌的中性金属肽酶以及枯草杆菌(*B. subtilis*)分泌的碱性丝氨酸蛋白酶可能是稻田土壤中控制多肽降解的主要蛋白酶(Watanabe 和 Hayano,1994)。

真菌数量在土壤中虽然比细菌低好几个数量级,而且需要较为稳定的生存环境,但它们较大的表面积有助于土壤颗粒微区域间物质的转运,其中部分能分泌解聚含氮化合物的胞外酶(主要是蛋白酶)(Schimel 和 Bennett,2004)。研究发现,蛤蟆蕈(*Amanita muscaria*)、短孢黄绿红菇(*Russula chloroides*)、乳菇属(*Lactarius*)等外生菌根真菌均具有蛋白酶酶谱,说明分泌胞外蛋白酶是其普遍生理特性(Nygren 等,2007)。随着植物多样性的增加,土壤中真菌丰度明显增加,氮矿化速率也明显增加,说明微生物群落结构中真菌所占比例对氮矿化有重要贡献(Henry 等,2005)。

5.2.3.4 氨化微生物研究前景及展望

虽然微生物在土壤氨化过程中的关键作用及相关机理在不断揭示,但仍有许多问题有待解决。由于氨化过程定义中的有机氮过于概括,同时大多数微生物能够利用低分子量可溶性有机氮产氨,这使得氨化过程的研究范围过广而失去针对性。高分子量可溶性有机氮向低分子量可溶性有机氮降解是氨化过程的限速步骤,因此确定易降解高分子量可溶性有机氮的主要来源和成分,寻找关键胞外酶和主要氨化微生物类群以及研究高分子量可溶性有机氮解聚过程是未来研究的重点所在。确定低分子量可溶性有机氮的转化周期、胞外有机物脱氨和胞内代谢产氨的相对大小能够明确其对铵态氮产生速率的贡献;研究土壤氨化过程中氨化微生物的动态变化能够使我们从微生物群落角度更好地理解氨化过程的生态学机制及其对氮循环的贡献;寻找胞内胞外相关产氨酶的一系列控制基因,从基因组学角度研究氨化微生物能够使我们重新认识其进化关系(赵彤等,2014)。随着氨化全过程机理被逐渐揭示,人们将更好地认识自然生态系统的氮循环过程,并尽可能地为农田耕作、植被恢复和湿地保护等的土壤氮利用提供理论支持。

5.2.4 硝化微生物

硝化作用也是由微生物主导的氮的生物地球化学循环的重要环节，其广泛发生于水体、陆地、污泥沉积物等各种生态环境中，对生态系统氮平衡起重要作用。硝化作用还会直接或间接导致酸雨形成、温室气体 N_2O 排放、水体富营养化等危害，与人类生产生活密切相关。硝化作用最初由俄罗斯科学家 Winogradsky 发现，并定义了该微生物代谢过程，即氨氧化细菌（ammonia-oxidizing bacteria，AOB）将 NH_4^+ 氧化为 NO_2^-，再由亚硝酸盐氧化细菌（nitrite-oxidizing bacteria，NOB）将 NO_2^- 氧化为 NO_3^- 的过程，这是早期经典的微生物自养硝化作用概念。然而，随着异养硝化作用的发现，国内外学者们针对微生物异养和自养硝化作用提出了更为包容和准确的概念，即硝化作用是指微生物将有机或无机的还原态氮化合物氧化为硝态氮的过程（Papen 和 Berg，1998）。

随着氨氧化古细菌（ammonia-oxidizing archaea，AOA）的发现，自养硝化作用的微生物类群范围扩大至细菌和古细菌域。而且很多土壤生态系统中 AOA 比 AOB 进行的氨氧化过程更为活跃（Leininger 等，2006）。关于全程氨氧化微生物的最新研究又进一步补充了 Winogradsky 的经典概念，将原有定义中需要 AOB 和 NOB 配合进行的两步反应，拓展为也可由全程氨氧化微生物一步完成（Kessel 等，2015；Daims 等，2015；Pinto 等，2016）。由此可见，硝化作用可由多样的微生物通过多种途径完成。

5.2.4.1 经典自养硝化（两步自养硝化）微生物

自养硝化（两步自养硝化）作用是指自养微生物利用 CO_2 为主要或者唯一碳源进行的硝化作用。经典自养硝化作用过程中，微生物先将氨氧化为亚硝酸盐，然后亚硝酸盐再被氧化为硝酸盐，分两步完成。土壤生态系统中常见的进行经典自养硝化的微生物主要分布在古细菌的奇古菌门以及细菌的硝化螺旋菌门和变形菌门。

自养硝化作用的限速步骤是氨氧化阶段，主要分为两个过程：氨先被氧化为羟胺（NH_2OH），然后羟胺被氧化为亚硝酸。调控两个过程的关键酶分别为氨单加氧酶（ammonia monooxygenase，Amo）和羟胺氧化还原酶（hydroxylamine oxidase，Hao）。Amo 是一个三聚体膜结合蛋白，该蛋白质由 *amoA*、*amoB*、*amoC* 所编码的 α、β、γ 3 个亚基组成，其中 *amoA* 基因是编码氨单加氧酶多肽活性位点的基因。Hao 是一种结构排列复杂由 3 个亚基组成蛋白，每个亚单位由 7 个 C 型血红素和 1 个 P460 血红素组成，P460 被认为是该酶的活性中心。亚硝酸氧化阶段是由亚硝酸盐氧化还原酶（nitrite oxidoreductase，Nxr）催化完成的单步过程。Nxr 为多亚基的膜联复合体，基本结构为可以催化硝酸盐和亚硝酸盐相互转化的 α 亚基以及具有电子传递功能的 β 亚基和 γ 亚基。这 3 种自养硝化过程中关键酶的编码基因中，*amoA* 作为靶功能基因序列广泛应用于自养硝化作用过程 AOA 和 AOB 类群的分子生态学研究。

5.2.4.2 全程氨氧化（单步自养硝化）微生物

在 20 世纪一般认为自养硝化作用是分两步进行的，但根据动力学理论推测，环境中应该存在单步硝化作用，即由一种微生物直接将 NH_4^+ 氧化为 NO_3^-。2015 年 3 个科研团队先后发表论文称发现了可以将氨直接氧化为硝酸盐的微生物，这一发现彻底改变了 100 多年来人们关于硝化作用的认识。催化单步自养硝化作用的微生物被西班牙学者 Coast E 等命名为全程氨氧化微生物。因此，可将由全程氨氧化微生物主导的，将 NH_4^+ 直接氧化为 NO_3^- 的过程称为全程氨氧化(单步自养硝化)作用。已有报道描述的全程氨氧化微生物,主要分布在细菌的硝化螺旋菌门。

发现全程氨氧化微生物的同时,也对其关键的酶和相关编码基因进行了解析。研究发现,*Nitrospira* - like bacteria 含有氨氧化所需的全部基因包括 *amoA*、*amoB*、*amoC*、*hao*。但进行宏基因组测序发现,其 *amoA* 基因与编码典型氨氧化菌(AOB 和 AOA)的氨单加氧酶(Amo)的 *amoA* 基因不同,也不同于编码甲烷氧化细菌的甲烷单加氧酶基因,但与编码全程氨氧化微生物的氨单加氧酶基因却处于同一族之中。

Kessel 等(2015)研究发现 *Candidatus Nitrospira nitrosa* 和 *Candidatus Nitrospira nitrificans* 的基因组中含有编码氨单加氧酶(Amo)和羟胺氧化还原酶(Hao)的全套基因以及编码亚硝酸氧化还原酶(Nxr)亚基的基因。与已报道的经典硝化作用的微生物有所不同的是,*Ca. N. nitrosa* 含有 3 个不连续的 *amoC* 编码基因,其中一个 *amoC* 基因与另一个 *amoC* 基因有 97.7%氨基酸同一性;*Ca. N. nitrosa* 缺少第二个 *amoA* 基因,包含了 4 个额外的 *amoC* 基因和 1 个 *haoA* 基因;*Ca. N. nitrosa* 有 2 个 *nxrAB* 基因可以编码同一个 NxrB 亚基,但是 NxrA 亚基的氨基酸有 89.6%相似性;*Ca. N. nitrosa* 有 4 个几乎一样(氨基酸相似性>99%)的 Nxr 的 α、β 亚基。

而 *Candidatus Nitrospira inopinata* 拥有亚硝酸盐氧化作用的关键酶——亚硝酸盐氧化还原酶(Nxr),其基因组包含 *nxrA* 和 *nxrB* 基因以及 4 个 *nxrC* 基因分别编码 Nxr 的 α、β、γ 3 个亚基。它也拥有氨氧化标志性酶(Amo、Hao)的同系物,其 *amoA* 基因与典型的 *amo* 基因不同,Amo 的 3 个亚基 α、β、γ 由一个 *amoCAB* 基因簇和另外两个在其他基因位点的 *amoC* 基因编码(Daims 等,2015)。由此可见,全程氨氧化微生物均含有与经典自养硝化微生物相同功能的氨单加氧酶和羟胺氧化还原酶,但是编码这些功能酶的基因种类和序列均不相同。这些编码基因的差异,尤其是 *amoA* 基因的不同,也许可以为全程氨氧化微生物设计出其特异性的分子生态学检测工具。

5.2.4.3 异养硝化微生物

异养硝化作用与自养硝化作用有一定不同,两者不仅对能源和氮源的利用方式不同,还在底物的利用类型上有所不同。异养硝化作用的底物可以是无机氮也可以是有机氮,自养硝化作用的底物只能是无机氮。部分异养硝化作用过程中有机氮直接被氧化为硝态氮,跨过了有机氮分解为铵态氮,再氧化为亚硝酸盐的过程。因此,异养硝化作用是异养微生物在好氧条件下将氨/铵或有机态氮氧化为羟胺、亚硝酸盐和硝酸盐的过程。生态系统中常见的进行异养硝化的微生物不仅包括细菌的变形菌门、拟杆菌门和放线菌门的部分类群,还包括了子囊菌门和担子菌门的部分真菌类群。

异养硝化作用的基质类型十分广泛,可以是无机氮如铵等,也可以是有机氮如胺、酰胺等,这就使得其代谢途径较为复杂。目前,多以丙酮酸肟或其他一些肟类作为异养硝化微生物的底物来研究异养硝化的代谢途径。一般认为,丙酮肟形成亚硝酸盐的途径可能存在两种,一种是无机途径,丙酮酸烃先水解为羟胺和丙酮酸,羟胺再氧化为亚硝酸。另一种是有机途径,丙酮肟直接氧化为亚硝酸。除了以上两种模型外,异养硝化微生物代谢途径的通式也已被总结出,包括无机氮代谢途径(即 $NH_4^+ \rightarrow NH_2OH \rightarrow NO_2^- \rightarrow NO_3^-$)和有机氮硝化代谢途径(即 $RNH_2 \rightarrow RNHOH \rightarrow RNO \rightarrow RNO_2 \rightarrow NO_3^-$)。

硝化微生物存在于各种土壤生态系统中,它与土壤生态系统中的氮循环密切相关,同时也涉及一定的生态环境问题。因此,研究不同土壤生态系统中硝化微生物的种类和多样性具有生态学意义。随着科学的发展,高通量测序技术、原位分离技术、质谱检测技术等多重技术的联合应用将为探索硝化微生物的生态学作用提供有力的支持。

5.2.5 反硝化微生物

反硝化作用是微生物在无氧或微氧条件下以 NO_3^- 或 NO_2^- 作为电子受体进行呼吸代谢获得能量,同时将 NO_3^- 或 NO_2^- 还原为 N_2O 或 N_2 的过程。土壤的反硝化作用主要是由土壤微生物引起的,包括异化反硝化细菌、非反硝化发酵性细菌和真菌、自养型硝化细菌等。反硝化作用广泛存在于全球各种环境介质中,例如土壤、沉积物、海水、淡水及地下水等。反硝化作用一方面减少了环境中的硝酸盐累积,另一方面其气体产物又是生态系统中氮流失的重要途径之一。其气体产物之一的 N_2O 是一种重要的温室气体,并且对臭氧层有破坏作用,还是导致土壤氮肥损失的途径之一。由于反硝化作用对环境的潜在重要性,对其作用机制及所涉及酶和微生物的研究越来越引起广泛重视。

5.2.5.1 反硝化作用过程及其功能基因

反硝化作用是一个由四步反应构成的生物地球化学过程,包括硝酸盐还原,亚硝酸盐还原,一氧化氮(NO)还原和一氧化二氮(N_2O)还原。其中,每一步都由相应的酶来催化,分别为硝酸还原酶(nitrate reductase,Nar)、亚硝酸还原酶(nitrite reductase,Nir)、一氧化氮还原酶(nitricoxide reductase,Nor)和一氧化二氮还原酶(nitrous oxide reductase,Nos),如图 5-1 所示。硝酸盐的还原与两种类似的酶有关,即膜结合硝酸盐还原酶(Nar)和周质硝酸盐还原酶(Nap)。由于这两种酶也同时存在于反硝化微生物种群之外的微生物中,所以编码这 2 种酶的基因 *narG* 和 *napA* 在研究反硝化微生物多样性方面未得到广泛应用。由亚硝酸盐还原为 NO 的过程是反硝化作用区别于其他硝酸盐代谢的标志性反应,也是反硝化过程中最重要的限速步骤,亚硝酸盐还原酶(Nir)是执行该步骤的限速酶。因此,*nir* 基因也成为反硝化细菌研究最多的功能基因。Nir 酶包括进化关系不相关结构不同的两种酶:Cu 型亚硝酸还原酶(nirK)和细胞色素 cd1 型亚硝酸盐还原酶(nirS)。Cu 型亚硝酸盐还原酶是由三个相同亚基组成的三聚体蛋白,每个亚基都含有两种类型的铜原子活性中心,即 T1Cu 和 T2Cu;细胞色素 cd1 型亚硝酸盐还原酶是可溶的同株异核生殖蛋白,是一个包含两个相同亚基的二聚体,每个亚基都包含一个细胞色素 c 和一个细胞色素 d1。这两种亚硝酸盐还原酶在功能上没有显著差异,但二者催化位点不同,且不能共存于同种细胞中。很多研究将 *nirK* 和 *nirS* 基因作为环

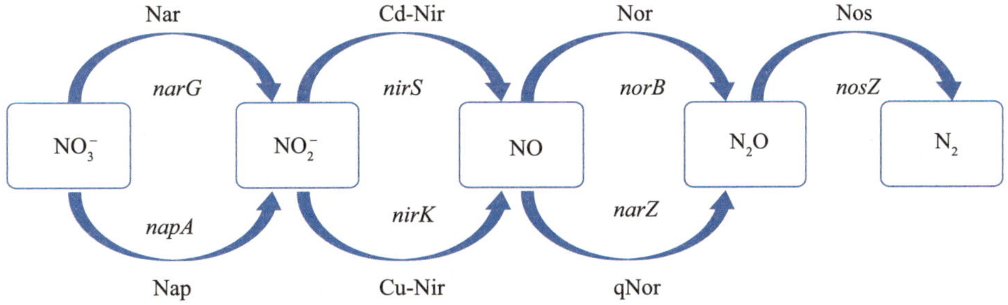

图 5-1 反硝化功能酶及反硝化功能基因(赵明明等,2018)

境样品中反硝化微生物的分子标识物，为研究同一生理类群微生物的群落结构提供了方法和模式。编码 N_2O 还原酶(Nos)的 *nosZ* 在反硝化微生物种群研究中应用也相当广泛，可能是由于这种酶催化还原 N_2O 的同时生成 N_2，而 N_2O 是一种重要的温室气体，其反应产物 N_2 是大气的主要组成部分。

5.2.5.2 反硝化微生物的多样性和分布

反硝化是一个兼性厌氧的微生物过程。许多不同种类的微生物都具有反硝化能力，如热袍菌门、产金菌门、厚壁菌门、放线菌门、拟杆菌属和变形菌门等。此外，某些真菌和古菌也具有反硝化的能力。由于许多反硝化微生物不能单独产生反硝化过程所需的所有酶，它们是通过共同作用来完成整个反应过程的。因此，反硝化过程也可以看作不同种类微生物共同作用的结果。

随着分子生物学及其技术的快速发展，对反硝化微生物的研究不仅局限于经过分离培养的反硝化微生物，很多科学家已经把目光集中在未分离培养的微生物多样性研究上。由于反硝化细菌广泛的分类学多样性，将通用的靶 rRNA 基因用于反硝化微生物的研究是不现实的。因此，多数关于反硝化微生物的研究将编码反硝化过程中相关酶的功能基因作为研究对象。反硝化微生物种群的微生物学研究多集中在细菌方面，这是由于细菌被认为是大部分环境中的优势反硝化微生物种群。近年来，真菌对于反硝化过程的贡献被重新认识，一些证据表明在草地土壤的反硝化过程中，真菌的作用比细菌更加重要(Laughlin 和 Stevens，2002)。真菌基因组中的反硝化功能基因与细菌的反硝化功能基因有很大不同(Zhang 等，2001)，还需对其做进一步研究。嗜极古菌的反硝化能力早已被认识，但非嗜极古菌的反硝化能力目前还不为人所知。在一些喜盐古菌上发现了编码亚硝酸盐还原酶的 *nirK* 基因，但这些基因序列与细菌有很大差别。因此，还需要大量针对性的研究来解释古菌对反硝化过程的重要性。

5.2.5.3 反硝化微生物的影响因素

自然生态系统中许多环境因素都可能对反硝化微生物种群结构和多样性产生不同程度的影响。土壤中的反硝化微生物种群有很高的多样性，且不同土壤环境中的反硝化微生物种群组成变化很大。土壤中的反硝化微生物结构受有机碳、NO_3^- 含量、pH、含水量、温度、季节以及土地利用方式等多种因素影响。通过 T-RFLP 分析土壤含 *nirK* 基因的反硝化微生物，发现植物根系分泌物能直接影响微生物的种群组成。反硝化微生物种群组成同时受季节等因素的影响，说明反硝化微生物结构的形成是土壤理化性质(包括氮含量、有机碳含量、pH 等)、根系、植被类型等多种因素共同作用的结果(Bremer 等，2007)。通过对农田土壤和自然土壤中反硝化微生物种群进行分析，发现氧气含量对农田土壤反硝化微生物种群的抑制更加明显，而自然土壤中的反硝化微生物种群则对 pH 变化更加敏感(Cavigelli Robertson，2001)。在不同季节分别对不同土壤剖面深度的反硝化微生物数量分析，结果显示在表层 0～5 cm 土壤中，反硝化微生物种群数量最多，随着土壤深度的增加反硝化微生物种群数量逐渐减少；同时分析了季节变化对反硝化微生物的影响，发现反硝化微生物种群在秋季、冬季和早春季节数量多，而在夏季数量较少(Mergel 等，2001)。

近年来，人为氮沉降在全球许多地区日益严重，可能给陆地生态系统平衡带来风险。氮沉降可能提高反硝化速率和反硝化气体产物中 N_2O 的比例。有研究发现农田土壤中氮肥的施用导致反硝化微生物种群结构的变化。应用 T-RFLP 技术对土壤中 *nirK* 基因片段的微生物种群组成进行分析，发现施肥处理土壤中的种群组成与对照土壤存在明显不同(Wolsing 和

Prieme,2004)。但是不能把这些差异归因于单一影响因素,因为反硝化微生物种群对于氮含量增加的响应可能是氮含量增加(直接效应)和其他环境因素(间接效应)共同作用的结果。分别对农田土壤和自然未开垦土壤中 *nosZ* 的数量和多样性进行分析,结果显示农田土壤中的 *nosZ* 表现出更高的多样性,数量也比自然土壤中更多,同时两种土壤中 *nosZ* 种群组成存在明显差异,说明耕作导致反硝化微生物种群多样性增加(Stres 等,2004)。不同的基因受到环境因素的影响程度也不同,与 *nirK* 和 *nirS* 相比,*nosZ* 在不同环境间的差异较小。研究发现尽管 *nosZ* 的相对数量有差异,但相邻的森林和牧场土壤中 *nosZ* 的种类大体相同,但各自在一些特定环境下有不同的基因型(Rich 等,2003),也发现相邻的农田土壤、河岸土壤及河流沉积物中的 *nosZ* 大体相同(Rich 和 Myrold,2004)。这些研究表明相对于其他反硝化过程中的基因,*nosZ* 的分布更具普遍性,且环境因素的影响也较小。

5.2.5.4 反硝化微生物的研究展望

反硝化过程在全球生态系统氮循环中发挥着十分重要的作用。反硝化作用能够减少陆地和水环境中的硝酸盐累积,产生 N_2O,也能够将一部分 N_2O 转化为 N_2。因此,对反硝化过程中微生物的研究对于大气环境、水环境污染防控及土壤养分保持等方面具有重要价值。但是由于反硝化微生物具有种类繁多、分布广泛和多数难以分离培养的特性,使得关于反硝化微生物种群结构、多样性、生理学特性及其影响因素等的研究存在一定困难。随着科学的发展,分子生物学新方法和技术的出现,以及多种方法和技术的结合应用,为反硝化过程和反硝化微生物的研究开辟了新的领域。尽管过去反硝化微生物种群结构的作用曾经被忽视,但现在已经认识到它是反硝化速率和反硝化产物比例的一个重要影响因素。通过对一系列生态系统中反硝化微生物种群、反硝化速率和环境因素的同步研究,将确定在何种条件下微生物在反硝化过程中发挥更大的影响,并将进一步说明影响反硝化微生物种群的因素。

5.2.6 蚯蚓与菌根真菌协调提高植物氮吸收

蚯蚓与菌根真菌是农田中广泛存在的有益土壤生物,它们处于不同的营养等级。蚯蚓和菌根真菌可以通过各自的生命活动在促进植物生长、提高土壤肥力、增强植物抗逆性等方面发挥积极的作用。地下生物相互作用可以通过改变土壤物理结构和养分循环影响土壤肥力和植物生长。蚯蚓是土壤动物中最常见的类群之一,是土壤可持续利用的关键生物种和重要物质分解者。菌根真菌是土壤中与植物关系最为密切的微生物之一,菌根真菌通过菌丝生长到比根系更远的地方吸收养分,增强寄主植物对土壤养分的吸收与利用。因此,蚯蚓和菌根真菌能够通过互补的途径协同促进土壤养分有效性和提高植物养分吸收。

5.2.6.1 提高秸秆氮吸收利用

秸秆还田是一种非常普遍的农事措施。秸秆中含有大量养分但是其分解速度慢,如何发挥土壤生物及其相互作用加速秸秆分解和养分释放意义重大。土壤有机氮的矿化是微生物调控的生物过程,蚯蚓对微生物群落及活性的影响间接影响着有机氮的矿化过程。共生体系中菌根真菌通过菌丝向植物提供无机氮养分。中国农业大学王冲教授课题组利用空气隔层分式装置(图 5-2),证实了蚯蚓和菌根真菌协同利用秸秆氮的作用机制:蚯蚓通过调控土壤微生物量和微生物群落结构增加小麦秸秆 ^{15}N 的矿化,菌根菌丝能够吸收小麦秸秆的氮并传递给寄主植物,通过这种蚯蚓活化-菌根传递的方式协同加速了植物对秸秆中氮的吸收利用。因此,蚯蚓菌根互作在实际生产特别是在低投入和有机农业生产体系中能够发挥积极作用。

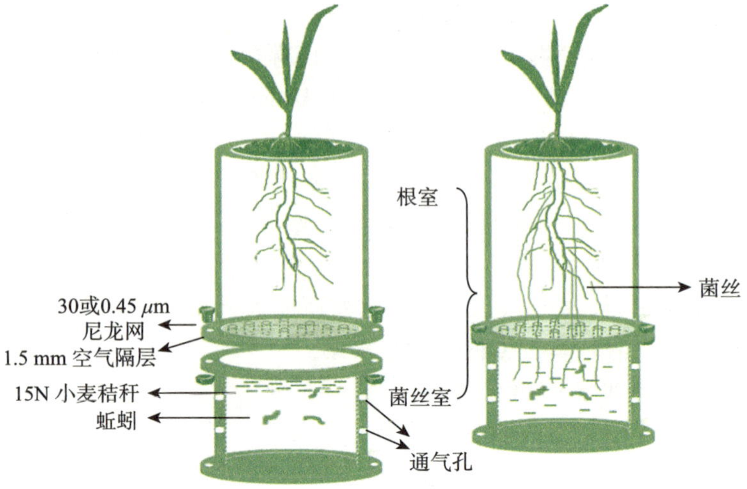

图 5-2　空气隔层分式装置

注:装置分为两个培养室,分别为根室和菌丝室。

5.2.6.2　对不同形态氮的吸收协作

蚯蚓、植物和菌根真菌对氮的供应和吸收在不同的氮形态上(铵态氮和硝态氮)有显著差异,从而影响蚯蚓和菌根真菌对植物氮吸收的互作。菌根真菌帮助植物吸收了蚯蚓促进产生的铵态氮。由于蚯蚓促进产生的铵态氮是以"热点"的形式分布于蚓圈土壤,无菌根真菌协助时植物根系无法到达并有效接触到蚯蚓促进产生的铵态氮"热点"。没有蚯蚓存在的土壤中由于较低浓度的铵态氮则限制了菌根真菌向其宿主植物输送氮。在氮形态上的配合是蚯蚓和菌根真菌互作影响植物氮吸收的重要机制之一。

5.2.7　提高农作物体系中生物固氮的思路

在天然固氮体系中,存在着一些不可回避的问题。譬如宿主范围窄和固氮活性受环境影响大等缺陷,固氮生产菌株存在竞争力弱和田间应用效果不稳定等问题。这些问题的存在,大大局限了生物固氮在农业生产中广泛应用。因此,如何增强根际联合固氮效率,扩大根瘤菌共生固氮的宿主范围,构建自主固氮的非豆科作物,创制新一代固氮微生物产品已成为当前国际固氮研究的前沿领域,但与此同时也成为一个困扰现代农业科技进步的世界性难题。

1)增强根际联合固氮效率

通过系统研究天然固氮体系的网络调控机制,可以探究共生结瘤固氮植物基因组分子演化机制。固氮与相关抗逆信号传导和表观调控机制以及根际固氮微生物组、宿主作物与根际环境三者之间相互作用机制,为共生结瘤、根际固氮相关抗逆元件及功能模块的人工设计提供理论上的支撑依据。

2)扩大根瘤菌共生固氮宿主范围

共生固氮体系根瘤菌与宿主植物的相互关系最为紧密,作用效率也最高,是目前生物固氮研究的焦点所在。人工诱导根瘤菌侵染非豆科植物,筛选能在非豆科植物根际或根内自然定植的根瘤菌菌株，从而使非豆科植物等粮食作物也能实现共生固氮的目的。

3)构建自主固氮的非豆科作物

通过技术可控的生物工程方法，对现有固氮系统进行改造，进而将改造后的固氮系统直接导入非豆科植物的线粒体、叶绿体等靶细胞器，最终实现农作物自主固氮。近些年来，我国科学家已经实现了植物源电子传递链模块的重构及与固氮酶系统的适配性研究，并成功构建了“超简钼铁固氮酶系统”(Xiang 等，2020)，使得新构建的固氮系统更适合向真核系统乃至农作物转化及在真核细胞器中完成正常组装的关键需求，让农业科技进程中历史性的摆脱工业氮肥看到了希望和未来。

4)创制新一代固氮微生物产品

通过固氮微生物组剂型(液体、干粉、颗粒包被等)和固氮菌种子包衣等工艺的优化，解决固氮菌群在实际使用过程中出现的活力不稳定等关键问题；同时，科学设计根际环境下最小根际固氮功能群，实现新型合成固氮微生物组肥料产品的研制与开发。

5.3 土壤生物与磷的生物地球循环

5.3.1 土壤磷循环

磷是构成 DNA 和 RNA 的主要元素，是生命遗传的基础。ATP 与 ADP 之间的转化实现生物体内能量的贮存与释放，以磷为主要构成的 ATP 和 ADP，也成为能量代谢的基础。磷主要来源于土壤母质，通过岩石风化，在植物-土壤系统中进行循环。磷在生物体内主要以核酸、磷脂等生物大分子形态存在，在环境中以磷酸盐形态存在。

土壤中缺乏磷会限制植物生长，在土壤中植物可利用磷又依赖于土壤微生物将难溶性的有机磷和矿物磷活化为水溶性的有效磷。磷在土壤环境中相对缺乏，使得氮磷比成为评估生态系统的重要指标。自然环境中磷往往成为受限营养元素，因此在生物计量学上，土壤中一些生物能适应磷缺乏状态，具有了较高的生物量；但一些生物无法适应磷的缺乏，使得种群下降，这就会引起土壤磷的变化驱动生物多样性的变化(Penuelas 等，2013)。

在工业化前，磷主要存在于沉积物中，土壤和海洋中磷含量较少，空气中几乎不含有磷。因为磷主要来源于基岩的风化，所以在上千年的土壤形成过程中，磷成为受限元素。土壤磷的来源主要通过矿化，磷元素的周转不像氮的周转快速，磷在土壤中的周转时间约需要 200 年，因此在热带潮湿的土壤背景下，随着植物吸收和水的淋洗使得磷会成为土壤中受限的营养元素。在土壤中，磷矿化是主要磷循环过程，有机磷在土壤中矿化为无机磷，无机磷可以被植物吸收、土壤固定或淋洗，土壤中植物可利用磷的量与土壤类型和土壤化学结构有关(Mcdowell 等，2015)。被土壤固定的磷与植物吸收的磷之间存在一个平衡关系，大多数的磷会被土壤固定成为不可利用磷。磷在土壤中固定的时间可以达到几十年，甚至上百年。因为土壤中磷是受限营养元素，磷的淋洗量相对也较小，土壤中磷的流失主要通过可溶性磷随水土流失或地表和地下水实现长距离迁移(Mcdowell 等，2015)。

在工业化之前，土壤磷来源主要是海鸟粪，每年规模在 12～17 Tg，再加上矿物风化来源的磷，每年会有 13.5～25.0 Tg 的磷通过生物地球循环从土壤进入水体；工业化以后，土壤磷的周转量是之前的2～3倍(Penuelas等,2013),人类活动对生物圈的氮磷输入占据越来越高的比重(图5-3)。但磷属于不可再生资源,估计到2050年,人类将开采完50%的磷矿石,如何实现磷的可回收利用是未来人类面临的重要问题。

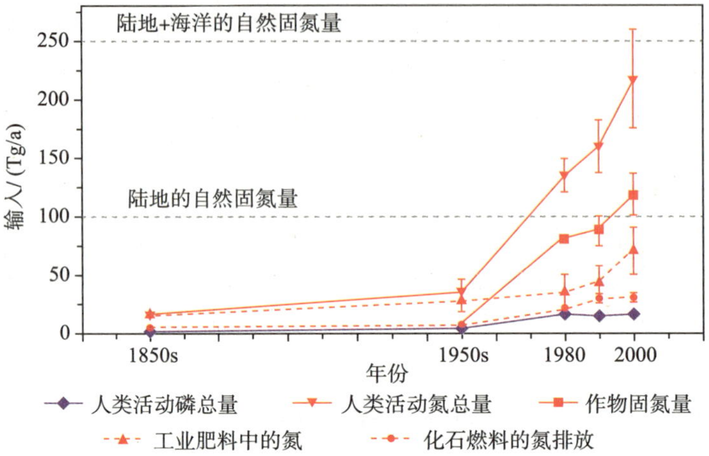

图5-3 工业革命以来人类活动对生物圈的活性氮和磷的输入(改自Peñuelas等,2013)

土壤中,氮的周转速率快,磷的周转速率慢,磷成为土壤受限营养元素,氮磷比成为评估土壤生态系统功能的重要指标。在很多土壤系统中,因为磷含量的受限,提高土壤氮含量对初级生产力影响不大,但提高土壤磷含量就可以极大提升初级生产力。因此精确评估土壤中磷的循环过程,以及土壤微生物对磷周转的影响,对提升土壤生态系统功能具有重要意义。

5.3.2 土壤生物对磷循环的影响

5.3.2.1 解磷微生物

微生物是驱动土壤磷循环的重要载体和介质。20世纪初解磷细菌才被发现和报道,1903年学者首次在植物根际发现能矿化磷酸盐的微生物,直到1948年Pikovskaya通过平板实验得出微生物可以溶解不溶性无机磷酸盐(Pikovskaya和Pikovskaya,1948),由此,解磷微生物越来越受到科学家们的关注。1954年Johnson研究发现真菌也具备溶磷作用;Sperber于1958年发现放线菌可以溶解磷酸三钙(Sperber,1958)。国内解磷微生物的研究起步较晚,20世纪中期以后才逐渐有学者进行研究。

解磷微生物(phosphate solubilizing microorganism,PSMs)是一种有潜力将难溶性无机磷和有机磷转变为可溶性无机磷的大型微生物群,通过矿化有机磷、溶化无机磷矿物和在生物量中储存大量磷,在土壤磷循环中发挥关键作用。解磷微生物在本质上是多元化的,目前已有报道的解磷微生物种类繁多,根据生物学分类特性可将其分为解磷细菌、解磷真菌、解磷放线菌和蓝藻。解磷微生物通过活化土壤中的难溶性磷以及固定作用为植物提供可溶性磷,在磷的地球化学循环中发挥着重要作用。

1)解磷微生物的作用机制

解磷微生物在土壤-植物系统中表现出强烈的根际效应,植物根际解磷微生物的数量远大于非根际土壤中的数量。土壤中磷的有效性主要取决于含磷矿物的溶解特性(主要由pH决定）以及溶液平衡反应（吸附和解吸）（Jones 和 Oburger，2011），其作用机制比较复杂，一般主要有以下几种方式：

a. 酶促反应。有机磷酸盐占土壤总磷的 20%～30%，微生物通过菌体代谢产生促进有机磷矿化的酶（主要有磷酸单酯酶、磷酸二酯酶和磷酸三酯酶），水解磷酸酯和酸酐。如芽孢杆菌属（*Bacillus*）能释放植酸酶刺激肌醇六磷酸降解释放肌醇磷酸盐供植物吸收利用；磷酸酶可以促进有机物中磷脂键水解或磷脂去磷酸化释放磷酸盐。研究表明土壤中超过 60%的有机磷都能被磷酸酶矿化。土壤中常见的分解有机磷的微生物很多，如巨大芽孢杆菌（*Bacillus megaterium*）、枯草杆菌（*Bacillus subtilis*）、真菌中的青霉属（*Penicillium*）、放线菌中的链霉菌属等。

b. 酸解作用。土壤微生物通过分泌有机酸（有机酸在细胞色素膜外表面直接氧化或通过有机碳源的氧化呼吸和发酵生成）矿化难溶性磷。有机酸既能降低土壤微环境中的 pH，又可增强与磷结合阳离子（如铁、铝、钙等离子）的螯合作用，与磷相关的金属离子形成络合物，阻断土壤磷的吸附位点。此外，化能自养类解磷微生物活动还能产生无机酸释放 CO_2 生成 H_2CO_3、HCO_3^- 酸化土壤溶解含磷矿物，增加土壤中的可利用性磷。有机酸的主要形式是用于增溶的柠檬酸、草酸、葡萄糖酸、苹果酸、乳酸等，需要注意的是，不同土壤类型和作物类型中有机酸的种类和数量不同。

c. 质子交换。微生物呼吸作用产生 CO_2 或在 NH_4^+ 同化时利用质子泵将氢离子释放到细胞膜外从而降低介质 pH，溶解钙磷酸盐。

d. 固定作用。通过同化作用解磷微生物固定土壤有效磷形成微生物生物量磷，当土壤有效磷低时会促进微生物生物量磷周转加快，增加土壤有效磷。

e. 其他作用机制。如通过释放 H_2S 与磷酸铁反应生成可溶性磷酸盐；通过腐解植物残体产生胡敏酸和富里酸螯合复合磷酸盐中的金属阳离子释放磷酸根；通过分子生物学技术，从基因水平上分析土壤磷矿化过程中相关基因的外源表达等。

（1）解磷细菌　解磷微生物中细菌占大多数，是解磷真菌的 2～150 倍。目前在土壤、植物根际甚至是海洋环境中都发现了大量的好氧和厌氧解磷细菌的菌株。已知的溶磷细菌主要包括芽孢杆菌属、沙雷氏菌属、球菌属、沙门氏菌属（*Salmonella*）、大肠杆菌属（*Escherichia*）、节细菌属（*Chromabacterium*）、欧文氏菌属（*Erwinia*）、黄杆菌属、假单胞菌属、土壤杆菌属（*Agrobacterium*）、色杆菌属（*Chromabacterium*）、肠细菌属（*Enterbacter*）、硫杆菌属等。此外有研究发现部分溶磷根瘤菌菌株能定植于植物根部，约 60%的慢生根瘤菌菌株能起到增磷的作用（Hayat 等，2010）。

（2）解磷真菌　解磷真菌能够溶解难溶性磷酸盐促进植物对磷的吸收，占真菌总数的 0.1%～0.5%。目前已有报道的解磷真菌有曲霉属（*Aspergillus*）、青霉菌属（*Penicillium*）、小菌核菌属（*Sclerotium*）、链格孢属（*Alternaria*）、短梗霉属（*Aureobasidium*）、镰刀菌属（*Fusarium*）、踝节菌属（*Talaromyces*）、根霉属（*Rhizopus*）、酵母菌属（*Saccharomyces*）等。其中研究最多的是曲霉菌属、青霉菌属，近年来丛枝菌根真菌（arbuscular mycorrhiza fungi，AMF）也逐渐成为研究的热区。此外，真菌作为一种多样的多功能土壤微生物群，对非生物条件（盐胁迫、干旱、重金属污染）有强适应性（Vassileva 等，2022）。

（3）放线菌　据报道，具有解磷作用的放线菌占土壤放线菌总数的 20%。具有解磷能力的放线菌主要是链霉菌属，小单孢菌属（*Micromonospora*）、放线菌属（*Actinomyces*）、紫链霉菌属(*Streptomyces violascens*)、黄体安古杆菌属(*Angustibacter luteus*)、灰直链球菌属(*Streptococcus grays*)等。Hamdali 等(2008)从摩洛哥磷矿的 300 多种可培养微生物中筛选出一株灰色链霉菌 M1323,结果显示在固体培养基中该菌株对磷矿石具有较强的解磷能力。

2)微生物解磷能力的影响因素

解磷微生物数量、种类及解磷能力受土壤理化性质、土壤有机质含量、微生物间的相互作用、解磷微生物吸附载体的选择、土壤类型以及肥力等多种因素的影响。解磷细菌在土壤 pH 为中性时对无机磷的溶解作用最强,当 pH 为强酸性或者强碱性时植物会因土壤铁、铝或钙限制磷固定而无法吸收利用供其生长。这是因为 pH 会通过改变细胞膜上的电荷量影响到吸收磷的细胞的离子化程度,进而改变了解磷微生物细胞吸收磷的能力。相反解磷真菌更喜欢微酸性的生长条件,且在传代过程中解磷作用比细菌更为稳定,能产生更多的有机酸。

随着分子生物学的发展,人们对于解磷微生物的研究进一步深入。Bi 等(2020)利用标记磷的功能基因 *pho D* 和 *pqq C*,研究有机磷和无机磷溶磷菌的种群,结果表明有机肥和无机肥联合施用不仅使水稻产量保持在较高水平,而且使溶磷菌群落结构更加复杂和稳定。磷标记基因技术的应用拓宽了人们对解磷微生物种群以及多样性的研究。

3)蓝藻

蓝藻作为一类具有无机磷溶解作用的自养型微生物,相比与解磷细菌、真菌和放线菌而言研究较少,Yandigeri(2011)发现了蓝菌(*Westiellopsis prolifica*)、多变鱼腥藻(*Anabaena variabilis*)两株蓝藻菌株可以显著提高培养基中的全磷以及有效磷的含量。

5.3.2.2 解磷微生物参与土壤磷循环

1)PSMs 对土壤有机磷的矿化作用

土壤中的有机磷占 35%~50%(Singh 和 Satyanarayana,2011),主要以肌醇磷酸盐、磷脂或核酸的正磷酸酯等形式存在,因其通常会抵抗化学水解,所以需要转化为植物和微生物可以直接吸收利用的磷形态如 PO_4^{3-}、HPO_4^-、$H_2PO_4^-$。土壤微生物分解利用有机物过程中将所需要的磷同化,同时以代谢方式释放出多余磷的过程就是有机磷的生物矿化。在这个过程中,酶解作用至关重要,不同种类的酶如磷酸酶、非特异性酸性磷酸酶等主要作用于有机化合物中磷酸酸酐或磷酸二酯键去磷酸化(Fatima 等,2021)。此外,在有机磷矿化中无脊椎动物和原生动物也能通过破碎有机残体促进其与土壤物质结合,加速微生物量磷的释放。

土壤微生物的数量及活性决定了有机磷的矿化速率。微生物分泌的参与有机磷矿化的酶主要有磷酸单酯酶、磷酸二酯酶和焦磷酸酶,如磷酸酶、植酸酶等。磷酸酶的表达已被证实是 PSMs 将有机磷矿化为生物可利用正磷酸盐的关键因素(Bi 等,2018)。磷酸酶根据最佳 pH 的不同,可分为酸性磷酸酶和碱性磷酸酶。酸性磷酸酶在酸性土壤中占主导地位,植物根系分泌较多,碱性磷酸酶在中性或碱性土壤中更为丰富(Renella 等,2006),总体而言,相对于酸性磷酸酶,植物分泌的碱性磷酸酶较少,主要通过水解核糖核苷酸、脱氧核糖核苷酸、生物碱、磷酸酯和磷酸酐等多种有机磷矿化土壤磷。植酸酶能催化肌醇六磷酸降解释放肌醇磷酸酯和无机磷酸酯。肌醇六磷酸是肌醇的主要来源,肌醇磷是有机磷中含量最高的,占 10%~50%。此外,据报道,30%~48%的可培养土壤微生物都能通过产生磷酸酶的形式利用植酸(Ben 等,2020)。Ben 等(2020)研究发现皱褶假单胞菌(*Pseudomonas corrugate* SP77)和液化沙雷氏菌(*Serratia liquefaciens* LR88)两株产植酸酶的菌株植酸酶活性分别为 23.02 U/mL 和 24.84 U/mL,分别提高溶解磷含量 714.96 mg/L 和 306.74 mg/L。

除了微生物外，土壤动物对土壤有机磷库的形成、有机磷的矿化和吸收也有重要的影响，如蚯蚓、线虫、跳虫等。蚯蚓通过肠道作用及自身的活动提高磷的有效性。Li 和 Wang(2022)等发现蚯蚓处理易解吸磷、标准磷需要量和磷饱和度分别提高了 15.6%～44.3%、13.1%～23.1%和 4.4%～16.5%，说明蚯蚓能有效降低土壤磷吸附能力，提高土壤磷解吸能力，此外对于蚯蚓肠道内生菌分离出的溶磷菌也有一定的报道。另外，线虫在提高磷有效性方面也有一定的作用。研究表明长期有机培肥后，植物根际解磷微生物数量显著增加，食细菌线虫的优势属——原杆属(*Protorhabditis*)通过捕食解磷微生物——中慢生型根瘤菌属(*Mesorhizobium*)，使土壤碱性磷酸酶活性增强，进一步提高了红壤中磷有效性(Jiang 等，2017)。

2)PSMs 参与无机磷酸盐溶解

土壤中无机磷酸盐的溶解释放磷有多种作用机制。除了已经普遍认知的产生有机酸，螯合于磷结合的阳离子、生成无机酸和 H_2S、生物固持作用、质子交换作用降低 pH、NH_4^+ 同化促进假单胞菌属和青霉属等溶解无机磷酸盐以外，还能通过产生铁载体、胞外聚合物以及直接氧化的途径溶解土壤中难溶性无机磷(图 5-4)。

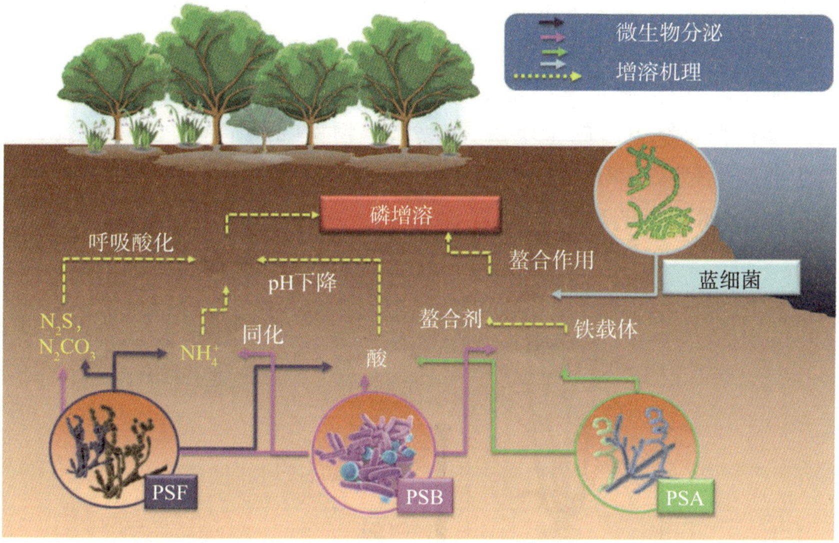

图 5-4 解磷微生物(PSMs)中可能的无机磷(Pi)增溶机制示意图(改自 Tian 等，2021)

注：不同颜色的箭头分别表示溶磷真菌(PSF，紫色)、溶磷细菌(PSB，粉红色)、溶磷放线菌(PSA，绿色)和蓝藻(青色)可能的排泄因子。

Goldstein(1995)提出了微生物的细胞外氧化途径能溶解土壤中存在的不溶性磷酸盐。在直接氧化途径中，葡萄糖被葡萄糖脱氢酶转化为葡萄糖酸，葡萄糖酸脱氢酶进一步氧化为 2-酮葡萄糖酸，然后螯合矿物质(Krishnaraj 和 Goldstein，2001)。随后 Song 等(2008)在研究伯克霍尔德菌(*Burkholderia cepacia* DA23)降低 pH 和不溶性磷溶解的生化分析中证明了这一点。革兰氏阴性细菌主要通过这种作用机制溶解磷，其中葡萄糖酸等有机酸的产生主要是通过葡萄糖氧化的替代途径，借助细菌向周围环境扩散(Krishnaraj 和 Dahale，2014)。PSMs 释放铁载体螯合土壤铁-磷复合物中的铁，释放磷也是溶解无机磷的一种方式，所谓的铁载体是由微生物和植物为了应对环境中的铁胁迫排泄的一种低分子高亲和铁螯合化合物。Ferreira(2019)发现巨大芽孢杆菌、枯草杆菌等能在碱性环境下产生 80～140 μmol/L 的铁载体，提高磷的增溶性。Toscano-Verduzco 等(2020)发现布氏白僵菌(*Beauveria brongniartii*)分泌的铁载体能在体外溶解 158.95 mg/L 磷。此外,胞外聚合物(exopolysaccharides,EPS)也被认为是解磷微生物增溶无机磷的一个重要因素。Yi 等(2008)在肠杆菌属的 EnHy-401、AzHy510、AzHy505 和 ArHy-402 四种溶磷细菌中已证实 EPS 浓度和微生物来源是增溶的原因。EPS 一方面通过维持游离磷来干扰参与无机磷溶解的有机酸和 H^+ 的稳态,另一方面能与土壤中存在的金属离子($Al^{3+}>Cu^{2+}>Zn^{2+}>Fe^{3+}>Mg^{2+}>K^+$)形成络合物(Ochoa-Loza 等,2001)。

5.3.2.3 解磷微生物促进植物对磷的吸收作用

土壤中含有大量的磷,但只有少部分可供植物吸收(Wang 和 Lambers,2020)。以往的研究表明,植物在生长过程中磷不足已成为全球许多地区的限制因子。通常当土壤出现缺磷的现象时,植物根系会先表现出积极的响应,如出现大量根毛、深根系、高根冠等根系特征以便获取更多的磷供其生长。与此同时,PSMs 除了会利用多种机制促进植物根系发育和磷吸收,还会利用内部组织储存一部分磷,减少磷的利用,以更好地发挥植物功能(图 5-5)。PSMs 会产生植物激素,如生长素、细胞分裂素、赤霉素和脱落酸等刺激植物根系生长以便更好地吸收土壤养分(Bargaz 等,2021)。Elhaissoufi 等(2020)通过对产生 IAA 的 PSB 菌株(*Pseudomonas* sp.)介导小麦根系 3 个不同生长阶段的变化,测定其根系生物量、根长度、根表面积和根体积等,发现 PSB 引发的根系延伸可以帮助植物获取更多的土壤磷。此外,植物根际周围的 PSMs 被认为是能够定植在植物根系的共生或自生型微生物,增加根际土壤正磷酸盐的含量,植物利用菌丝迅速将磷运送到根内皮质细胞中,缓解磷缺乏的现象(Bao 等,2022)。

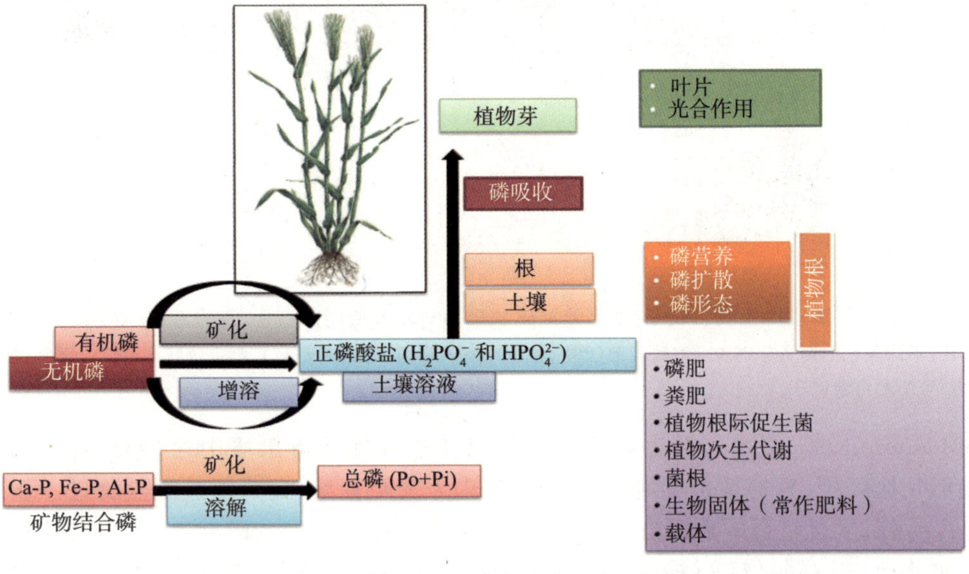

图 5-5 植物从土壤中吸收磷的机制及其生化过程(改自 Ibrahim 等,2022)

5.3.3 菌根真菌促进作物磷吸收

磷是植物生长发育所必需的元素之一,在植物体内广泛参与细胞的结构组成、众多酶促反应及细胞信号转导过程，在维持植物基本生命活动中发挥着不可替代的作用。尽管土壤中总磷含量不低，但土壤中绝大部分磷以难溶性的无机态和有机态形式存在，其中仅有 1%左右的磷可被植物直接吸收利用。在农业生态系统中，作物根系可以吸收利用土壤溶解液中的无机磷（HPO_4^{2-} 和 $H_2PO_4^-$）。由于磷本身移动性差且容易被一些金属离子结合，能够被植物吸收利用的磷含量十分有限。因此，提高土壤中磷的利用率并挖掘土壤中难溶性磷的利用潜力对于改善植物的磷营养状况具有重要意义。

植物对磷的吸收主要通过根表皮细胞和根毛的根途径直接吸收磷营养或间接通过丛枝菌根共生获取磷营养。丛枝菌根共生是最普遍和古老的一种共生关系。丛枝菌根真菌在土壤中形成大量纤细的菌丝，菌丝极大地扩展了根系吸收磷的范围，为宿主植物提供的磷元素占宿主植物总磷获取量的 70%以上，这也是植物从环境中获取磷的重要途径。丛枝菌根真菌与超过 80%的陆生维管植物共生，是分布最为广泛的菌根类型。在共生过程中，菌根真菌为植物提供矿质养分（磷和氮），来换取植物的碳资源。这种交换是通过根皮层细胞内新形成丛枝上的特定膜转运体发生的，植物分配自身 4%～20%的光合产物（己糖和脂肪酸）为菌根真菌代谢活动提供能量，形成庞大的根外菌丝网络；菌根真菌则将其所吸收的绝大部分矿质养分供给寄主。此外，菌丝际是指菌丝周围受菌丝分泌物影响，其物理、化学和生物学性质与土体土壤显著不同的微小区域。菌根真菌菌丝利用植物固定的碳产生特定的分泌物吸引微生物在菌丝际中定植、生存和繁殖，形成菌丝际微生物组。菌丝际微生物被称为菌根真菌的第二基因组，定植在菌丝际的土壤微生物可以通过产生酶和刺激有机物矿化来弥补真菌难以直接活化土壤有机养分的问题，从而极大地促进了土壤有机养分的周转和可利用性（图 5-6）。

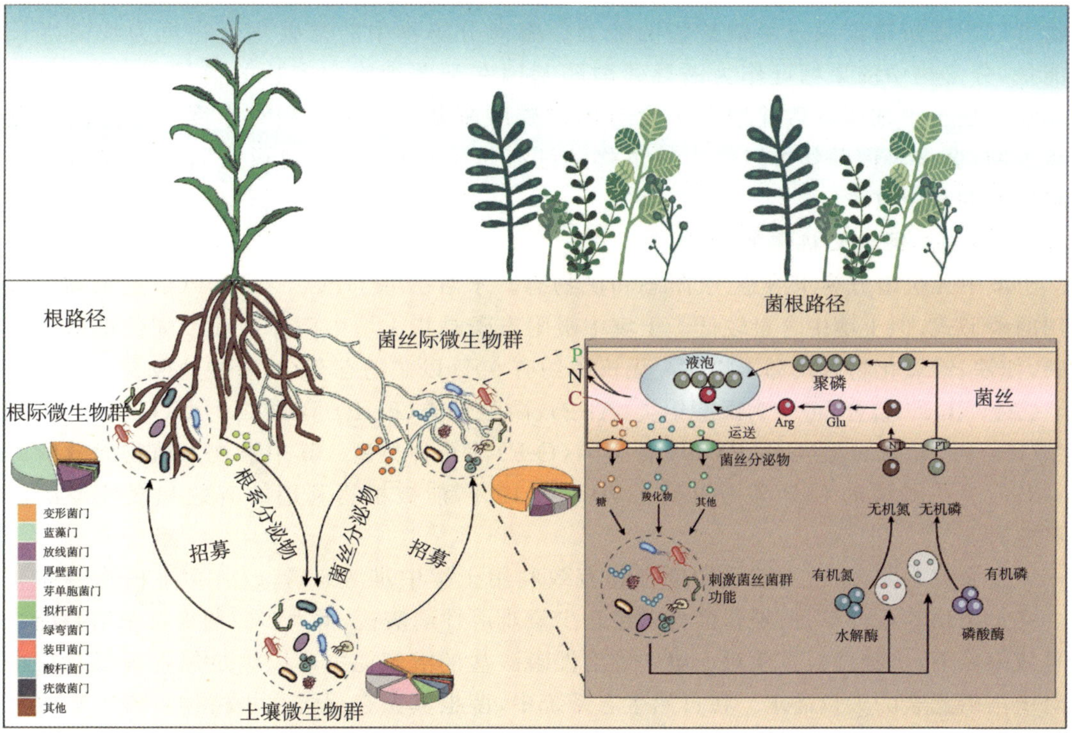

图 5-6　菌根真菌菌丝际微生物促进有机养分周转（Zhang 等，2022）

5.3.4 菌根真菌对难溶性有机磷及无机磷的活化

5.3.4.1 促进有机磷的活化

有机态磷在土壤磷库中占较大的比例，为土壤全磷的30%～80%。土壤中的有机磷主要包括肌醇磷类（如肌醇磷酸盐）、核酸类（如核酸、核苷酸）、磷脂类（如磷脂）和其他有机磷化合物（如微生物磷）。肌醇磷类在土壤有机磷总量中比例较大，达到有机磷总量的一半以上；其中肌醇六磷酸（又称植酸）最为丰富，能与钙、镁、铝、铁等离子结合成难降解的植酸盐。植酸盐在土壤中极难降解，需要在植酸酶的作用下水解脱去磷酸根后才能为植物提供有效磷。土壤微生物磷含量仅占微生物干物质量的1.4%～4.7%，其周转速率快，能释放出活性较高的磷，被视为植物有效磷供应的重要来源。有机磷需在微生物作用下分解成无机磷后才能发挥其植物有效性（Sanaullah 等，2011）。

菌根真菌可以提高有机磷的利用率，改善磷营养水平，其对有机磷的活化主要表现在两个方面：一方面，菌根真菌具有编码有机化合物降解相关的基因，能够产生多种磷酸酶，对土壤中有机磷进行水解，提高土壤的磷有效性。大量研究也表明菌根真菌自身对有机磷的矿化能力较低，目前有关菌根真菌产生植酸酶或者具有编码植酸酶基因的相关研究还鲜有报道。另一方面，菌根际的细菌群落在有机磷的活化过程中也起到重要作用，尤其是对植酸盐的活化。根际细菌能够产生植酸酶并将植物根系附近的植酸以无机磷的形式释放出来。中国农业大学冯固教授课题组的研究也表明真菌利用植酸酶的能力是由于其菌丝际微生物的功能，在有机磷的活化中起关键作用的是解磷细菌，而不是菌根真菌。菌丝分泌物可以增强解磷细菌分泌磷酸酶的能力。菌丝分泌物中的富碳化合物可为细菌生长提供能量，分泌物中的果糖可作为诱导磷酸酶基因在细菌细胞中表达的信号。此外，菌根真菌能够改变土著细菌群落并增加了含有编码磷酸酶基因细菌的相对丰度。最近的研究进一步表明，菌根真菌菌丝可以作为细菌移动到有机磷斑块的“高速通道”，从而提高对各种有机磷源的利用效率。

5.3.4.2 促进无机磷的活化

土壤中无机磷分为水溶态、吸附态和矿物态。水溶态的 HPO_4^{2-} 和 $H_2PO_4^-$ 是植物可吸收利用的磷形式，但土壤中含量较低。土壤中吸附态磷是指土壤中固体表面以配位键形式结合的磷，如铁、铝氧化物以及黏土物质。无机磷约有99%以矿物态存在，磷酸盐极易与土壤中的 Fe^{2+}、Al^{3+}、Ca^{2+} 螯合，可分为磷酸铝类（Al-P）、磷酸铁类（Fe-P）、磷酸二钙型（Ca_2-P）、磷酸八钙型（Ca_8-P）、磷灰石型（Ca_{10}-P）和闭蓄态磷（O-P）等几种类型。其中被视为植物无效磷源的 Ca_{10}-P 或潜在磷源的 O-P 分别占到了70%和10%，能被植物利用的有效和缓效磷源仅占20%左右。

大量研究表明，菌根真菌可协助植物有效利用土壤中难溶态磷，改善宿主植物磷养分状况。在无菌培养条件下，菌根真菌可以溶解少量难溶性磷酸盐，但大多数菌根真菌溶磷能力有限且效率低下，单独菌根真菌对土壤中难溶性磷酸盐的溶解能力难以满足外生菌根及宿主植物对土壤磷元素的大量需求。在自然生态系统中，菌根真菌在促进宿主植物对磷的吸收上与土壤中解磷细菌密切相关。具备高效解磷能力的伯克霍尔德菌广泛定植在菌丝体表面，增强解磷作用。菌丝际中微生物对无机磷溶解的主要机理是酸化，即土壤微生物能释放低分子量有机酸(苹果酸、柠檬酸、草酸),这些有机酸能螯合与磷结合的阳离子(如 Fe^{2+}、Al^{3+}、Ca^{2+}),增加土壤中有效磷含量。其次,质子的释放也能增强难溶性磷酸盐的溶解。另外,菌根真菌分泌的电子物质(如多酚化合物)能对闭蓄态磷的氧化铁外膜进行还原溶解。菌根真菌还能分泌铁载体螯合金属阳离子,将磷酸根游离出来。

总之,菌根真菌自身解磷能力有限,且不具备高效性和普遍性,不足以满足自身或宿主植物对磷的大量需求。因而,菌根真菌可能通过"招募"普遍存在,且解磷能力较强的菌根辅助解磷细菌,二者相互协同作用增强对土壤磷的解磷效率及有效性,从而通过菌根途径提高植物磷养分吸收效率,以维持植物正常的生长发育。

5.3.5 蚯蚓和菌根真菌协同提高植物利用难溶性的磷

蚯蚓和菌根真菌在根际协同提高植物对难溶性有机/无机磷的利用效率,其中蚯蚓提高磷的空间移动性,菌根真菌提高磷的生物有效性并扩大植物根系的吸收范围(Cao 等,2015)。蚯蚓和菌根真菌对无机钙磷的活化和利用主要体现在:蚯蚓通过降低土壤 pH 和改变微生物群落结构促进难溶无机钙磷的溶解,增加土壤磷的有效性,同时蚯蚓可提高菌根真菌的真菌功能(增加侵染率,促进新的菌丝生长);菌根真菌一方面通过调控微生物促进难溶无机钙磷的溶解,另一方面菌丝可帮助宿主植物吸收传递磷。最终,蚯蚓和菌根真菌协同促进植物对难溶无机钙磷的吸收利用。蚯蚓和菌根真菌协同促进植物利用植酸磷,一方面蚯蚓和菌根真菌共同调控土壤微生物多样性、增加土壤微生物量磷和磷酸酶活性,提高土壤中植酸磷的矿化;另一方面菌丝将蚯蚓活化的磷吸收传递给作物,协同提高植物磷吸收利用(图 5-7)。

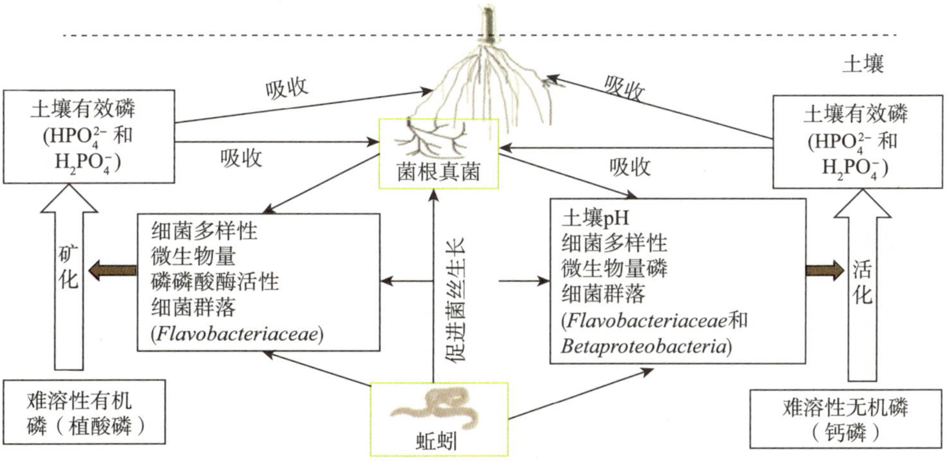

图 5-7 蚯蚓和菌根真菌协同促进难溶性磷的吸收利用

5.4 土壤生物与氧族元素和微量元素的生物地球循环

目前地球空气中具有 21%的氧气含量,是地球复杂的元素生物地球循环的结果,特别是碳和氧元素循环及其与地质运动相互作用的最终结果。在21亿～24亿年前，地球上氧气浓度为0.001%。地球上氧气含量的提高来源于地球的氧爆发，但这不是一个单一事件，目前不清楚是否有明确的时间点。氧气合成细菌出现在地球的确切时间目前还不清楚，推测是在30亿年前。

对土壤结皮的研究能够揭示地球早期的低氧环境中的现象（Dontsova 等，2020）。陆地固氮微生物将空气中的氮气固定，形成生物可利用的氨（Thomazo 等，2018），这需要建立固氮酶系统。氧敏感的Fe-Mo蛋白等酶系能将氮气转化为生物可利用的NH_3等形态，这个过程需要利用H_2还原为氨或者利用氧气将氮氧化为亚硝酸盐和硝酸盐（Thomazo 等，2018）。微生物将空气中的氮与岩石来源的营养衔接在一起形成了营养物质，包括硫还原，将生物圈、大气圈、水圈、岩石圈连接在一起，形成最初的生物地球化学循环。并且这个过程也有助于为早期的海洋生物提供营养来源，驱动氧爆发前的生物化学地球循环。

太古代蓝藻进化出了光合作用和固氮能力（Olson，2006；Schirrmeister 等，2015）。太古代晚期，光合作用促成地球上氧的富集，而这个过程逐步消耗了地球表层的氧化还原敏感元素（铁、锰、铜、钼、铬等），在远古代后期深海沉积物中的这些元素也逐步耗尽（Scott 等，2008）。这使得地球表面的氧化还原状态由还原态转化为氧化态，使得地球表面热力学不稳定，在地壳-大气-水环境中的生物循环的通路变大，营养循环加速（Dontsova 等，2020）。甲烷的产生进一步加快了氧气库容量，水中的氢形成甲烷，甲烷中的氢通过甲烷光裂解形成氢气，促进了氢气从大气向外空间的外溢（Catling 等，2001；Fixen 等，2016）。氧爆发同时激发了微量元素的循环，大量的生物氧化过程驱动了岩石圈、大气圈、水圈和生物圈的强烈互作，造成矿物循环的大爆发，驱动了硒、砷、钴、铜、铁、锰、镍、硫、铀、锌等微量元素循环（Hazen 等，2013；Koehler 等，2018）。生物氧化释放的能量促进真核生物的有氧呼吸生物演化，真核生物的出现，进一步加快了地球表面的生物地球循环过程（Lenton 等，2018）。

铁和硫这两个元素可以很好地追踪地球上氧气浓度的变化。目前在地球的岩石和海洋中含有大量的Fe^{3+}和S^{6+}形态的铁和硫的氧化物。氧化态的Fe^{3+}在水中是不溶的，但是还原态的Fe^{2+}在水中是可溶的。相反氧化态的S^{6+}的硫酸盐在水中是可溶的，但还原态的亚硫酸盐在水中是不溶的。因此可以使用岩石中的铁和硫的浓度比来指示环境中的氧气浓度。目前海洋中铁离子是匮乏，但目前土壤中铁含量要远远高于早期（>24亿年）的土壤。因此可以在海洋中补充铁元素来促进海洋对碳的吸收。

硫是蛋白质的重要组成部分，与生命过程密切相关。硫循环涉及氧化还原反应，从负二价态的硫化物到正六价的硫酸盐。还原态负二价的硫主要以难闻的硫化氢形态存在，氧化态的时候，主要以硫酸盐的形态存在，硫元素作为零价态的中间形态也存在于环境中。硫循环主要由微生物驱动，包括硫的多样的氧化还原反应。硫的还原是硫循环的起始，硫酸盐可以通过同化还原和异化还原的方式还原生产硫化物，进一步合成含硫氨基酸。硫酸盐的异化还原在原核生物中广泛存在。研究较多的是δ-变形菌门对硫酸盐的还原，硫酸盐还原以有机物为最终电子受体，在一些微生物中以H_2为电子受体。硫的氧化过程主要由变形菌门的细菌完成，最新发现古菌也参与硫氧化过程。在光照条件下，厌氧光合菌将硫化物氧化为硫元素或硫酸盐；无光照条件下，非光合细菌（无色硫细菌）以氧气或硝酸盐为氧化剂将硫化物氧化为硫酸盐。很多硫氧化微生物将硫从负二价氧化为元素态，再氧化为硫酸盐六价态，同时为了适应低硫环境，微生物将氧化生产的元素态硫储存在细胞体内以满足生理过程。硫在自然界主要分布在硫铁矿中，通过地壳运动、硫氧化、硫化物释放到环境中。自然条件下，火山喷发是主要的硫释放过程，同时煤炭和石油燃烧等人类活动引起的硫向大气释放，空气中的硫氧化后通过酸雨返回地面，引起土壤酸化，进一步影响土壤生物和其他元素周转。

硫的生物地球循环与铁和氧耦合在一起，形成一个复杂过程。目前对多个元素循环的耦合过程了解较少。铁的迁移主要与沉降有关，铁的循环过程与磷、氮和硫循环耦合在一起；铁在土壤中不是受限元素，在温带土壤中，铁含量达到 2%～6%，在热带潮湿地区的高铁土壤中，铁含量更高。与土壤环境不同，铁在海洋生态系统是受限元素。

土壤是一个复杂的生态系统，为人类提供了生命赖以生存的物质基础，也为其他生态系统提供了大多数元素和物质基础，使得土壤中元素的生物地球循环具有了非常重要的生态意义。土壤中微生物、动物等生物种类繁多，土壤支撑了植物生态系统。以土壤生态系统为场所，各种生物通过复杂的生理活动，构建了多元素网状的循环网络，组成了土壤生态系统的提供功能、支持功能、调节功能和服务功能等生态系统功能。但目前这个复杂的多元素生物地球循环过程还有很多问题有待进一步研究：

1. 在土壤生态系统中，各元素的生物地球循环之间的联系、相互作用。
2. 人类活动在全球尺度上对土壤中各元素的生物地球循环影响。
3. 土壤中元素的生物地球循环与气候变化的关系。
4. 如何调控土壤中元素的生物地球循环提升土壤生态系统服务功能？

思考题

1. 请简述碳、氮、磷三种元素在土壤中的来源以及存在形式。
2. 简述全球碳过程，并谈谈土壤碳循环与全球气候变化的关系。
3. 固氮微生物有哪几种类群？提高生物固氮有哪些途径？
4. 如何促进植物对磷元素的吸收，提高磷元素的利用率？

参考文献

赵明明，赵鑫萌，希尼尼根，等，2018. 农田土壤 nirK 和 nirS 型反硝化微生物的研究进展. 微生物前沿，7 (2)：65-72.

赵彤，蒋跃利，闫浩，等，2014. 土壤氨化过程中微生物作用研究进展. 应用与环境生物学报，20(2)：315-321.

Alberti G，Vicca S，Inglima I，et al.，2015. Soil C∶N stoichiometry controls carbon sink partitioning between above-ground tree biomass and soil organic matter in high fertility forests. iForest - Biogeosciences and Forestry，8：195-206.

Asmar F，Eiland F，Nielsen N E，1994. Effect of extracellular-enzyme activities on solubilization rate of soil organic nitrogen. Biology and Fertility of Soils，17：32-38.

Averill C，Turner B L，Finzi A C，2014. Mycorrhiza-mediated competition between plants and decomposers drives soil carbon storage. Nature，505(7484)：543.

Bach H J，Munch J C，2000. Identifification of bacterial sources of soil peptidases. Biology and Fertility of Soils, 31: 219-224.

Bao X, Zou J, Zhang B, et al., 2022. Arbuscular mycorrhizal fungi and microbes interaction in rice mycorrhizospher. Agronomy. 12(6): 1277.

Bargaz A, Elhaissoufi W, Khourchi S, et al., 2021. Benefits of phosphate solubilizing bacteria on belowground crop performance for improved crop acquisition of phosphorus. Microbiological Research, 252: 126842.

Batjes N, 1996. Total carbon and nitrogen in the Soils of the world. European Journal of Soil Science, 47: 151-163.

Ben Zineb A, Trabelsi D, Ayachi I, et al., 2020. Inoculation with elite strains of phosphate-solubilizing bacteria enhances the effectiveness of fertilization with rock phosphates. Geomicrobiology Journal, 37(1): 22-30.

Bi Q F, Li K J, Zheng B X, et al., 2020. Partial replacement of inorganic phosphorus (P) by organic manure reshapes phosphate mobilizing bacterial community and promotes P bioavailability in a paddy soil. Science of the Total Environment, 703: 134977.

Bi Q F, Zheng B X, Lin X Y, et al., 2018. The microbial cycling of phosphorus on long-term fertilized soil: Insights from phosphate oxygen isotope ratios. Chemical Geology, 483: 56-64.

Bremer C, Braker G, Matthies D, et al., 2007. Impact of plant functional group, plant species, and sampling time on the composition of *nirK*-type denitrifier communities in soil. Applied and Environmental Microbiology, 73(21): 6876-6884.

Cao J, Huang Y, Wang C, 2015. Rhizosphereinteractions between earthworms (*Eisenia Fetida*) and arbuscular mycorrhizal fungus (*Funneliformis Mosseae*) promote utilization efficiency of phytate phosphorus in maize. Applied Soil Ecology, 94: 30-39.

Carvalhais N, Forkel M, Khomik M, et al., 2014. Global covariation of carbon turnover times with climate in terrestrial ecosystems. Nature, 514(7521): 213.

Catling D C, Zahnle K J, Mckay C, 2001. Biogenicmethane, hydrogen escape, and the irreversible oxidation of early earth. Science, 293(5531): 839-843.

Cavigelli M A, Robertson G P, 2001. Role of denitrifier diversity in rates of nitrous oxide consumption in a terrestrial ecosystem. Soil Biology and Biochemistry, 33(3): 297-310.

Clark J, Heinemeyer A, Martin P, et al., 2012. Processes controlling doc in pore water during simulated drought cycles in six different uk peats. Biogeochemistry, 109: 253-270.

Daims H, Lebedeva E V, Pjevac P, et al., 2015. Complete nitrification by nitrospira bacteria. Nature, 528 (7583): 504-509.

Dontsova K, Balogh-Brunstad Z, Roux G L, 2020. Biogeochemical cycles: ecological drivers and environmental impact. Wiley. http://dx.doi.org/10.1002/9781119413332

Dungait J A J, Hopkins D W, Gregory A S, et al., 2012. Soil organic matter turnover is governed by accessibility not recalcitrance. Global Change Biology, 18(6): 1781-1796.

Elhaissoufi W, Khourchi S, Ibnyasser A, et al., 2020. Phosphate solubilizing rhizobacteria could have a stronger influence on wheat root traits and aboveground physiology than rhizosphere P solubilization. Frontiers in Plant Science, 11: 979.

Fatima F, Ahmad M M, Verma S R, et al., 2021. Relevance of phosphate solubilizing microbes in sustainable crop production: A review. International Journal of Environmental Science and Technology, 19(9): 9283-9296.

Ferreira C M H, Vilas-Boas Â, Sousa C A, et al., 2019. Comparison of five bacterial strains producing siderophores with ability to chelate iron under alkaline conditions. AMB Express, 9(1): 78.

Finzi A C, Abramoff R Z, Spiller K S, et al., 2015. Rhizosphere processes are quantitatively important components of terrestrial carbon and nutrient cycles. Global Change Biology, 21(5): 2082-2094.

Fixen K R, Zheng Y, Harris D F, et al., 2016. Light-driven carbon dioxide reduction to methane by nitrogenase in a photosynthetic bacterium. Proceedings of the National Academy of Sciences, 113(36): 10163-10167.

Galloway J N, Townsend A R, Erisman J W, et al., 2008. Transformation of the nitrogen cycle: Recent trends, questions, and potential solutions. Science, 320(5878): 889-892.

Goldstein A H, 1995. Recent progress in understanding the molecular genetics and biochemistry of calcium phosphate solubilization by gram negative bacteria. Biological Agriculture and Horticulture, 12(2): 185-193.

Hamdali H, Bouizgarne B, Hafidi M, et al., 2008. Screening for rock phosphate solubilizing actinomycetes from moroccan phosphate mines. Applied Soil Ecology, 38(1): 12-19.

Hayat R, Ali S, Amara U, et al., 2010. Soil beneficial bacteria and their role in plant growth promotion: a review. Annals of Microbiology, 60: 579-598.

Hazen R, Downs R, Kah L, et al., 2013. Carbon mineral evolution. Reviews in Mineralogy and Geochemistry, 75: 79-107.

Henry H A L, Juarez J D, Field C B, et al., 2005. Interactive effects of elevated CO_2, N deposition and climate change on extracellular enzyme activity and soil density fractionation in a California annual grassland. Global Change Biology, 11: 1808-1815.

Huang M, Yang L, Qin H, et al., 2013. Quantifying the effect of biochar amendment on soil quality and crop productivity in Chinese rice paddies. Field Crops Research, 154: 172-177.

Ibrahim M, Iqbal M, Tang Y T, et al., 2022. Phosphorus mobilization in plant-soil environments and inspired strategies for managing phosphorus: A review. Agronomy. 12(10): 2539.

Jiang Y, Liu M, Zhang J, et al., 2017. Nematode grazing promotes bacterial community dynamics in soil at the aggregate level. The ISME Journal, 11(12): 2705-2717.

Jone D L, Oburger E, 2011. Solubilization of phosphorus by soil microorganisms: in phosphorus in action. Soil Biology, 26:169-198.

Jones D L, Kielland K, 2012. Amino acid, peptide and protein mineralization dynamics in a taiga forest soil. Soil Biology Biochemistry, 55: 60-69.

Jones D L, Shannon D, Murphy D V, Farrar J, 2004. Role of dissolved organic nitrogen (DON) in soil N cycling in grassland soils. Soil Biology Biochemistry, 36 (5): 749-756.

Kessel M A H J, Speth D R, Albertsen M, et al., 2015. Complete nitrification by a single microorganism. Nature, 528 (7583): 555-559.

Koehler M C, Buick R, Kipp M A, et al., 2018. Transient surface ocean oxygenation recorded in the approximately 2. 66-Ga jeerinah formation, australia. Proceedings of the National Academy Sciences of the United States of America, 115(30): 7711-7716.

Krishnaraj P U, Dahale S, 2014. Mineral phosphate solubilization: concepts and prospects in sustainable agriculture. Proceedings of the Indian National Science Academy, 80(2): 389-405.

Krishnaraj P U, Goldstein A H, 2001. Cloning of a Serratia marcescens DNA fragment that induces quinoprotein glucose dehydrogenase-mediated gluconic acid production in Escherichia coli in the presence of stationary phase Serratia marcescens. FEMS Microbiology Letters, 205 (2): 215-220.

Lal R, 2004. Soilcarbon sequestration impacts on global climate change and food security. Science, 304(5677): 1623-1627.

Laughlin R J, Stevens R J, 2002. Evidence for fungal dominance of denitrification and codenitrification in a grassland soil. Soil Science Society of America Journal, 66(5): 1540-1548.

Leininger S, Urich T, Schloter M, et al. , 2006. Archaea predominate among ammonia - oxidizing prokaryotes in soils. Nature, 442 (7104): 806-809.

Lenton T M, Daines S J, Dyke J G, et al. , 2018. Selection for gaia across multiple scales. Trends in Ecology and Evolution, 33(8): 633-645.

Li Y, Wang J, 2022. Earthworm inoculation and straw return decrease the phosphorus adsorption capacity of soils in the loess region, China. Journal of Environmental Management, 312: 114921.

Mcdowell R W, Cox N, Daughney C J, et al. , 2015. A national assessment of the potential linkage getween soil, and surface and groundwater concentrations of phosphorus. Journal of the American Water Resources Association, 51(4): 992-1002.

Megonigal P, Hines M, Visscher P, 2003. Anaerobic metabolism: linkages to trace gases and aerobic processes. Treatise On Geochemistry, 8: 317-424.

Mengel K, 1996. Turnover of organic nitrogen in soils and its availability to crops. Plant and Soil, 181: 83-93.

Mergel A, Kloos K, Bothe H, 2001. Seasonal fluctuations in the population of denitrifying and N_2-fixing bacteria in an acid soil of a Norway spruce forest. Plant and Soil, 230(1): 145-160.

Nygren C M R, Edqvist J, Elfstrand M, et al. , 2007. Detection of extracellular protease activity in different species and genera of ectomycorrhizal fungi. Mycorrhiza, 17 (3): 241-248.

Ochoa-Loza F J, Artiola J F, Maier R M, 2001. Stability constants for the complexation of various metals with a rhamnolipid biosurfactant. Journal of Environmental Quality, 30(2): 479-485.

Olid C, Nilsson M B, Eriksson T, et al. , 2014. The effects of temperature and nitrogen and sulfur additions on carbon accumulation in a nutrient-poor boreal mire: Decadal effects assessed using 210 Pb peat chronologies. Journal of Geophysical Research-Biogeosciences, 119(3): 392-402.

Olson J M, 2006. Photosynthesis in the Archean Era. Photosynthesis Research, 88(2): 109-117.

Papen H, Berg R V, 1998. A most probable number method (MPN) for the estimation of cell numbers of heterotrophic nitrifying bacteria in soil. Plant and Soil, 199 (1): 123-130.

Penuelas J, Poulter B, Sardans J, et al. , 2013. Human-induced nitrogen-phosphorus imbalances alter natural and managed ecosystems across the globe. Nature Communications, 4: 2934.

Pikovskaya R, Pikovskaya R I, 1948. Mobilization of phosphorus of phosphorus in soil in connection with vital activity of some microbial species. Mikrobiology, 3: 362-370.

Pinto A J, Marcus D N, Ijaz U Z, et al., 2016. Metagenomic evidence for the presence of comammoxnitrospira-like bacteria in a drinking water system. Msphere, 1(1): 1-8.

Raghoebarsing A A, Smolders A, Schmid M C, et al., 2005. Methanotrophic symbionts provide carbon for photosynthesis in peat bogs. Nature, 436(7054): 1153-1156.

Rasse D P, Rumpel C, Dignac M F, 2005. Issoil carbon mostly root carbon? mechanisms for a specific stabilisation. Plant and Soil, 269(1-2): 341-356.

Renella G, Egamberdiyeva D, Landi L, et al., 2006. Microbial activity and hydrolase activities during decomposition of root exudates released by an artificial root surface in Cd-contaminated soils. Soil Biology and Biochemistry, 38(4): 702-708.

Rich J J, Heichen R S, Bottomley P J, et al., 2003. Community composition and functioning of denitrifying bacteria from adjacent meadow and forest soils. Applied and Environmental Microbiology, 69(10): 5974-5982.

Rich J J, Myrold D D, 2004. Community composition and activities of denitrifying bacteria from adjacent agricultural soil, riparian soil, and creek sediment in Oregon, USA. Soil Biology and Biochemistry, 36(9): 1431-1441.

Sanaullah M, Blagodatskaya E, Chabbi A, et al., 2011. Drought effects on microbial biomass and enzyme activities in the rhizosphere of grasses depend on plant community composition. Applied Soil Ecology, 48(1): 38-44.

Sanaullah M, Chabbi A, Girardin C, et al., 2014. Effects of drought and elevated temperature on biochemical composition of forage plants and their Impact on carbon storage in grassland soil. Plant and Soil, 374(1-2): 767-778.

Schimel J P, Bennett J, 2004. Nitrogen mineralization: challenges of a changing paradigm. Ecological Society of America, 85 (3): 591-602.

Schirrmeister B E, Gugger M, Donoghue P C, 2015. Cyanobacteria and the great oxidation event: evidence from genes and fossils. Palaeontology, 58(5): 769-785.

Scott C, Lyons T W, Bekker A, et al., 2008. Tracing the stepwise oxygenation of the proterozoic ocean. Nature, 452(7186): 456-459.

Silva M C P, Schloter-Hai B, Schloter M, et al., 2013. Temporal dynamics of abundance and composition of nitrogen-fixing communities across agricultural soils. Plos One, 8: e74500.

Singh B, Satyanarayana T, 2011. Microbial phytases in phosphorus acquisition and plant growth promotion. Physiology and Molecular Biology of Plants, 17: 93-103.

Smith P, Cotrufo M E, Rumpel C, et al., 2015. Biogeochemical cycles and biodiversity as key drivers of ecosystem services provided by soils. Soil, 1(2): 665-685.

Song O R, Lee S J, Lee Y S, et al., 2008. Solubilization of insoluble inorganic phosphate by Burkholderia cepacia DA23 isolated from cultivated soil. Brazilian Journal of Microbiology, 39: 151-156.

Sperber J I, 1958. Solution of apatite by soil microorganisms producing organic acids, australian. Journal of Agricultural Research, 9(6): 782-787.

Stres B, Mahne I, Avgustin G, et al., 2004. Nitrous oxide reductase (*nosZ*) gene fragments differ between native and cultivated michigan soils. Applied and Environmental Microbiology, 70(1): 301-309.

Tarnocai C, Canadell J G, Schuur E, et al., 2009. Soil organic carbon pools in the northern circumpolar permafrost region. Global Biogeochemical Cycles, 23: GB2023.

Thomazo C, Couradeau E, Garcia-Pichel F, 2018. Possible nitrogen fertilization of the early earth ocean by microbial continental ecosystems. Nature Communications, 9(1): 2530.

Tian J, Ge F, Zhang D, et al., 2021. Roles of phosphate solubilizing microorganisms from managing soil phosphorus deficiency to mediating biogeochemical P cycle. Biology, 10(2): 158.

Toscano-Verduzco F A, Cedeño-Valdivia P A, Chan-Cupul W, et al., 2020. Phosphates solubilization, indol-3-acetic acid and siderophores production by *Beauveria brongniartii* and its effect on growth and fruit quality of *Capsicum chinense*. The Journal of Horticultural Science and Biotechnology, 95(2): 235-246.

Trumbore S, 2009. Radiocarbon and soil carbon dynamics. Annual Review of Earth and Planetary Sciences, 37: 47-66.

Vassileva M, Mendes G O, Deriu M A, et al., 2022. Fungi, P-solubilization, and plant nutrition. Microorganisms, 10(9): 1716.

von Luetzow M, Kogel-Knabner I, Ludwig B, et al., 2008. Stabilization mechanisms of organic matter in four temperate soils: Development and application of a conceptual model. Journal of Plant Nutrition and Soil Science, 171(1): 111-124.

Wang Y, Lambers H, 2020. Root-released organic anions in response to low phosphorus availability: Recent progress, challenges and future perspectives. Plant and Soil, 447: 135-156.

Watanabe K, Hayano K, 1994. Source of soil protease based on the splitting sites of a polypeptide. Soil Science and Plant Nutrition, 40 (4): 697-701.

Wolsing M, Prieme A, 2004. Observation of high seasonal variation in community structure of denitrifying bacteria in arable soil receiving artificial fertilizer and cattle manure by determining T-RFLP of *nir* gene fragments. FEMS Microbiology Ecology, 48(2): 261-271.

Xiang N, Guo C, Liu J, et al., 2020. Using synthetic biology to overcome barriers to stable expression of nitrogenase in eukaryotic organelles. Proceedings of the National Academy of Sciences, 117: 16537-16545.

Yandigeri M S, Meena K K, Srinivasan R, et al., 2011. Effect of mineral phosphate solubilization on biological nitrogen fixation by diazotrophic cyanobacteria. Indian Journal of Microbiology, 51: 48-53.

Yi Y, Huang W, Ge Y, 2008. Exopolysaccharide: A novel important factor in the microbial dissolution of tricalcium phosphate. World Journal of Microbiology and Biotechnology, 24: 1059-1065.

Zhang L, Takaya N, Kitazume T, et al., 2001. Purification and cDNA cloning of nitric oxide reductase cytochrome P450nor (CYP55A4) from *Trichosporon cutaneum*. European Journal of Biochemistry, 268(11): 3198-3204.

Zhang L, Zhou J, George T S, et al. 2022. Arbuscular mycorrhizal fungi conducting the hyphosphere bacterial orchestra. Trends in Plant Science, 27(4): 402-411.

第 6 章 土壤生物与土壤物理过程

土壤生物以不同方式改变土壤的物理、化学和微生物特性及其系列生物化学过程，如有机物料降解、土壤有机质积累、养分循环等。土壤物理结构是土壤肥力的物质基础，也是各种物质存储、运移和转化的场所。良好的土壤结构不仅有利于土壤动物和微生物活动，还可促进水肥等资源高效利用、根系生长发育和作物健康生长。反之，土壤生物活动(如掘洞、摄食)和代谢产物也会影响其栖息地的微环境(如孔隙分布、团聚性等)，进而改变土壤结构状况。因此，加强土壤生物和土壤物理相关过程的研究，对提升土壤健康状况，保障粮食安全，促进土壤固碳减排和发挥农田生态系统的多功能性具有重要意义。

6.1 2007—2022 年国内外核心研究方向和热点

6.1.1 国内研究方向和热点

根据土壤结构与土壤生物领域相关的中文关键词，制定中文检索式如下：SU= '土壤'* ('土壤结构'+'土壤物理结构'+'土壤微结构'+'团粒结构'+'土壤孔隙'+'土体结构'+'团聚体'+'土壤压实'+'CT'+'土壤微形态')* ('植物根系'+'土壤动物'+'土壤微生物'+'有机质'+'有机碳'+'土壤碳库'+'碳循环'+'土壤固碳'+'碳中和')。从中国知网(CNKI)中检索得到 2007—2022 年本领域中国科学引文数据库(CSCD)收录的核心期刊发表论文总数为 2 953 篇。图 6-1 为 2007—2022 年土壤结构与土壤生物领域 CSCD 核心期刊论文关键词共现关系，大致可分为 4 个聚类圈，分别是团聚体稳定性与有机碳固持、土壤结构与温室气体排放、土壤结构与土壤生物以及土壤退化与修复 4 个方面。

6.1.2 国际研究方向与热点

运用 Web of Science 数据库，根据土壤结构与土壤生物领域相关的关键词，制定英文检索式如下：SU= "soil * " and("soil structure" or "soil architecture" or "soil physical structure" or "soil aggregate * " or "aggregate * " or "aggregate stability" or "aggregate stabilization" or "structure * stability" or "soil pore" or "soil compaction") and ("root" or "soil fauna" or "soil microorganism" or "soil organic matter" or "soil organic carbon" or "carbon pool" or "carbon cycle * ")。检索得到 2007—2022 年本领域共发表的国际英文文献总数为 4 217 篇。图 6-2 为 2007—2022 年土壤结构与土壤生物领域 SCI 核心期刊论文关键词共现关

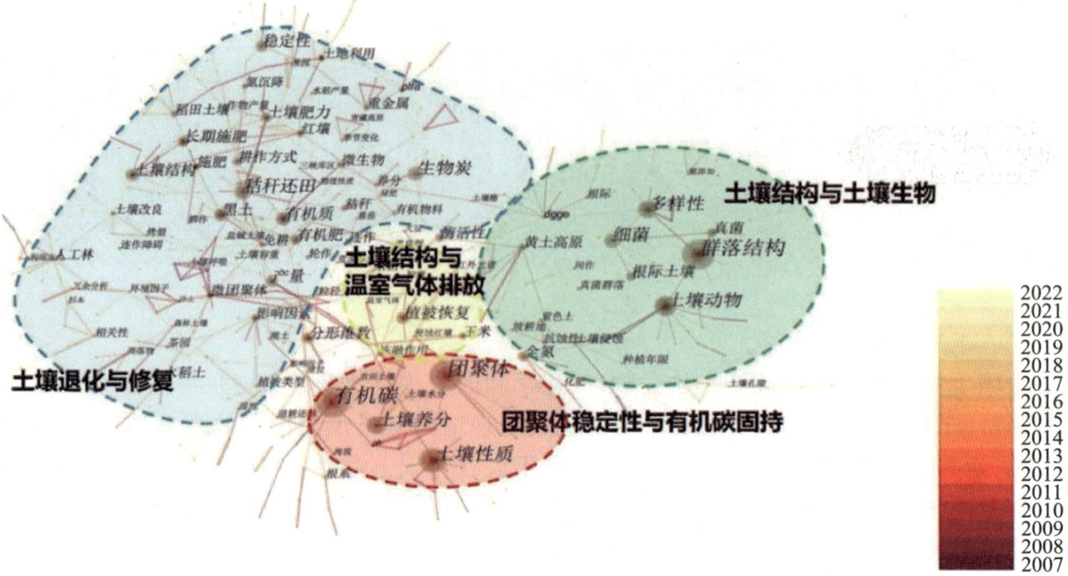

图 6-1　2007—2022 年土壤结构与土壤生物领域 CSCD 核心期刊论文关键词共现关系

系，图中土壤结构(soil structure)、土壤有机质(soil organic matter)、土壤有机碳(soil organic carbon)、碳固持(carbon sequestration)、团聚体稳定性(aggregate stability)、植物生长(plant growth)、微生物(microorganism)等关键词的频率排在前列。该图大致可分为 5 个聚类圈，分别是土壤结构与土壤有机质、团聚体稳定性与碳固持、土壤结构与温室气体排放、土壤结构与土壤生物以及土壤退化与保护性耕作 5 个方面。

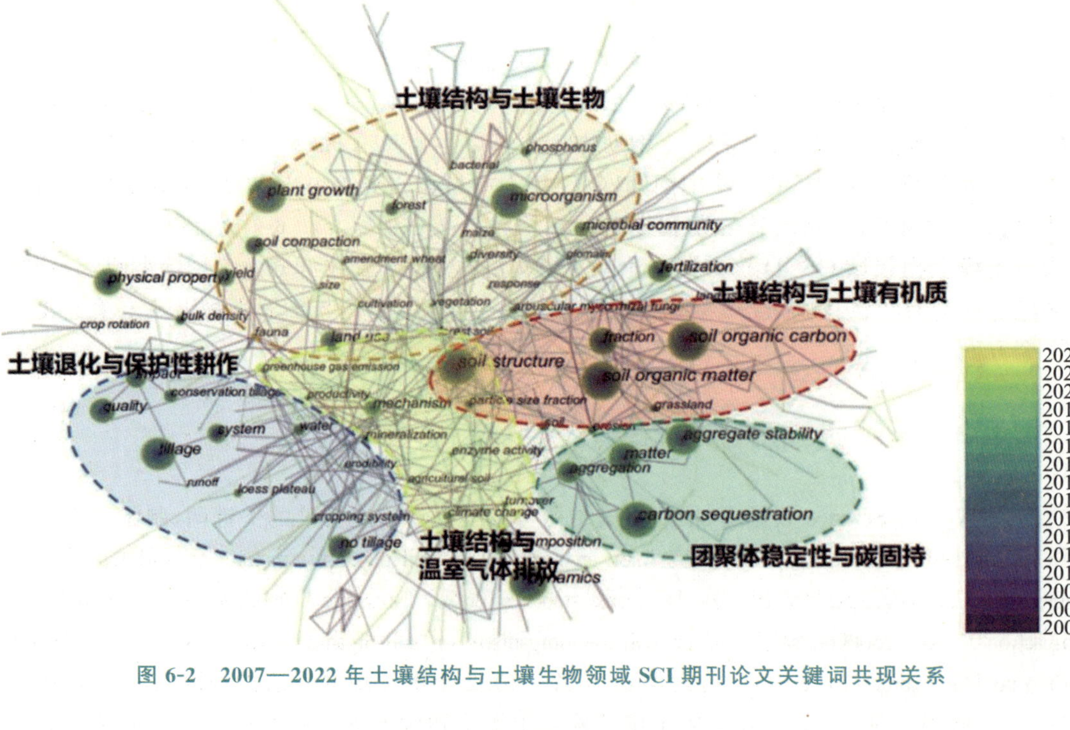

图 6-2　2007—2022 年土壤结构与土壤生物领域 SCI 期刊论文关键词共现关系

6.2 土壤结构与土壤有机质的互馈作用

土壤结构是土壤功能的基础，不仅影响养分供应、水分保持及渗透、气体交换等过程，还为土壤微生物提供了物理生境，并调控土壤有机碳周转这一关键过程。提高土壤有机质含量有利于优化土壤结构，同时土壤结构对土壤有机质具有物理保护作用。土壤有机质由不同功能库组成，每种库都有特定的稳定机制并具有一定的周转速率。土壤有机质的稳定化机制被认为主要由以下三个方面组成，即化学稳定、物理保护和生物化学稳定。本节主要从有机矿质复合体、团聚体和土壤孔隙特征三个方面阐述土壤结构与土壤有机质（组分）之间的关联性。

6.2.1 有机矿质复合体（矿质）结合态有机质来源与稳定性

学术界常利用物理分组方法（如颗粒大小或密度浮选）将土壤有机质分成具有不同功能特性组分，如分为颗粒有机质（particulate organic matter，POM）和矿质伴生有机质（mineral-associated organic matter，MAOM）两种组分（图 6-3）（Lavallee 等，2020）。其中，矿质伴生有机质（<53 μm）主要来源于简单分子或有机物质碎片等相对低分子量化合物。这类化合物易被

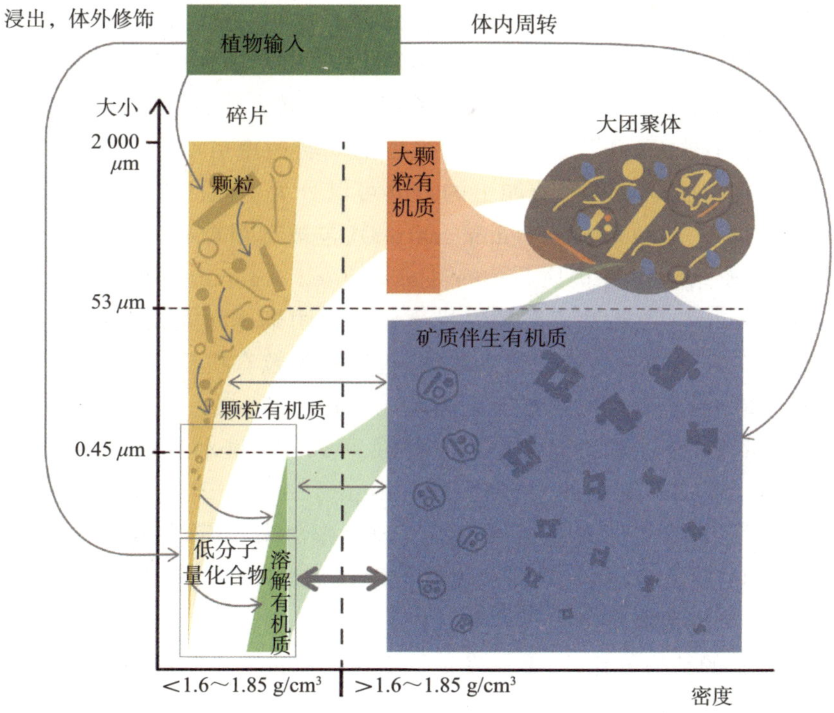

图 6-3 土壤有机质(SOM)不同组分的成分概念（改自 Lavallee 等，2020）

注：这些 SOM 分类是根据大小和密度进行物理定义的，分别显示在 y 轴和 x 轴上。MAOM 的尺寸上限规格因区域而异，从 20～63 μm；溶解有机质(DOM)一般定义为<0.45 μm 和水可萃取物。MAOM 有多种形式，包括颗粒有机质(POM)、有机矿质团簇和初级有机矿质复合体。大团聚体可以在不同程度上包含所有其他成分。

吸附到矿质颗粒表面，导致与矿质结合的碳在土壤中相对稳定、周转时间较长（von Lützow 等，2007；Kleber 等，2015；Lehmann 和 Kleber，2015）。Kopittke 等（2018）进一步强调了有机-矿质之间的相互作用对土壤中稳定碳库保护的重要性。他们发现微团聚体中绝大部分有机质与矿质颗粒吸附有关，且微生物残体也能直接吸附到矿质表面而受到保护。最新研究发现，尽管 MAOM 碳含量仅占土壤总有机碳 10%左右，但其处于新土壤有机质形成和新有机输入后碳蓄积的核心位置，因而 MAOM 可能是新有机质输入和有机碳稳定的关键组分（Samson 等，2020）。

值得指出的是，POM 和 MAOM 两种组分在其形成、持久性、物理和化学性质及功能方面具有截然不同的特点。其中，MAOM 通过与矿质颗粒结合来降低微生物可接触性，而 POM 受到的物理保护能力较弱。此外，POM 组分密度较低（1.6～1.85 g/cm^3）、碳氮比较高，而 MAOM 中的化合物具有较高的能量密度和更低的分解活化能。因此，POM 在土壤中的持久性主要受微生物和酶的控制，而 MAOM 的持久性主要受矿质的结合程度影响，一旦 MAOM 从矿质中脱离可能会被迅速同化或分解（Lavallee 等，2020）。进一步研究发现，POM 中化合物主要来自木质素，而 MAOM 则含有多糖、蛋白质和脂质类物质（90%）。低分子植物碳以可溶性有机碳的形式存在于矿质土壤中，主要通过“微生物途径”或“直接吸附途径”进入矿质结合态有机质（Sokol 等，2019）。

6.2.2 土壤有机质稳定与土壤团聚性

土壤有机碳的周转与团聚体动态间具有偶联关系。土壤团聚体对 SOM 的物理保护作用被视为最重要机制之一，主要通过三个方面的途径：①在微生物、微生物酶和底物直径形成物理障碍；②控制食物网的相互作用；③影响微生物的周转速率（Dungait 等，2012）。土壤有机质根据其在土壤结构中的分布和在功能上的差异可以分为不同的库（von Lützow 等，2007）：游离态颗粒有机质（free particulate organic matter）、包被态颗粒有机质（occluded particulate organic matter）、矿质结合态有机质（mineral associated organic matter）以及可溶性有机质（dissolved organic matter）。游离态颗粒有机质分布在团聚体间大孔隙中，主要是颗粒较大、新鲜有机残体或半分解的动物和植物根系残体；包被态颗粒有机质主要是分布在团聚体内部的动植物残体；矿质结合态有机质是指与土壤黏土和粉粒结合在一起的有机物的最终分解产物；可溶性有机质指存在于土壤不同大小孔隙中的、可以从土壤水溶液中提取出来的一系列颗粒有机分子（0.4～0.6 μm）组成的混合物（Chantigny，2003）。当土壤团聚体结构受到破坏时，土壤有机碳库中各种形态的碳都会不同程度地暴露出来，从而加速了土壤微生物对 SOC 的分解。基于^{13}C NMR 技术，发现有机质化学特性在土壤团聚过程中起重要作用：有机质既可作为胶结物质，又为土壤微生物提供营养基质。

作为土壤最基本的结构单元，团聚体发育是土壤形成过程中不可或缺的必要阶段，会极大地影响微生物群落发育和随之而来的生物地球化学过程。微生物主要通过菌丝缠绕、产生胞外聚合物（EPS）等方式聚合土壤颗粒，增加微团聚体的数量和质量，从而促进大团聚体形成。而微生物本身及其活动也是土壤有机碳在团聚体内固存的重要方式和途径。不同类型的有机质的降解所诱导的大团聚体形成和源自微生物碳所扮演的黏结作用，上述过程驱动了土壤团聚体孔隙的稳定性和孔隙形状的形成。

6.2.3 土壤孔隙特性与土壤有机质保护

土壤有机质与土壤结构之间具有互馈作用。土壤有机质是组成团聚体重要的胶结物，其稳定过程可以促进土壤孔隙结构的发育（Quigley 等，2018；Rabot 等，2018）。同时，孔隙分布状况不仅决定水分和氧气的供应和保持能力，也为土壤生物活动和生存提供了通道和场所，从而直接或间接参与有机碳周转过程（Bronick 和 Lal，2005；Kravchenko 和 Guber，2017；Rabot 等，2018；Franklin 等，2021）。总之，土壤孔隙特征能够较真实地反映土壤结构内部的框架，土壤中发生的物理、化学和生物过程之间的相互作用均受孔隙的形状、大小分布、表面密度、连通性、曲折度的影响（Franklin 等，2021；Kravchenko 和 Guber，2017）。

近年来，随着人们对土壤孔隙结构的认识不断深入，逐步明确了孔隙结构是影响土壤有机碳矿化的关键因素之一（Kravchenko 和 Guber，2017；张维俊等，2019）。基于土壤水分特征曲线并利用基质势与孔隙当量直径的关系，一些学者比较了土壤有机碳或外源有机物在特定大小的孔隙中矿化或分解的差异，从而分析孔隙结构对有机碳周转的影响。近年来，X 射线 CT 技术的发展为定量孔隙结构提供了有力手段，为深入揭示孔隙结构特征对土壤有机碳矿化的影响提供了强有力的工具。利用 CT 技术将筛分后的团聚体培养 120 d 后，进行扫描，研究孔隙结构特征（如大小分布、连通性等）对大团聚体内部颗粒有机质碳（POM）矿化的影响，发现 POM 的分解量与 30～60 μm 的连通性的孔隙呈显著正相关关系，特别当存在与空气相连通的孔隙时，POM 的损失将增加 3～15 倍。类似地，Ananyeva 等（2013）利用同步辐射显微 CT 技术扫描了单个团聚体（4～6 mm），发现团聚体结合态有机碳含量与 40～70 μm 孔隙的孔隙度呈显著的负相关关系，证实了这一范围的孔隙促进了土壤有机碳矿化；同时，他们还发现团聚体内部的有机碳含量与 15～37.5 μm 孔隙的孔隙度呈显著的正相关关系，表明这些孔隙有利于土壤有机碳固持。另外，在团聚体外部孔隙数量与有机碳呈负相关，而与微生物密度呈正相关，这是因为团聚体之间的孔隙比团聚体内的孔隙更大、更连续、更通气、更有利于微生物活动，所以团聚体外部的土壤有机碳更容易被分解。上述研究分析了团聚体尺度上的孔隙特征对土壤有机矿降解性能的影响（Liang 等，2019），而在整土尺度上也有一些类似的报道（Quigley 等，2018；Juarez 等，2013）。最近，通过填装不同孔径的团聚体结合室内培养的试验，利用 CT 分析土柱的土壤结构，结果表明，土壤有机碳累积矿化量与 16～30 μm 孔隙的孔隙度呈显著的正相关关系。团聚体破碎促进土壤有机碳的矿化，一部分原因是释放出了被保护的有机碳。此外，团聚体大小改变导致的孔隙结构变化可能是影响土壤有机碳矿化的另一个重要因素。

综上所述，土壤孔隙结构在土壤有机碳的固存和分配方面发挥关键作用。土壤环境中微观尺度结构的异质性影响土壤物理-化学-生物作用对有机碳的保护机制。因此，微观尺度下土壤有机碳的具体保护机制及其之间的相互关系仍需做进一步研究。

6.3 土壤结构与土壤生物的关联性

土壤结构与土壤生物之间存在复杂的关联性。一方面，土壤结构为土壤生物提供了多样化的栖息地，决定了其生存所需资源的传输，在维持土壤生物活动方面起重要作用；另一方面，土壤结构的形成和维持也通过反馈作用与土壤生物活性密切相关，影响根系生长、土壤动物运动、摄食活动和不同营养级间的相互作用（Erktan 等，2020）。本节主要介绍土壤动物、土壤微生物、土壤作物与土壤结构之间的相互关系。

6.3.1 土壤动物与土壤结构

土壤动物是土壤生态系统中重要组成部分，能够敏感地反映外界环境变化，其类群组成及群落结构是生态系统稳定性的重要生物学指标（Lavelle 等，2006；Riutta 等，2016）。土壤动物群通常被称为“生态系统工程师”，在土壤结构动态性调控、有机碳分配等方面发挥着重要作用（Bottinelli 等，2015；Franco 等，2020）。在土壤结构动力学方面，大型土壤动物如白蚁、蚂蚁、甲虫和蚯蚓等，能够通过移动土壤颗粒以及运输、觅食、分解土壤中有机质等方式，改变其栖息地的土壤物理环境，（Blanchart 等，1997；Lavelle，2002）。然而，土壤结构与有机质分解、养分循环和团聚性等过程密切相关，反之会影响土壤动物的生存活动（Davidson 和 Grieve，2006）。在有机碳分配方面，土壤动物是影响凋落物分解的重要生物因子，通过破碎、掘穴、取食和刺激微生物活动等直接或者间接影响凋落物分解，进而反作用于土壤结构和养分循环。其中，大型、中型土壤动物通过直接取食、排泄和破碎凋落物来改变土壤微生物群落的结构和功能，从而影响凋落物的分解；而小型土壤动物通过取食直接参与凋落物的分解。

一般而言，受土壤动物影响的土壤圈层（sphere）通常称为蚓触圈、白蚁圈和蚂蚁圈（Lavelle，1997）。鉴于它们构建廊道（galleries）、改变土壤团聚体性质和矿物性质的能力的差异，可将土壤动物分为三类，并系统总结了相关动物工程师对土壤结构的作用机制（图 6-4）（Bottinelli 等，2015）。第一类是通过土壤动物运动或穴居活动产生廊道和迁移团聚体而影响土壤结构，但不改变其内部组织结构。在某些情况下，形成的网络结构可调节水分渗透、溶质扩散、气体交换和土壤通气等，甚至可以影响根系的空间分布。而其他一些物种如蚂蚁可以改变土壤孔隙度而对土壤团聚性影响有限。第二类为土壤团聚体的重新组织者（soil aggregate re-organizers）。主要通过某些土壤动物通过修建廊道和消耗土壤团聚体（称为生物团聚体），来改变土壤结构。这一类包括大多数白蚁、蚯蚓以及千足虫等，这一群体的特点是能够改变土壤团聚体的内部组织。第三类称为矿物风化剂。这一类土壤动物通过修建廊道、改变团聚体性质和黏土颗粒风化等途径来改变土壤结构。一些特定动物（如白蚁和蚯蚓）能够加速土壤矿物的风化。上述分类在后继研究中，也逐步被证实。利用 X 射线 CT 扫描技术，Ma 等（2021）探究了不同的蚯蚓密度对土壤大孔隙的影响，发现增加蚯蚓密度增加土壤大孔隙度，还改善了孔隙形态（如平均大孔隙圆度、分支和连通性）。

土壤动物通过机械运动和肠道混合，促进团聚体的初级结合。合适条件下，生物的粪粒和粪便形成了，含有排泄产物、破碎植物和微生物碎片的稳定团聚体。土壤动物形成的团聚体 90％具有水稳性。研究表明，水稳性大团聚体的比例随蚯蚓数量的增加而上升。在团聚体形成中最重要的两种动物是蚯蚓和白蚁。下面以蚯蚓为例说明土壤动物在团聚体形成中作用。蚯蚓通过直接作用（微粒重排和黏液沉积）和间接作用（微生物刺激作用，尤其是真菌活动）影响团聚体的稳定性。各种大田数据分析表明，施肥和土壤成分（非黏土成分）的不同与大团聚体的水稳性不同一致，蚯蚓数目的变化是最主要的原因。细腐殖质具有良好的团聚体结构。蚯蚓每年产生的粪便超过 1 000 Mg/hm^2，个体较大的蚯蚓以小团聚体为食。蚯蚓不断重新取食自身的粪便，因此，小型蚯蚓物种的活动维持了团聚体的合适尺寸，而那些破碎大团聚体的无脊椎动物以及非生物进程，则为小团聚体的形成提供了资源。蚯蚓取食土壤的过程中，大量的黏液混入摄取的物质中，土壤颗粒在蚯蚓肠腔内形成有机矿质复合体，粪便排出体外，产生新的团聚体。团聚体结构的稳定性主要取决于初级结合的强度。新鲜的蚯蚓粪不如土壤团聚体稳定，沉积作用发生后，随着时间的延长稳定性增强。粪便的稳定性依靠营养植物残体的有效性，因此来自草地土壤的粪便比来自秸秆作物地块的更稳定。大多数人认为，稳定性物质源于肠道粪便或随后排出的粪便中发育的微生物种群。因为草地粪便比耕地粪便含有更多的水稳性团聚体和细菌，细菌黏胶可以将土壤颗粒黏合。蚯蚓形成和稳定团聚体的机制十分复杂，黏液和粪尿在蚯蚓洞穴内壁的不断富集，这可能比蚯蚓粪对团聚体微生物的影响更重要。

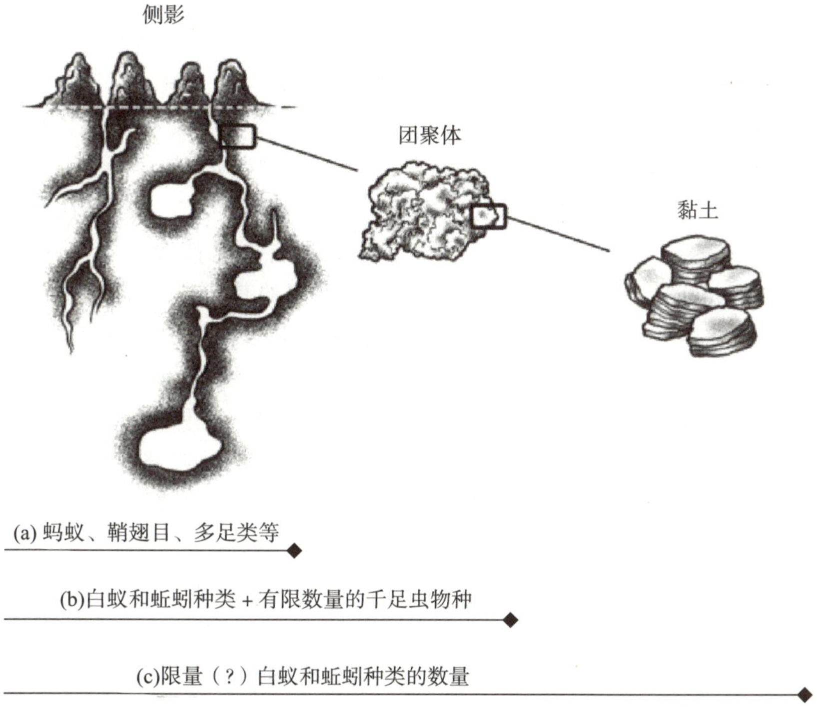

图 6-4　土壤动物影响土壤结构的方式（改自 Bottinelli 等，2015）

注：其中(a)严格意义上的生物扰动剂，(b)土壤团聚体重组者，(c)矿物风化剂。

线虫是土壤中最丰富的无脊椎动物之一，具有特定捕食习惯及体型大小的土壤线虫在团聚体中的分布很大程度上取决于团聚体孔隙的大小，进而影响土壤碳氮转化等过程（van den Hoogen 等，2019；Han 等，2021）。线虫是土壤微型动物的主要类群，其丰度和多样性与土壤理化特性密切相关（如含水量、孔隙分布等），在生态系统过程中发挥着关键作用（如改善土壤物理结构、参与碳氮循环），通过在土壤食物循环中占据关键位置来维持生态系统健康（Zhang 等，2017；Kitagami 等，2021）。基于长期定位施用有机肥试验平台，针对南方丘陵区典型的瘠薄红壤，揭示了长期施用有机肥对线虫季节性变化特征的影响，并在土壤团聚体尺度下提出有机肥对促进团聚体形成、促进红壤碳氮养分循环和提升生物功能的理论假设（Jiang 等，2014；Jiang 等，2017）。

6.3.2 土壤微生物与土壤物理结构

土壤微生物通过直接改造或物理缠绕、分泌有机物或者改变土壤疏水性等机制促进团聚结构的形成和稳定，但微生物继续分解有机质将破坏土壤结构（Rabbi 等，2020）。输入土壤中的新鲜有机物分解过程将影响原有土壤有机质的分解过程，形成不同分解产物，产生土壤有机质组分分异，进而影响土壤团聚结构的形成、稳定和破坏过程，并影响微生物群落结构（Six 等，2004；Silva 等，2014）。

土壤容重是土壤重要的物理性质之一，不仅直接影响到土壤孔隙度与孔隙大小分配、土壤的穿透阻力及土壤水肥气热变化，而且也影响着土壤微生物活动和土壤酶活性的变化。紧实土壤中的磷酸酶活性明显降低，多数酶活性如脲酶、转化酶等与土壤容重之间呈负相关。在土壤紧实度适宜的情况下，土壤微生物数量和酶活性明显增加，而且随着土壤容重的变小，土壤中好气性微生物数量增加，厌氧型微生物急剧减少。由于进驻土壤中的微生物的数量在一定程度上决定着土壤酶的数量，因而也影响着土壤中酶活性的变化。

微生物在土壤中的分布和活动不仅与土壤容重有关，还与孔隙大小、孔隙的连接度、通气性有关。通气性是土壤的主要物理性质之一，土壤的通气状况直接影响土壤的物理、化学性质，从而影响土壤生物活性。土壤通气性的改变使得土壤的其他一些物理性质也随之改变，使土壤有机质含量、土壤呼吸、微生物数量及酶活性发生相应的变化。土壤孔隙以多种方式来控制微生物的活性与功能，对微生物群落组成有直接和间接的影响。在空间上直接控制微生物的移动，进而影响其群落之间的相互作用以及微生物群落的组成和多样性；间接为微生物活动提供气体和液体来影响其功能。值得指出的是，微生物在土壤孔隙网络中的不同部位上非随机式排列，不同大小的孔隙为微生物提供了其独特的生存空间。根据土壤生物的体型判断，土壤微生物一般不能通过 0.2 μm 以下的孔隙，真菌和细菌主要生存于大于 0.2 μm 的孔隙中；土壤原生生物主要生存于 5 μm 以上的孔隙中；线虫生存的孔隙不低于 30 μm（van der Linden 等，1989）。因此，当孔隙低于 30 μm 时，土壤微生物的捕食者接触土壤微生物受到阻碍，从而有利于微生物生存，导致其活性及多样性较高（Crawford 等，2005）。Schluter 等（2019）利用 X 射线 CT 和图像分析技术揭示了土壤微环境的整体视图，发现绝大多数（75%）细菌定植在中等孔隙中（$<$10 μm），且喜欢在大孔隙表面和新鲜颗粒有机物附近觅食。

Cui 和 Holden（2015）研究表明，土壤结构与有机质、微生物活性与有机质之间均具有强相关性，表明土壤有机质在农田管理中具有双向“桥梁”功能：良好的结构通过提供最优化的物理条件有利于土壤有机质的分解，为土壤微生物提供食物来源，且以微生物为介导的土壤碳周转过程也有利于土壤结构的形成。有机质只有在微生物的作用下才具有团聚能力，因此微生物是形成土壤团聚体必不可少的因素。微生物在团聚体的形成和稳定中主要有两方面的作用，即真菌和放线菌的菌丝对土颗粒的机械缠绕和微生物分解有机物时所产生的腐殖酸类物质对土壤颗粒的黏结作用。此外，微生物细胞也可依靠自身带有的负电荷借助静电引力使土颗粒彼此连接。总体来说，微生物和土壤颗粒主要通过三种方式相互作用：微生物吸附在土壤大颗粒的表面；微生物细胞和近似大小的土壤颗粒的吸附作用；非常小的土壤颗粒吸附在微生物表面。土壤微生物的生命和团聚体数量的增加显著相关，不同种类微生物在土壤团聚体形成中的作用从大到小依次是真菌、放线菌、酵母菌和细菌。菌丝体真菌和细菌通过胞外多糖、菌丝缠绕和腐殖化作用，对土壤团聚体的形成和稳定做出直接贡献。多糖和腐殖质是许多细菌和链霉菌菌落产生的主要黏合剂，而腐殖质和木质素相似成分是大多数真菌产生的主要黏合剂。如牧草根圈层微生物产生的大量多糖与草根及菌丝体一起作用于土壤颗粒，并进一步形成稳定性大团聚体；在有氮营养状态下，接种菌根真菌根瘤菌的土壤，水稳性团聚体的比例也最高。丝状结构(相关联的黏合剂)束缚的团体抗物理瓦解的能力比细菌多糖结合的团聚体强。大团聚体的稳定主要归功于真菌，同时大团聚体稳定性经常与细菌黏性代谢物的产生有关。而且一般认为真菌多糖抗分解的稳定性比细菌多糖强。植物残体则通过促进放线菌和真菌菌丝体的生长及产生微生物代谢产物从而加快了团聚体的形成。细菌生物量也与微团聚体的稳定性有关。细菌细胞产生可与黏土微粒黏合的凝胶涂层，形成了稳定的微团聚体。土壤中细菌产生的具有黏性的胞外多糖，依靠氢键与土壤颗粒联结，是团聚土壤颗粒的主要有机物之一，同时也是有效的土壤颗粒凝结剂。总之，土壤结构的变化直接影响微生物的栖息地，从而影响其生存与繁衍。土壤微生物分布广、种类多，在农田生态系统具有重要作用，今后应加强土壤结构与土壤微生物群落和功能的关联研究。

6.3.3 土壤作物与土壤物理结构

土壤容重间接影响作物生长及根系在土壤中的穿插和活力大小。随容重的增加，冬小麦总根长和不同层次根长以及它们所占的比例都在减少，地上部干物质重也在减少。土壤中紧实层的存在改变了小麦根系在土壤剖面上的正常分布，犁底层上部的根量在苗期和孕穗期测定明显增多，而犁底层下部根量骤减。根系在土壤中的分布不仅受机械阻力影响，同时也受土壤水分影响。在相同容重处理下，高含水量的下部土层中根系所占比例大于低含水量土层。在玉米苗期试验中发现，随着容重的增加，玉米幼苗根长度线形减少，根径粗线形增加。盆栽试验表明，在一定容重范围内，随容重的增加，玉米根重、株高、生物学产量显著降低，呈现极显著负相关。因此，适宜的土壤容重对作物后期正常生长至关重要。土壤容重与玉米产量关系试验结果证明，深层的土壤容重与玉米产量有着较好的相关性。这说明深层的土壤物理性质在玉米生长过程中起着重要作用，甚至起主导作用。

土壤的通气性对作物生长也有很大影响，孔隙数量、大小、比例和分布适当时才有利于根系活动和水、肥、气、热的协调，有助于改善土壤的结构和肥力。良好的通气性可增强微生物活性和养分转化，促进根系深扎，扩大营养范围。土壤通气状况直接影响着氧气的供应，进而影响着根系的生长及吸收能力。试验证明，在施肥水平较高的条件下，决定玉米生长发育和产量的主要因素是土壤通气状况的好坏，而不是土壤养分的多少。土壤的通气性也影响着根的生长和分布，在有利于氧气扩散的土壤中，根的密度和重量明显增加。土壤通气性的变化随着容重、孔隙度、团粒结构等的变化而变化，且土壤通气性与土壤中通气孔隙的大小和数量多少有关。因此要从根本上提高土壤的生物肥力和改善作物生长的环境条件，必须改善土壤的通透性，改变土壤孔隙大小分配的比例或采取措施调节土壤的孔隙状况，使其向有利于通气性方向发展。

植物根系在团聚体和生物孔隙的形成过程中起到了重要作用。它们将周围土挤压到直径大约 1 cm 的距离，当根系吸水分时会引起周围土壤收缩，同时将团聚体机械地黏合在一起。活根产生根际分泌物，促进团聚体的形成。有研究指出，玉米根系浸出液促进了大团聚体的稳定，浸出液增强了有机质和黏土之间的联系，促进了团聚体的稳定性。一般认为单子叶植物比双子叶植物稳定团聚体的能力更强，草比谷类更强。植物根系死亡和分解后，存留的土壤生物孔隙为水分进入和气体交换提供了通道，也为以后其他根系的生长提供了优先途径。同时，围绕腐朽的根系物质也可能形成团聚体。

6.4 农业管理措施与土壤结构改良

土壤退化一般指土壤生产力、土壤生物数量和种类、土壤生态系统服务和环境恢复力的部分或全部功能损失的现象。科学界将土壤退化分为物理、化学和生物退化三个方面，无论哪种退化，均对农业生产力、环境健康和农业可持续性产生不利影响(Wei 等，2020)。近年来，气候变化和人为管理措施不当等原因，对农田生态系统的服务功能造成了不同程度的破坏。例如，盐碱土物理结构差是其典型特征，主要表现土壤板结、团粒结构差、透气性弱、持水性能低和孔隙结构失衡等问题，进而削弱土壤的适耕性和作物生产力(Fang 等，2021；李保国，2022)。本节主要概述有机肥和保护性耕作措施在土壤改良方面的效果。

大量研究表明，施用有机肥有助于提高大团聚体形成和其稳定性(吕元春等，2013；温云杰，2021)。究其原因，可归于有机肥在降解过程中所释放的可溶性有机物质可与矿质颗粒通过离子键桥、物理吸附等作用形成有机矿质复合体，与微团聚体进一步聚合形成大团聚体(温云杰，2021)。在一定范围内，团聚体形成和稳定性随施肥量增加而增强，这可能与阳离子交换量增加、阳离子与黏土之间胶结作用增强有关(Yousefi 等，2008)。在设施菜地，施用生物有机肥能优化团聚体分布，提高了 0.5～1 mm 和 0.25～0.5 mm 粒级数量，其中＜0.25 mm 粒级随着施肥量增加而降低，而 0.5～1 mm 和 0.25～0.5 mm 团聚体随着施用量而下降。这可能与生物有机肥含有丰富的腐殖类物质有关，这类物质可以增加土壤颗粒之间的黏结性，促进大团聚体形成，特别是生物有机肥含有丰富微生物，其代谢产物同样有助于土壤颗粒胶结(曲成闯，2019)。相应地，长期施用有机肥后所引起的团聚体结构改善也会降低土壤容重，这一观点也被不同地区的诸多研究所证实 (Celik 等，2010；尹海云和罗来锦，2015；王艳丽等，2020)。

以少免耕为代表的保护性耕作被视为改善土壤质量，提高表层有机质积累，降低投入，增加或维持作物产量的耕作措施(高焕文，2004；Lal，2004；Ning 等，2022)。大多研究表明，保护性耕作有助于团聚体形成和稳定性(郑凤君等，2021)。基于温带农田生态系统的耕作定位试验，Six 等(2000)构建了土壤团聚体胚胎发育概念模型，阐述了在不同扰动措施下(传统翻耕与免耕对比)大团聚体周转-微团聚体形成-有机碳转化之间的关联性。他们认为免耕系统中大团聚体周转较慢，有利于其内部的微团聚体形成，进而增加了有机碳的物理保护作用。沈晓琳等(2020)研究表明，保护性耕作减少了对大团聚体的破坏，降低团聚体周转速率，增加总有机碳及活性有机碳含量、微生物生物量以及土壤线虫丰度等，从而提高土壤结构稳定性。此外，文献中关于少免耕对土壤容重的影响具有不确定性：表现为增加、降低或无显著影响(周虎等，2009；李倩等，2018；邬小春等，2020)，这与气候区域、土壤类型、耕作年限等因素有关。因此，在农田生态系统中，频繁耕翻使大团聚体周转较快，大团聚体中原有土壤有机碳被不断矿化分解，同时新加入的有机碳也难以得到及时的物理保护。相反，长期免耕措施则可改善团聚体状况，增强有机碳的物理保护作用，提高了有机碳的积累，且随免耕年限延长而增加(Guo

等，2020）。同时，不同的耕作制度通过改变团聚体分布及其结合态有机碳，间接影响土壤孔隙结构特征（如孔隙度、形态和连通性等）（Blanco-Canqui 等，2004；Madari 等，2005；杨永辉等，2018；Pires 等，2019）。传统翻耕会破坏土壤孔隙连续性，进而影响土壤水分传输和保持（Blanco-Canqui 等，2017），而免耕由于地表作物残体积累，微生物活动较强，易于形成连通性大孔隙和生物孔隙（Gao 等，2017），提高土壤孔隙成圆率，改善孔隙形态（杨永辉等，2018）。

6.5 研究展望

全球变化是当今科学界关注的热点问题之一，与土壤生物之间密切相关。这主要因为全球变化的影响受到土壤生物群落的调节作用。例如，在土壤有机质的降解、养分转化、土壤结构维持、温室气体产生和排放等系列过程，土壤生物均扮演了极为重要的作用。同时，土壤物理结构一直是土壤学、环境科学等学科重要研究内容，特别在应对人类活动和气候变化方面，土壤结构的固碳功能等方面的相关研究受到极大关注。总之，土壤结构及其稳定性和非均质性在很大程度上影响着土壤中的物理、化学和生物过程，今后应加强土壤物理过程与土壤生物过程的耦合研究。比如，开展不同时空尺度和维度下土壤结构-土壤有机质周转-土壤生物学之间的多学科交叉研究，为农田生态系统土壤高效固碳和健康提升提供理论指导。

思考题

1. 土壤生物和土壤结构的研究热点与发展趋势分别有哪些？
2. 土壤生物如何影响土壤结构？
3. 如何优化土壤结构？

参考文献

高焕文，2004. 旱地农业保护性耕作技术与机具研究. 中国农业大学学报(1)：75-76.

李保国，2022. 新时代下盐碱地改良与利用的科学之路. 中国农业综合开发(1)：8-9.

李倩，李晓秀，吴会军，等，2018. 不同气候和施肥条件下保护性耕作对农田土壤碳氮储量的影响. 植物营养与肥料学报，24(6)：1539-1549.

吕元春，薛丽佳，尹云锋，等，2013. 外源新碳在不同类型土壤团聚体中的分配规律. 土壤学报，50(3)：534-539.

曲成闯，2019. 施用生物有机肥对设施黄瓜连作土壤理化性质、生物学特征和有机碳矿化的持续效应：学位论文. 南京：南京农业大学.

沈晓琳，王丽丽，汪洋，等，2020. 保护性耕作对土壤团聚体、微生物及线虫群落的影响研究进展. 农业资源与环境学报，37(3)：361-370.

王艳丽，吴鹏年，王西娜，等，2020. 宁夏扬黄灌区有机肥配施氮肥对滴灌春玉米生长和产量的影响. 玉米科学，28(1)：151-159.

温云杰，2021. 有机培肥过程中有机碳对红壤旱地团聚体形成的影响及其分子机制：学位论文. 杨凌：西北农林科技大学.

邬小春，马向峰，杨晓军，等，2020.不同耕作方式对西北地区春玉米土壤物理性状及产量的影响.玉米科学，28(3)：127-134.

杨永辉，武继承，毛永萍，等，2018.免耕对土壤剖面孔隙分布特征的影响.中国生态农业学报，26(7)：1019-1028.

尹海云，罗来锦，2015.水稻施用有机肥对减少化肥施用量与土壤容重的影响.现代农业科技(7)：216-222.

张维俊，李双异，徐英德，等，2019.土壤孔隙结构与土壤微环境和有机碳周转关系的研究进展.水土保持学报，33(4)：1-9.

郑凤君，王雪，李生平，等，2021.免耕覆盖下土壤水分、团聚体稳定性及其有机碳分布对小麦产量的协同效应.中国农业科学，54(3)：596-607.

周虎，吕贻忠，李保国，2009.土壤结构定量化研究进展.土壤学报，46(3)：501-506.

Ananyeva K，Wang W，Smucker A J M，et al.，2013. Can intra-aggregate pore structures affect the aggregate's effectiveness in protecting carbon? Soil Biology and Biochemistry，57：868-875.

Blanchart E，Lavelle P，Braudeau E，et al.，1997. Regulation of soil structure by geophagous earthworm activities in humid savannas of Cote d'ivoire. Soil Biology and Biochemistry，29(3-4)：431-439.

Blanco-Canqui H，Gantzer C J，Anderson S H，et al.，2004. Tillage and crop influences on physical properties for an epiaqualf. Soil Science Society of America Journal，68(2)：567-576.

Blanco-Canqui H，Wienhold B J，Jin V L，et al.，2017. Long-term tillage impact on soil hydraulic properties. Soil and Tillage Research，170：38-42.

Bottinelli N，Jouquet P，Capowiez Y，et al.，2015. Why is the influence of soil macrofauna on soil structure only considered by soil ecologists? Soil and Tillage Research，146：118-124.

Bronick C J，Lal R，2005. Soil structure and management：A review. Geoderma，124(1-2)：3-22.

Celik I，Gunal H，Budak M，et al.，2010. Effects of long-term organic and mineral fertilizers on bulk density and penetration resistance in semi-arid mediterranean soil conditions. Geoderma，160(2)：236-243.

Chantigny M H，2003. Dissolved and water-extractable organic matter in soils：A review on the influence of land use and management practices. Geoderma，113(3-4)：357-380.

Crawford J W，Harris J A，Ritz K，et al.，2005. Towards an evolutionary ecology of life in soil. Trends in Ecology and Evolution，20(2)：81-87.

Cui J，Holden N M，2015. The relationship between soil microbial activity and microbial biomass，soil structure and grassland management. Soil and Tillage Research，146：32-38.

Davidson D A，Grieve I C，2006. Relationships between biodiversity and soil structure and function：evidence from laboratory and field experiments. Applied Soil Ecology，33(2)：176-185.

Dungait J A J，Hopkins D W，Gregory A S，et al.，2012. Soil organic matter turnover is governed by accessibility not recalcitrance. Global Change Biology，18(6)：1781-1796.

Erktan A，Or D，Scheu S，2020. The physical structure of soil：Determinant and consequence of trophic interactions. Soil Biology and Biochemistry，148：107876.

Fang Y，Singh B P，van Zwieten L，et al.，2021. Additive effects of organic and inorganic amendments can significantly improve structural stability of a sodic dispersive subsoil. Geoderma, 404: 115281.

Franco A L C, Cherubin M R, Cerri C E P, et al., 2020. Linking soil engineers, structural stability, and organic matter allocation to unravel soil carbon responses to land-use change. Soil Biology and Biochemistry, 150: 107998.

Franklin S M, Kravchenko A N, Vargas R, et al., 2021. The unexplored role of preferential flow in soil carbon dynamics. Soil Biology and Biochemistry, 161: 108398.

Gao L, Becker E, Liang G, et al., 2017. Effect of different tillage systems on aggregate structure and inner distribution of organic carbon. Geoderma, 288: 97-104.

Guo Y, Fan R, Zhang X, et al., 2020. Tillage-induced effects on SOC through changes in aggregate stability and soil pore structure. Science of the Total Environment, 703: 134617.

Han S, Luo X, Hao X, et al., 2021. Microscale heterogeneity of the soil nitrogen cycling microbial functional structure and potential metabolism. Environmental Microbiology, 23(2): 1199-1209.

Jiang Y, Jin C, Sun B, 2014. Soil aggregate stratification of nematodes and ammonia oxidizers affects nitrification in an acid soil. Environmental Microbiology, 16(10): 3083-3094.

Jiang Y, Liu M, Zhang J, et al., 2017. Nematode grazing promotes bacterial community dynamics in soil at the aggregate level. The ISME Journal, 11(12): 2705-2717.

Juarez S, Nunan N, Duday A, et al., 2013. Effects of different soil structures on the decomposition of native and added organic carbon. European Journal of Soil Biology, 58: 81-90.

Kitagami Y, Kawai K, Ekino T, 2021. Soil physicochemical properties shape distinct nematode communities in serpentine ecosystems. Pedobiologia, 85-86:150725.

Kleber M, Eusterhues K, Keiluweit M, et al., 2015. Mineral-organic associations: formation, properties, and relevance in soil environments. Advances in Agronomy, 130: 1-140.

Kopittke P M, Hernandez-Soriano M C, Dalal R C, et al., 2018. Nitrogen-rich microbial products provide new organo-mineral associations for the stabilization of soil organic matter. Global Change Biology, 24: 1762-1770.

Kravchenko A N, Guber A K, 2017. Soil pores and their contributions to soil carbon processes. Geoderma, 287: 31-39.

Lal R, 2004. Soil carbon sequestration impacts on global climate change and food security. Science, 304(5677): 1623-1627.

Lavallee J M, Soong J L, Cotrufo M F, 2020. Conceptualizing soil organic matter into particulate and mineral-associated forms to address global change in the 21st century. Global Change Biology, 26(1): 261-273.

Lavelle P, 2002. Functional domains in soils. Ecological Research, 17(4): 441-450.

Lavelle P, 1997. Faunal activities and soil processes: Adaptive strategies that determine ecosystem function. Advances in Ecological Research, 27: 93-132.

Lavelle P, Decaëns T, Aubert M, et al., 2006. Soil invertebrates and ecosystem services. European Journal of Soil Biology, 42: S3-S15.

Lehmann J, Kleber M, 2015. The contentious nature of soil organic matter. Nature, 528(7580): 60-68.

Liang A, Zhang Y, Zhang X, et al., 2019. Investigations of relationships among aggregate pore structure, microbial biomass, and soil organic carbon in a mollisol using combined non-destructive measurements and phospholipid fatty acid analysis. Soil and Tillage Research, 185: 94-101.

Ma L, Shao M A, Fan J, et al., 2021. Effects of earthworm (*Metaphire Guillelmi*) density on soil macropore and soil water content in typical anthrosol soil. Agriculture, Ecosystems and Environment, 311: 107338.

Madari B, Machado P L O A, Torres E, et al., 2005. No tillage and crop rotation effects on soil aggregation and organic carbon in a rhodic ferralsol from southern brazil. Soil and Tillage Research, 80(1-2): 185-200.

Ning T, Liu Z, Hu H, et al., 2022. Physical, chemical and biological subsoiling for sustainable agriculture. Soil and Tillage Research, 223: 105490.

Pires L F, Roque W L, Rosa J A, et al., 2019. 3D analysis of the soil porous architecture under long term contrasting management systems by X-ray computed tomography. Soil and Tillage Research, 191: 197-206.

Quigley M Y, Negassa W C, Guber A K, et al., 2018. Influence of pore characteristics on the fate and distribution of newly added carbon. Frontiers in Environmental Science, 6: 51.

Rabbi S M F, Minasny B, Mcbratney A B, et al., 2020. Microbial processing of organic matter drives stability and pore geometry of soil aggregates. Geoderma, 360: 114033.

Rabot E, Wiesmeier M, Schlüter S, et al., 2018. Soil structure as an indicator of soil functions: A review. Geoderma, 314: 122-137.

Riutta T, Clack H, Crockatt M, et al., 2016. Landscape-scale implications of the edge effect on soil fauna activity in a temperate forest. Ecosystems, 19(3): 534-544.

Samson M, Chantigny M H, Vanasse A, et al., 2020. Coarse mineral-associated organic matter is a pivotal fraction for som formation and is sensitive to the quality of organic inputs. Soil Biology and Biochemistry, 149: 107935.

Schluter S, Eickhorst T, Mueller C W, 2019. Correlative imaging reveals holistic view of soil microenvironments. Environmental Science and Technology, 53(2): 829-837.

Silva A P D, Babujia L C, Franchini J C, et al., 2014. Soil structure and its influence on microbial biomass in different soil and crop management systems. Soil and Tillage Research, 142: 42-53.

Six J, Bossuyt H, Degryze S, et al., 2004. A history of research on the link between (micro)aggregates, soil biota, and soil organic matter dynamics. Soil and Tillage Research, 79(1): 7-31.

Six J, Elliott E T, Paustian K, 2000. Soil macroaggregate turnover and microaggregate formation: A mechanism for C sequestration under no-tillage agriculture. Soil Biology and Biochemistry, 32(14): 2099-2103.

Sokol N W, Kuebbing S E, Karlsen-Ayala E, et al., 2019. Evidence for the primacy of living root inputs, not root or shoot litter, in forming soil organic carbon. New Phytologist, 221(1): 233-246.

van den Hoogen J, Geisen S, Routh D, et al., 2019. Soil nematode abundance and functional group composition at a global scale. Nature, 572(7768): 194-198.

van der Linden A M A, Jeurissen L, van Veen J A, et al., 1989. Turnover of the soil microbial biomass as influenced by soil compaction. http://dx.doi.org/10.1016/B978-0-12-323440-7.50009-3

von Lützow M, Kögel-Knabner I, Ekschmitt K, et al., 2007. Som fractionation methods: Relevance to functional pools and to stabilization mechanisms. Soil Biology and Biochemistry, 39 (9): 2183-2207.

Wei W, Zhang S, Wu L, et al., 2020. Biochar and phosphorus fertilization improved soil quality and inorganic phosphorus fractions in saline-alkaline soils. Archives of Agronomy and Soil Science, 67: 1177-1190.

Yousefi M, Hajabbasi M, Shariatmadari H, 2008. Cropping system effects on carbohydrate content and water-stable aggregates in a calcareous soil of central Iran. Soil and Tillage Research, 101 (1-2): 57-61.

Zhang X, Ferris H, Mitchell J, et al., 2017. Ecosystem services of the soil food web after long-term application of agricultural management practices. Soil Biology and Biochemistry, 111: 36-43.

第7章 土壤生物与土壤健康

7.1 土壤健康

7.1.1 土壤健康的内涵和特征

美国著名的生态伦理学家 Aldo Leopold 在“Wilderness as a Land Laboratory”一文中首次提出了“土地健康”(land health)的概念，并且在《沙乡年鉴》中对自然、土地和人类与土地的关系与命运进行了观察与思考，首次提出了人与自然和谐相处的“土地伦理”。他呼吁人们以谦恭和善良的姿态对待土地。在1942年由新西兰土壤学会出版的《土壤与健康》杂志中，更新了原有的单一观念，提出了“健康的土壤-健康的食品-健康的人”的观点，形成“人-地”一体的概念，进一步深化了人与土地之间的关系。早期的 Balfourzai 和 Doran 等土壤学家在 *The Living Soil* 等著作中明确提出土壤是一种动态的、有生命的有机体整体而不是惰性基质，明确了土壤具有生命的观点，使土壤与健康的联系更加紧密。

20世纪80年代初，科研工作者努力描述什么是“好”土壤，并先后提出土壤肥力、土壤质量、土壤健康和土壤安全等概念用来定义土壤的“好”与“坏”(Bünemann 等，2018；Lehmann 等，2020)。这些概念都阐明了土壤功能的物理、化学和生物方面的性质，且强调了土壤在社会、生态系统和农业中的作用或功能。但是，每个概念强调的土壤功能及生态服务具有本质的差别。土壤健康现在被定义为“土壤作为维持植物、动物和人类生存的重要生命生态系统持续发挥作用的能力”。这个定义描述什么是健康的土壤，而不是定义如何测量土壤健康(Fierer 等，2021)。在土壤健康管理过程中，主要考虑了四个关键的土壤生态系统服务功能——可持续植物生产、水质控制、人类健康和气候变化缓解。土壤肥力着重于土壤提供的植物生产力功能，最终的目的是通过农民对田间管理，以实现高效的作物生产和可持续为人类提供生活和生产所需要的食物和原材料(Patzel 等，2000)。“土壤质量”是“土壤健康”这一概念的起源，它着重于土壤对整个生态系统内的水质、植物和动物健康的影响，这两个概念在很长一段时间被认为是“同义不同词”。但随着人类对土壤功能和生态服务能力的逐步深入与认识，土壤质量的范围通常侧重于与人类相关的生态系统服务，而土壤健康的范围已经超越人类健康，并扩展到了包括地球健康在内的更广泛的可持续性目标(Lehmann 等，2020)。土壤安全是2012年提出的土壤概念，包括土壤健康，主要应用在人类文化、资本和土壤管理的法律方面(Mcbratney 等，2014)。

7.1.2 土壤健康的评价方法

什么是好的土壤？我们在上文所叙述的“土壤健康”的定义，试图描述什么是健康的土壤。越来越多对可持续农业需求的呼吁使人们对改善或保持土壤健康给予了应有的关注。现阶段，为了衡量土壤是否健康，众多学者提出多种评价方法。

土壤健康对生态系统的作用早已受到国内外的广泛关注。然而在现有的研究中无法直接表征土壤健康程度，必须由土壤健康评价指标推断(Mairura 等，2007)。健康的生态系统应具有很强的对胁迫因子的耐受能力和系统的恢复能力。土壤是由许多物理、化学和生物学性质组成。1991 年 11 月在荷兰瓦赫宁根举行的“土壤结构与土壤生物群相互关系会议”，重点讨论了在土壤研究中需要将土壤生物学、物理和化学学科交织在一起，以便更好地了解和预测农业和其他土地利用方式下土壤特性的变化过程。在高通量测序技术研发之前，研究土壤健康的学者更多地关注土壤物理结构和化学性质与土壤健康之间的关系。现阶段，由于科学技术和仪器的进步，国内外很多学者更偏向于研究土壤生物对土壤过程及健康状况的影响。Coyne 等(2022)提出“土壤健康——不仅仅是生物学”这一观点。当前的热点问题有“土壤微生物如何受其物理环境的影响，以及它们如何反过来改变其物理环境”“微生物在哪里活跃”“土壤生物热点”“土壤生物活性”等，这些问题与土壤碳的复杂性、数量及分布密切相关(Lehmann 和 Kleber，2015；Barnett 等，2021)。因此，土壤健康应由许多物理、化学和生物学性质共同表征。

由于土壤质地、分布的地理位置不同，土壤的物理、化学和生物性质存在很大的差异。国内外许多学者在土壤健康评价指标体系的筛选和构建方面做了大量研究。评价指标体系主要包括物理指标、化学指标、生物指标，但是由于学者的研究方向及对指标的认知能力不同，选择的指标类型也会有所差异。

7.1.2.1 土壤健康评价指标的选择

1)土壤健康评价的物理指标

土壤物理性质是土壤质量的重要组成部分。健康的物理结构在任何农业生产体系中都起着核心作用，直接影响到土壤养分和作物产量(Indoria 等，2016；Xue 等，2018)，不合理的土地利用会加速土壤容重、孔隙度等物理性质的退化(Xue 等，2018)。一旦土壤物理性质退化，恢复需要很长时间，也会影响其他土壤性质和过程，最终导致作物生产力长期下降。因此有必要保持良好的土壤物理条件，以实现可持续粮食生产和有效利用自然资源(Indoria 等，2016；Zucca 等，2010)。土壤的物理特性代表土壤地力、资源转换以及养分资源的存储能力。Reynolds 等(2002)根据这一观点选取有机碳、容重、孔隙度(运动)、田间持水量、永久萎蔫点等 7 个物理指标评价比较了 3 种不同农田管理方式下的土壤质量。Mota 等(2014)认为常规耕作会破坏并改变土壤的物理、化学和生物性质，但是由于土壤的生物性质和化学性质的改变最终会作用到团聚体，针对这一假设，对被干扰和未被干扰的土壤采样测量土壤粒度、分散黏土、土壤容重、颗粒密度、有机碳、团聚体、平均重量直径及抗渗透性，以对土壤物理质量进行评价。团聚体中大团的比例是评估土壤物理质量最重要的参数之一。土壤的物理结构能够为植物根系生长创造最佳的条件，但是许多物理指标是静态的，很难在短时间内得到改变，无法应用于土壤健康的实时监测，因此需要进一步研究土壤化学和生物指标对土壤管理方式的响应，寻找更加敏感的指标。

2)土壤健康评价的化学指标

部分学者认为有代表性的指标是土壤健康评价的关键所在,评价指标应该涉及更广的范围,并且能够直接影响土壤健康(Wang 和 Gong,1998)。健康的土壤能够提供可持续的生产力,因此部分学者更偏向于应用表征“土壤肥力”的指标评价土壤健康。Qi 等(2009)选择 13 种化学指标:有机质、全氮、全磷、有效钾、有效磷、pH、阳离子交换率、微量元素(铜、铁、锰、锌、硼、硅),通过比较全数据集、最小数据集和特尔斐数据集 3 种方法选择出最合适的土壤健康评价体系。Anikwe 等(2016)选择 pH、土壤有机碳、全氮、盐基饱和度 4 个化学指标评价在深耕方式下土壤健康状况。但是土壤化学和物理指标的测定只能代表表层土壤状况,无法表示整个土壤的状态,因此还需要结合土壤生物指标评价土壤健康。

3)土壤健康评价的生物学指标

土壤健康定义的核心就是“生命生态系统”。土壤生物群作为整个生态系统中最具有活力的部分,其对于土壤健康的作用不可忽视。在土壤中,数量最庞大且代谢最复杂的土壤微生物与地上部的人类、动物和植物、地表及地下的生物的生存和维持息息相关(图 7-1)。其中,起重要作用的微生物功能包括:有机物的形成与降解、养分供应与循环、土壤团聚体形成与稳定、植物病原菌和害虫的防护、植物生长所需化学物质的产生(有机酸及酶等物质)、促进植被的水分利用率、中和有毒的化学物质、固定温室气体减缓气候变化、维持大量未知和未开发的遗传信息。但是部分学者认为没有“理想”的土壤微生物群落与健康的土壤相呼应。类似于健康的人群具有高度可变的肠道群落,即使是高产、未受干扰的生态系统也可以拥有非常独特的植物群落(Falony 等,2016)。因此,由于这样的“最佳”土壤微生物群落根本不存在,我们不应该期待所有健康的土壤拥有同样的“最佳”群落。反之,我们可以使用微生物分类群或其功能属性作为特定土壤健康的指标,来跟踪土壤健康状况如何随时间、空间或管理实践的变化而变化(Fierer 等,2021)。

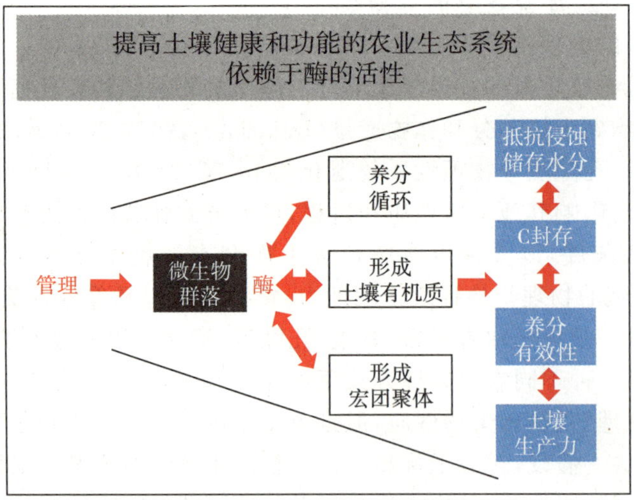

图 7-1　土壤微生物指标的生态功能(Stott,2019)

现阶段被使用最广泛的微生物指标包括:土壤微生物多样性及与土壤微生物活性。土壤微生物活性指标包括:短期碳矿化、氮矿化、基因拷贝数等。其中酶活性是最敏感的微生物活性代表性指标，与土壤生物地球循环密切相关。酶是各种反应的催化剂，能够驱动植物、动物和微生物物质的分解，最终影响碳存储、养分有效性、土壤生产力和全球碳循环。自1899年以来，酶活性在土壤分解过程中的关键生态作用已被认识到。至今，常被用来作为土壤健康评价指标的酶有10种。例如，与碳循环有关的β-葡糖苷酶(β-glucosidase)，与碳、氮循环有关的β-氨基葡萄糖苷酶(β-glucosaminidase)，与氮循环有关的天冬氨酸酶(aspartase)、天冬酰胺酶(asparaginase)、尿素酶(urease)，与磷循环有关的酸性和碱性磷酸单酯酶(acid and alkaline phosphomonoesterase)，以及与硫循环相关的芳基硫酸酯酶(arylsulfatase)(图7-2)。许多研究表明，土壤结构、容重、土壤pH、土壤有机质和养分含量的分布与组成、地上部植被多样性及地下部根的密度与质量均能够影响微生物的酶活性。有研究表明不同的农田管理措施，其土壤的酶活性表现出明显的差异。例如，与单作耕种方式相比，作物轮作耕作下的土壤通常具有更高的酶活性。这是由于有机物投入的多样化、土壤结构的改善、土壤中活根时间的延长和植物覆盖以及更高的根密度造成的。因此，许多学者的土壤健康评价体系是物理、化学、生物指标的结合体。例如，2014年提出的土壤健康评价体系包括有机质、呼吸商、土壤基质、容重、pH、渗透度、电导率、团聚体稳定性、深度以及土壤有效含水量。在不同管理方式条件下，以土壤酶活性(硝化还原酶、脲酶、葡糖苷酶、碱性磷酸酶等)和基因拷贝数等生物指标的差异性，在短期内反映在不同化学养分管理下土壤的健康。

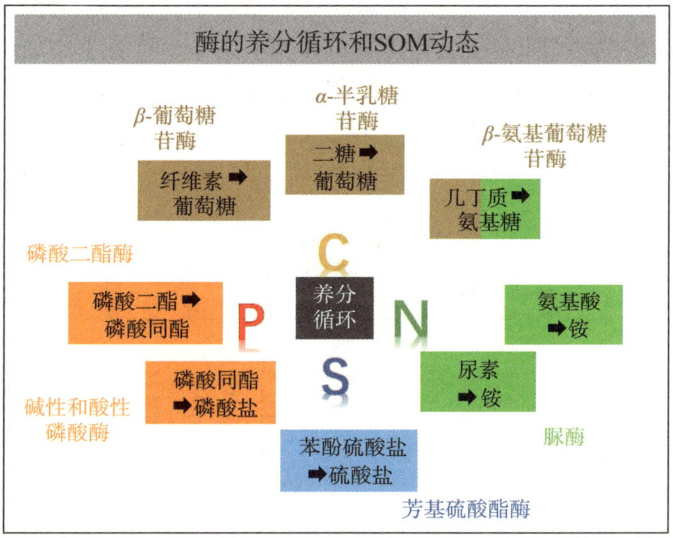

图7-2 酶的生态功能(Stott，2019)

随着研究深入及技术的发展，人们逐渐认识到真菌群落的生态位多样，面对外界环境胁迫或改善具有高的可塑性(Frac等，2018)。例如，分泌多种胞外酶，进而分解多种有机质，调节碳和养分的平衡(Zifcakova等，2016)；强生物吸附能力，将土壤中有毒的金属离子(镉、铜和汞等)累积在子实体内等(Baldrian，2003)。其中，菌根真菌的生态作用引起广泛关注。这类真菌与植物形成共生关系，改善植物生根和植株定植，刺激养分循环，改善土壤结构，增强植物对胁迫的耐受性，增加对低迁移率离子的吸收，以及增强植物群落多样性。培育土壤真菌生物多样性以改善土壤健康状况和提高农业生态系统生产力的潜在应用已成为提升植物生产力的一个非常有前景的新发展。有部分学者认为真菌可以替代部分过度施用的化肥，是农业生产的“第二次绿色革命”的载体。因此，有部分研究将菌根真菌纳入评价土壤健康的指标集中。

7.1.2.2 土壤健康评价指标选择的方法

土壤健康评价指标应为土壤生态环境的功能和结构提供关键信息。但是部分指标的作用和功能相似，为了防止在评价指标的选择过程中出现漏选冗余等情况，Doran 和 Parkin (1994)提出了评价土壤健康的最小数据集(minimum data set，MDS)理论。通常情况下，MDS 体系包括物理、化学和生物指标或者三者中的任意一个或两个。主成分分析法是最常用的选择 MDS 的方法，可以根据指标间的相互关系剔除部分指标减少数据冗余，降低工作量。如 Lin 等(2017)对 26 个土壤理化生物指标应用 PCA 法剔除 22 个指标，最后以 4 个因子评价土壤健康。重要的是，不同的地区或者管理历史不同的土地其限制植物生产力和生态系统服务的指标存在差异。因此，许多研究通过搜集对比需要研究的土壤与附近的“理想的健康”土壤进行比较，跟踪土壤指标的健康走向，来筛选土壤健康评价指标(Friedrichsen 等，2021)。例如，Xue 等(2019)将有机农业管理下的土壤作为健康土壤，通过 meta 分析对比有机农业和常规农业管理下的土壤物理、化学和生物指标的差异性，最终得到一组对农田管理方式响应敏感的土壤健康评价指标体系。该体系包含 3 个物理指标(容重、团聚体稳定性、含水量)、9 个化学指标(有机质、pH、硝态氮、有效钾、速效磷、有效镁、有效钙、有效铁、有效锌)及 4 个生物指标(微生物量氮、微生物量碳、基础呼吸、脲酶活性)(图 7-3)。综上所述，一个可靠的土壤评价指标应该满足 3 个基本特征：①对土壤管理方式敏感；②对土壤能变化敏感；③容易测定(Armenise 等，2013)。构建对土壤功能和管理方式变化敏感的评价指标体系，对土壤生态系统的健康具有重大意义。

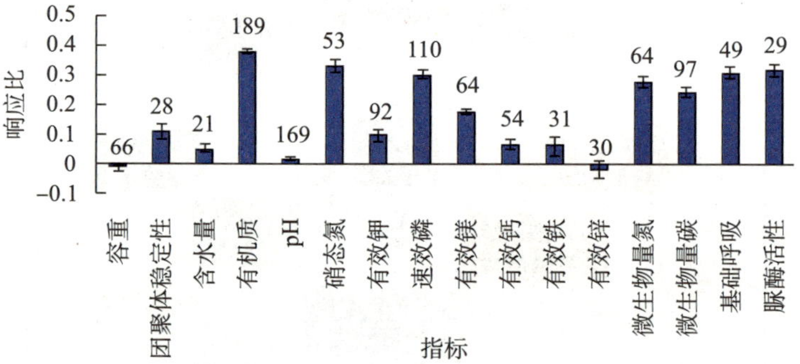

图 7-3 土壤健康评价指标对农业管理方式的响应(Xue 等，2019)

注：柱子上数据表示样本数。

7.1.2.3 土壤健康评价指标权重确定

每个健康评价指标从不同层次和角度反映土壤健康的状态，但各指标对土壤健康的作用和响应有待探究。指标权重是衡量指标在评价对象中的价值地位(赵杰，2007)，因此在综合评价过程中，权重的确定是关系到土壤健康评价结果可信度、准确性和科学性的关键。目前指标权重确定的主流方法主要包括两大类：主观权重和客观权重。其中主观权重又称经验性权重，是指人们根据分析对象的各个层面，依照决策者的主观经验，来判定各因素对分析对象的影响程度或重要性(Xue 等，2019；刘自远和刘成福，2006)，确定出所有属性的权重分配比例。常见的方法有专家打分法与相对比较法。客观权重完全由决策属性值的变化规律来决定，避免主观因素影响，以客观数据为依据，通过对数据统计分析得出权重系数，常见的有主成分分析法、因子分析法等（张连金等，2016）。

7.1.2.4 土壤健康综合评价方法

现在国内外有大量利用指标评价土壤健康的方法（图 7-4）（Bünemann 等，2018）。较早出现的土壤健康评价方法是计分法。该方法是在记分卡中提问一系列关于植物、水质、土壤特性的问题，通过农民对该问题的回答描述然后记录分数。Harris 等使用美国威斯康星州土壤健康计分卡（Wisconsin soil health score card）直接向农民调研了土壤的质地、颜色、表面壳层、蚯蚓数量、渗透性、排水性等属性以及植被、水、动物等非土壤属性，以及秋季农田的管理方式。通过农民对这些性质的综合评价对土壤健康程度划分一个评价标准：健康（3～4 分）、受损（亚健康）（1.5～2.5 分）和非健康（0～1 分）。这个评价方法是通过观察和比较指标的重要性然后对其赋予权重，最终整合成一个指数反映土壤健康程度。但是该方法农民的主观成分所占比例大，对指标描述不明确，无法准确判断土壤健康的等级。土壤管理评估框架可以有效地评估各种生物、化学和物理指标，广泛地应用于土壤质量评价，同样也可以应用于土壤健康研究（Bi 等，2013）。该方法可以用来分析在各种管理方式下作物轮作对土壤健康的影响，并且可以测验在田间增加 C 管理的土壤健康（Andrews 等，2002）。Vrščaj 等（2008）采用土壤转换函数（pedo transfer functions，PTF）评估模型将简单有效且费用廉价的土壤参数转换为复杂土壤属性（污染程度、营养健康、生态系统的抗阻能力），通过布尔逻辑、模糊逻辑规则评价土壤健康。Legaz 的生命周期评价模型将土壤生态服务功能、土壤特性及对土壤的威胁因子综合考虑，评价由于土地占用及土地转换导致的土壤健康变化（Vidal 等，2017）。上述两种方法将土壤的生态功能、污染状况有效地表达出来，然而会存在指标冗余及增加计算工作量的问题。Obade 和 Lal（2013）利用地理信息系统（GIS）技术结合遥感数据分析农田土壤健康指标的空间变异情况。利用 GIS 平台可以将区域范围内的土壤健康状况可视化，但是采土样点多，费用昂贵。

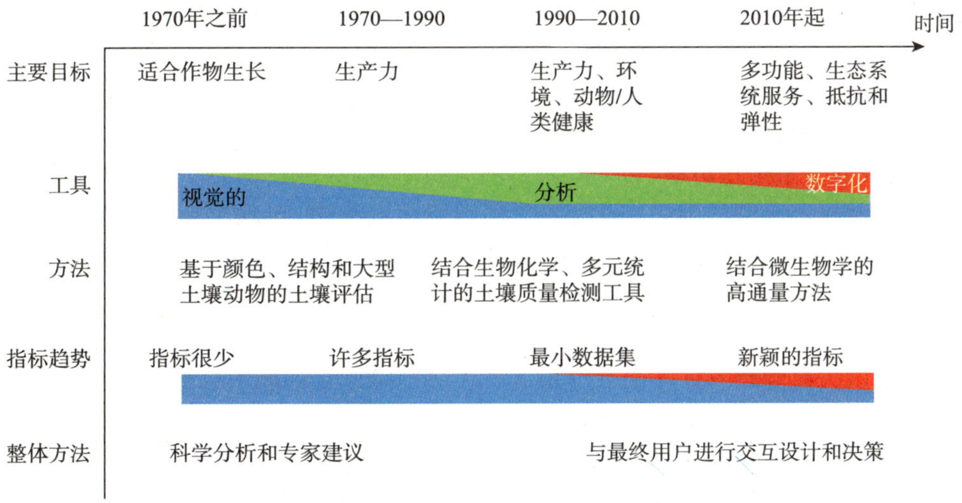

图 7-4 土壤健康评价方法的发展进程（改自 Bünemann 等，2018）

7.1.2.5 土壤健康评价案例

1）康奈尔土壤健康评价方法

康奈尔土壤健康评价方法是在众多土壤健康评价体系中较完整的一种综合评价体系。该方法规定了筛选指标的要求(敏感性、主导性、独立性、实用性),结合其他文献中常用的指标,最终从39个备选指标中筛选出物理、化学和生物共12个指标,采用土壤质量指数评价农田土壤健康状况。通过评分函数,康奈尔土壤健康小组采集5 767个土壤样本,将MDS指标通过评分函数归一化,然后应用数学公式将指标合并为土壤健康指数,最后将土壤的综合健康状况反馈到农民,为农民在今后的农田管理中提供指导。该方法有效地降低了样品采集和寄送的难度和费用;样本量达到5 767个,评分函数拟合准确性高;最后以土壤健康评价报告的形式将检测和评价结果返给农民,为农民管理农田提供参考性建议。

2)微生物组与监督机器学习预测评价土壤健康

监测土壤健康需要一套全面的评价方法,但是常规分析方法人工、经费成本高昂。土壤微生物群提供了丰富的土壤特征信息,且微生物扩增子测序费用经济实惠,耗时短,便于监测土壤健康状况。因此,Wilhelm等(2021)建立基于土壤细菌群落组成的随机森林回归和支持向量机回归分类模型,预测12个土壤健康指标。首先将数据集分为训练集(80%)和测试集(20%);利用训练数据通过交叉验证和正则化来选择最佳参数;针对测试数据集验证最佳性能模型的有效性。结果表明,土壤健康指标可以从微生物组数据中进行预测,其中分类评估最佳模型的Kappa值为0.65,而数值评分的r^2值为0.8。生物健康评级比化学或物理评级预测得更好。对独立数据集的验证表明,模型对包括产量在内的土壤性质具有普遍的预测值。对模型准确性重要的几个类群的生态分布与观察到的土壤健康关系相匹配。由于稀有化过滤和在更高分类级别上的聚合导致了精度损失,因此在最高分类分辨率下的模型是最准确的。该研究为开发可扩展的技术,使用基于微生物组的诊断方法进行土壤健康评估提供了基础(Wilhelm等,2021)。

3)基于社会学和土壤生态学的土壤健康评价方法

现阶段土壤健康的主导研究范式强调实现可持续食品体系的工具价值,但是仅仅依靠预设的土壤生物学、化学和物理特征并不能全面评估土壤健康为人类福祉提供的多种价值类型。因此Friedrichsen等(2021)提出研究问题:土壤健康的概念对农民来说意味着什么,是否与他们自身的幸福感有关?该研究旨在通过研究西北太平洋内陆地区种植小麦的农民来探索土壤健康的意义和内在动机,了解土壤为农民提供的相关价值。数据收集自2次土壤健康工作会议和11次深入的半结构化访谈,访谈对象是创新型小麦农民,目的是了解土壤健康的更广泛视角和含义。从显示土壤健康和人类福祉之间联系的数据中,出现了4个与幸福相关的价值主题:自我实现(self-actualization)、尊重(esteem)、联系(connectedness)、自我决定(self-determination),表明农民将土壤视为支持他们的福祉和社区福祉的重要组成部分。因此,土壤健康一词不应仅通过简单的数据值来评估,还应通过土壤健康多元的关系值来评估,将土壤健康的多元价值纳入研究将有助于更有效地支持人类和环境福祉的整体创新。这项研究为定义土壤健康和转变土壤健康的创新范式提供了重要的见解,包括价值观和文化生态系统服务,这可能有助于促进粮食系统向公平、公正、健康和可持续转型。改变土壤健康评估,以确认与人类福祉相关的其他土壤健康管理结果,可能有助于理解土壤健康的内在动机,并为变革性食品系统提供支持。

4)土壤健康差距评价土壤健康

什么样的土壤是理想的"健康土壤"?自农业开始以来,有多少耕地已经退化?土壤健康的最大或现实中可达到的目标是什么?这些问题都需要确定一个基准定义退化的真实程度,同时设定潜在的土壤健康目标，使用不同的优化措施改善土壤健康。Maharjan 等(2020)提出"土壤健康差距(soil health gap)"这一新概念，旨在描述未被干扰的原生土壤的土壤健康与农田土壤健康之间的差异。Maharjan 等(2020)在研究中，将土壤有机碳作为测量土壤健康差距的依据，将天然未被干扰的草地作为健康土壤的基线，测定天然草地、免耕农田、常规耕作和裸露的农田中的土壤有机碳(图 7-5)。结果表明，3 种耕作措施的农田，与天然草地的土壤健康差距呈现"免耕＜常规耕作＜底土裸露农田"的规律。土壤健康差距为土壤健康管理决策和目标建立了一个基准，可以从特定地点扩大到区域和全球范围。该研究建议土壤健康差距图可以像产量差距图一样使用自下而上的方法绘制，将特定地点的数据缩放到区域和全球水平，以评估区域、国家和全球尺度的土壤健康管理潜力，进而确定最有改善土壤健康潜力的地区，确定工作重点，并有效投资资源。

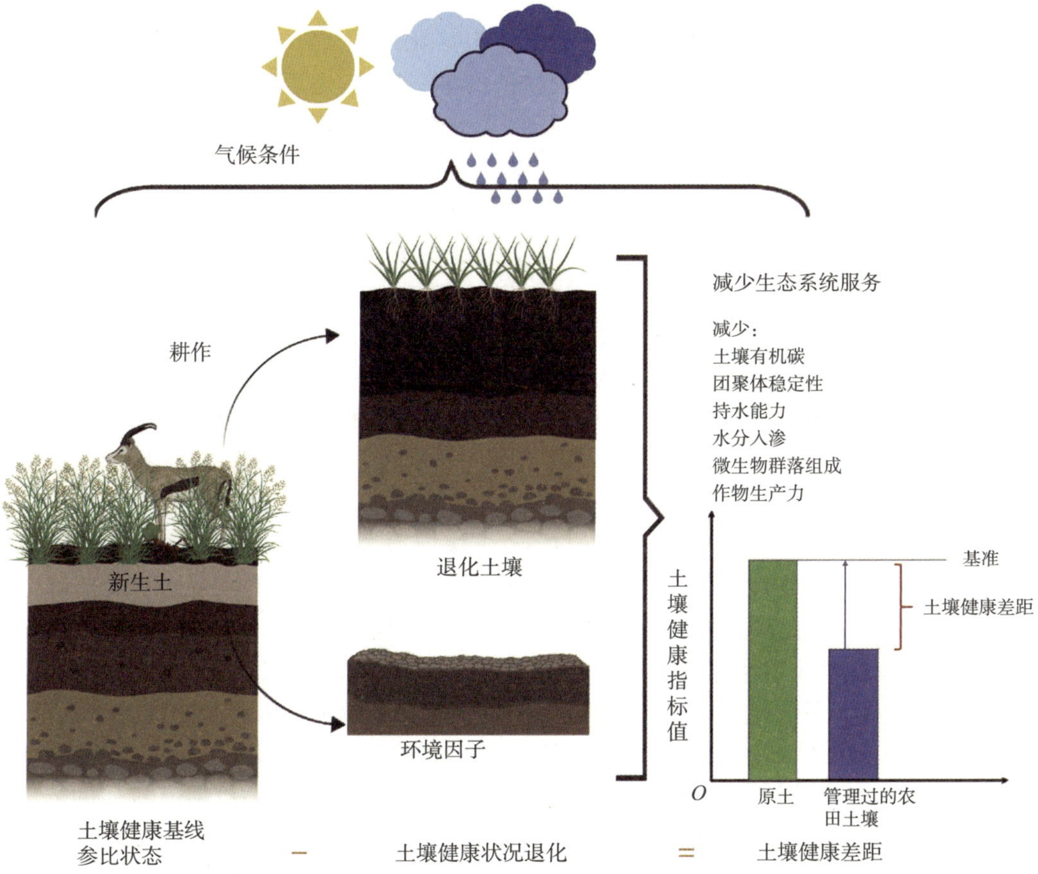

图 7-5　土壤健康差距概念图(Maharjan 等，2020)

7.1.3　土壤健康与农业可持续发展

土壤健康和农业生态系统集约化研究了气候、环境和人类对农业生态系统的影响，以及如何修改现有范式以建立可持续生产。人类对食品和燃料的需求增加给自然资源和环境的各个方面施加了巨大压力，其中包括将农产品用于能源和除人类和动物食品之外的其他用途。可持续农业促进生物多样性、维持土壤健康和提高粮食产量，以帮助减轻一些不利影响，且可持续农业是一个有弹性的系统，可以潜在地减缓一些极端的气候变化。Toor等(2021)提出维持土壤健康的田间管理应基于四项土壤健康基本原则(图 7-6)：(1)土壤扰动最小化；(2)保持土壤覆盖；(3)活根生长期延长最大化；(4)植物多样性最大化。

图 7-6　四项土壤健康基本原则
(改自 Toor 等，2021)

7.1.3.1　土壤扰动最小化

土壤扰动包括：物理、化学和生物扰动。土壤物理扰动是由传统耕作方式引起的，如土壤松土(犁板犁、凿犁、圆盘、耙和滚筒)等过度耕作方式会对土壤结构造成不利影响，而土壤结构是土壤健康的核心。化学扰动包括化肥和农药施用。生物扰动主要包括过度放牧和植被单一种植，这可能导致压实和生物不平衡、根系质量减少和径流增加(Larkin，2015)。虽然这些管理方式在一定程度是可以寻求经济最大化，但是未来土壤的可持续发展前景不容乐观。

过度耕作影响土壤容重(Singh 等，2011)、总孔隙度、渗透率和导水率，造成有机质分解增加、土壤团聚体破坏、缺乏表面残留物，以及由于土壤紧实而限制根系生长。为了最大限度地减少土壤扰动，学者建议采用免耕或保护性耕作方式，因为这种耕作方式会通过保持 30%以上的土壤表面覆盖作物来减少土壤侵蚀(Singh 等，2018)。Masto 等(2007)对比了在不同植被的覆盖下，免耕和传统耕作对土壤结构的影响，表明团聚体大团含量最高的土壤分布在免耕农田中，含量最低的分布在传统耕作处理，而且免耕处理下的小麦-玉米轮作的田间持水量最高。Rachman 等(2003)对 105 年的连续耕作土壤的物理性质研究发现，连作状态下玉米体系的团聚体稳定性最差，容重最大，土壤最破碎。同时还发现多年生植物与一年生连作作物相比，多年生的土壤团聚体较一年生高出 3～4 倍，土壤地力增强 21%～27%，土壤破碎化减少 55%～67%。对土壤生物性质而言，由于深耕破坏了土壤结构导致土壤微生物群落降低。在 Das 等(2019)的研究中免耕比传统耕作微生物量碳的含量高 66.8%。大量施用化肥降低土壤微生物丰富度、活性及群落结构(Islam 等，2010)。同时，免耕不仅有效改善土壤状况，还能提高土壤应对极端天气的能力。例如，通过保护土壤免受极端温度的影响来增加生物活性，土壤表面秸秆也会减少土壤水分蒸发，降低土壤对干旱的敏感性。免耕方式不仅改善土壤状况和土壤健康，还能减少能源消耗及温室气体排放。有研究表明，免耕系统对有机质的分解速度较慢，但深耕方式将大量的有机质暴露在表面，增加了 O_2 与土壤有机质接触的表面积，加快了有机质的分解，加速了 CO_2 的释放和微生物生物量的周转，增加了温室气体排放(Liu 等，2006)。在生物方面，免耕耕作可以减少对菌丝的破坏，使真菌种群更加稳定，促进作物与菌根真菌共生关系，提高作物的养分吸收能力，且抑制病原微生物产生(Goss 和 Varennes，2002；Frac 等，2018)。

现阶段高度集约化农业下，农民对农田的管理方式主要是大量施用化学肥料提高作物产量。虽然这些管理方式在一定程度上可以寻求经济最大化，但是未来土壤的发展耕作前景不容乐观。Agbede 等(2017)研究表明大量施用化学肥料，由于释放养分的速率很快，连续施用化肥会引起土壤酸化和土壤退化等问题。Wang 等(2016)通过对比有机农业管理方式和常规管理方式下的土壤化学和生物性质的差异，发现相比于常规农业，有机管理下的土壤物理、化学性质及生物酶（酸性磷酸酶、脲酶、转化酶）活性均有显著性的改善，但是产量有所下降（Seufert 等，2012）。在对土壤和环境不造成负面影响的情况下增加农业生产是技术上的一大挑战（Seidel 等，2017）。由上述可知，以恰当的种植方式从事农业活动，改善土壤健康与农业生产两者之间并不矛盾，而是一种相辅相成的关系。

7.1.3.2 保持土壤覆盖

土壤有机质的积累是土壤健康的关键指标（Dhaliwal 等，2019），因此提高土壤有机质是土壤健康管理的重要研究目标（Turmel 等，2015）。土壤覆盖使保护土壤不受侵蚀，增加水分渗透、减少养分损失、增加菌根数量以及杂草和虫害控制，是保持微生物活性，增加有机质和土壤肥力的有效手段（Goss 和 Varennes，2002）。覆盖作物残留物还将降水对土壤表面的影响降至最低，并为土壤微生物提供栖息地和食物来源。由于覆盖作物的使用减少了侵蚀，这也可以减少附着在土壤颗粒上的磷的损失。覆盖作物也会向土壤中添加碳，并可以防止部分养分流失，同时土壤微生物矿化功能释放秸秆中的氮，促进秸秆中氮的回收（Hubbard 等，2013）。此外，用直根覆盖作物可以产生大孔隙，减轻压实，而用纤维根覆盖作物可以促进聚集并稳定土壤。因此，免耕和秸秆覆盖两种方法结合，在增加土壤有机碳和微生物活性、保持土壤健康和提高土壤生态服务功能方面更加有效（图 7-7）（Wulanningtyas 等，2021）。

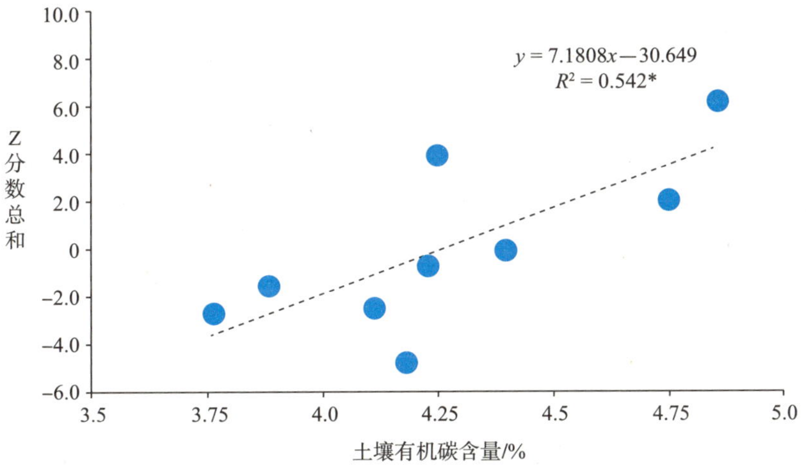

图 7-7 土壤有机碳与其他土壤化学、物理和生物性质的相互关系（Wulanningtyas 等，2021）

注：Z 分数是评价土壤健康影响的指数经过标准变换后的 Z 值。

7.1.3.3 植物多样性最大化

植物物种多样性和植物-土壤-微生物相互作用促进了土壤生物多样性。作物轮作与间作是提高地上植物多样性的有效耕种方式。作物轮作有助于打破土壤传播的病虫害生命周期，改善作物健康，帮助管理杂草，减少土壤养分流失，改善土壤健康（Larkin，2015）。例如，玉米-大豆轮作、玉米-小麦轮作、冬小麦-大豆轮作等方式（Mourtzinis 等，2017）。在轮作系统中，在时间和空间上不同的植物释放多种分泌物，支持土壤中以不同底物作为能量来源的食物链和食物网的复杂性。作物间作会更完整地占据地下根系空间，这可能会导致土壤孔隙度增加，增强土壤的通气性（Wright 等，2017）。在蚕豆和玉米间作中，玉米分泌类黄酮等根系分泌物，是根瘤菌与豆科植物共生的信号化合物，增加蚕豆的根瘤和根瘤活性，促进空气中 N_2 的固定。

土壤固氮过程也会酸化土壤，增加土壤的溶磷功能，有助于玉米获得氮和磷养分（Li 等，2016）。多样性的植被的根系分泌物和激素会引起土壤微生物组成和微生物-微生物相互作用的变化（Epihov 等，2021；Xia 等，2019）。最近的一项研究表明，木薯释放的氰化物促进了花生根部乙烯的合成和释放，乙烯作为一种气体信号在物种特异性识别中具有双重作用，诱导花生根际微生物组成的变化。同时，放线菌种类的增加提高了土壤养分的有效性，促进了花生果实的生产力（Chen 等，2020）。因此，植被的多样性有助于提高作物生产力及土壤的生态系统功能（Yu 等，2021）。

7.1.3.4 活根生长期延长最大化

用覆盖作物和多年生作物保持活根有助于维持土壤中的微生物种群。当植物存活时，它们通过光合作用产生糖分，然后通过根系释放在土壤中。土壤中的活根向微生物提供这些分泌物，以刺激更多的微生物活动，从而加快分解速度，促进土壤中的养分循环。因此，全年种植植物，如长季作物、轮作作物、覆盖作物，可以为土壤健康提供多种益处（Toor 等，2021）。

7.1.3.5 养分管理与土壤健康

养分管理是农业系统管理的核心组成部分，也是保持土壤健康的关键环节。我们都知道氮和磷是植物生长所必需的养分。据估计，40%～60%的作物产量由肥料支撑（Johnston 和 Bruulsema，2014）。然而，养分管理需要遵循 4R 原则，即选择正确的肥料来源（right source）、采用正确的肥料用量（right rate）、在正确的施肥时间（right time）、施用在正确的位置（right place），否则过量养分会造成土壤板结、生物多样性下降等后果。养分管理需要与土壤管理策略齐头并进，例如，在从传统耕作改为少耕或引入覆盖作物后调整施肥率，增加有机质与秸秆的投入（Debaeke 等，2017）。在作物轮作中，将适量的肥料或堆肥与豆类覆盖物或饲料作物的额外氮输入相结合，以满足磷的需求，可以平衡氮和磷的输入，减少径流和淋洗过程中养分流失的风险。在最佳的营养条件下，植物可以生长迅速，更好地抵抗害虫，土壤微生物和土壤动物则更适合保持必要的土壤功能。

以上提到的五点可持续农业措施均能够改善土壤健康，增强农业生态系统弹性。有机农业被认为是一种对土壤最友好的农业耕作方式，该系统的土壤较其他系统更加健康。有机农业能够同时改善土壤的物理、生物和环境资源，如土壤养分矿化、微生物活性、丰度和多样性，以及地下水质量（低硝酸盐浓度），还包括产量和产品质量。美国农业部将有机农业定义为“有机农业是一种通过结合文化、生物和机械管理方式促进农业系统的资源循环、维持生态平衡和保护生物多样性的遵循自然规律和原理的生态生产管理体系”。Mader 等（2002）对比长期种植的有机农业和常规农业的土壤性质，结果表明有机农业的土壤团聚体结构更加稳定，脱氢酶、蛋白酶和磷酸酶的活性更高，分解蛋白质和有机磷的能力更强，菌根真菌定植范围更广，大型土壤动物和节肢动物密度更高（图 7-8）。而有机系统的养分投入（氮、磷、钾）比传统系统低 34%～51%，消耗的能源低 36%～53%，但是平均作物产量仅低 20%。有机系统中土壤肥力和生物多样性的提高可能会使生产力对外部输入的依赖性降低。

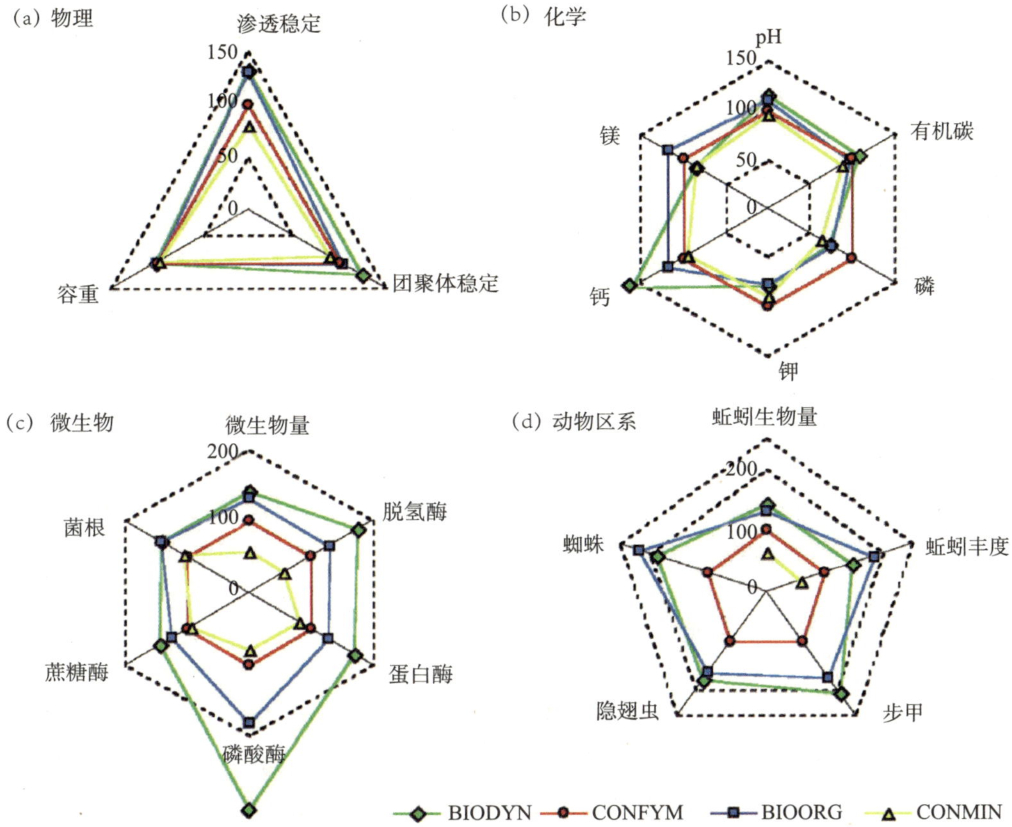

图 7-8 土壤物理、化学和生物特征在有机农业和常规农业系统的比较(改自 Mader 等,2002)

注:BIODYN 和 BIOORG 为两种有机农业类型,其中 BIODYN 指生物动力农业,BIOORG 为生物有机农业。CONFYM 和 CONMIN 为两种常规农业系统,其中 CONFYM 指矿物肥料加农家肥,CONMIN 指仅施用矿物肥料。

7.2 土壤生物与植物化感

7.2.1 植物化感作用

植物化感作用最经典的定义来自 1984 年 Rice 的经典著作 *Allelopathy*,即植物通过向环境中释放化学物质而对其他植物或微生物产生直接或间接有利或不利影响的过程。Rice 在书中首次提出植物化感作用是在化学物质的释放过程中实现的,这一观点为后续化感作用研究奠定了基础,极大地推动了国内外化感作用的研究。近年来,越来越多的科研工作者对化感作用以及化感物质的作用机理进行了研究。孔垂华等(2016)所著《植物化感(相生相克)作用》对植物化感作用重新进行了系统性定义,即植物的死体或活体通过适当的途径向环境释放化学物质,从而直接或间接影响邻近或下茬同种或异种植物萌发和生长的效应。植物化感作用在自然界中有着极其重要的地位,在植物与其周围生物的信息传递之间起着至关重要的作用。

植物化感作用的实现依赖于向环境中释放的化感物质,化感物质的存在伴随植物整个生长发育周期。化感物质是由植物或微生物等发生次生代谢所产生的次生代谢产物，主要包括酚类、萜类、糖和糖苷类、生物碱、非蛋白质氨基酸以及有机酸等。化感物质的种类和功能多样是植物与环境长期适应的结果，同时又是植物应对自然环境和化学防御的物质基础(Pulido Moncada 等，2015)。黄酮类化合物作为自然界中分布最广泛的酚类化合物，在植物抵御病原菌的侵染及昆虫和食草动物的取食方面发挥了重要作用(Weston 和 Mathesius，2013)。单宁作为一类植物与环境相互作用产生的多元酚化合物，能抑制和杀死害虫，在植物体内广泛存在。香豆素是分子结构和大小介于酚酸和黄酮之间的酚类物质，能够有效抑制其他植物生长。

植物化感作用的类型包括植物化感偏害作用、植物化感自毒作用、植物化感自促作用和植物互惠作用四种类型。植物化感偏害作用是指植物经由淋湿溶解、根系释放、腐烂分解、挥发释放等作用分泌化学物质，影响周围环境中植物生长发育的一种现象，如水稻对邻近杂草产生的抑制作用。植物化感自毒作用也称为作物连作障碍，指在同一农田区域中连续或者多年种植同种或亲缘关系相近的作物后，造成该类作物停滞发展、多发病害虫害、产量减少、质量变差的现象。植物化感自促作用指耐连作作物随着连续栽种同一种植物年限的延长，病虫害相对减少，其产量和品质不减反增。植物互惠作用指植物体之间或植物与动物之间的合作是有利的。

7.2.2 土壤生物与植物化感

土壤生物通过直接作用于根系，或通过改变养分的矿化速率及其在土壤中的空间分布，改变植物根际的激素状况以及土壤环境等间接作用方式，对地上生物产生正、负反馈作用(de Deyn 和 van der Putten，2005)。植物化感作用包括植物与微生物的相互作用，植物与土壤微生物的化感作用包括较多的正效应。越来越多的研究发现有益土壤微生物能通过分泌化感物质抑制植物病原菌并促进植物生长(Saraf 等，2014)。荧光假单胞菌不仅能促进固氮螺菌在小麦根部定植，还通过分泌生长素来促进植物生长发育，产生的化感物质吡咯菌素和环脂肽还具有广谱的抗真菌活性(Combes-Meynet 等，2011)。植物产生释放的化感物质能促进有益微生物的生长，进而形成有利于自己生长的微生物群落。同样，微生物产生释放的化感物质也能刺激植物生长，如菌根真菌和豆科植物的根瘤细菌在改善植物营养方面具有重要作用(Trivedi 等，2020)(图 7-9)。微生物群可通过代谢植物分泌物中的色氨酸和其他小分子并产生植物激素(包括生长素、赤霉素、细胞分裂素和植物激素模拟物)来刺激植物生长。生长素还可以诱导 ACC 合酶的转录，从而催化 ACC 的形成。乙烯的直接前体 ACC 通过细菌 ACC 脱氨酶被细菌代谢，从而缓解了非生物胁迫。与植物相关的微生物群内成员会产生一系列酶，这些酶可以使活性氧解毒，从而最大限度地减少植物引起的胁迫。与植物相关的微生物组通过产生抗生素、裂解酶、挥发物和铁载体来保护植物免受病原体的侵害。各种微生物结构(如分泌系统、鞭毛和菌毛)以及蛋白质(如效应蛋白)通过触发诱导的系统抗性响应而间接促进植物防御。铁载体介导的共生体和植物病原体之间营养竞争可减少病原体的效价。微生物组界间的相互作用维持了微生物的平衡，从而保护植物免于生态失调。此外，中心微生物可以增强宿主信号，以促进向植物提供益处的微生物组的装配。总体而言，有益的植物-微生物组相互作用改善了植物的生长性能和健康状况。植物和一些微生物能够形成互惠互利的共生体系，植物为这些微生物提供栖息场所和营养，而这些微生物则通过产生植物激素、植保素和化感物质以促进植物生长，增强植物在自然界的竞争能力和适应性。

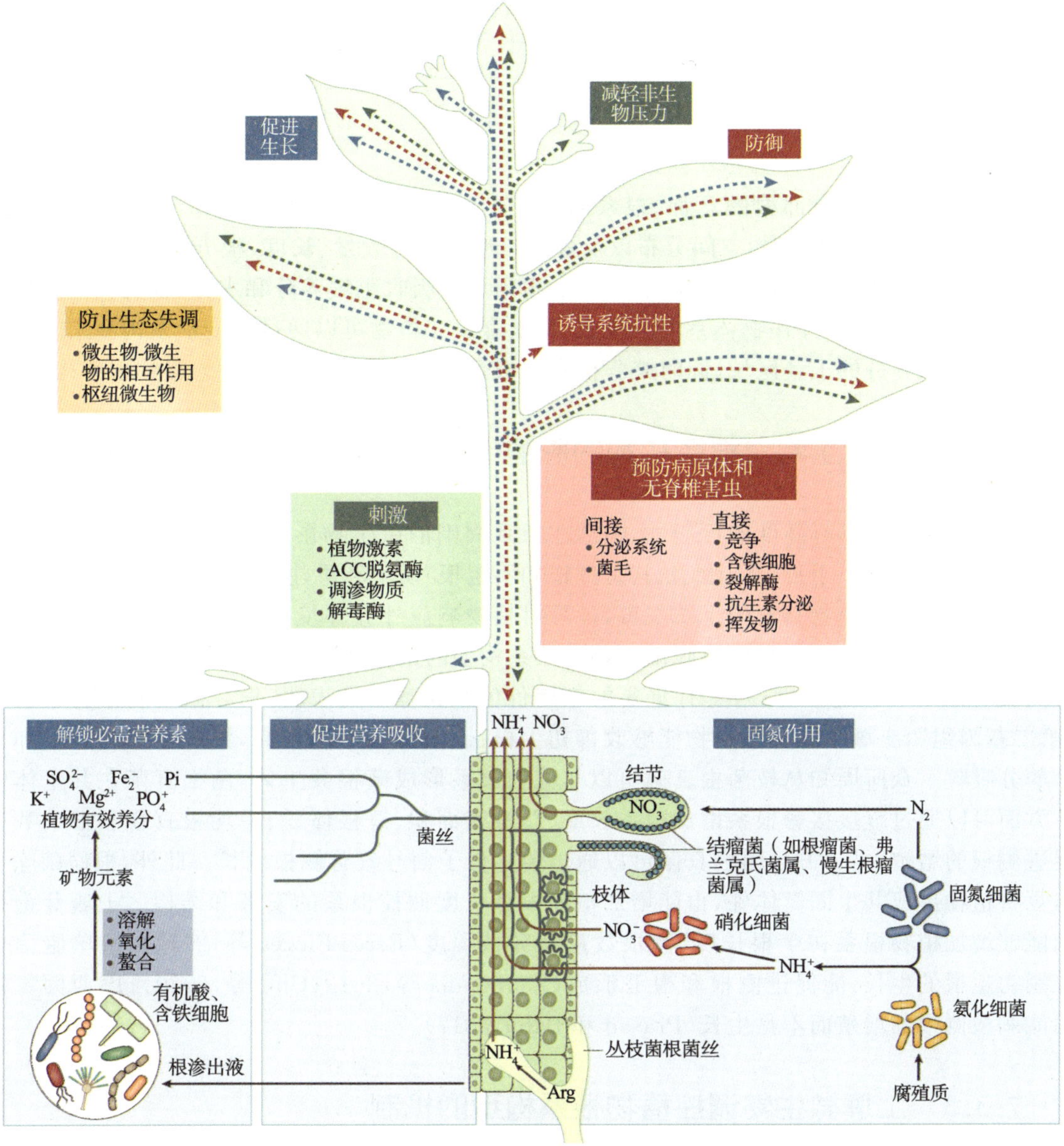

图 7-9 土壤微生物促进植物生长、控制胁迫和防御病原体和害虫的直接或间接机制（Trivedi 等，2020）

7.3 土壤生物与根系健康

根系是植物为适应陆生环境而逐渐进化而来的营养器官，也是连接植物与土壤的重要枢纽。植物根系不仅起到固着植物于土壤中的作用，还通过影响水分和矿质养分的吸收影响植物生长发育，并向地上部发出信号来影响地上部其他器官的功能。植物通过改变根系构型（总根长、根系生物量、根系分支等）来有效增加吸水、获取营养元素的能力，从而适应其周围多变的环境。传统的化学施肥方式是促进植物根系生长的方式，而近年来越来越多的研究关注于土壤生物对根系生长和养分吸收的影响，指出“理想根型”和“健康的根系微生物组”是作物在正常条件下高产稳产的基础，更是作物在恶劣条件下实现持续稳产和高产的重要保障。

7.3.1 植物根系构型

根系是一株植物全部根的总称，根系的特征主要表现为根系结构（root system architecture，RSA），即主根和侧根的空间分布以及各种类型的根的数量、长度、根分枝、根直径等。主根的主要作用是使根系向地下延伸固定植物，根须可以吸收土壤养分和水分，根尖负责感知外界环境并发出信号，指导作物体系养分吸收、激素合成。植物可以通过改变根系构型来有效探索含有水分和养分的土壤区域，同时聚集栖息在根系附近的土壤微生物也能影响根系构型。

7.3.2 土壤生物对根系构型的影响

植物根系自身具有高度的可塑性，生活在根系周围的微生物影响根系构型。植物根系发育的可塑性主要取决于根干细胞（尤其是侧根和不定根）发生和重建所产生的结果。根系及根系微生物组无论对植物基本的生长发育，还是对植物响应外界环境变化的可塑性生长发育都发挥着至关重要的作用。利用根际微生物对根系构型的调控和影响促进作物的养分吸收利用是简便有效的可行途径之一，具有重要的应用价值。大量研究表明，根际微生物作为植物的“第二基因组”，土壤中有益微生物能够改善初生根、侧根和根毛的发育，促进植物的生长和根际养分吸收。众所周知丛枝菌根真菌可以与植物根系形成菌根共生体，菌根真菌在共生体中一方面可以通过直接接触根系增加根系长度、总根表面积、总根体积、平均根直径和根尖数等促进侧根的增殖；另一方面菌根真菌可以通过传达分子信号改善侧根生长。此外，根瘤菌除了与豆科植物形成共生固氮体外，也能增加植物根系长度调控根系的发育和结构。土壤芽孢杆菌能够增加植物根系初生根长度、侧根数量及分枝程度（Perez-Flores 等，2017）；假单胞菌会抑制初生根的生长，能促进侧根和根毛形成（Zamioudis 等，2013；Chu 等，2020）；巴西固氮螺菌能刺激侧根的增殖而不是生长（Prasad 和 Babu，2017）。

7.3.3 土壤微生物调控植物根系构型的机制

土壤根系附近的微生物可以通过改变土壤养分状态、产生激素和挥发性化合物等对根系构型进行全面调控，促进植物生长（图 7-10）。

1）产生激素对根系的调控

微生物也可以合成并分泌激素来平衡植物激素的水平，从而促进植物根系生长。研究发现假单胞菌等菌体中具有参与生长素合成的酶，能够合成并释放生长素到土壤中，从而改变根系初级根长度，促进侧根和根毛的产生（Kosuge 等，1966）。土壤微生物还能产生细胞分裂素、赤霉素和乙烯，细胞分裂素刺激植物细胞分裂，控制根分生组织的分化，诱导根毛的增殖（Vejan 等，2016）。枯草杆菌产生的细胞分裂素刺激侧根的生物量，解淀粉芽孢杆菌产生的赤霉素可以增加根和芽的萌生，还有一些微生物产生的生物碱和 ACC 脱氨酶能够降低 ACC 在植物组织中的水平，缓解乙烯对根生长的抑制作用。

2)改变土壤养分对根系的调控

共生固氮菌(根瘤菌)和非共生固氮菌(固氮螺菌、芽孢杆菌)能够改善土壤中氮缺乏状况,增加根系体积。磷元素的缺乏会显著影响根生长,土壤中的菌根真菌和溶磷细菌可以促进磷的矿化,增加土壤中磷的有效性,促进根部生长发育。

3)释放挥发性有机物对根系的调控

土壤微生物会分泌挥发性有机物作为信号分子来介导植物与微生物的相互作用,并通过增加根长和分枝来改善植物根系构型。土壤中常见的可产生挥发性有机物的细菌包括芽孢杆菌、假单胞菌、沙雷氏菌、节杆菌和单胞菌等。

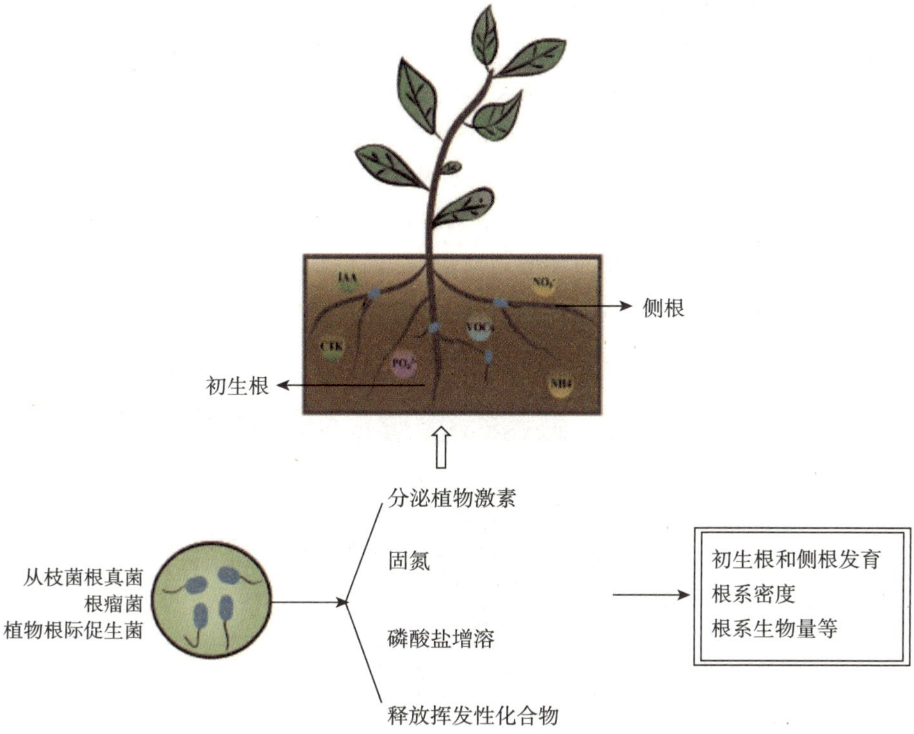

图 7-10 土壤生物调控根系构型的机制(改自李梦洁等,2021)

7.4 土壤生物与植物抗逆性

7.4.1 土壤生物影响植物的抗逆性机理

植物对不良环境(盐渍、干旱、寒冷、病虫害等)的适应和抵抗能力称为植物抗逆性。土壤微生物对植物抗逆能力具有重要影响,抗逆性和养分获取能力强的作物其根际具有一致的微生物特征,说明植物表型和根部微生物组之间存在密切联系(Liu 等,2020)。微生物和植物在特定胁迫下存在协同适应策略,微生物对根系分泌物和其他根部信号的变化反应迅速,土壤微生物的变化增强了植物的抗逆能力。主要表现有：干旱增加了植物根际和根内放线菌的丰度；受到病原体立枯丝核菌侵染时，甜菜的根会吸引噬几丁质菌（*Chitinophaga*）和黄杆菌（*Flavobacterium*）进入体内，抑制真菌病原体（Carrion 等，2019）；在氮匮乏的胁迫条件下，豆科植物根部会分泌更多的类黄酮来吸引固氮菌（Hassan Mathesius，2012）；酚类化合物对植物吸引有益微生物也存在重要作用，如玉米根部会分泌苯并噁嗪类物质（色氨酸衍生的次生代谢产物）以吸引能够增强自身免疫系统的有益微生物（Hu 等，2018；Kudjordjie 等，2019）。生物和非生物的胁迫会改变植物微生物组的组成和功能。研究表明植物很可能诱导、调控共生微生物组的变化，积极地寻求与微生物的合作来抵抗胁迫环境，这是植物与共生微生物数百万年共同进化的结果。受非生物胁迫、昆虫或病原体侵害的植物利用一系列化学因子从环境中吸引有益的微生物，以增强自身抵抗逆境的能力，这一机制被称为“求救”策略（cry for help）（Carrion 等，2019）。土壤微生物可以通过三条关键途径影响植物的抗逆性（图 7-11）：①产生各种化合物以减少危害，如产生清除活性氧酶（ROS）和有机酸降低植物细胞外 pH；②修改、降解或改变微生物相关分子模式（MAMP）结构，从而减少/规避植物免疫反应；③具有稀有的细胞表面分子（Ⅲ型和Ⅳ型分泌系统），在病原体中诱导重要的植物防御。越来越多的证据表明，植物采用了“求救”策略作为一种积极的环境适应手段，通过积极调控根部微生物，提高自身对逆境的适应能力。总之，植物与微生物的相互作用对植物获取养分、发育调控以及对各种胁迫的抗性至关重要。

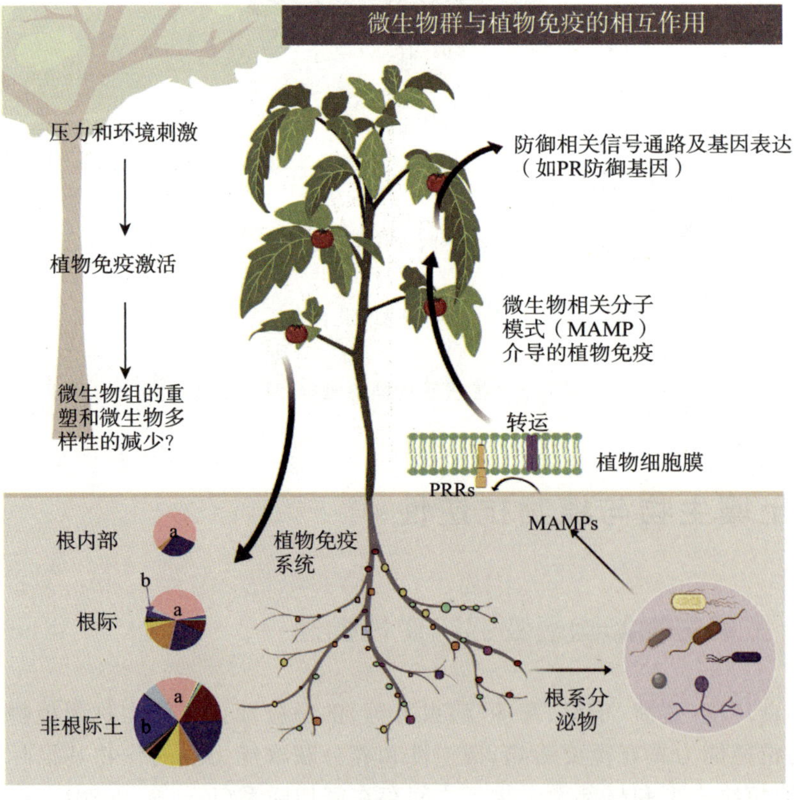

图 7-11 微生物介导的植物抗逆性（改自 Liu 等，2020）

注：a 指 γ-变形菌，b 指酸杆菌。

7.4.2 土壤微生物诱导植物耐盐性

盐胁迫是自然界中最主要的非生物胁迫之一，会对植物造成渗透胁迫、离子胁迫和氧化胁迫，从而阻碍植物对水分和养分的吸收，抑制光合作用的正常进行（Munns 和 Gilliham，2015）。受盐渍化影响的土地面积不断增加，严重制约了农业发展，威胁着生态安全。微生物措施是目前盐渍化土壤改良的研究热点，利用盐渍环境中有益微生物和植物的联合作用诱导植物抗逆性并提高植物生长水平，具有成本低、效率高、见效快且环保等优势。土壤有益微生物可以诱导宿主植物系统耐性，不仅通过增强渗透调节能力、提高水分和养分吸收水平，保持离子和活性氧平衡，还能促进光合作用与利用微生物间的对抗和协同关系等途径，最终实现提高植物对盐胁迫环境的适应能力的目的（图 7-12）。

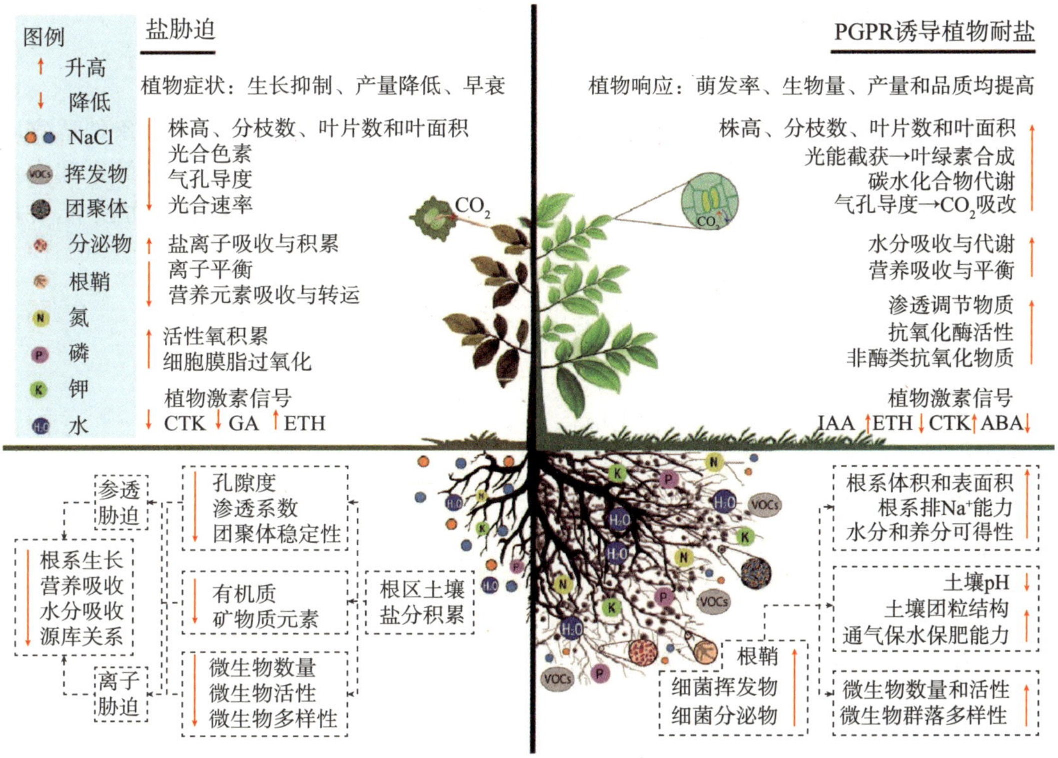

图 7-12 盐胁迫对植物的影响及 PGPR 提高植物耐盐性的机制（潘晶等，2020）

1）增强渗透调节，促进水分吸收

土壤有益微生物促进植物有机渗透溶质（如脯氨酸、可溶性糖、可溶性蛋白质和甜菜碱等）的合成，提高渗透调节能力。土壤微生物能够改变盐胁迫下植物根系结构和生理状态，提高根对水分的吸收和运输速率，进而缓解渗透胁迫。土壤微生物产生的胞外多糖有利于生物膜的形成和微生物定植，增加土壤保水性能和团粒结构，提高植物根系周围水势，缓解由于土壤盐分积累对植株根系造成的渗透胁迫，为植物生长提供良好的水分微环境并增强其抵御渗透胁迫的能力。

2)促进营养吸收,降低盐离子毒害

土壤微生物通过提高土壤养分可得性、促进根系营养吸收和调控 Na^+ 的吸收与运移等途径,重建宿主植物离子平衡状态。土壤微生物通过改变根系生理、刺激根系发育等增强土壤养分的利用,缓解盐胁迫下植物体营养限制。一些土壤微生物能产生胞外多糖和挥发性物质,调控 Na^+ 的吸收与运移,降低 Na^+ 对植物的毒害。

3)减少活性氧伤害,提高抗氧化能力

土壤微生物可通过减少盐胁迫初期活性氧的产生与积累、提高抗氧化酶活性和增加非酶类抗氧化物等途径来提高植物抗氧化能力。

4)促进光合色素合成,改善光合性能

土壤微生物可以促进光合色素合成,提高光合速率,进而改善植物光合性能。

7.5　土壤生物与土传病害的控制

土传病害是指病原体(如真菌、细菌、线虫和病毒随病残体)生活在土壤中,条件适宜时从作物根部或茎部侵害作物而引起的病害。土传病原害严重威胁土壤-植物系统健康和农业可持续发展。目前,安全环保的生物防治方法(生防菌)已被成功应用于土传病害防控中,并取得了良好的经济和生态效益。

7.5.1　土壤微生物对土传病害的控制

抗病土壤,即对病害有抑制作用的土壤,是一种特殊的生态系统。抗病土壤的形成原因:土壤中病原菌首次侵染植物后导致疾病暴发,病害发生后宿主植物富集大量的微生物,连续种植期间,与病原菌产生拮抗作用,土壤中的微生物种类增加,诱导土壤中特异性抑制病原菌的物质形成。植物在遭受病虫害侵害后根系会招募有益微生物(荧光假单胞杆菌等)来拮抗病害。有证据表明拟南芥在受到病原菌入侵后,会大量分泌苹果酸,并通过苹果酸招募枯草杆菌,诱导系统免疫反应。植物招募的有益微生物可以形成土壤记忆,或者作为上一代植物留给下一代植株的遗产,将帮助下一代植株更好的抵御病原菌入侵。有益微生物可以作为植物微生物组关键类群,通过与病原菌竞争资源和生态位、产生抑菌化合物、诱导宿主免疫系统等直接和间接的帮助植物对抗病原菌(图 7-13)(Teix-

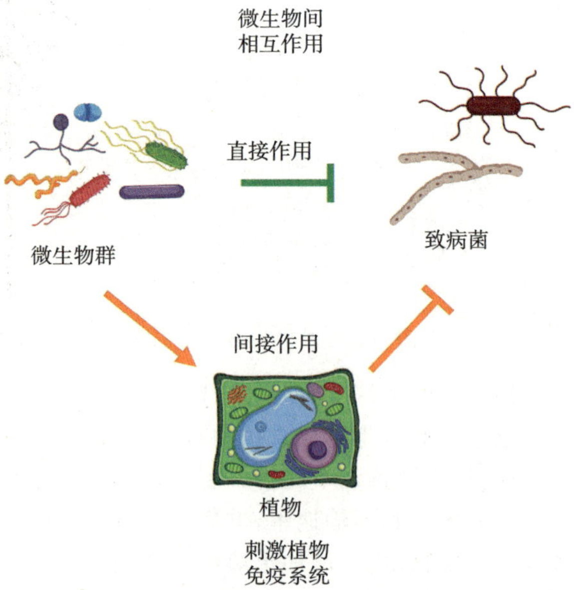

图 7-13　土壤微生物帮助植物对抗致病菌的途径(改自 Teixeira 等,2019)

eira 等,2019)。

7.5.1.1 竞争资源和生态位

有益微生物通过快速、高效地利用寄主植物附近有限的资源,限制或抑制病原物的生长,是生防微生物保护植物不受病原物侵染的一种重要策略。根际土壤中有益微生物具有较强的竞争根系分泌物中营养物质的能力,通过竞争利用碳源抑制病原菌的生长和病害的发生。此外,土壤中有益微生物(如假单胞菌)可产生铁螯合物螯合根际中有限的可利用铁,使病原菌不能获得生长所需的铁,从而阻碍病原菌的生长。

7.5.1.2 抑菌代谢产物

微生物能够通过合成具有抑菌活性的代谢产物直接抑制或者杀死环境中包括植物病原物在内的竞争者。土壤中的一些生防微生物(芽孢杆菌属、假单胞菌属等)能够产生脂肽、聚酮、细菌素、吩嗪、2,4-二乙酰基间苯三酚与几丁质酶等抑菌物质。根系微生物分泌抗生素类物质直接干扰致病菌的分子机制,从而抑制真菌生长。

7.5.1.3 增强植物对病原菌的抗性

诱导系统抗性(induced systemic resistance,ISR)是指利用非病原物、共生微生物或某些化合物诱导寄主植物产生对病原物的抗性(Kloepper 等,1992)。根际微生物介导的 ISR 的重要性已被广泛报道(Rodriguez 等,2019)。ISR 能够抵抗病原菌的攻击,例如接种假单胞菌属能够增强大麦抵抗真菌病原菌(*Gaeumanomyces graminis*)的能力(Fröhlich 等,2012)。菌根真菌能够增强苜蓿对黄单胞杆菌(*Xanthomonas campestris*)的抵抗力,根瘤菌能够增强对白粉病(*Erysiphe pisi*)的抵抗力(Liu 等,2007;Smigielski 等,2019)。接种 *Xanthomonas*,*Stenotrophomonas*,*Microbacterium* 增强拟南芥对真菌病原菌的抗性(Berendsen 等,2018)。土壤微生物通过增强寄主植物对病原物的防御反应是提升病害防控效果的重要途径之一。

7.5.2 土壤动物对土传病害的控制

土壤动物(蚯蚓等)能够取食含有病原繁殖体的植物残体,这可能会降低真菌的传播及感染植物概率。土壤动物(以蚯蚓为例)一方面选择性取食土壤中的真菌孢子,蚯蚓肠道几丁质酶的消化作用降低了土壤中病原菌的含量和致病性;另一方面蚯蚓可通过间接调控土壤微生物影响土传病原体。另外,蚯蚓粪是蚯蚓消化有机废弃物进行生物降解而产生的生物有机肥料,具有良好的团粒结构和较高透气性,被广泛应用于有机肥、土壤改良剂和盆栽基质等方面。越来越多的研究表明,蚯蚓粪堆肥中含有丰富的能产生抑菌活性的有益微生物,对土传病害有一定的抑制作用。

思考题

1. 什么是土壤健康?请从物理、化学、生物学三方面简述评价土壤健康的指标。
2. 常见的化感物质有哪些?请简述植物化感作用对土壤生物的影响。
3. 土壤生物对植物根系构型有何影响?土壤微生物调控植物根系构型的机制有哪些?
4. 土壤生物能增强植物的抗逆性,主要表现在哪些方面?
5. 土壤生物对土传病害控制的方式有哪几种?请简要描述。

参考文献

孔垂华，胡飞，王朋，2016. 植物化感(相生相克)作用. 北京:高等教育出版社.

李梦洁,李占彪,周思含,等,2021. 植物根际微生物调控根系构型研究. 中国农业气象,42(11):895-904.

刘自远,刘成福,2006. 综合评价中指标权重系数确定方法探讨. 中国卫生质量管理(2): 44-46.

潘晶，黄翠华，彭飞，等，2020. 植物根系促生菌诱导植物耐盐促生作用机制. 生物技术通报，36(9): 75-87.

张连金,赖光辉,孔颖,等,2016. 基于因子分析法的北京九龙山土壤质量评价. 西北林学院学报,31(3): 7-14.

赵杰,2007. 浅析区域循环经济发展水平综合评价指标权重确定的方法. 商场现代化(23):230-231.

Agbede T M, Adekiya A O, Eifediyi E K, 2017. Impact of poultry manure and NPK fertilizer on soil physical properties and growth and yield of carrot. Journal of Horticultural Research, 25(1): 81-88.

Andrews S S, Mitchell J P, Mancinelli R, et al., 2002. On-farm assessment of soil quality in California's central valley. Agronomy Journal, 94(1): 12-23.

Anikwe M A N, Eze J C, Chima M C, et al., 2016. Soil physicochemical quality in contrasting tillage systems and its effect on nodulation and nodulation effectivity of groundnut, Bambara groundnut and soybean in a degraded ultisol in Agbani, Enugu southeastern Nigeria. Rhizosphere, 1: 14-16.

Armenise E, Redmile-Gordon M A, Stellacci A M, et al., 2013. Developing a soil quality index to compare soil fitness for agricultural use under different managements in the mediterranean environment. Soil and Tillage Research, 130: 91-98.

Baldrian P, 2003. Interactions of heavy metals with white-rot fungi. Enzyme and Microbial Technology, 32(1): 78-91.

Barnett S E, Youngblut N D, Koechli C N, et al., 2021. Multisubstrate DNA stable isotope probing reveals guild structure of bacteria that mediate soil carbon cycling. Proceedings of the National Academy of Sciences of the United states of America, 118(47): e2115292118.

Berendsen R L, Vismans G, Yu K, et al., 2018. Disease-induced assemblage of a plant-beneficial bacterial consortium. The ISME Journal, 12(6): 1496-1507.

Bi C, Chen Z, Wang J, et al., 2013. Quantitative assessment of soil health under different planting patterns and soil types. Pedosphere, 23(2): 194-204.

Bünemann E K, Bongiorno G, Bai Z, et al., 2018. Soil quality: A critical review. Soil Biology and Biochemistry, 120: 105-125.

Carrion V J, Perez-Jaramillo J, Cordovez V, et al., 2019. Pathogen-induced activation of disease-suppressive functions in the endophytic root microbiome. Science, 366(6465): 606-612.

Chen Y, Bonkowski M, Shen Y, et al., 2020. Root ethylene mediates rhizosphere microbial community reconstruction when chemically detecting cyanide produced by neighbouring plants. Microbiome, 8(1): 4.

Chu T N, Bui LV, Hoang M T T, 2020. Pseudomonas PS01 isolated from maize rhizosphere alters root system architecture and promotes plant growth. Microorganisms, 8(4): 471.

Combes-Meynet E, Pothier J F, Moenne-Loccoz Y, et al., 2011. The pseudomonas secondary metabolite 2,4-diacetylphloroglucinol is a signal inducing rhizoplane expression of Azospirillum genes involved in plant-growth promotion. Molecular Plant-Microbe Interactions, 24(2): 271-284.

Coyne M S, Pena-Yewtukhiw E M, Grove J H, et al., 2022. Soil health: It's not all biology. Soil Security, 6: 100051.

Das A, Layek J, Ramkrushna G I, et al., 2019. Effects of tillage and rice residue management practices on lentil root architecture, productivity and soil properties in India's Lower Himalayas. Soil and Tillage Research, 194: 104313.

de Deyn G B, van der Putten W H, 2005. Linking aboveground and belowground diversity. Trends in Ecology and Evolution, 20(11): 625-633.

Debaeke P, Pellerin S, Scopel E, 2017. Climate-smart cropping systems for temperate and tropical agriculture: Mitigation, adaptation and trade-offs. Cahiers Agricultures, 26(3): 34002.

Dhaliwal S S, Naresh R K, Mandal A, et al., 2019. Dynamics and transformations of micronutrients in agricultural soils as influenced by organic matter build-up: A review. Environmental and Sustainability Indicators, 1-2: 100007.

Doran J W, Parkin T B, 1994. Defining and assessing soil quality. Defining Soil Quality for A Sustainable Environment, 35: 1-21.

Epihov D, Saltonstall K, Batterman S, et al., 2021. Legume-microbiome interactions unlock mineral nutrients in regrowing tropical forests. Proceedings of the National Academy of Sciences, 118(1): e2022241118.

Falony G, Joossens M, Vieira-Silva S, et al., 2016. Population-level analysis of gut microbiome variation. Science, 352(6285): 560-564.

Fierer N, Wood S A, Bueno de Mesquita C P, 2021. How microbes can, and cannot, be used to assess soil health. Soil Biology and Biochemistry, 153: 108111.

Frac M, Hannula S E, Belka M, et al., 2018. Fungal biodiversity and their role in soil health. Frontiers in Microbiology, 9: 707.

Friedrichsen C N, Hagen-Zakarison S, Friesen M L, et al., 2021. Soil health and well-being: Redefining soil health based upon a plurality of values. Soil Security, 2: 100004.

Fröhlich A, Buddrus-Schiemann K, Durner J, et al., 2012. Response of barley to root colonization by *Pseudomonas* sp. DSMZ 13134 under laboratory, greenhouse, and field conditions. Journal of Plant Interactions, 7(1): 1-9.

Goss M, Varennes A, 2002. Soil disturbance reduces the efficacy of mycorrhizal associations for early soybean growth and N_2 fixation. Soil Biology and Biochemistry, 34(8): 1167-1173.

Hassan S, Mathesius U, 2012. The role of flavonoids in root-rhizosphere signalling: Opportunities and challenges for improving plant-microbe interactions. Journal of Experimental Botany, 63(9): 3429-3444.

Hu L, Robert C A M, Cadot S, et al., 2018. Root exudate metabolites drive plant-soil feedbacks on growth and defense by shaping the rhizosphere microbiota. Nature Communications, 9 (1): 2738.

Hubbard R K, Strickland T C, Phatak S, 2013. Effects of cover crop systems on soil physical properties and carbon/nitrogen relationships in the coastal plain of southeastern USA. Soil and Tillage Research, 126: 276-283.

Indoria A K, Sharma K L, Sammi Reddy K, et al., 2016. Role of soil physical properties in soil health management and crop productivity in rainfed systems-Ⅱ management technologies and crop productivity. Current Science, 110: 320.

Islam M R, Chauhan P, Kim Y, et al., 2010. Community level functional diversity and enzyme activities in paddy soils under different long-term fertilizer management practices. Biology and Fertility of Soils, 47: 599-604.

Johnston A M, Bruulsema T, 2014. 4R nutrient stewardship for improved nutrient use efficiency. Procedia Engineering, 83: 365-370.

Kloepper J W, Tuzun S, Kuć J A, 1992. Proposed definitions related to induced disease resistance. Biocontrol Science and Technology, 2(4): 349-351.

Kosuge T, Heskett M G, Wilson E E, 1966. Microbial synthesis and degradation of indole-3-acetic acid. Journal of Biological Chemistry, 241: 3738-3744.

Kudjordjie E N, Sapkota R, Steffensen S K, et al., 2019. Maize synthesized benzoxazinoids affect the host associated microbiome. Microbiome, 7(1): 59.

Larkin R P, 2015. Soil health paradigms and implications for disease management. Annual Review of Phytopathology, 53: 199-221.

Lehmann J, Bossio D A, Kogel-Knabner I, et al., 2020. The concept and future prospects of soil health. Nature Reviews Earth and Environment, 1(10): 544-553.

Lehmann J, Kleber M, 2015. The contentious nature of soil organic matter. Nature, 528(7580): 60-68.

Li B, Li Y Y, Wu H M, et al, 2016. Root exudates drive interspecific facilitation by enhancing nodulation and N_2 fixation. Proceedings of the National Academy of Sciences of the United States of America, 113(23): 6496-6501.

Lin Y, Deng H, Du K, et al., 2017. Soil quality assessment in different climate zones of China's Wenchuan earthquake affected region. Soil and Tillage Research, 165: 315-324.

Liu H, Brettell L E, Qiu Z, et al., 2020. Microbiome-mediated stress resistance in plants. Trends in Plant Science, 25(8): 733-743.

Liu J, Maldonado-Mendoza I, Lopez-Meyer M, et al., 2007. Arbuscular mycorrhizal symbiosis is accompanied by local and systemic alterations in gene expression and an increase in disease resistance in the shoots. Plant Journal, 50(3): 529-544.

Liu X, Herbert S J, Hashemi A M, et al., 2006. Effects of agricultural management on soil organic matter and carbon transformation-A review. Plant Soil and Environment, 52(12): 531-543.

Mader P, Fliessbach A, Dubois D, et al., 2002. Soil fertility and biodiversity in organic farming. Science, 296(5573): 1694-1697.

Maharjan B, Das S, Acharya B S, 2020. Soil health gap: A concept to establish a benchmark for soil health management. Global Ecology and Conservation, 23: e01116.

Mairura F S, Mugendi D N, Mwanje J I, et al., 2007. Integrating scientific and farmers' evaluation of soil quality indicators in central Kenya. Geoderma, 139(1-2): 134-143.

Masto R E, Chhonkar P K, Singh D, et al., 2007. Soil quality response to long-term nutrient and crop management on a semi-arid inceptisol. Agriculture, Ecosystems and Environment, 118(1-4): 130-142.

Mcbratney A, Field D J, Koch A, 2014. The dimensions of soil security. Geoderma, 213: 203-213.

Mota J C A, Alves C V O, Freire A G, et al., 2014. Uni and multivariate analyses of soil physical quality indicators of a Cambisol from Apodi Plateau-CE, Brazil. Soil and Tillage Research, 140: 66-73.

Mourtzinis S, Marburger D, Gaska J, et al., 2017. Corn, soybean, and wheat yield response to crop rotation, nitrogen rates, and foliar fungicide application. Crop Science, 57(2): 983-992.

Munns R, Gilliham M, 2015. Salinity tolerance of crops-what is the cost? New Phytologist, 208(3): 668-673.

Obade V, Lal R, 2013. Assessing land cover and soil quality by remote sensing and geographical information systems (GIS). Catena, 104: 77-92.

Patzel N, Sticher H, Karlen D L, 2000. Soil fertility-phenomenon and concept. Journal of Plant Nutrition and Soil Science, 163(2): 129-142.

Perez-Flores P, Valencia-Cantero E, Altamirano-Hernandez J, et al., 2017. Bacillus methylotrophicus M4-96 isolated from maize (*Zea mays*) rhizoplane increases growth and auxin content in arabidopsis thaliana via emission of volatiles. Protoplasma, 254(6): 2201-2213.

Prasad A A, Babu S, 2017. Compatibility of *Azospirillum brasilense* and *Pseudomonas fluorescens* in growth promotion of groundnut (*Arachis Hypogea* L.). Anais Da Academia Brasileira Ciencias, 89(2): 1027-1040.

Pulido Moncada M, Gabriels D, Cornelis W, et al., 2015. Comparing aggregate stability tests for soil physical quality indicators. Land Degradation and Development, 26(8): 843-852.

Qi Y, Darilek J L, Huang B, et al., 2009. Evaluating soil quality indices in an agricultural region of Jiangsu province, China. Geoderma, 149(3-4): 325-334.

Rachman A, Anderson S H, Gantzer C J, et al., 2003. Influence of long-term cropping systems on soil physical properties related to soil erodibility. Soil Science Society of America Journal, 67(2): 637-644.

Reynolds W D, Bowman B T, Drury C F, et al., 2002. Indicators of good soil physical quality: Density and storage parameters. Geoderma, 110(1-2): 131-146.

Rodriguez P A, Rothballer M, Chowdhury S P, et al., 2019. Systems biology of plant-microbiome interactions. Molecular Plant, 12(6): 804-821.

Saraf M, Pandya U, Thakkar A, 2014. Role of allelochemicals in plant growth promoting rhizobacteria for biocontrol of phytopathogens. Microbiological Research, 169(1): 18-29.

Seidel E P, Anschau K A, Achre D, et al., 2017. Physical properties of soil and productivity of maize intercropped with different cover plants. African Journal of Agricultural Research, 12(39): 2940-2945.

Seufert V, Ramankutty N, Foley J A, 2012. Comparing the yields of organic and conventional agriculture. Nature, 485(7397): 229-232.

Singh B P, Setia R, Wiesmeier M, et al., 2018. Agricultural management practices and soil organic carbon storage. Soil carbon storage modulators, mechanisms and modeling. Academic Press: 207-244.

Singh V, Srivastava A, Singh R, et al., 2011. Effect of tillage practices and residue management on soil quality and crop yield under maize (*Zea mays*)-based cropping system in mollisol. Indian Journal of Agricultural Sciences, 81: 1019-1025.

Smigielski L, Laubach E M, Pesch L, et al., 2019. Nodulation induces systemic resistance of *Medicago truncatula* and *Pisum sativum* against *Erysiphe pisi* and primes for powdery mildew-triggered salicylic acid accumulation. Molecular Plant-Microbe Interactions, 32(9): 1243-1255.

Stott D E, 2019. Recommended soil health indicators and associated laboratory procedures. Soil Health Technical Note No. 450-03, U. S. Department of Agriculture, Natural Resources Conservation Service.

Teixeira P J P, Colaianni N R, Fitzpatrick CR, et al., 2019. Beyond pathogens: Microbiota interactions with the plant immune system. Current Opinion in Microbiology, 49: 7-17.

Toor G S, Yang Y, Das S, et al., 2021. Soil health in agricultural ecosystems: Current status and future perspectives. Advances in Agronomy, 168: 157-201.

Trivedi P, Leach J E, Tringe S G, et al., 2020. Plant-microbiome interactions: From community assembly to plant health. Nature Reviews Microbiology, 18(11): 607-621.

Turmel M, Speratti A, Baudron F, et al., 2015. Crop residue management and soil health: A systems analysis. Agricultural Systems, 134: 6-16.

van Ittersum M K, Cassman K G, Grassini P, et al., 2013. Yield gap analysis with local to global relevance: A review. Field Crops Research, 143: 4-17.

Vejan P, Abdullah R, Khadiran T, et al., 2016. Role of plant growth promoting rhizobacteria in agricultural sustainability: A review. Molecules, 21(5): 573.

Vidal B, Souza D M D, Teixeira R, et al., 2017. Soil quality, properties, and functions in life cycle assessment: An evaluation of models. Journal of Cleaner Production, 140: 502-515.

Vrščaj B, Poggio L, Marsan F A, 2008. A method for soil environmental quality evaluation for management and planning in urban areas. Landscape and Urban Planning, 88(2-4): 81-94.

Wang W, Wang H, Feng Y, et al., 2016. Consistent responses of the microbial community structure to organic farming along the middle and lower reaches of the yangtze river. Scientific Reports, 6: 35046.

Wang X J, Gong Z T, 1998. Assessment and analysis of soil quality changes after eleven years of reclamation in subtropical China. Geoderma, 81(3-4): 339-355.

Weston L A, Mathesius U, 2013. Flavonoids: Their structure, biosynthesis and role in the rhizosphere, including allelopathy. Journal of Chemical Ecology, 39(2): 283-297.

Wilhelm R, van Es H, Buckley D, 2021. Predicting measures of soil health using the microbiome and supervised machine learning. Soil Biology and Biochemistry, 164: 108472.

Wright A J, de Kroon H, Visser E J, et al., 2017. Plants are less negatively affected by flooding when growing in species-rich plant communities. New Phytologist, 213(2): 645-656.

Wulanningtyas H S, Gong Y, Li P, et al., 2021. A cover crop and no-tillage system for enhancing soil health by increasing soil organic matter in soybean cultivation. Soil and Tillage Research, 205: 104749.

Xia Z, Yu L, He Y, et al., 2019. Broadleaf trees mediate chemically the growth of Chinese fir through root exudates. Biology and Fertility of Soils, 55(7): 737-749.

Xue J F, Ren A X, Li H, et al., 2018. Soil physical properties response to tillage practices during summer fallow of dryland winter wheat field on the loess plateau. Environmental Science and Pollution Research, 25(2): 1070-1078.

Xue R, Wang C, Liu M, et al., 2019. A new method for soil health assessment based on analytic hierarchy process and meta-analysis. Science of the Total Environment, 650(Pt 2): 2771-2777.

Yu R P, Lambers H, Callaway R M, et al., 2021. Belowground facilitation and trait matching: two or three to tango? Trends in Plant Science, 26(12): 1227-1235.

Zamioudis C, Mastranesti P, Dhonukshe P, et al., 2013. Unraveling root developmental programs initiated by beneficial *Pseudomonas* spp. bacteria. Plant Physiology, 162(1): 304-318.

Zifcakova L, Vetrovsky T, Howe A, et al., 2016. Microbial activity in forest soil reflects the changes in ecosystem properties between summer and winter. Environmental Microbiology, 18(1): 288-301.

Zucca C, Canu A, Previtali F, 2010. Soil degradation by land use change in an agropastoral area in Sardinia (Italy). Catena, 83(1): 46-54.

第8章 全球变化的土壤生态效应

全球变化(global change)是指由自然和人为因素引起的、影响地球系统功能的全球尺度的变化(任国玉等,2000)。自工业革命以来,由于人类的繁衍及其经济的发展,一半以上的地球表面受到人为活动的强烈干扰,包括农业耕种、草原放牧、城镇化土地占用、森林砍伐、工程建设、环境污染等。这些干扰主要发生在大气到地下水的近地表系统,特别是地表的薄层土壤,改变着地球生物地球化学的循环和地球生境及生态的协调。全球变化不仅影响地上生态系统的结构和功能,还直接或间接影响土壤生态系统中土壤动物和微生物及其相关的土壤生态过程和功能。气候变化方式如全球变暖、温室气体浓度升高、土地利用方式的调整等改变了土壤的水碳养分循环,从而改变了生物地球化学过程对生态系统以及全球气候变化产生的反馈作用。近年来,关于全球变化的研究数量逐年攀升,然而这些研究大多聚焦于全球变化对地上生态系统的影响,对地下生态系统的研究数量较少。土壤生态系统作为地球生态系统最大的碳汇,其生物地球化学循环过程如何响应全球变化并产生反馈作用,是当前土壤生态领域的研究热点之一。因此,研究全球变化下的土壤生态效应,对于理解土壤生态系统对全球变化的响应与反馈具有重要意义。

8.1 全球变化对土壤生物的影响

8.1.1 全球变暖对土壤生物的影响

全球气候变暖是由于温室效应不断积累,导致地气系统吸收与发射的能量不平衡,能量不断在地气系统累积,从而导致温度上升的自然现象。自工业革命以来,由于人类大量燃烧化石燃料和转换土地利用方式,大气中的温室气体浓度以惊人的速度上升。这些气体在地球大气层形成强烈的温室效应,是造成地球表面温度上升的重要原因之一。从全球气候变化看,自1750年以来,由人类活动造成的全球温室气体浓度增加,导致大气圈、海洋圈、冰冻圈和生物圈均发生了广泛而迅速的变化,其规模及现状是过去几个世纪甚至几千年来所未有的(IPCC,2021)。目前全球变暖趋势仍在持续(图8-1)。2020年全球平均温度较工业化前水平(1850—1900年平均值)高出1.2 ℃,是有完整气象观测记录以来的三个最暖年份之一;2011—2020年是1850年以来最暖的十年。2020年亚洲陆地表面平均气温比常年值偏高1.06 ℃,是20世纪初以来的最暖年份(中国气象局气候变化中心,2021)。全球变暖是全球变化的主要表现形式,已导致一系列环境问题,如海平面上升、降水时空分布格局变化和极端灾害事件频发等,直接或间接影响陆地生态系统(傅伯杰等,2014)。全球变暖主要通过以下三个方面影响陆地生态系统:①CO_2浓度升高影响植被群落结构、生产力,改变向土壤输入光合产物的数量和质量来间接影响土壤生物。②氮沉降增加显著影响土壤氮循环微生物的群落结构和功能,还可通过改变地上植被群落的结构和生产力来改变植物向地下部的碳输入,影响地下土壤生物群落的活性并调控土壤养分循环过程。③全球变暖通过改变全球大气循环和水文循环来改变全球和区域的降雨格局,对陆地生态系统产生深远影响。

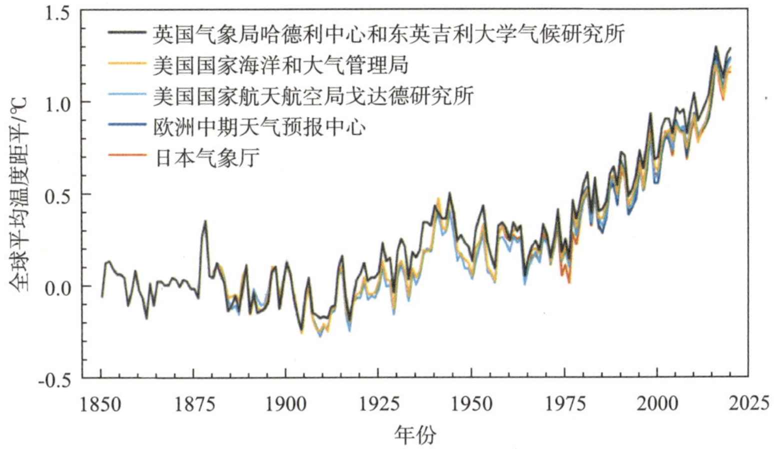

图 8-1 1850—2020 年全球平均温度距平(中国气象局气候变化中心,2021)

8.1.1.1 全球变暖对土壤微生物的影响

全球气候变化已成为科研工作者、政府及国际社会非常关注的领域。目前全球气候变化问题日益突出,迫切需要从地下生态学过程的研究中认识陆地生态系统的响应过程与机理。土壤微生物对环境变化极为敏感,对生态系统的指示性更强。因此,掌握全球气候变化背景下土壤微生物的演变趋势,加强对微生物特征变化规律的认识,可帮助人们更好地预测微生物群落结构和多样性对全球气候变化的可能响应,以应对全球变暖等重大的全球性环境问题。

温度控制土壤微生物的生长和代谢活性,影响生物地球化学循环的速率。在大部分生态系统中,长期增温能显著提高土壤微生物生物量,提高幅度超过100%。然而,相反的结果也有报道。不同微生物对温度变化的响应不同,与其他微生物相比,革兰氏阳性菌可以更好地适应高温条件,而真菌对温度升高的适应性较差。也有研究表明,长期增温提高了大团聚体和小团聚体中革兰氏阳性菌占群落总生物量的比例(Allison等,2010)。在陆地生态系统中,微生物多样性指数的自然对数与温度成正比,该现象符合生态学代谢理论的预测,为将微生物多样性引入气候变化下的研究提供了新思路。土壤微生物代谢活性,随温度的变化可能由多个过程共同引发,包括微生物生理过程对温度的直接响应、生物量和群落组成的变化等。然而到目前为止,这些过程的相对贡献与耦合关系仍缺少研究。

全球变暖对土壤微生物的影响主要体现在土壤呼吸方面,并且这种影响存在时空差异性。土壤储存了大约3倍于大气的有机碳,同时土壤呼吸是陆地生态系统排放到大气中CO_2的最大单一来源,其排放量大约是人为排放的10倍。因此,土壤呼吸在气候变化的背景下的微小变化都能对大气二氧化碳产生重大影响(Crowther等,2016)。到21世纪中叶,气候变暖可能会导致全球土壤释放550亿t的碳,占同期人类活动所致碳排放总量的12%~17%。土壤微生物呼吸是土壤呼吸的重要组成成分，同时也是预测未来气候和碳循环反馈的重要不确定性来源。一般来说，气温升高可加速土壤微生物分解有机质的速率，从而增加土壤异养呼吸及CO_2排放，对全球变暖产生正反馈作用(Jia 等，2019)。Luo 等(2020)的研究预测，在升温 2℃下，当 SOC 达到稳定状态时，全球 SOC 储量将平均下降 4%。全球气温上升将会导致 SOC 的分解速率加快，促进土壤 CO_2的释放，而冻土带土壤碳更易受到微生物快速分解。研究发现，仅在升温 1.5 年后，冻土带土壤活动层中微生物功能群落结构发生了显著变化，这一快速响应表明了该生态系统对气候变暖的高度敏感性(Johnston 等，2021)。然而也有研究报道了负反馈结果。Tian 等(2021)的研究表明，在冬季同样的增温条件下，青藏高原冬季增温使生态系统呼吸减少了 17%～38%，土壤有机碳储量保持了显著的稳定甚至增加，表明该地区土壤微生物对碳循环反馈的调节作用可能与季节性变暖有关。此外，底层土壤与表层土壤微生物对气候变暖的响应存在一定差异。与表层土不同，底层土壤常处于“碳饥饿”状态，即大部分土壤微生物由于受到能量限制而处于休眠状态。气候变暖可促进植物根系向底层土壤的生长，以此帮助植物获取更多的水分或养分。这种现象将促进根系来源的新鲜有机碳向底层土壤的输送。新碳的输入可能“唤醒”原来处于休眠状态的微生物，加快底层土壤有机质的降解，同时也可能促进新碳在底层土壤中(特别是活性黏粉粒矿物表面)的固持，从而加快底层稳定碳库的积累。与此结果相类似的，Dove 等(2021)探究了温带混交林中，4.5 年的全剖面土壤变暖所导致的表层土壤微生物群落组成和代谢的变化。结果表明，与表层土壤相比，下层土壤微生物的碳利用效率低 20%，生长速度低 47%。与表层土壤不同，在短期内，底层土壤微生物呼吸的升高可能会继续，而微生物群落不会发生变化。土壤生态系统中不同微生物群落对变暖的响应也有所不同。微生物残留物对土壤有机碳的贡献是一个受土壤性质影响较大的过程。Ding 等(2019)的结果表明，与细菌相比，真菌残留物具有更大程度的变暖效应。这表明气候变暖有可能通过增加微生物残留物的投入来影响土壤碳的源汇，从而改变其组成和来源结构。目前，土壤有机质(SOM)分解的温度敏感性(Q_{10})是预测全球变暖条件下土壤碳命运的关键参数。土壤 Q_{10}值的变化反映了有机碳矿化分解的速率对温度变化的响应程度，因此土壤碳储量与土壤 Q_{10}值的关系复杂性需要进行更深入的研究，以预测 SOC 储量的未来走向。

目前关于全球变暖对于土壤微生物相对丰度的研究多集中于土壤病原菌。有研究表明，全球变暖会影响土壤潜在植物病原菌的相对丰度，导致土壤中现有的潜在植物病原真菌增加(Guo 等，2020)。Delgado-Baquerizo 等(2020)利用全球实地调查和 9 年的野外实验数据预测了全球潜在植物病原菌的相对丰度总体上有所增加，证明气温升高增加了土壤中潜在的真菌植物病原菌的相对丰度。Feng 等(2022)以空间换时间的方式，通过研究土壤有机质转化过程中腐生真菌这一关键功能微生物群的地理学分布格局，来推测全球增温对微生物多样性及其生态功能的影响和可能的反馈。研究发现，温度非线性地控制了全球土壤腐生真菌地理学分布。其中，多个环境温度阈值影响全球土壤腐生真菌丰度变化，例如－9 ℃的年平均温度、－22 ℃的土壤温度以及－28 ℃的最热月份最高温度。一旦相应的环境温度跨过以上阈值，土壤腐生真菌丰度将急剧下降，而且此类现象在全球干旱地区更为敏感。土壤微生物群在生物地球化学循环中发挥着重要作用。欧美开展了许多关于土壤生物群对全球变化响应的研究，由于缺乏全球变化研究的现场设备和实验设施，我国的相关研究相对较少(Fu 等，2009)。

8.1.1.2 全球变暖对土壤动物的影响

气候变暖是全球变化的主要表现之一，已经在生态系统尺度影响着陆地生态系统的生物多样性，包括改变生物地理格局、植物物候、动物物候、敏感物种的丰度和分布格局等；同时，也改变生物间的相互作用关系和生态功能。土壤动物是陆地生态系统中种类最为丰富的生物组分之一，是土壤物质循环和能量流动正常运行的关键环节（聂立凯等，2019），几乎所有的地下生态过程都与土壤动物有关。但因其种类繁多，数量巨大，加之土壤过程主要受到土壤微生物的影响，导致关于气候变暖对陆地生态系统的研究大都集中在植物和土壤微生物，对土壤动物的研究较少。

气候变暖引起的气温和土壤温度的升高以及干旱，通过影响土壤动物的生长发育和生殖状况，进而对其群落结构产生影响。有研究表明气候变暖会增加或加速温带森林中马陆对松针的消耗，也会影响跳虫的越冬卵数量、越冬成虫数量、繁殖力等。温度急剧升高，将会破坏土壤动物繁殖或蜕皮前的冬眠期，滞育中的个体越冬的存活率也将会降低。如果超过生理阈值，将增加土壤动物的死亡率，从而导致土壤动物的种群密度和丰度急剧下降，引起土壤动物群落结构和组成发生变化。此外，气候变暖导致的干旱也将直接影响土壤动物的生理机能、发育、产卵率和繁殖力。

生境变暖等环境变化会引起土壤动物的生理限制，导致特定生境的土壤动物群落组成和结构发生变化。气候变暖通过直接或间接改变土壤微环境显著降低了线虫的种群密度。如果生物体的耐热性和耐旱性不足以使其持续存活，那么就必须迁移到更适合生存的环境中，如迁移到更深的生境，或重新分布到潮湿的地块。但这也可能会导致深层土壤动物丰度的突然升高。

气候变暖可以通过对食源的调节影响土壤动物群落结构。在一项研究中总螨丰度对植物群落覆盖、物种丰富度和土壤微生物生物量氮的正相关性表明，食物可用性在调节土壤微型节肢动物对气候变化的响应方面比非生物因子起着更重要的作用。气候变暖通常会延长温带地区植物的生长季节，促进植物地上部分生长，增强根系生产力。而凋落物及根系为土壤动物及微生物提供碳源，这些变化可以通过改变食源影响土壤动物群落结构。跳虫群落和植物通过根系和凋落物相互联系，凋落物的物理特性和数量为跳虫提供了小生境，所以跳虫往往受到生境结构和食物资源的影响。大多数跳虫和甲螨可以选择性地以不同的真菌物种为食，真菌（菌丝体）在温度升高下快速生长，从而增加以真菌为食的土壤生物的丰度。

在我国南京的开放式CO_2浓度升高（free air CO_2 enrichment，FACE）设施中，Li等（2007）比较了小麦生长季节暴露于升高的CO_2和环境中的麦田土壤线虫的丰度和多样性。他们发现升高的CO_2增加了杂食性和捕食性线虫的丰度，增加了小麦拔节期线虫的成熟度指数（MI）和结构指数（SI）。在FACE处理下，线虫、细菌和真菌总数增加。线虫群落对大气CO_2升高的反应可能预示着土壤食物网对未来气候变化的响应。全球变暖也在一定程度上影响了土壤动物。线虫是土壤中的主要动物，也是地球上数量最多的动物，全球表层土壤中线虫的数量约为4.4×10^{20}条（van den Hoogen等，2019）。CO_2浓度升高通常会增加植物的光合作用和根生物量，导致土壤中碳输入的增加，并为土壤线虫提供广泛的食物来源，从而增加线虫的丰富度和多样性（Hu等，2017）。增温能使土壤线虫的个体密度显著降低，其中，植食性线虫的降低幅度尤为明显；世代周期较长的种类成为群落中的优势种类；种群多样性及均匀度显著增加。具体来说，小杆属线虫（*Rhabditida*）、滑刃属线虫（*Tylenchida*）在个体密度上对低温比较敏感，而丽突属（*Acrobeles*）、绕线属（*Plectus*）的个体密度与温度呈正相关关系，头叶属（*Cephalobus*）则与温度呈现出负相关关系，拟丽突（*Acrobeloides*）的温度适应范围相对较宽

(Mueller 等,2016)。土壤线虫对温度升高所做出的响应主要受到了温度和降水量等气候条件的影响,在气温较低以及降水较少的条件下,温度升高会使土壤线虫数量明显减少。此外,土壤线虫群落中不同营养类群及种属对增温的响应不尽相同。食细菌线虫及食真菌线虫的种群密度与土壤温度呈负相关,而植食性线虫的种群密度则不受温度变化的影响(Ruess 等,1999)。在属水平上,小杆属线虫及滑刃属线虫对低温敏感;丽突、拟丽突、绕线属线虫与温度呈正相关,而头叶属线虫与温度呈负相关。由于复杂的种间关系的存在,目前无法判断某一特定属线虫对温度变化的响应,同时也很难将温度变化的直接影响与其间接影响区分开来(宋敏等,2015)。

8.1.2 土地利用方式对土壤生物的影响

土地利用是指人类为获取一定的经济、环境或政治利益,而对土地进行保护、改造并凭借土地的某些属性进行生产性或非生产性活动的方式、过程及结果(任国玉等,2000)。近年来人口的快速增长和人类饮食结构的改变,导致了农业和工业生产方式的快速转变,大片农田被撂荒而城市化加剧,土地利用方式和格局发生了很大的变化,成为温室效应的主要人为原因之一。联合国政府间气候变化专门委员会(Intergovernmental Pannel on Climate Change, IPCC)发布的《气候变化与土地特别报告》阐明了气候变化与我们赖以生存的土地之间的复杂关系。我们的食物、生计和福祉都依赖于土地,同时它正面临包括荒漠化、土地退化、土地管理和粮食安全等种种压力。报告指出,人类对于土地的利用会直接影响全球70%以上的无冰土地,25%的土地已经退化(IPCC,2021)。土地利用方式和强度、农业耕作措施、农田退耕修复等人类活动可引起土壤环境的变化,通常导致土壤生物的多样性和丰度下降,进而对土壤生物多驱动的生态过程及其所支撑的生态服务带来影响。

土壤动物作为影响凋落物分解的重要生物因子,通过破碎、掘穴、取食和刺激微生物活动等直接或者间接途径影响凋落物分解。土地利用方式是影响大型土壤动物分布的主要因素,不同土地利用方式具有不同的土地管理方式与经营强度。一方面,大型土壤动物相比小型土壤动物(线虫和原生生物)更容易受到土地利用方式的限制;另一方面,土地利用方式对土壤微生物区系的组成与结构会产生不同影响。土壤生物/动物类群变化,势必会导致其生态功能的改变。近年来,在全球变化背景下农业土地集约化导致的频繁耕作、农药和肥料的过量使用等,降低了土壤动物多样性及丰度,进而威胁土壤健康状况以及生态系统服务。相比传统耕作,有机耕作和保护性耕作下土壤动物的多样性和密度均有所提高,能够显著提高土壤肥力从而促进土壤健康(孙新等,2021)。在自然生态系统中,土壤动物与土壤健康之间的关系也得到了广泛关注。土壤动物作为草地生态系统的重要组成部分,常用于监测草地退化及放牧管理对土壤质量的影响。研究发现不同放牧强度会影响土壤动物多样性,随着放牧强度的增加,土壤中线虫和跳虫的密度也随之降低(Winck 等,2019);而草地燃烧因减少了输入土壤中的有机质对草地土壤动物群落产生了消极影响(Pressler 等,2019)。在森林生态系统中,森林砍伐和生态系统向耕地的转化会降低植物的生物量并导致土壤特性和土壤生物多样性的变化。如森林砍伐增加了土壤线虫群落中食细菌线虫与食真菌线虫的比例,且短期内难以得到恢复;在亚马孙森林砍伐并建立牧场之后,单一的蚯蚓物种迅速繁殖,却抑制了其他蚯蚓物种的生存(Franco 等,2019)。因此,在多种土地利用方式下,土壤动物多样性可指示环境变化的土壤健康状况。

土壤微生物群落功能是土地利用管理系统中生态系统多功能性的重要指标。Kostin 等(2021)从五种常见的土地利用类型(包括传统和有机农田、密集和广泛的草甸以及广泛的牧场)中取样。尽管在未来气候处理下,大面积草地和牧场的微生物生物量水平有所下降,但总体而言,与农田相比,这些土地利用类型的微生物功能量更高,这表明改进的管理措施可以在未来气候下维持高水平的微生物生态系统功能。与假设相反,更多受干扰的土地利用系统会破坏微生物功能。与所有其他土地利用类型相比,密集的草地和有机农田显示出稳定的土壤微生物生物量,可能有助于揭示环境对土壤生态系统功能的影响。土地利用方式的改变(尤其是造林)影响着陆地生态系统中的碳循环。由于不同土地利用方式在植物多样性和有机质质量等方面存在差异,土壤微生物对土壤碳动态有着不同的响应,但响应机制还存在争议。例如,大量植物残体的输入会降低微生物对碳的利用效率或对有机质的分解速率,最终导致土壤碳储量的降低。然而,也有研究认为较高的植物多样性或较多的植物残体的投入会因为新鲜有机碳的作用改变微生物群落,最终提高土壤碳储量(Ren 等,2018)。这种矛盾体现了土壤微生物在变化的环境中对碳动态的影响起着关键的作用,尤其是对土壤碳组分。而土壤微生物群落结构的变化如何有效地解释土壤有机碳组分和呼吸的改变还不清楚。了解不同土地利用方式的微生物碳动态变化很可能不仅揭示了生态碳循环,也改善了碳平衡的预测,有助于评价土地利用方式改变对碳库的影响。最近关于微生物模型的研究表明,将土壤微生物纳入生物地球化学模型能够极大地改善模型预测土壤碳动态(Sokol 等,2022)。土地利用方式显著影响着微生物(细菌和真菌)的丰度和多样性,细菌和真菌与有机碳组分和土壤呼吸显著正相关。细菌优势种变形菌门(Proteobacteria)和拟杆菌门(Bacteroidetes)在人工刺槐林处理下比农田具有更高的丰度,而放线菌门(Actinobacteria)和绿弯菌门(Chloroflexi)的丰度则是农田>荒地>人工刺槐林。真菌优势种子囊菌门(Ascomycota)和担子菌门(Basidiomycota)分别与土地利用方式间存在正相关和负相关的作用(Ren 等,2018)。

不同土地利用方式对土壤食物网具有重要影响,包括食物网中物质循环及能量流通,食物网抵抗力与恢复力,以及食物网的生态功能等。随着土地利用强度的增加,土壤生物多样性显著降低,从而改变了土壤食物网中各组分的生物量和能流通道。保护性耕作如免耕措施等可降低土壤有机质的分解速度并增加养分的固定,使土壤食物网以真菌能流通道为主。此外,随着农田退耕修复年限的增加,食物网中的基础资源、低营养级的生物量以及各能流通道均显著上升。因此,土壤食物网的特征能够反映土壤环境的改变,并用于指示土壤的健康状况(Felipe-Lucia 等,2020)。土壤提供包括固碳和养分循环等多种生态系统服务,这对缓解气候变化和粮食可持续生产至关重要。土壤生物群在碳氮循环中发挥着重要作用。有研究比较了两种常见土地利用系统(以细菌为基础的集约管理的小麦土壤食物网和以真菌为基础的粗放管理草地土壤食物网)的土壤食物网对干旱的抵抗力和恢复力对气候变化的响应(de Vries 等,2012)。研究发现以真菌为基础的草地土壤食物网与以细菌为基础的小麦土壤食物网相比,它的抵抗力较强,但恢复力不强,说明以真菌为基础的草地土壤食物网更能适应干旱。研究结果表明土地利用方式显著影响了土壤食物网对气候变化的抵抗力和恢复力,而粗放管理促进了以真菌为基础的土壤食物网的抵抗力和适应性。另一项研究跨越欧洲四个国家不同气候和土壤条件,定量解析了不同土地利用方式(集约化小麦轮作、分散轮作、永久性草地)导致的土壤生物组成的变化如何影响土壤功能及其所输送的生态服务(de Vries 等,2013)。在所有国家,集约化小麦轮作一致减少了土壤食物网所有成分的生物量。在不同利用方式及地理点位，土壤食物网的性质都强烈影响了碳氮循环过程，而且和土地利用方式相比，其对于这些过程的预测效果更好。碳损失过程随着与土壤碳相关的土壤食物网性质（如蚯蚓生物量和真菌/细菌能流通道比率）的变化而增加，并且在永久性草地上最为显著。此外，不管何种土地利用方式，氮循环过程均受丛枝菌根真菌和细菌通道生物量这样的土壤食物网性质所影响。

8.1.3 全球变化下的地上和地下生态系统反馈

地上-地下相互作用在调控生态系统属性和功能方面发挥着极其重要的作用（傅声雷，2018）。全球变化对地下生态系统的影响很大程度上取决于地上植被的变化，而地下生态系统的变化又将对地上系统做出反馈，影响地上植被的生长和分布格局。在经历了100多年的探索和发展之后，生态学家们认识到陆地生态系统的功能在很大程度上依赖于碳的分配格局与过程，以及伴随这个过程中的物质循环。对于陆地生态系统的地上部分，人们已经进行了相当深入的研究，而对于它的地下部分，则依然了解甚少（贺金生，2004）。地下生态系统对于地上部分具有重要意义，不仅在于它提供有效的水分及养分，也在于它拥有丰富的、维持生态系统功能的生物多样性，更重要的在于地下生态系统是陆地生态系统碳分配与过程的核心环节。在全球变化的背景下，迫切地要求生态学家从地下过程的研究中认识陆地生态系统响应的机制（Bazzaz，1996）。通过对全球变化下地上和地下生态系统反馈机制的研究，探究生态系统地下部分的结构、功能、过程及其与地上部分的关系，进而从整体上认识全球变化背景下土壤生态系统的生态功能。生态系统地上和地下过程关系密切（Bennett 和 Klironomos，2019）。植物对土壤生物及地下过程的影响，主要是通过为地下提供资源（主要是碳源）以及通过物种的生理生态学过程实现的。全球变化条件下植物群落的结构和组成会发生改变，由此引起的物种组成的差异对分解者会有重要的影响。这种影响主要是基于凋落物及根系分泌物的特性，尤其是化学组成特性（He 等，2002）。也有证据表明，长期协同进化导致植物可以选择那些有利于自身凋落物快速分解的分解者，即植物和分解者之间存在协同作用（Cai 等，2021）。土壤生物也会影响生态系统地上部分的结构、功能及过程。主要表现在：①分解者和其他土壤生物的相互作用，通过营养元素的周转，调节养分的供应，影响植物的生长、资源分配和化学组成（Tedersoo 等，2020）。②土壤生物个体大小、频度分布和地下食物网结构可以影响植物的生长发育。地下草食动物对根的取食也可以引起碳的地上和地下分配格局的改变，特别是刺激植物产生化学防护物质，根际微生物也会刺激根系产生大量的分泌物（Fierer，2017）。③有些土壤生物可以通过与植物之间的种间关系，影响植物发育、群落结构和演替（Craven 等，2017）。④土壤中对地下环境具有改造作用的生物，如蚯蚓、白蚁等，可以通过改变土壤的物理结构对地上群落的物种组成产生重要影响（Ferlian 等，2020）。

植物是生态系统的重要组成部分，也是生态系统物质循环的载体和能量流动的中心（王邵军，2020）。植物与其相关土壤生物群落之间的相互作用可以导致调节植物群落动态和生态系统过程的复杂反馈。植物改变土壤性质，这反过来又影响植物的表现，表现出各种各样的相互影响。植物通过对土壤生物和非生物土壤条件的影响而对自身、后代和其他植物物种产生的这些影响被称为植物-土壤反馈（plant-soil feedbacks，PSFs）（Bever 等，1997），受到一系列非生物和生物驱动因素的影响（图 8-2）。近年来，植物-土壤反馈的研究已逐渐成为土壤生态学研究的热点(De Long 等,2020;Kadowaki 等,2018;van der Putten 等,2013)。理解 PSFs 在全球变化背景下的机制对于理解和预测陆地生态系统的演替和范围变化至关重要。此外,对于预测全球变化将如何影响生态系统进程和不同空间尺度上潜在的碳循环反馈也很重要。

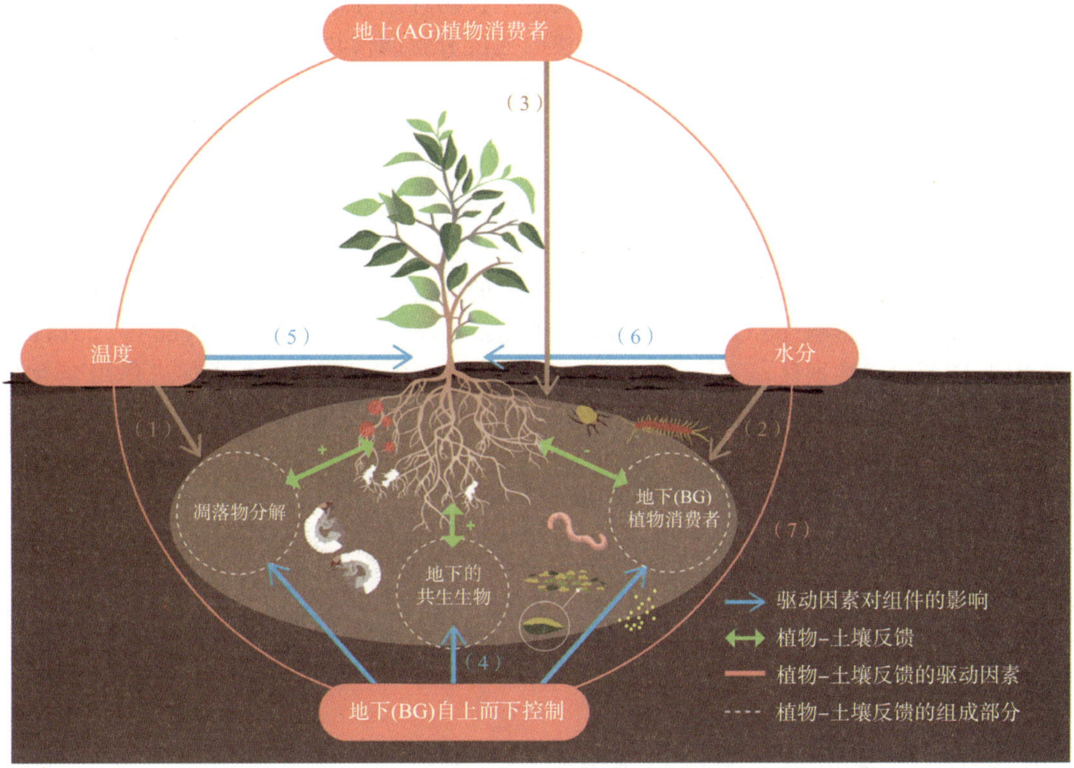

图 8-2 非生物和生物驱动因素对植物-土壤反馈的影响(改自 Pugnaire 等,2019)

注:(1)温度;(2)水分;(3)地上(AG)植物消费者;(4)地下(BG)自上而下控制;(5)、(6)、(7)指代植物功能。

气候变化以植物凋落物和根际沉积的形式改变了植物对土壤的碳输入,然而其影响方式尚有待探究。如果陆生植物的生产力确实随着气候变暖而增加,那么可能会产生更多的凋落物,从而增加分解作用产生的养分。然而,较高的温度会影响植物生理,导致更高的蒸发和植物蒸腾,加剧缺水效应。此外,适应变暖可能会抑制潜在的反应。气候变化还预计会增加极端气候事件的强度和频率,例如,干旱期的增加和周期性的极端降雨条件。一些模拟温带生态系统中度干旱条件的研究发现地表凋落物产量增加,但这种增加趋势仅在短期内发生(Liu 等,2015)。相比之下,来自湿润和半湿润热带森林的研究发现,在中度干旱条件下,地上凋落物的产量没有变化或只有轻微下降(Rowland 等,2018)。植被在地理梯度分布中,随着干旱的增加也导致地上凋落物产量的减少(Carrera,2010)。在所有生物群落中,即使凋落物总量保持不变,凋落物的质量也会随着干旱而下降,部分原因是叶片衰老前提高养分吸收形成碳基以及其他稳定性化合物。这些变化不仅减缓了矿化速率、养分释放和土壤养分循环,而且可能通过养分循环和物种更替而影响植物多样性和碳排放(Suseela 等,2015)。气候变化导致的植物物种更替会极大地影响凋落物的分解。田间试验和室内试验表明,凋落物质量决定了土壤分解者群落的功能特征(Glassman 等,2018)。难降解的凋落物可能含有大量的多酚(酚酸和类黄酮)或聚合物(缩合单宁),它们需要更高的活化能并抑制微生物分解(Agren 等,2001)。然而,难降解凋落物会促进特定降解复杂植物聚合物的微生物群落，所以缓慢的微生物代谢和养分释放将有利于生长缓慢的植物物种(Baptist 等,2008)。此外，在全球变暖和干燥条件下，真菌通过以牺牲凋落物分解酶为代价来维持自身代谢，从而对植物群落和生态系统碳动力学产生相应的影响。因此在全球变化的背景下，由快速生长物种主导的群落可能会继续产生更多的凋落物，这可能会促进土壤微生物群落以更快的速度分解凋落物(Parker 等,2018)，在快速生长物种大量生长的地方保持较高的土壤养分有效性。

二氧化碳浓度(eCO_2)升高对于植物-土壤反馈的影响也很重要。目前的研究中，关于eCO_2对植物-土壤反馈影响的一个关键问题是，eCO_2究竟是通过提高植物生产力来刺激土壤群落增加分解速率和相关的氮磷循环，还是对分解作用和养分循环具有负面影响？前者使植物生物量对 eCO_2的响应保持稳定或增加，而后者可能进一步增加植物对 eCO_2利用的营养限制。例如，此前关于对 eCO_2响应的研究结果中，有的促进了土壤养分循环，而有的则抑制了养分循环，或没有显著影响(de Graaff 等,2006;Hungate 等,2009;van Groenigen 等,2014)。有研究表明，随着时间的推移，eCO_2对土壤氮循环的影响在 C 3植物群落中由促进作用变为抑制作用，而在 C 4植物群落中由抑制变为促进，最终 eCO_2引起的生物量增加效应在 C 3草本群落中消失，而在 C 4草本群落中增加(Eisenhauer 等,2012;Schwarz 等,2017)。菌根真菌和降解菌群落的组成、丰度和功能可能在这些长期变化中发挥了重要作用，但是目前还没有足够的研究证据证明这些观点。

8.2 土壤生物对全球变化的反馈

8.2.1 土壤动物入侵对陆地生态系统的影响

外来物种入侵是导致物种多样性减少和自然生境退化的主要原因之一。在全球范围内，生物入侵对生物多样性以及生态系统功能都会产生重大影响。相对于地上植被和大型动物的入侵研究，我们对地下土壤生物的入侵及其对生态系统过程影响的了解较少。虽然不如地上的生物入侵效应明显，但土壤生物入侵可能具有同样强大的影响。对于土壤动物入侵的生态效应，目前有研究报道的主要包括蚯蚓、蚂蚁、白蚁、跳虫以及其他大型腐生动物等。其中，对蚯蚓的研究比较深入和广泛(图 8-3)。

蚯蚓在土壤生态系统中的功能和角色多样，既是消费者、分解者和调节者，也是捕食者和被捕食者。影响蚯蚓入侵的因素可能有三个方面：①繁殖体的压力强度，即外来种进入生境的频率和密度，是否有足够时间繁殖；②生境的适合度(可入侵性)，即外来种进入后是否面临不适应的生境条件、可利用资源缺少或取食策略不合适；③入侵生物抵抗强度，即若生境合适，外来种是否面临“生物屏障”，如捕食者或寄生者、外来种微生物或者土著种蚯蚓的竞争等。有研究表明，在抵制外来种入侵过程中，被入侵生境的理化特性比土著种与外来种的相互作用更重要。人类活动的干扰是外来蚯蚓扩散的主要原因，干扰越强，外来种占的比例越高。在欧洲东北部，蚯蚓的大尺度分布格局明显受气候条件、生境适合度(可入侵性)、人类活动方式和土地利用方式等因素影响，而这些因素又是相互关联的。在尺度较小的北美五大湖区西部，蚯蚓的组成和分布依赖于入侵蚯蚓的种群结构、生活史特点(如孤雌生殖)、传播工具及生境中土壤和

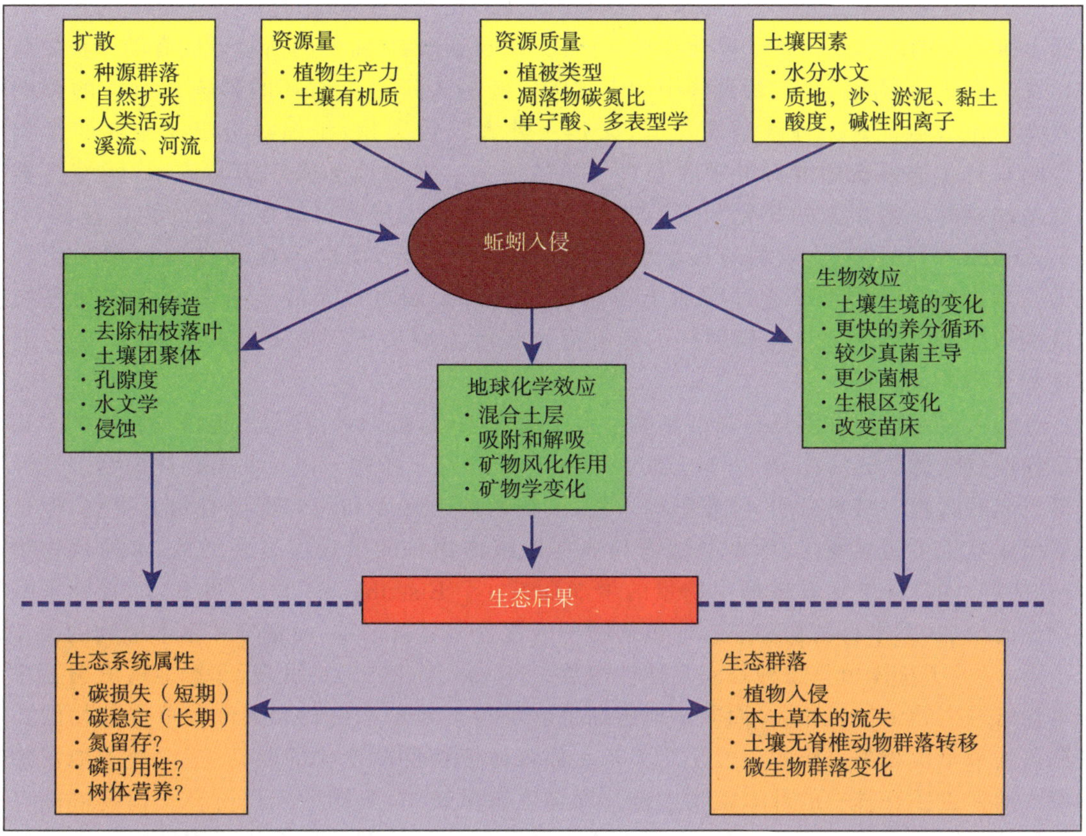

图 8-3 蚯蚓入侵对土壤生态系统的生物、化学和物理特性的影响(改自 Bohlen 等,2004)

凋落物的特性。另外,一种蚯蚓的入侵,可能促进其他蚯蚓的入侵,如表栖类蚯蚓的入侵,增加了土壤有机质含量,会有利于内栖型蚯蚓入侵。

许多关于蚯蚓入侵的研究都集中在对养分循环和土壤微生物过程的影响方面(Scheu 和 Parkinson,1994;Groffman 等,2004;Bohlen 等,2004)。蚯蚓通过土壤有机质的再分配和转化,消耗了富含有机物的森林地表物质,并将其吸收到下面的矿物土壤中,将土壤系统从一个缓慢循环、真菌主导的系统转变为一个快速循环、细菌主导的系统。蚯蚓入侵对土壤养分循环的影响程度和方式取决于特定蚯蚓种的生活史特征,其通常被广泛地归类为三个主要生态类群:表栖型(epigeic)、内栖型(endogeic)和深栖型(anecic)。表栖型主要栖息在土壤表层的有机层,可能导致有限的矿质和有机土壤层混合。内栖型栖息在矿质层或混合土壤层,能够加强有机土壤层和矿质土壤层的混合。深栖型蚯蚓能够形成几乎垂直的永久洞穴,深度可达 1～2 m。这些物种将凋落物带入深层土壤,并将不同深度的矿质土壤带到地表,导致土壤混合,这与表栖型和内栖型的混合有很大不同。

土壤物理性质的变化是北方森林蚯蚓入侵的最明显标志。目前我们还不清楚这些物理变化和有机物质的重新分配如何影响生态系统水平的过程,如总碳储量、氮转化率,以及营养物质如何通过水文和气体途径损失。由于全球变暖,蚯蚓入侵可以增加北方森林的碳通量,增加土壤碳流失。明尼苏达州硬木混交林(Alban 和 Berry,1994)每公顷每年碳损失约 600 kg,美国东北部糖枫林碳损失占表层土壤总碳的 28%(Bohlen 等,2004)。加速土壤碳矿化的主要原因是蚯蚓的呼吸作用、肠道微生物以及蚯蚓粪所起的作用。蚯蚓黏液中不稳定碳化合物的分泌和土壤结构的改变也增加了矿化作用。然而，从长远来看，蚯蚓的活动可能有助于稳定蚯蚓粪以及蚯蚓活动形成的稳定团聚体中的土壤碳。蚯蚓入侵对氮循环的影响比对碳的影响更为复杂。土壤氮既是一种限制性养分，又是一种大气污染物，蚯蚓对土壤氮循环的影响可能影响森林生态系统中养分的吸收和大气氮的去向。在室内和微宇宙实验中，蚯蚓已被证明能增加森林土壤中氮的矿化和氮的淋溶，这表明蚯蚓入侵有可能加速氮的转化速率（Nsiah-Gyambibi 等，2021）。蚯蚓的入侵也影响土壤磷的循环，而磷的循环受到物理和化学变化的强烈影响。蚯蚓可以通过增加土壤矿物质对磷的固定以及改变有机磷的矿化来极大地改变磷循环。蚯蚓对土壤磷循环的影响很大程度上取决于区域土壤矿物组成、土层混合程度和入侵时间。

蚯蚓入侵对植被群落具有强烈影响。多个研究表明，蚯蚓入侵后，本地植物物种的丰富度和多样性会降低。Craven 等（2017）通过 Meta 分析探究了蚯蚓入侵对北美森林植物多样性和群落组成的影响。结果表明，随着蚯蚓入侵，植物物种丰富度和均匀度没有明显变化，但植物群落组成发生了明显变化：禾本科植物和非本地植物物种的覆盖度显著增加，本地植物物种（各功能群）的覆盖度随着蚯蚓生物量的增加而减小。Eisenhauer（2010）发现，随着外来蚯蚓生物量的增加，禾本科植物和非本地植物物种的覆盖率显著增加，而草本和木本植物的覆盖趋于下降，降低了总体植物物种香农多样性指数。Nuzzo 等（2015）也发现，非本地植物覆盖率与非本地蚯蚓生物量呈正相关，而非本地蚯蚓生物量与本地木本植物和大部分草本植物的盖度及凋落物量呈负相关。蚯蚓入侵是北美东北部森林植物群落变化的驱动力，它使本地植物物种减少而促进了森林中的外来植物入侵。森林生态系统中，蚯蚓的入侵对林下植物群落有直接和间接的影响。一方面，蚯蚓在土壤中的取食行为会导致森林地面的草本植物和木本幼苗直接死亡；另一方面，蚯蚓可能会通过摄取、掩埋种子，以及减少森林地面提供的庇护，从而减少植物的再生，使种子和幼苗暴露在干燥的环境中，并受到昆虫、小型哺乳动物和其他生物的捕食。土壤养分动态的变化，包括氮磷流失的增加和有效性的降低，也可能影响蚯蚓入侵后草本植物群落的生长和组成。除了对林下草本植物的影响外，蚯蚓的入侵还可能通过影响根系的分布和功能来影响覆盖层木本植物（Cassin 和 Kotanen，2016）。入侵蚯蚓可以通过移除森林地表落叶层，使树根暴露在外并改变它们在土壤中的分布，这种变化对树木营养、幼苗建立和种子存活的长期后果是未知的（Nuzzo 等，2015）。

8.2.2 土壤微生物与温室气体的产生和转化

温室气体浓度的增加被认为是气候变化的主要原因。全世界约 1/5 的 CO_2、1/3 的 CH_4 和 2/3 的 N_2O 的排放是由土壤产生的（Bamminger 等，2014）。土壤微生物参与碳、氮、磷和其他元素循环，同时也产生和消耗温室气体。因此，土壤微生物对大气温室气体既有正反馈又有负反馈。作为全球变化的“调节器”，土壤微生物及其代谢活动可以通过多种方式影响陆地与大气之间的碳氮交换。土壤微生物通过影响元素生物地球化学过程，在很大程度上影响温室气体的排放与消纳，包括甲烷和氮氧化物。据估算，全球每年氮肥投入量高达上亿吨，绝大部分氮肥以铵态氮的形式进入土壤后，必须在微生物的作用下才能完成氮循环维系地球生态系统的可持续发展（朱永官等，2021）。而这一过程中会产生大量的 N_2O 和 NO 等温室气体并影响气候变化。事实上，每年全球湿地CH_4排放量高达上亿吨，而这些CH_4排放完全来自微生物的作用。同时，在全球变暖的背景下，温度升高可在一定程度促进土壤微生物组的活性，加速有机质的分解并向大气中释放更多的二氧化碳，形成全球升温的正反馈。对土壤微生物与温室气体的产生和转化机制的深刻理解，有助于更加准确地估算温室气体排放量及其全球增温效应，为发展更好的减排措施提供理论基础。

造成全球变暖最主要的三种温室气体分别是CO_2、CH_4和N_2O。土壤微生物通过平衡土壤有机质的积累和释放，充当土壤-大气碳交换的守门人，对陆地生态系统CO_2的排放具有重要影响(Georgiou 等，2017)。在陆地生态系统的碳循环过程中，土壤微生物既可以通过分解代谢向大气释放碳，又可以通过合成代谢将外源碳转化成某种物质形式储存于土壤中，在土壤生态系统碳排放过程中发挥了关键作用。在碳转化的过程中，土壤微生物既可以作为分解者调控非微生物来源碳的周转，也可以作为贡献者调控微生物来源碳的形成。基于此，Liang 等(2017)聚焦于土壤微生物体内合成代谢过程，提出了以土壤微生物碳泵(microbial carbon pump，MCP)概念为核心的新的有机碳形成和稳定机制，强调了土壤微生物同化合成产物是土壤稳定有机碳库的重要贡献者，其概念体系可以较好地阐释土壤有机碳的来源、形成与截获过程。

土壤微生物对土壤碳循环分配过程的控制可根据其对植物源碳的利用模式不同，分为两个途径：微生物的体外修饰和体内周转。在体外修饰途径中，土壤微生物主要行使的是分解者的功能。为了获取自身所需的能源和养分，微生物会合成酶将其分泌到细胞外，使其在土壤中或者结合在微生物细胞膜上催化分解土壤有机底物，这类被微生物细胞分泌到胞外行使水解或氧化催化作用的酶被称为胞外酶。土壤有机质在胞外酶的催化分解过程中会释放大量CO_2到空气中。Maire 等(2013)通过土壤灭菌试验发现，土壤中微生物来源的酶对土壤有机底物催化分解产生的CO_2可高达土壤呼吸的一半。在体内周转途径中，易于被微生物吸收利用的小分子有机质是微生物体内同化作用的重要驱动力(Zhu 等，2018)，这部分底物既可以是微生物通过体外修饰途径不断产生的植物源小分子，也可以是土壤中微生物源的易分解有机碳。

土壤微生物对土壤碳循环分配过程的影响因素有很多，包括：温度、水分、极端天气以及植被因素等间接影响。温度是有机物分解速度的一个重要决定因素，但温度与异养微生物呼吸之间的关系及其对气候变化的反馈潜力尚不清楚(Lehmann 和 Kleber，2015)。由于土壤有机物固有的复杂性和多样性，不同化学成分和基质组成的土壤碳的微生物分解具有不同的依赖性。据估计，到 2100 年，由于气候变暖，地球上 25%的永久冻土可能解冻，释放出大量本来受保护的有机物用于微生物分解，从而对气候变化产生正向反馈。与气候变化相关的干旱和冰冻等极端天气事件频率的增加，对微生物及其活动的影响可能比温度和降水的总体变化更大。众所周知，干旱和冰冻都可以对微生物生理学和活性微生物群落的组成产生重大的直接影响，对生态系统水平的碳和营养物流产生重要影响(Schimel 等，2007)。然而，这些压力对微生物群落的影响以及碳交换的后果可能在不同的生态系统中有很大差异。气候变化可能通过对植物生长和植被组成的影响，对土壤微生物群落及其活动产生明显的间接影响，从而可能导致微生物对气候变化的反馈(Bardgett 等，2008)。

土壤微生物及其代谢活动可以影响陆地-大气层碳交换的方式有很多种，但这些方式大致可分为影响生态系统CO_2和CH_4吸收的方式，以及通过呼吸和CH_4生产控制土壤碳流失的方式。土壤微生物将温室气体反馈到大气层并促成全球变暖，而气候变化对土壤微生物的活动有直接和间接的影响：直接影响包括温度对土壤微生物和温室气体生成的影响、降水量的变化和极端气候事件，而间接影响则是由气候引起的植物生产力和多样性的变化造成的，这些变化改变了土壤条件、土壤的物理化学碳供应以及参与分解过程。这种以植物为媒介的气候变化对土壤微生物的间接影响通过各种机制发挥作用，对气候变化的反馈途径各不相同，但可以大致分为两种。第一种机制通过增加大气中 CO_2 浓度，增加植物光合作用和光合产物向细根和菌根真菌以及异养微生物转移，对土壤微生物产生的间接影响(Johnson 等，2005)。已经确定的是，CO_2 浓度升高会增加植物的光合作用和生长，特别是在营养丰富的条件下，反之又会通过易降解糖、有机酸和氨基酸的根系分泌物来增加碳流通到根、共生体和异养微生物的通量。从根到土壤的碳通量增加对微生物群落和碳交换的影响很难预测，这些影响会因为植物特性、土壤食物网相互作用、土壤肥力和一系列其他生态系统特性等因素而大不相同。第二种机制是通过植物功能组成和多样性的变化而产生的，这种变化需要几十年到几个世纪的时间跨度(Woodward 等，2004)。探究气候变化对微生物的直接和间接影响，以及这种影响能否促进或抑制土壤微生物对碳循环反馈的能力，有助于了解土壤微生物对全球变化背景下对土壤碳排放的潜在正面和负面影响。

相比于 CO_2，CH_4 和 N_2O 具有更强的使全球变暖的潜力。CH_4 和 N_2O 分子吸收红外辐射的能力比 CO_2 更强，从而对大气的辐射和相关的全球气候变化产生重大影响。研究表明，在 100 年的时间尺度上，CH_4 的全球变暖潜力是 CO_2 的 28 倍，因此预计 CH_4 将在未来的气候变化中发挥重要作用(Chen 等，2020)。农业生产是温室气体 N_2O 的最大排放源，N_2O 通过微生物氧化和氮的还原而释放。全球变化扰乱了微生物氮转化(分解、矿化、硝化、反硝化和固定)和 N_2O 的释放速率，因此迫切需要了解全球变化和其他人类活动对氮化合物微生物转化的影响(Zhu-Barker 等，2015)。

近年来，随着与温室气体产生与转化相关的微生物被发现，微生物与其局部地球化学之间的动态关系得到了更好的认识，微生物和代谢物之间不可预见的相互作用已被确定，这种相互作用影响了 N_2O 和 CH_4 的产生和消耗。N_2O 是一种古老的末端电子受体，被不同种类的功能微生物所利用。硝化微生物产生的 N_2O 受生物和非生物反应的控制，这些反应不仅受生物因素的影响，也受地球化学因素的影响。细菌和古细菌对 CH_4 的氧化可与多种末端电子受体结合，包括硝酸盐、亚硝酸盐、铁、锰和硫酸盐，同时会导致 N_2O 的产生。产甲烷菌是严格的厌氧菌，在好氧土壤中含量丰富且活跃(Zumft 和 Kroneck，2007)。除了微生物和代谢潜力的新发现外，最近的研究表明，微生物产生和释放活性中间体受到金属元素(如铜、铁、锰、镧系元素)的强烈影响，而金属元素反过来又会影响 N_2O 和 CH_4 进入大气的动态通量(Krause 等，2017)。

Stein(2020)将产生和消耗 N_2O 和 CH_4 的四种微生物功能群(硝化细菌、反硝化细菌、甲烷营养菌和产甲烷菌)及其过程进行了总结(图 8-4)。①硝化细菌在有氧条件下使羟胺(NH_2OH)、一氧化氮(NO)和亚硝酸盐(NO_2^-)与亚铁离子发生反应，产生 N_2O。在缺氧条件下，硝化细菌通过反硝化，将 NO 和 NO_2^- 酶促还原为 N_2O。②反硝化细菌在缺氧条件下依次将硝酸盐(NO_3^-)还原为 NO_2^-、NO 和 N_2O，然后还原为 N_2，并在此过程中释放 N_2O。Clade Ⅱ 一氧化二氮还原酶(NosZ)由非反硝化 N_2O 还原剂编码，将 N_2O 还原为 N_2。NosZ 的活性以及将 N_2O 还原为 N_2 反应的活性与铜(Cu)的有效性相关。③甲烷营养菌可以利用甲烷氧化菌素从反硝化细菌中分离铜，从而降低 NosZ 活性。在缺氧条件下，甲烷营养菌通过还原 NO_3^-、NO_2^- 和 NO 产生 N_2O。NC10 细菌氧化 CH_4 并还原 NO_2^- 以形成 CO_2 和 N_2。④产甲烷菌厌氧产生 CH_4。厌氧甲烷营养古菌(ANME)通过还原几个与生物地球化学相关的电子受体，将 CH_4 厌氧氧化转化为 CO_2。好氧甲烷氧化菌分为三个细菌门类：变形杆菌门、疣微菌门和 NC10。这些细菌门中的部分细菌使用甲烷作为细胞组织和能量的唯一来源。铜和镧系元素都对需氧甲烷氧化菌有很强的调节作用：在细菌培养底物和环境中，与可溶性甲烷单加氧酶相比，高浓度铜有利于膜结合蛋白(pMMO)的表达。因此一些需氧甲烷氧化菌产生甲烷氧化酶，这种物质能有效地清除铜以促进甲烷氧化，同时消耗其他微生物过程，如 NosZ 还原 N_2O。

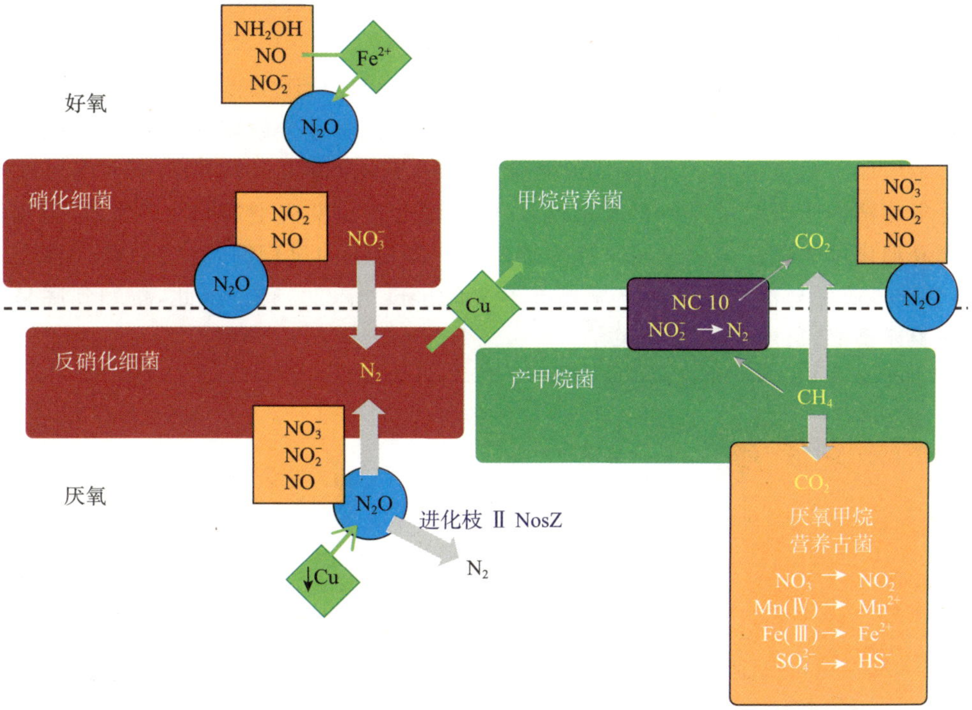

图 8-4 产生和消耗一氧化二氮(N_2O)和甲烷(CH_4)的四种微生物功能群(改自 Stein，2020)

8.2.3 蚯蚓与温室气体的产生和转化

蚯蚓究竟是不是温室气体的有效来源，一直是一个有争议的话题。蚯蚓作为土壤生态系统的工程师，通过挖掘活动改变土壤结构，其肠道通过为细菌提供潮湿的环境、矿物质氮和反硝化过程中可利用的碳，为反硝化提供了有利条件，进一步诱导厌氧条件，这些有利条件促进了土壤团聚体中 N_2O 的排放(Drake 和 Horn，2006)。Lemtiri 等(2014)的研究表明蚯蚓通过影响微生物活动、分泌黏液以及挖掘活动，导致土壤中 N_2O 排放量提高 3 倍。蚯蚓通过在土壤中掺入植物残体间接刺激温室气体的产生，并随着气体动态改变土壤湿度(Lubbers 等，2013)。

蚯蚓肠道与温室气体的产生具有重要联系。蚯蚓肠道包含复杂的微生物群，在分解肠道内有机物质过程中，创造了厌氧条件。在蚓触圈尺度上，蚯蚓的生物结构和蚯蚓耕作的土壤会形成氧化还原条件的梯度，并富含反硝化作用需要的无机氮和可溶性碳基质。蚯蚓肠道、蚓穴土壤及蚓粪构成的蚓触圈，是蚯蚓成为 N_2O 排放源的重要原因。蚓触圈中丰富的营养元素加快了土壤微生物的扩散并提高了它们的活性，微生物加快了土壤氮的周转和分解速率。蚯蚓肠道所具有的永久性厌氧环境以及大量可利用的有机物都极大地促进反硝化细菌的生长。在生理学上，厌氧蚯蚓肠道是有利于反硝化作用进行的微生物场所，肠道中的矿质氮、有效碳和适宜的湿度都会刺激反硝化细菌的活性。此外，肠道中来自微生物的黏液增强了厌氧活性并加速了缺氧条件下的发酵反应。因此，蚯蚓肠道在温室气体排放过程中发挥重要作用，相关的肠道微生物在其中相互作用，最终导致温室气体的产生（图 8-5）。植物残体被蚯蚓取食后进入肠道，肠道中的微生物以及黏液刺激前肠中碳和氮的同化。接着在中肠处理后，由该区域的梭状芽孢杆菌进行 N_2 固定，并通过氨化过程促进了 N_2O 的产生。同时，其他微生物通过酶的作用消化有机底物。最后一个区域被称为后肠，在此区域进行碳的再同化，导致二氧化碳比例增加（Lubbers 等，2013）。然而也有研究报道蚯蚓还能够通过分解残留物和形成微团聚体和大团聚体来增加土壤碳储量并减少 CO_2 的排放（Jongmans 等，2001；Pulleman 等，2005）。中国科学院华南植物园研究员傅声雷等发现，尽管蚯蚓会在短期内增加 CO_2 的排放，但它们还稳定了大部分消化过的碳。蚯蚓在同时加快碳矿化和碳稳定的过程时，将多数碳固存在了土壤中，因此总碳排放量与没有蚯蚓的土壤相差不大（Zhang 等，2013）。因此，蚯蚓到底是作为温室气体的源还是汇，目前仍然有待探究。

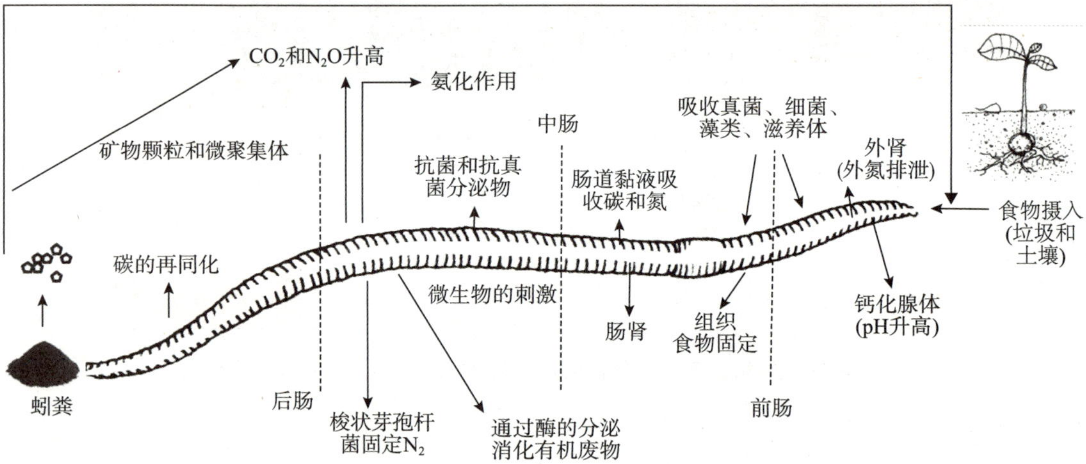

图 8-5　蚯蚓肠道在生物扰动过程中与微生物相互作用产生温室气体（改自 Lubbers 等，2013）

Lubbers 等（2013）的研究结果表明，蚯蚓分别增加了 42% 的 N_2O 和 33% 的 CO_2 排放，而土壤有机碳不受挖掘活动的影响，全球变暖潜能值增加了 16%。但是，温室气体排放与蚯蚓活动、土壤理化过程、温室气体产生等因素有着复杂的关系，需要进一步深入研究。例如，有研究表明，在类似的实验条件下，蚯蚓在温室气体排放方面表现出不同的结果，包括土壤中 CO_2 排放增加，N_2O 排放减少（Speratti 和 Whalen，2008；Contreras-Ramos 等，2009）。蚯蚓通常通过挖掘活动加速有机物在土壤中的吸收，并形成团聚体，防止 CO_2 的快速释放。蚯蚓的活动增加了田间有机碳。在传统的耕作系统中，有机质在 15 年内显著下降，然而当蚯蚓存在时，有机质则保持在一个较高的含量（Riley 等，2008）。Fonte 等（2010）的研究表明，蚯蚓只有在施用有机残留物时才能增强土壤的稳定性。Blouin 等(2013)通过 CENTURY 模型预测,蚯蚓的消失将在 30 年内导致土壤碳含量下降 10%。

土壤产生的 N_2O 受到土壤动物的影响,而土壤动物在温室气体排放中起着关键作用(Kuiper 等,2013)。有研究报道了蚯蚓活动能使土壤向环境释放 N_2O,但在四环素和链霉素等抗生素存在下,蚯蚓则无法产生 N_2O,证明相关微生物参与了 N_2O 的排放(Blouin 等,2013)。红蚯蚓(*Lumbricus rubellus*)、陆正蚓(*Lumbricus terrestris*)和暗色阿波蚓(*Aporrectodea caliginosa*)被报道是在 N_2O 排放中起关键作用的物种(Speratti 和 Whalen,2008)。此外,蚯蚓摄入的反硝化细菌与肠道和土壤中存在的反硝化细菌有所不同。肠道中的微生物始终与高浓度的碳质底物(如碳水化合物和脂肪酸)同时存在,导致反硝化作用的发生(Drake 和 Horn,2006),从而增加 N_2O 的产生。在前肠部位,N_2O 的原位浓度约为 0.0027 nmol/L,中肠区域为 0.0056 nmol/L,肛门区域约为 0.002 nmol/L,表明加速 N_2O 产生的条件存在于中肠区域(Horn 等,2003)。此外,也有研究报道蚯蚓粪比附近的土壤有更强的反硝化潜力(Lipiec 等,2015)。

研究表明,蚯蚓在短期(30 d)内增加了 CO_2 的产生,而这种趋势随着实验持续时间的增加而减少,并在 200 d 后消失(Lubbers 等,2013)。这些结果表明,蚯蚓使主要的碳衰变发生了逆转,但长期以来总碳含量未被分解。但在这 200 d 内,蚯蚓不提高土壤有机碳,因此不参与碳固存。然而,研究人员观察到,蚯蚓增加了碳封存,这可能是由于 SOC 稳定性的增强,使 SOC 物质在超过 200 d 的时间内不容易被破坏。一般来说,CO_2 的排放是由于蚯蚓的呼吸作用和肠道中微生物活动产生的,影响 CO_2 排放的因素有很多,例如不同的蚯蚓种类和组合。Speratti 和 Whalen 观察到内栖型蚯蚓组合(陆正蚓和暗色阿波蚓)比特定单一物种处理具有更高的 CO_2 排放量(Speratti 和 Whalen,2008),说明微生物的呼吸作用是由于内源性和非内源性官能团的相互作用而增强。Augustenborg 等(2012)的研究表明,生物炭等添加物可以减少蚯蚓存在时 N_2O 和 CO_2 的排放。生物炭改性改变了微生物的作用和群落结构,通过减少 CO_2 和 N_2O 的排放,形成了更有效的微生物群落,因此在可耕种的土壤中应用生物炭可以减少温室气体排放。此外,废弃物颗粒大小也会通过蚯蚓的存在影响温室气体的产生。以赤子爱胜蚓(*Eisenia fetida*)为例,Tejada 等(2014)研究了赤子爱胜蚓对城市生活垃圾改良土壤中 CO_2 和 N_2O 的影响。结果表明添加有机废物的颗粒大小对温室气体排放量有一定的影响。尺寸较小(< 0.5 mm)的废物颗粒增加了有机改良剂的接触面,更易被微生物利用,增强了蚯蚓对土壤的生物作用和对有机废物的矿化作用。

与蚯蚓活动产生的 N_2O 和 CO_2 排放量相比,甲烷排放量并不明确。许多研究得出的结论是,蚯蚓整体上增强了 CH_4 的排放(Koubová 等,2012;Santos 等,2021)。然而也有研究结论与之相反。Koubová 等(2012)的研究表明,蚯蚓有能力改变土壤产甲烷菌群落的结构,但不会降低产甲烷菌的总体丰度和甲烷排放量。蚯蚓对甲烷排放量影响的差异可能与土地方式有关,不同的耕作方法和有机残留物的结合影响蚯蚓的密度和微生物群落的组成,并且影响甲烷氧化菌的活性,从而影响农田系统的甲烷排放量。

CO_2、CH_4 等温室气体的过量排放,会引起气候变化,导致全球变暖,加剧干旱、热浪、寒潮等极端天气的频繁发生。为了积极应对全球变化,实现绿色发展,我国于 2020 年提出"力争 2030 年前二氧化碳排放达到峰值,2060 年前实现碳中和"的"双碳"目标。党的二十大报告中进一步明确"积极稳妥推进碳达峰碳中和""积极参与应对气候变化全球治理"等国家战略。

因此，如何使用生态学的手段，通过调控和强化生态系统的内稳性，从而减少碳排放、增加碳固存，是当前土壤生态学亟须解决的重要问题之一。

思考题

1. 简述全球变化对土壤生物的影响，并举例说明。
2. 结合实例，谈谈土壤生物对全球变化的反馈。

参考文献

傅伯杰，贺纪正，陆雅海，2014. 土壤生物学前沿. 北京：科学出版社.

傅声雷，2018. 土壤生态学. 北京：科学出版社.

贺金生，王政权，方精云，2004. 全球变化下的地下生态学：问题与展望. 科学通报(13)：1226-1233.

聂立凯，于政达，孔范龙，等，2019. 土壤动物对土壤碳循环的影响研究进展. 生态学杂志，38(3)882-890.

任国玉，张兰生，方修琦，2000. 全球变化. 北京：高等教育出版社.

宋敏，刘银占，井水水，2015. 土壤线虫对气候变化的响应研究进展. 生态学报，35(20)：6857-6867.

孙新，李琪，姚海凤，等，2021. 土壤动物与土壤健康. 土壤学报，58(5)：1073-1083.

王邵军，2020. "植物-土壤"相互反馈的关键生态学问题：格局、过程与机制. 南京林业大学学报(自然科学版)，44(2)：1-9.

中国气象局气候变化中心，2021. 中国气候变化蓝皮书. 北京：科学出版社.

朱永官，彭静静，韦中，等，2021. 土壤微生物组与土壤健康. 中国科学：生命科学，51(1)：1-11.

Agren G I, Bosatta E, Magill A H, 2001. Combining theory and experiment to understand effects of inorganic nitrogen on litter decomposition. Oecologia, 128(3): 94-98.

Alban D H, Berry E C, 1994. Effects of earthworm invasion on morphology, carbon, and nitrogen of a forest soil. Applied Soil Ecology, 1(3): 243-249.

Allison S D, Wallenstein M D, Bradford M A, 2010. Soil-carbon response to warming dependent on microbial physiology. Nature Geoscience, 3: 336-340.

Augustenborg C A, Hepp S, Kammann C, et al., 2012. Biochar and earthworm effects on soil nitrous oxide and carbon dioxide emissions. Journal of Environmental Quality, 41(4): 1203-1209.

Bamminger C, Zaiser N, Zinsser P, et al., 2014. Effects of biochar, earthworms, and litter addition on soil microbial activity and abundance in a temperate agricultural soil. Biology and Fertility of Soils, 50(8): 1189-1200.

Baptist F, Zinger L, Clement J C, et al., 2008. Tannin impacts on microbial diversity and the functioning of alpine soils: A multidisciplinary approach. Environmental Microbiology, 10(3): 799-809.

Bardgett R D, Freeman C, Ostle N J, 2008. Microbial contributions to climate change through carbon cycle feedbacks. The ISME Journal, 2(8): 805-814.

Bazzaz F A, 1996. Plants in changing environments: Linking physiological, population, and community ecology. Cambridge University Press.

Bennett J A, Klironomos J, 2019. Mechanisms of plant-soil feedback: Interactions among biotic and abiotic drivers. New Phytologist, 222(1): 91-96.

Bever J D, Westover K M, Antonovics J, 1997. Incorporating the soil community into plant population dynamics: The utility of the feedback approach. Journal of Ecology, 85(5): 561-573.

Blouin M, Hodson M E, Delgado E A, et al., 2013. A review of earthworm impact on soil function and ecosystem services. European Journal of Soil Science, 64(2): 161-182.

Bohlen P J, Groffman P M, Fahey T J, et al., 2004. Ecosystem consequences of exotic earthworm invasion of north temperate forests. Ecosystems, 7(1): 1-12.

Cai A, Liang G, Yang W, et al., 2021. Patterns and driving factors of litter decomposition across Chinese terrestrial ecosystems. Journal of Cleaner Production, 278: 123964.

Carrera A, 2010. Relationships among plant litter, fine roots, and soil organic C and N across an aridity gradient in northern Patagonia, Argentina. Ecoscience, 17: 276-286.

Cassin C M, Kotanen P M, 2016. Invasive earthworms as seed predators of temperate forest plants. Biological Invasions, 18(6): 1567-1580.

Chen H, Zhu T, Li B, et al., 2020. The thermal response of soil microbial methanogenesis decreases in magnitude with changing temperature. Nature Communications, 11(1): 5733.

Contreras-Ramos S M, álvarez-Bernal D, Montes-Molina J A, et al., 2009. Emission of nitrous oxide from hydrocarbon contaminated soil amended with waste water sludge and earthworms. Applied Soil Ecology, 41(1): 69-76.

Craven D, Thakur M P, Cameron E K, et al., 2017. The unseen invaders: introduced earthworms as drivers of change in plant communities in north American forests (a Meta-analysis). Global Change Biology, 23(3): 1065-1074.

Crowther T W, Todd-Brown K E, Rowe CW, et al., 2016. Quantifying global soil carbon losses in response to warming. Nature, 540(7631): 104-108.

de Graaff M, van Groenigen K, Six J, et al., 2006. Interactions between plant growth and soil nutrient cycling under elevated CO_2: A Meta-analysis. Global Change Biology, 12(11): 2077-2091.

de Long J R, Heinen R, Jongen R, et al., 2020. How plant-soil feedbacks influence the next generation of plants. Ecological Research, 36(1): 32-44.

de Vries F T, Liiri M E, Bjørnlund L, et al., 2012. Land use alters the resistance and resilience of soil food webs to drought. Nature Climate Change, 2(4): 276-280.

de Vries F T, Thebault E, Liiri M, et al., 2013. Soil food web properties explain ecosystem services across european land use systems. Proceedings of the National Academy of Sciences of the United States of America, 110(35): 14296-14301.

Delgado-Baquerizo M, Guerra C A, Cano-Díaz C, et al., 2020. The proportion of soil-borne pathogens increases with warming at the global scale. Nature Climate Change, 10(6): 550-554.

Ding X, Chen S, Zhang B, et al., 2019. Warming increases microbial residue contribution to soil organic carbon in an alpine meadow. Soil Biology and Biochemistry, 135: 13-19.

Dove N C, Torn M S, Hart S C, et al., 2021. Metabolic capabilities mute positive response to direct and indirect impacts of warming throughout the soil profile. Nature Communications, 12

(1): 2089.

Drake H L, Horn M A, 2006. Earthworms as a transient heaven for terrestrial denitrifying microbes: A review. Engineering in Life Sciences, 6(3): 261-265.

Eisenhauer N, Cesarz S, Koller R, et al., 2012. Global change belowground: Impacts of elevated CO_2, nitrogen, and summer drought on soil food webs and biodiversity. Global Change Biology, 18(2): 435-447.

Eisenhauer N, 2010. The action of an animal ecosystem engineer: Identification of the main mechanisms of earthworm impacts on soil microarthropods. Pedobiologia, 53(6): 343-352.

Felipe-Lucia M R, Soliveres S, Penone C, et al., 2020. Land-use intensity alters networks between biodiversity, ecosystem functions, and services. Proceedings of the National Academy of Sciences of the United States of America, 117(45): 28140-28149.

Feng Y, Zhang J, Berdugo M, et al., 2022. Temperature thresholds drive the global distribution of soil fungal decomposers. Global Change Biology, 28(8): 2779-2789.

Ferlian O, Thakur M P, Castaneda Gonzalez A, et al., 2020. Soil chemistry turned upside down: A Meta-analysis of invasive earthworm effects on soil chemical properties. Ecology, 101(3): e2936.

Fierer N, 2017. Embracing the unknown: Disentangling the complexities of the soil microbiome. Nature Reviews Microbiology, 15(10): 579-590.

Fonte S J, Barrios E, Six J, 2010. Earthworm impacts on soil organic matter and fertilizer dynamics in tropical hillside agroecosystems of honduras. Pedobiologia, 53(5): 327-335.

Franco A L C, Sobral B W, Silva A L C, et al., 2019. Amazonian deforestation and soil biodiversity. Conservation Biology, 33(3): 590-600.

Fu S, Zou X, Coleman D, 2009. Highlights and perspectives of soil biology and ecology research in China. Soil Biology and Biochemistry, 41(5): 868-876.

Georgiou K, Abramoff R Z, Harte J, et al., 2017. Microbial community-level regulation explains soil carbon responses to long-term litter manipulations. Nature Communications, 8(1): 1223.

Glassman S I, Weihe C, Li J, et al., 2018. Decomposition responses to climate depend on microbial community composition. Proceedings of the National Academy of Sciences of the United States of America, 115(47): 11994-11999.

Groffman P M, Bohlen P J, Fisk M C, et al., 2004. Exotic earthworm invasion and microbial biomass in temperate forest soils. Ecosystems, 7(1): 45-54.

Guo X, Gao Q, Yuan M, et al., 2020. Gene-informed decomposition model predicts lower soil carbon loss due to persistent microbial adaptation to warming. Nature Communications, 11(1): 4897.

He J S, Bazzaz F A, Schmid B, 2002. Interactive effects of diversity, nutrients and elevated CO_2 on experimental plant communities. Oikos, 97(3): 337-348.

Horn M A, Schramm A, Drake H L, 2003. The earthworm gut: An ideal habitat for ingested N_2O-producing microorganisms. Applied and Environmental Microbiology, 69(3): 1662-1669.

Hu Z, Zhu C, Chen X, et al., 2017. Responses of rice paddy micro-food webs to elevated CO_2 are modulated by nitrogen fertilization and crop cultivars. Soil Biology and Biochemistry, 114: 104-113.

Hungate B A, van Groenigen K, Six J, et al., 2009. Assessing the effect of elevated carbon dioxide on soil carbon: A comparison of four Meta-analyses. Global Change Biology, 15 (8): 2020-2034.

IPCC, 2021. AR6 climate change 2021: The physical science basis. Cambridge University Press.

Jia J, Cao Z, Liu C, et al., 2019. Climate warming alters subsoil but not topsoil carbon dynamics in alpine grassland. Global Change Biology, 25(12): 4383-4393.

Johnson D, Krsek M, Wellington E M H, et al., 2005. Soil invertebrates disrupt carbon flow through fungal networks. Science, 309(5737): 1047.

Johnston A, Meade A, Ard J, et al., 2021, Temperature thresholds of ecosystem respiration at a global scale. Nature Ecology and Evolution, 5: 487-494.

Jongmans A G, Pulleman M, Marinissen J C Y, 2001. Soil structure and earthworm activity in a marine silt loam under pasture versus arable land. Biology and Fertility of Soils, 33: 279-285.

Kadowaki K, Yamamoto S, Sato H, et al., 2018. Mycorrhizal fungi mediate the direction and strength of plant-soil feedbacks differently between arbuscular mycorrhizal and ectomycorrhizal communities. Communications Biology, 1: 196.

Kostin J E, Cesarz S, Lochner A, et al., 2021. Land-use drives the temporal stability and magnitude of soil microbial functions and modulates climate effects. Ecological Applications, 31 (5): e2325.

Koubová A, Goberna M, Aimek M, et al., 2012. Effects of the earthworm eisenia andrei on methanogens in a cattle-impacted soil: A microcosm study. European Journal of Soil Biology, 48: 32-40.

Krause S M, Johnson T, Samadhi K Y, et al., 2017. Lanthanide-dependent cross-feeding of methane-derived carbon is linked by microbial community interactions. Proceedings of the National Academy of Sciences of the United States of America, 114(2): 358-363.

Kuiper I, de Deyn G B, Thakur M P, et al., 2013. Soil invertebrate fauna affect N_2O emissions from soil. Global Change Biology, 19(9): 2814-2825.

Lehmann J, Kleber M, 2015. The contentious nature of soil organic matter. Nature, 528(7580): 60-68.

Lemtiri A, Colinet G, Alabi T, et al., 2014. Impacts of earthworms on soil components and dynamics. A review. Biotechnology, Agronomy, Society and Environment, 18(1): 121-133.

Li Y, Feng J, Chen J, et al., 2007. Original vegetation type affects soil nematode communities. Applied Soil Ecology, 35(1): 68-78.

Liang C, Schimel J P, Jastrow J D, 2017. The importance of anabolism in microbial control over soil carbon storage. Nature Microbiology, 2(8): 17105.

Lipiec J, Brzezińska M, Turski M, et al., 2015. Wettability and biogeochemical properties of the drilosphere and casts of endogeic earthworms in pear orchard. Soil and Tillage Research, 145: 55-61.

Liu D, Ogaya R, Barbeta A, et al., 2015. Contrasting impacts of continuous moderate drought and episodic severe droughts on the aboveground-biomass increment and litterfall of three coexisting mediterranean woody species. Global Change Biology, 21(11): 4196-4209.

Lubbers I M, González E L, Hummelink E W J, et al., 2013. Earthworms can increase nitrous oxide emissions from managed grassland: A field study. Agriculture, Ecosystems and Environment, 174: 40-48.

Luo Z, Luo Y, Wang G, et al., 2020. Warming-induced global soil carbon loss attenuated by downward carbon movement. Global Change Biology, 26(12): 7242-7254.

Maire V, Alvarez G, Colombet J, et al., 2013. An unknown oxidative metabolism substantially contributes to soil CO_2 emissions. Biogeosciences, 10(2): 1155-1167.

Mueller K E, Blumenthal D M, Carrillo Y, et al., 2016. Elevated CO_2 and warming shift the functional composition of soil nematode communities in a semiarid grassland. Soil Biology and Bio-Chemistry, 103: 46-51.

Nsiah-Gyambibi R, Essandoh H M K, Asiedu N Y, et al., 2021. Valorization of fecal sludge stabilization via vermicomposting in microcosm enriched substrates using organic soils for vermicompost production. Heliyon, 7(3): e06422.

Nuzzo V, Dávalos A, Blossey B, et al., 2015. Invasive earthworms shape forest seed bank composition. Diversity and Distributions, 21(5): 560-570.

Parker T C, Sanderman J, Holden R D, et al., 2018. Exploring drivers of litter decomposition in a greening arctic: Results from a transplant experiment across a treeline. Ecology, 99(10): 2284-2294.

Pressler Y, Moore J C, Cotrufo M F, 2019. Belowground community responses to fire: Meta-analysis feveals contrasting responses of soil microorganisms and mesofauna. Oikos, 128(3): 309-327.

Pugnaire F I, Morillo J A, Penuelas J, et al., 2019. Climate change effects on plant-soil feedbacks and consequences for biodiversity and functioning of terrestrial ecosystems. Science Advances, 5(11): eaaz1834.

Pulleman M M, Six J, van Breemen N, et al., 2005. Soil organic matter distribution and microaggregate characteristics as affected by agricultural management and earthworm activity. European Journal of Soil Science, 56(4): 453-467.

Ren C, Wang T, Xu Y, et al., 2018. Differential soil microbial community responses to the linkage of soil organic carbon fractions with respiration across land-use changes. Forest Ecology and Management, 409: 170-178.

Riley H, Pommeresche R, Eltun R, et al., 2008. Soil structure, organic matter and earthworm activity in a comparison of cropping systems with contrasting tillage, rotations, fertilizer levels and manure use. Agriculture, Ecosystems and Environment, 124(3-4): 275-284.

Rowland L, da Costa A C L, Oliveira A A R, et al., 2018. Shock and stabilisation following long-term drought in tropical forest from 15 years of litterfall dynamics. Journal of Ecology, 106(4): 1673-1682.

Ruess L, Michelsen A, Schmidt I K, et al., 1999. Simulated climate change affecting microorganisms, nematode density and biodiversity in subarctic soils. Plant and Soil, 212(1): 63-73.

Santos A, Cremonesi M V, Zanatta J A, et al., 2021. Emission of greenhouse gases and soil changes in casts of a giant Brazilian earthworm. Biology and Fertility of Soils, 57(5): 617-628.

Scheu S, Parkinson D, 1994. Effects of earthworms on nutrient dynamics, carbon turnover and microorganisms in soils from cool temperate forests of the Canadian Rocky Mountains-laboratory studies. Applied Soil Ecology, 1(2): 113-125.

Schimel J, Balser T C, Wallenstein M, 2007. Microbialstress-response physiology and its implications for ecosystem function. Ecology, 88(6): 1386-1394.

Schwarz B, Barnes A D, Thakur M P, et al., 2017. Warming alters the energetic structure and function but not resilience of soil food webs. Nature Climate Change, 7(12): 895-900.

Sokol N W, Slessarev E, Marschmann G L, et al., 2022. Life and death in the soil microbiome: How ecological processes influence biogeochemistry. Nature Reviews Microbiology, 20(7): 415-430.

Speratti A B, Whalen J K, 2008. Carbondioxide and nitrous oxide fluxes from soil as influenced by anecic and endogeic earthworms. Applied Soil Ecology, 38(1): 27-33.

Stein L Y, 2020. The long-term relationship between microbial metabolism and greenhouse gases. Trends in Microbiology, 28(6): 500-511.

Suseela V, Tharayil N, Xing B, et al., 2015. Warming and drought differentially influence the production and resorption of elemental and metabolic nitrogen pools in *Quercus rubra*. Global Change Biology, 21(11): 4177-4195.

Tedersoo L, Bahram M, Zobel M, 2020. How mycorrhizal associations drive plant population and community biology. Science, 367(6480): eaba1223.

Tejada M, Sanchez-Monedero M A, Gomez I, 2014. Influence of particle size of municipal solid waste amendments and presence or absence of eisenia fetidaon soil greenhouse gases emission. Communications in Soil Science and Plant Analysis, 45(9): 1214-1226.

Tian J, Zong N, Hartley I P, et al., 2021. Microbial metabolic response to winter warming stabilizes soil carbon. Global Change Biology, 27(10): 2011-2028.

van den Hoogen J, Geisen S, Routh D, et al., 2019. Soil nematode abundance and functional group composition at a global scale. Nature, 572(7768): 194-198.

van der Putten W H, Bardgett R D, Bever JD, et al., 2013. Plant-soil feedbacks: The past, the present and future challenges. Journal of Ecology, 101(2): 265-276.

van Groenigen K J, Qi X, Osenberg C W, et al., 2014. Faster decomposition under increased atmospheric CO_2 limits soil carbon storage. Science, 344(6183): 508-509.

Winck B R, Rigotti V M, Saccol de sá E L, 2019. Effects of different grazing intensities on the composition and diversity of collembola communities in southern Brazilian grassland. Applied Soil Ecology, 144: 98-106.

Woodward F I, Pennington P T, Cronk Q C B, et al., 2004. Global climate and the distribution of plant biomes. Philosophical Transactions of the Royal Society B: Biological Sciences, 359(1450): 1465-1476.

Zhang W, Hendrix P F, Dame L E, et al., 2013. Earthworms facilitate carbon sequestration through unequal amplification of carbon stabilization compared with mineralization. Nature Communications, 4: 2576.

Zhu X, Liang C, Masters M D, et al., 2018. The impacts of four potential bioenergy crops on soil carbon dynamics as shown by biomarker analyses and drift spectroscopy. Global Change Biology Bioenergy, 10(7): 489-500.

Zhu-Barker X, Cavazos A R, Ostrom N E, et al., 2015. The importance of abiotic reactions for nitrous oxide production. Biogeochemistry, 126(3): 251-267.

Zumft W, Kroneck P, 2007. Respiratory transformation of nitrous oxide (N_2O) to dinitrogen by bacteria and archaea. Advances in Microbial Physiology, 52: 107-227.

第9章 退化土壤生态系统的恢复与重建

9.1 土壤退化的生态效应

土壤是人类赖以生存的重要自然资源。土壤退化指在自然或人为过程中土壤的物理、化学或生物特性丧失，导致重要的生态系统功能减少或消失，从而导致土壤生产力降低的变化过程(张桃林和王兴祥，2000；潘根兴等，2015)。土壤退化严重威胁人类的生存环境，是当今面临的最严重的全球性问题之一。据统计，全球目前有约 0.15 亿 hm^2 的土壤遭受不同程度的退化，约占土地利用总面积的 20%。其中，我国土壤退化现象尤其严重，由于水土流失、沼泽化、盐渍化、土壤酸化及肥力衰减等原因造成的土壤退化面积大约有 4.6 亿 hm^2，约占全国土地总面积的 40%，占全球退化土壤面积的 1/4(杨卿等，2009)。

9.1.1 土壤退化特征及类型

土壤退化的特征主要表现在数量下降和质量降低两方面。数量下降包括：表土层土壤流失、整个土体破坏以及耕地土壤被非农业占用。质量降低则表现为：物理、化学、生物学性质方面的质量下降。

联合国粮农组织在《土壤退化》一书中对土壤退化分为 10 大类，即侵蚀、盐碱、有机废料、放射性、重金属、工业无机废料、传染性生物、农药、肥料和洗涤剂。后又补充了旱涝障碍、土壤养分亏缺和耕地非农业占用 3 类。1991 年，在联合国环境署和联合国粮农组织的支持下，国际土壤信息参比中心(ISRIC)对全球范围内人为因素诱导的土壤退化现状进行了评估，并将全球的土壤退化分为 5 大类型，如表 9-1 所示。

中国科学院南京土壤研究所借鉴国外的分类，结合我国实际，采用二级分类法。具体分类见表 9-2。然而，目前国际上对土壤退化的分类还未形成一个权威的标准，目前较为广泛的是根据退化性质将土壤退化分为物理退化、化学退化和生物退化。

在自然环境下，极端气候或人类活动引起的土壤侵蚀是土壤退化的主要因素。土壤侵蚀已被认为是土壤健康和可持续发展面临的最大挑战之一。全球土壤退化评价(global assessment of soil degradation)研究结果显示土壤侵蚀是最重要的土壤退化形式。据统计，土壤侵蚀已影响了全球约 84%的地表，并导致了约 33%的土壤退化(Borrelli 等，2017)。其中，在全球土壤退化中，水蚀影响占 56%、风蚀占 28%。其中水蚀的 43%是森林破坏、29%是过度放

表 9-1 土壤退化的分类(郭安宁,2020)

分类	包括内容
土壤水蚀	包括表土剥蚀、地体变形/块体运动、非原位影响、水库淤积、洪水泛滥、珊瑚礁与藻类破坏
土壤风蚀	包括表土剥蚀、地体变形、沙尘
化学性质恶化	包括营养元素与有机质损失、盐化、酸化、污染、酸性硫酸盐土壤、富营养化
物理性质恶化	包括压实和密闭与结壳、淹育化和潜育化、地下水位降低、有机土沉降、采矿和城市化及其他活动导致的土壤物理退化
土壤生物活动退化	

表 9-2 我国土壤退化的二级分类

一级		二级	
A	土壤侵蚀	A_1	水蚀
		A_2	冻融侵蚀
		A_3	重力侵蚀
B	土壤沙化	B_1	悬移风蚀
		B_2	推移风蚀
C	土壤盐化	C_1	盐渍化和次生盐渍化
		C_2	碱化
D	土壤污染	D_1	无机物污染(包括重金属和盐碱类)
		D_2	农药污染
		D_3	有机废物污染
		D_4	化学肥料污染
		D_5	污泥、矿渣和粉煤灰污染
		D_6	放射性物质污染
		D_7	寄生虫、病原菌和病毒污染
E	土壤性质恶化	E_1	土壤板结
		E_2	土壤潜育化和次生潜育化
		E_3	土壤酸化
		E_4	土壤养分亏缺
F	耕地的非农业占用		

牧、28%是不合理的农业管理导致的;而风蚀的 60%是过度放牧、16%是不合理的农业管理、16%是自然植被的过度开发、8%是森林破坏导致的。全球受土壤化学退化(包括土壤养分衰减、盐碱化、酸化、污染等)影响的总面积达 240 万 km^2,其主要原因是农业的不合理利用(56%)和森林的破坏(28%)。全球物理退化的土壤总面积约 83 万 km^2,主要集中于温带地区,绝大部分可能与农业机械的压实有关。目前的土壤侵蚀事件预计将导致作物产量损失 50%。此外,侵蚀通过影响温室气体和农业污染物的排放也对环境产生深远的影响。土壤侵

蚀会导致肥沃的表土和养分流失，从而使土壤生产力下降。据预测，到2050年，土壤退化将增加90%，这将严重威胁人类的福祉。

9.1.2 土壤酸化对土壤生物的影响

土壤酸化是一个自然过程。然而，20世纪中叶以来，随着工业化社会发展的加速，与人类活动有关的氮和硫沉积的增加，这加速了土壤酸化过程（Grieve，2001；Kunhikrishnan 等，2016）。而土壤酸化过程的加速进而导致生物地球化学循环发生改变，损害生态系统功能（梁国华等，2018）。酸沉降对生物地球化学循环和生态系统有复杂的影响，特别是对土壤圈的生物循环过程。酸沉降的速率和形式、土壤类型、环境因子和生态系统类型都可能调控酸沉降对土壤过程的影响。

在人类活动的干扰下，土壤酸沉降的加速会导致多种负面影响。首先，由于 H^+ 以及 SO_4^{2-} 和 NO_3^- 的大量输入引起的酸沉降可能直接影响微生物的活性（Kuperman 和 Edwards，1997）。其次，在酸沉积中的 H^+ 将与碱性阳离子（如 K^+、Mg^{2+}、Ca^{2+}）竞争取代，从而使碱性阳离子从土壤中大量淋失。进一步降低土壤酸的缓冲能力和养分的循环利用。最后，持续的酸沉降使土壤酸化，具有调动和释放游离 Al^{3+} 和 Fe^{3+} 的潜力。这种有毒元素在表土中的积累可能最终会损害根系生长和微生物活性，从而使土壤的呼吸功能减弱。

不同形式的酸，如 H_2SO_4 和 HNO_3，由于其吸附机制不同，也可能对酸沉积产生不同的影响。例如，NO_3^- 只能通过静电吸引被吸附，而 SO_4^{2-} 可以通过配体交换被吸附，特别是在可变电荷土壤中（Guadalix 和 Pardo，2006）。这种特殊的吸附作用可以导致 OH^- 的释放，可以中和部分酸，并在一定程度上延缓土壤酸化。土壤的类型也是影响土壤酸化响应的重要因素。初始 pH 不同的土壤可能会具有不同的酸化缓冲阶段（Bowman 等，2008）。pH 较低的土壤通常具有更强的酸化耐受性，这类土壤往往对外部酸性输入的响应不太敏感。此外，不同地理位置的气候条件也是影响土壤酸化的重要因素，在降雨量较高的地区会加速土壤浸出，并进一步加剧酸化作用。而低温则可能抑制凋落物分解（Oulehle 等，2011），导致凋落物积累，减弱土壤酸化程度（Aerts，1997）。这些非生物和生物因素的共同作用最终导致了生态系统对酸沉降的不同响应。

除自然因素的 SO_2 及 NO_x 的酸沉降之外，人为因素也可能加重土壤酸化影响。土壤酸化的主要原因是由于过量施用氮肥（比如硫酸铵、硝酸、尿素等），导致微生物的硝化作用以及尿素的水解都会引入 H^+，其基本过程如下：

$$NH_4^+ + O_2 = NO_3^- + 2H^+ + H_2O \qquad (1)$$

$$NH_3 + 2O_2 = H^+ + NO_3^- + H_2O \qquad (2)$$

$$CO(NH_2)_2 + 4O_2 = 2H^+ + 2NO_3^- + H_2O + CO_2 \qquad (3)$$

如图9-1所示，当施氮量大于5 $g/(m^2 \cdot a)$时，随着施氮量的增加，土壤 pH 显著降低。不同形式的氮对土壤酸化的影响不同，尿素和硝酸铵的过量使用会使土壤 pH 显著降低。同时土壤 pH 会随着氮肥施入时间的延长而呈现先降低后增高的现象（Tian 和 Niu，2015）。尿素在我国应用较多，很多研究表明尿素的过多施用会明显降低土壤 pH，同时植物吸收何种形式的氮源也会与植物释放到土壤中的离子形式息息相关。当植物吸收 NH_4^+ 时，为了平衡体内的电荷将会向土壤中释放出 H^+，同时土壤中的 NH_4^+ 和 H^+ 可以取代土壤胶体表面的碱基阳离子（Ca^{2+}、Mg^{2+}、K^+、Na^+）。当降雨或者灌溉时，碱基阳离子也会随之淋溶，NO_3^- 含量较高，会加速碱基阳离子的损失，进一步增加了土壤的酸化。氮肥在土壤中发生硝化或水解引入 H^+ 是土壤酸化的直接原因，但根本原因是过多的氮肥导致土壤缓冲能力的下降，土壤本身失去了自我调节的功能，继而引发了一系列不良影响。近年来，由于受农业集约化管理影响，中国的土壤酸化主要是由高氮化肥投入和植物对碱性阳离子的吸收和去除引起的。据统计，在中国三种主要的双季制谷类作物（小麦-玉米、水稻-小麦和水稻-水稻）中，年施氮量通常在 500 kg/hm^2 以上（以纯氮计），而氮利用效率只有 30%～50%。同时，土壤酸化导致大部分中、微量元素吸收利用率低，使 60%～80%的易生成不溶性物质的磷钾成分吸收不了，加上酸性土壤易发生板结，使根系伸展困难，导致根系生长弱、养分吸收利用率低。其结果必然导致大量使用化肥，而作物却生长缓慢、营养不良、病害多、缺素症严重、产量低、品质差，投入大幅度增加，效益却大幅度降低。如苹果苦痘病、红点、根瘤、丛叶、花叶、果锈病及梨铁头、斑点、鸡爪印等缺素症频繁发生。

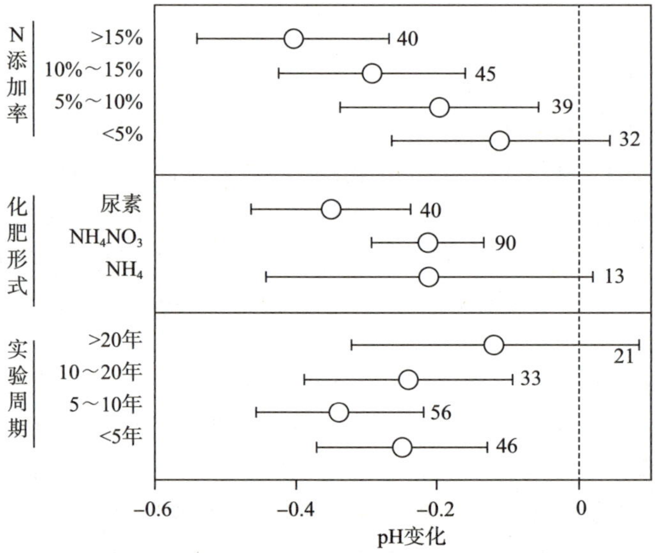

图 9-1　土壤 pH 随氮肥施入速率、形式和时间的变化（置信区间为 95%）（改自 Tian 和 Niu，2015）

土壤 pH 也是影响土壤微生物的重要调控因子。大量土壤微生物的研究表明，土壤酸化可导致：土壤有益微生物种群变化，细菌个体生长变小，生长繁殖速度降低，分解有机质及其蛋白质的主要微生物类群如芽孢杆菌、放线菌、甲烷极毛杆菌和有关真菌数量降低，影响营养元素的良性循环，造成农业减产。特别是土壤中氨化细菌和固氮细菌的数量也会随土壤酸化的程度降低，使土壤微生物的氨化作用和硝化作用能力下降，对农作物大为不利。土壤的 H^+ 会影响土壤组分的表面电荷，继而影响土壤组分对溶质的吸附，也会影响土壤中金属的形态、金属与有机物的中和、沉淀/溶解反应、氧化还原反应、流动性和浸出、胶体的分散以及微量金属的生物利用度。土壤酸度较高时也会影响某些营养元素的有效性，比如 pH 较低时，溶出的铁铝会固定土壤中的磷，导致磷的生物有效性降低，同时 Ca^{2+} 大量淋溶会导致土壤结构破坏，从而导致土壤的透气透水性降低，土壤易发生板结。酸化土壤中，植物生长会受到 Al^{3+}、Mn^{2+}

的限制。Al^{3+} 和 Mn^{2+} 对植物毒性较大，土壤溶液中含有过多的 Al^{3+} 会限制植物根细胞的分裂和伸长，导致植物根变得短而粗。当植物体吸收过多的 Al^{3+} 之后，植物茎发育不良、坏死、皱褶、出现斑点等，甚至会中毒死亡。土壤 pH 过低时 H^+ 会快速流入细胞，使质膜电位下降，引起细胞质酸化，从而使细胞损伤，限制植物根的生长。高浓度的 H^+ 还会使微生物细胞膜破坏，酶产量降低，繁殖受限等。真菌比细菌更容易在酸性条件下生长，土壤酸度的增加会改变微生物的群落结构，导致嗜酸性微生物增加。由于土壤真菌和细菌在分解者群落中扮演不同的角色，较低的土壤 pH 会改变微生物关系，影响了植物对养分的吸收。

9.1.3 土壤沙化对土壤生物的影响

土壤沙化是指由于土壤侵蚀，表土失去细粒（粉粒、黏粒）而逐渐沙质化，或由于流沙（泥沙）入侵，导致土地生产力下降甚至丧失的现象。土壤沙化的问题在全球范围内受到关注，成因主要包括干旱气候和人为活动，尤其人为活动加剧了干旱和风蚀，降低植被覆盖度，进而导致土壤沙化。土壤沙化多分布在干旱、半干旱脆弱生态环境地区，或者临近大沙漠地区及明沙地区。土地是否发生沙化与土壤的水分平衡有关，当土壤水分补给量小于损失量时就有发生沙化的倾向。土地沙化导致可利用土地资源减少、土地生产力衰退、自然灾害加剧等。土地沙化的大面积蔓延可演变成土地荒漠化。沙化土壤结构松散，有机质含量低，因此其流动性强，保水、保肥能力差，不利于植物、微生物的生长。例如，大部分沙化严重的农田土壤有机质含量极低，这是科尔沁沙地农田面临沙漠化风险的内在原因。回归分析表明，沙化土壤有机碳和氮含量分别减少 0.169 g kg^{-1} 和 0.0215 g kg^{-1}，粉粒和黏粒含量减少 1%。土壤碳、氮浓度随沙化程度的增加而显著降低。

9.1.4 土壤盐渍化对土壤生物的影响

土壤盐渍化是土壤退化的形式之一。盐渍化是指易溶性盐分在土壤表层积累的现象或过程，使得表层土壤含盐量影响农业和环境健康。盐渍土广泛分布在世界上 100 多个国家和地区，其面积接近 10 亿 hm^2，约占全球陆地总面积的 25%（戴继航，2012）。我国盐渍土主要分布在北方干旱、半干旱地区，盐渍土总面积达到 3630 万 hm^2，接近我国可利用土地面积的 4.88%，明显高于世界平均水平。母质、地形特征、气候条件和人为因素对土壤盐渍化的形成和演化起着重要作用。由自然因素引起的盐渍化称为原生盐渍化，人为因素引起的盐渍化称为次生盐渍化。比如松嫩平原发生原生盐渍化主要是地表或者地下径流带来丰富的矿物质，以及高度矿化的地下水盐分表聚所引起的。滨海盐渍化发生的原因主要包括海水的长期侵入和土壤表面盐水的蒸发积累。黄河三角洲由于海拔较低、淡水供应不足，导致靠近海岸线较近的土壤易受海水的影响。除此之外，原生盐渍化发生的典型原因是干旱、半干旱地带降水不足、蒸发量大，使含盐量较高的地下水通过毛细管作用到达土壤表层并不断累积。虽然原生盐渍化发生的过程较为缓慢，但是盐渍化的程度正在不断扩大。

不合理的灌溉和过量的使用化肥等人为因素引起的土壤盐渍化属于次生盐渍化。全世界因灌溉引起的土地盐渍化而造成的作物生产损失每年约为 110 亿美元，特别是对于干旱地区的灌溉农业。灌溉引起的土壤盐渍化会对农作物产量和区域农业生产产生显著不良影响。在水资源匮乏的地区，利用废水灌溉虽能暂时缓解干旱的问题，但是增加了土壤中的含盐量，再加上干旱地区的高蒸发量以及排水受阻等情况，使灌溉农业土壤盐渍化越来越严重。土壤中过量的使用化肥也是引起土壤次生盐渍化的重要原因。过多使用化肥后，土壤中 K^+、Na^+、Ca^{2+}、Mg^{2+}、NO_3^-、HCO_3^-、SO_4^{2-} 和全盐含量都显著增加。施入过多的氮肥是温室发生次生盐渍化的主要原因，这些氮肥超过了植物利用的极限，绝大部分肥料都积累在土壤中，给土壤带来过多的盐分。其中次生盐渍化土壤中以 NO_3^-、SO_4^{2-}、Ca^{2+} 为主，这与使用的化肥种类有关，但是原生盐渍化的典型特征是土壤中含有过多的 Na^+、Cl^-，因此原生和次生盐渍化土壤中的特征离子存在差别。在设施大棚中，同样存在温度较高、水分蒸发量大的问题，过多的盐分在土壤表层积累，这和原生盐渍化产生的原因具有相似之处。土壤盐渍化问题直接关系到农业生产、人类健康和生态安全（龚新梅，2004）。在土壤盐渍化地区，可溶性盐离子在土壤中积累。在这些植物生长需要灌溉的地区，蒸发和蒸腾过程会在土壤中留下盐。一开始，盐类会降低土壤生产力，限制作物产量。随着含盐量的增加，它会杀死植被和土壤微生物。

盐渍土中植物覆盖量较少导致输入土壤的有机质不足，从而降低了土壤微生物量（Rath 和 Rousk，2015）。此外，高土壤盐分浓度会降低土壤呼吸速率（Chowdhury 等，2011；Rousk 等，2011），并杀死对盐分敏感的微生物（Yan 等，2015）。盐分胁迫降低了微生物活性及生物量，从而减少了有机质的周转（Laura，1974；Pathakt 和 Rao，1998；Rietz 和 Haynes，2003）。微生物基因型对渗透胁迫的耐受性不同，盐分可以杀死耐渗性较差的微生物，并改变微生物群落结构。微生物对低渗透势的耐受是基于渗透调节化合物的积累（Oren，2001）。然而，渗透调节化合物的合成需要大量的能量（Zahran，1997），这可能会限制微生物的生长。在非盐渍土壤中，微生物的生长往往受到碳有效性的限制（Hoyle 等，2007）。在盐渍土壤中，添加碳也可以通过提供微生物耐受机制所需的能量来提高微生物对低渗透势的耐受性。然而，添加碳的效果可能因碳的分解能力而异。添加高度分解的可溶性碳（如葡萄糖）可能与添加以纤维素形式的难分解碳的效果不同。大多数微生物可以迅速地溶解碳，而纤维素主要由真菌通过产生纤维素酶和淀粉酶等胞外酶来分解（Hut 和 van Bruggen，1997）。这些酶的合成也需要能量，可能会影响耐盐能力。

9.1.5 土壤板结对土壤生物的影响

土壤板结是土壤退化的一种具体表现，重机械使用产生的土壤压实作用、不合理的耕作、化肥使用过多引起的酸化、盐渍化等都会引起土壤结构破坏，导致土壤发生硬化板结。由于集约化农业的快速发展，频繁地使用重型机械进行耕作会对土壤产生严重的压实作用。土壤压实会降低土壤的孔隙度，导致径流入渗率下降，土壤易被侵蚀损失。在压实后的土壤中，土壤团聚体形成较为困难，同时传统耕作会破坏土壤团聚体，减少了土壤有机质含量以及微生物的活动，从而降低了土壤团聚体的稳定性指数，引发土壤侵蚀程度高，易发生硬化板结的现象。

过量施用氮肥会引起土壤酸化、土壤次生盐渍化。土壤酸化后 H^+ 以及化肥中的 NH_4^+ 会置换出碱基离子，同时氮肥本身带有的以及微生物硝化作用引入的过多的 NO_3^- 也会加速土壤中高价碱基离子的淋溶损失。其中 Ca^{2+}、Mg^{2+} 等高价金属阳离子能够促进土壤团聚体的形成，有利于土壤结构的稳定。高价阳离子流失后，土壤团聚体形成较为困难，土壤结构遭到破坏，易发生板结。过多钾肥中的 K^+ 也会置换高价阳离子，但是 K^+ 没有桥键功能，导致土壤团聚体的分散，易发生土壤板结。过多的磷肥中含有的 P_2O_5 水解后会导致土壤酸化，磷酸根也会和高价金属阳离子形成难溶盐，导致土壤的板结。土壤中的有机质能够将土壤团聚体黏合起来，使土壤团聚体更加的稳定，同时有机质能够为微生物提供碳源和氮源，促进微生物的活性，但有机质缺乏后土壤结构稳定性降低，易发生板结。

土壤板结后，土壤容重会显著增加，土壤孔隙减少，使得土壤的透气透水性降低，土壤容易出现局部缺氧的状况，同时土壤大团聚体的比例、团粒水稳性也显著降低。当降雨或者灌溉时，土壤团粒结构易遭到破坏。此时有机质成分缺少了保护措施，很容易被表面径流冲走流失，导致土壤的肥力降低。土壤板结导致土壤硬度增加，限制了植物根系的生长，影响了植物根对水分和营养的吸收。比如土壤板结会影响植物对钾和磷的吸收，尤其对磷的吸收影响较大。因为磷在土壤中移动性很小，植物根的生长被抑制后，植物吸收的磷也必然降低。板结土壤还会影响体型稍大的生物，如线虫、螨虫、跳虫和蝇幼虫，像蚯蚓、白蚁、蚂蚁和甲虫这样的穴居动物虽然能更好地保护自己，但仍会受到负面影响。由于水分在板结土壤中渗透较慢，可能会出现长期的饱和状态，不利于好氧微生物的生长，而某些厌氧细菌释放的硫化氢，对植物具有一定的毒害作用。此外，板结土壤也影响有机物的分解，微生物活性也会受到抑制。

9.1.6 土壤污染对土壤生物的影响

土壤是万物之本，是植物生长的基础，也是生态环境的重要组成部分。一块肥沃的土壤不仅是孕育生命的摇篮，也是人类社会不断发展进化的基石。土壤情况的好坏，不仅与个人的身体健康和食品安全息息相关，也是国家安全的重要一环。目前我国正面临着严峻的土壤污染问题。为此，党的二十大报告指出，需深入推进环境污染防治，持续深入打好蓝天、碧水、净土保卫战，加强土壤污染源头防控，提升环境基础设施建设水平。土壤污染的治理是一项长期且艰巨的任务，如何有效甄别不同的污染物及其对土壤生态系统的影响，是我们治理土壤污染的前提。

土壤污染物大致可分为无机污染物和有机污染物两大类。无机污染物主要包括酸、碱、重金属、盐类、放射性元素铯、锶的化合物、含砷、硒、氟的化合物等。有机污染物主要包括有机农药、酚类、氰化物、石油、合成洗涤剂、3，4-苯并芘以及由城市污水、污泥及厩肥带来的有害微生物等。当土壤中有害物质过多，超过土壤的自净能力，就会引起土壤的组成、结构和功能发生变化，微生物活动受到抑制，有害物质或其分解产物在土壤中逐渐积累，通过“土壤—植物—人体”，或通过“土壤—水—人体”间接被人体吸收，达到危害人体健康的程度。

9.1.6.1 土壤重金属污染

土壤重金属污染是指人类活动将重金属加入土壤中，致使土壤中重金属含量明显高于原有含量并造成生态环境质量恶化的现象。土壤重金属污染影响到土壤微生物的区系，改变微生物群落，降低生物量，影响其生物活性等方面。由于其在土壤中的难降解性，微生物生物量大大降低，破坏了微生物群落结构的稳定性，并降低了其生物活性，严重时甚至抑制微生物的生长和代谢。这也影响到土壤的质量和植物的生长，以致影响到人类的健康。赵春燕等(2001)研究表明，低浓度的重金属有利于土壤微生物的生长发育，高浓度的重金属则明显抑制了土壤微生物的生长发育。Fliessbach 等(1994)研究结果表明，低浓度的重金属能刺激微生物生长，可增加微生物生物量碳，而高浓度重金属污染则导致土壤微生物生物量碳的明显下降。各类菌对重金属的敏感程度不同,对污染的耐性也不同,一般表现为真菌>细菌>放线菌,这便会引起微生物群落结构的变化。腾应等(2003)采用 Biolog 法分析矿区侵蚀土壤微生物的群落多样性,发现微生物群落结构在污染土壤与对照土壤中有很大不同。在污染最严重的土样中,Biolog 板的颜色变化最慢,总体的平均吸光值也最低。随着土壤重金属含量的降低,这些指数都呈上升趋势。同时矿区侵蚀土壤微生物群落的功能多样性指数明显低于对照土壤,指数的平均值是对照土壤的 57.43%。当土壤受外来重金属污染物污染时,微生物为了维持生存可能需要更多的能量,而使土壤微生物的代谢活性发生不同程度的反应。在大多数情况下,低浓度重金属对呼吸作用没有影响,而高浓度重金属对呼吸作用有抑制作用。

9.1.6.2 有机污染

由于人口和经济的迅猛发展,有害废水和固体废物中的有害物质不断向土壤中渗透,大气中的有害气体及飘尘也不断随雨水降落到土壤中,导致了土壤污染。当大量的农药等污染物进入土壤环境中,土壤微生物的数量、种群组成和活性都会受到影响,从而间接地影响到土壤中的各种生物化学转化过程,最终影响土壤生态系统。

张红等(2005)研究表明,当土壤中加入六氯环己烷(六六六,HCH)后,土壤中微生物数量的变化规律是:细菌受 HCH 的影响要大于真菌和放线菌;刚开始加入 HCH 后,土壤中的细菌、真菌和放线菌都受刺激而大量生长繁殖,并在第 3 天菌落数量达到峰值;之后,其数量有所减少,并逐渐接近空白土壤中的菌落数量。HCH 浓度越大,对微生物的影响就越剧烈越持久。当土壤中加入滴滴涕(DDT)后,土壤中微生物数量的变化规律是:真菌和放线菌受 DDT 的影响要大于细菌。在开始阶段,细菌、真菌和放线菌数量都有显著增多,然后菌落数量减少,但在随后 5~7 d,细菌、真菌和放线菌的某些菌种又适应了 DDT 的刺激而大量繁殖,出现峰值。在此之后,菌落数量减少,最后趋于空白土壤的水平。农药对土壤微生物数量和比例的影响与农药的种类、浓度和降解时间有关。在刚加入农药时,DDT 对微生物的刺激作用要大于 HCH,随着时间的推移,HCH 对土壤微生物的影响迅速显示出来。丙草胺对芹菜根际与非根际土壤微生物数量的影像试验表明(陈波等,2006),在试验初期,各浓度处理下的细菌生长均受到抑制 7 d 以后,细菌数量增加,并高于对照土壤。在整个试验周期内,无论是处理土壤还是对照土壤,根际土中的细菌数量均要高于非根际土。

有机污染对土壤微生物群落的功能多样性会产生影响。杨永华等(2000)根据 95 种不同的单一碳底物上的 Biolog 微平板系统研究有机污染对土壤微生物群落功能多样性的影响。结果表明,农药严重污染的土壤微生物群落的 Shannon 指数、Simson 指数、Mclntosh 指数和均匀度均显著低于无污染的对照。这说明农药严重污染导致土壤微生物群落功能多样性下降,减少了能利用有关碳底物的微生物的数量,降低微生物对单一碳底物的利用能力。隋跃宇等(2009)研究了各种浓度的除草剂对土壤过氧化氢酶活性的影响。研究表明,相对于对照,施加各种浓度的除草剂 1 d 后,土壤过氧化氢酶活性均表现出一定的激活,且除草剂浓度越高则激活作用越明显。相对于对照,施加各种浓度的除草剂 1 d 后,离体过氧化氢活性均表现出一定的激活,其中浓度越高激活作用越明显,但总体而言,激活作用不是很显著。因为土壤过氧化氢酶部分来自土壤微生物,所以土壤细菌的变化与酶活性的变化基本一致。

9.2 退化土壤的生态修复

9.2.1 土壤酸化的修复

迄今为止已有多种土壤酸化的修复方法，主要包括添加石灰、工业副产品、有机废物和作物残体等。石灰化是改良酸性土壤的常见做法，但表面施用石灰后对深层土壤酸化的修复效果不佳。据报道，工业副产品（如石膏、碱性矿渣和赤泥）会增加土壤 pH、阳离子交换能力(CEC)，但是这些工业副产品中可能含有较高含量的重金属而造成土壤的污染。此外，有机废物可以提高酸性土壤的 pH，这主要是由于有机废物中的有机酸阴离子可以吸附土壤中过多的 H^+。生物炭是碱性的土壤改良剂，因此可以来改善土壤酸化，提高酸性土壤的质量。如表 9-3 所示为目前常见土壤酸化改良剂的修复效果分析。

表 9-3　常见的土壤酸化改良剂修复效果分析(Dai 等，2017)

主要的土壤改良剂	主要影响	主要缺点
石灰	土壤 pH 增加，酸度降低	地表施用对底层土影响有限 运输和机械成本高
工业副产品	土壤 pH 增加，酸度降低 能够降低铝的毒性	具有重金属污染的风险
植物残体、有机废物	土壤 pH 增加，酸度降低 能够降低铝的毒性 增加土壤有机碳	与生物炭相比，碳动力学相对较快 有机废物会带来重金属污染的风险 有机废物可能会导致土壤富营养化
生物炭（大豆秸秆、玉米秸秆、水稻秸秆等）	土壤 pH 增加，酸度降低 增加/改变微生物的数量和多样性	生产成本较高 重金属和多环芳烃污染风险增加 性质具有高变性

9.2.2 土壤盐渍化的修复

修复土壤盐渍化最简单的方法就是利用大量的淡水冲走多余可溶盐分，然而此方法并不适合于干旱或半干旱缺水地区。脱硫石膏、矿渣磷石膏等是化学改良方法中常用的物质，其作用机制主要是利用石膏中含量较高的 Ca^{2+} 替代土壤胶体所吸附的 Na^+，在增加 Na^+ 浸出的同时，Ca^{2+} 能够促进土壤团聚体的形成，提高土壤的阳离子交换能力。但是，石膏物质并不能改良土壤的次生盐渍化，因为次生盐渍化土壤中的优势离子主要包括 Ca^{2+}、Mg^{2+}、NO_3^-、SO_4^{2-} 等，Na^+ 含量并不高。

另外，在土壤中添加有机物质（植物残体、粪肥、堆肥、食品加工废料等）已成为一种改良盐渍化土壤的普遍做法。有机物质的加入能够增加土壤有机质含量和土壤肥力。不同有机改良剂加入土壤后，灌溉可引起土壤电导率明显降低，没有灌溉或灌溉较少的土壤电导率变化不大甚至出现增加的情况。在未灌溉的田间试验下，只有长时间持续加入有机改良剂，土壤盐渍化才可以实现明显的改善。

利用耐盐植物来修复土壤盐渍化已在世界范围内广泛应用。耐盐植物主要通过两种作用机制来修复土壤盐渍化：一种是耐盐植物能够将土壤中的盐分积累到体内，从而降低土壤盐分；另一种是植物能够将吸收的盐分通过叶子分泌到体外，然后可能通过风的作用将盐分传递到更远的地方。由于盐渍化土壤分布广泛，盐生植物不一定能够适应当地的气候，因此选择当地适合的盐生植物很有必要。目前研究集中在盐生植物对土壤中 Na^+、Cl^- 的积累，耐盐植物对于次生盐渍化的修复还需进一步的研究。

9.2.3 土壤板结的修复

土壤有机质含量可以反映土壤的肥力。由于土壤有机质容重较低，土壤中含有较多有机质时可以有效降低土壤容重。同时有机质可以将团聚体黏合在一起，能够促进土壤团聚体的形成，有利于土壤结构的稳定，从而缓解土壤板结的问题。常用的增加有机质的方法有秸秆还田、增施有机肥、合理轮作等。

深耕翻土是缓解土壤板结的重要措施。深耕的措施能够打破紧实的地下土层，增加水的渗透以及根系的生长，但是松土之后的土壤特别容易受到随后的机械、放牧动物的影响而再次压实，同时深耕会破坏土壤团聚体，造成土壤结构的破坏，从长远来看并不能彻底解决土壤板结。

9.2.4 土壤污染的修复

已有很多文献综述了土壤污染的修复方法，其主要包括物理、化学、生物措施。土壤污染范围较小但污染严重的地区一般采用非原位处理的方法，比如通过重型机械挖掘并运送土壤到处理地点进行冲洗或焚烧等，但是此方法操作较为复杂，并且成本较高。近年来许多研究表明，生物炭可以吸附土壤中重金属元素，对土壤重金属污染具有较强的缓解作用。同时生物炭本身呈碱性，可以降低土壤中重金属的生物有效性。化学方法主要是利用化学物质（硫化物、硼氢化钠、黄原酸纤维素等）对重金属进行还原或沉淀，从而降低重金属的生物活性或者迁移率，但是加入的物质是否会对土壤产生其他的负面影响需要进一步的研究。

生物措施主要包括植物和微生物对土壤重金属的修复。植物修复主要包括两种机制：一种是植物本身能够积累重金属，然后收获季节对植物进行处理就可以达到移除重金属的效果；另一种是植物可以通过根际分泌某些物质来降低重金属的迁移率和生物活性。但是植物需要很长时间的修复才能达到明显的效果，而且植物修复措施也会受到植物种类、土壤类型、气候等的影响，所以选择何种植物进行重金属的修复也很重要。微生物可以通过呼吸、发酵和代谢利用各种有毒化合物，同时微生物能够在重金属污染的土壤中存活很长时间，从而有足够的时间进行生物积累、生物矿化、生物吸附和生物转化。细菌、藻类和真菌生物吸附剂都可用于去除土壤中的重金属污染物，比如真菌可以利用本身较大的比表面积以及较高的代谢活动来改变土壤中重金属的动态行为，但藻类比细菌、真菌吸附剂有更好的修复效果。微生物修复比其他方法更加便宜、环保、高效，但是仍需要拓展相应功能菌的来源。

9.2.5 退化土壤的常规修复方法——物理修复

退化(污染)土壤物理修复方法主要是指利用物理学原理及相关工程技术清除、转化土壤中污染物质的一类技术手段,目前在土壤环境污染治理工作中有着十分广泛的应用。例如,对无机污染物含量较高的小范围受污染土壤,可采用物理分离修复技术,借助各种专业分离设备将无机污染物从土壤、沉积物中分离出来,使其能够恢复其原有的正常功能。同时根据所应用物理学原理的不同,有关分离设备主要可分为磁分离设备、离心分离设备、沉淀分离设备、浮选分离设备等多种类型(余志和黄代宽,2013)。而对于受高挥发性化学污染较为严重的土壤,则可以采用蒸汽浸提修复技术,通过真空泵产生的负压来驱使空气流过土壤孔隙,同时提升土壤孔隙的蒸气压,之后再将污染物转化为蒸汽形式,将带有污染物的蒸汽从土壤中顺利排出。根据具体操作方法的不同,还可具体分为原位土壤蒸汽浸提、异位土壤蒸汽浸提、多相浸提等几种具体技术方法。

9.2.5.1 客土法和换土法

对于污染不严重、取土方便的污染土壤,可以将适量清洁土壤添加到污染土壤中,从而降低污染土壤的重金属污染物的浓度。选择客土时,尽量选择与污染土壤理化性质相近的清洁土壤,以便植物能较快适应生长。换土法是将污染土壤刨去,更换新鲜的清洁土壤。换土法速度快,但成本较高。该方法适用于重金属污染严重的农业和工业场地土壤的修复,如沈阳张士灌区土壤表层的镉含量高达 56.13%,在去除表层 15～30 cm 土壤后,种植的水稻稻米中镉含量下降 50%(吴燕玉等,1989)。

9.2.5.2 深耕翻土法和隔离包埋法

深耕翻土法是指对土层较深且污染较轻的土壤,通过深耕将上下层的土壤混合,从而使表层土壤污染物浓度降低。但下层土壤的营养元素和有机质较少,需要在耕种时补充一定量的有机肥(佟洪金等,2003)。隔离包埋法是指对污染较重的土壤,在污染区域的四周和底部修建混凝土钢筋水泥隔离墙,防止污染土壤的有毒滤液渗透到周围土壤和地下水造成污染,但所用隔离墙的渗漏系数必须极小(肖楚等,2012)。

9.2.5.3 热力恢复法

热力恢复法主要是针对熔点较低或挥发性较强的重金属(如汞)污染土壤。该技术通过高频电压作用于污染土壤,通过高频电的加热作用,使土壤温度升高进而导致重金属挥发,再回收利用,从而达到修复土壤的目的。Kunkel 等(2006)研究汞污染土壤时发现,土壤中超过 99%的汞可通过电热法在不超过土壤沸点的温度下去除。但该方法适用范围较窄,仅适用于去除低熔点、易挥发重金属,并且挥发出的重金属元素若收集和处置不当,极易污染空气。该方法适用于小面积重污染土壤修复,成本高,故还需进一步优化完善。汞污染土壤在 270 ℃热处理 2 h 后,土壤中的汞含量至少降低 50%,而土壤营养元素钾、磷、氮等含量变化不大,土壤能够基本保持耕作属性和基本结构。对于重金属污染较严重的土壤,经过热力恢复法处理后,一般需要与植物修复技术或客土修复技术结合,利于土壤恢复耕作属性。

9.2.5.4 电动修复法

电动修复法的原理为:阴极和阳极垂直放置于土壤中,在低功率直流电场下,发生了土壤孔隙水和带电离子的迁移,土壤中的重金属离子发生定向移动,富集在相应的极区,再通过沉淀、抽出或离子交换等方法去除。电动修复技术是修复污染土壤的新技术，目前已经逐渐进入实际应用阶段。由于该方法主要是通过电渗析、电迁移、电泳等驱动污染物富集于极区，再将污染物进行分离，故其具有成本低、环保等特点。其对重金属的去除效率高，可用于原位或异位、饱和或不饱和污染土壤的修复，适用于小区域的重金属污染黏质土壤修复。有研究以韶山示范区某重金属污染土壤为修复实验对象，利用电动修复技术，成功消除了碱性带并获得了较好的修复效果。另有研究者发现电动修复技术能够强化土壤中污染物的传质过程，快速迁移重金属离子（于颖和周启星，2005）。

9.2.6 退化土壤的常规修复方法——化学修复

退化（污染）土壤的化学修复简单来说就是依据化学分解或固定反应原理，向受污染土壤中添加特定物质，以改变土壤中污染物的结构，将其有效分解为无污染物质，或是有效降低污染物的迁移性与毒性，是土壤环境污染治理工作中应用最为广泛的一类技术手段。例如，在土壤中主要污染物可发生氧化反应的情况下，可采用氧化修复技术，向土壤中注入 K_2MnO_4、H_2O_2 和 O_3 等化学氧化剂，促使其与主要污染物发生氧化反应，并将污染物降解为无毒或低毒、低迁移性的氧化物，通常用于受农药、油类、非水溶态氯化物等污染物污染的土壤。而在污染物较为复杂且可溶于水的情况下，则可以采用化学淋洗修复技术，利用专业设备将含有化学冲洗助剂的清洗液注入土壤中，使污染物能够溶入水中或发生乳化、化学性质改变，之后再将含有污染物的液体、乳化物抽取出来，实现对土壤中污染物的有效清除。

化学修复技术是指利用化学手段，如氧化还原、沉淀聚合、络合吸附等反应，改变土壤中重金属的迁移态和生物活性，降低植物对重金属的吸收。主要包括化学改良修复法、化学淋洗修复法、化学栅修复法等。

9.2.6.1 化学改良修复法

化学改良修复法是指在土壤中加入低毒或无毒的化学物质，通过化学反应改变土壤的物理化学性质，降低土壤中可迁移态重金属含量。目前常用的化学改良剂主要有磷酸盐、石灰、沸石、赤泥、草木灰、钙镁磷肥、生物堆肥、泥炭、畜禽粪便、纯碱、草酸等（Kunkel 等，2006）。对于偏酸性的重金属污染土壤，可施加石灰明显提高土壤的酸碱度，沉淀钝化重金属（Chen 等，2000）。对于铅、铬、镉等重金属污染土壤，可采用磷酸盐、硅酸盐或石灰等改良剂使重金属钝化形成难迁移的沉淀状态。对于铅锌矿区附近污染土壤，施加过磷酸钙、钙镁磷肥有助于形成难溶性的磷铅矿沉淀（Seaman 等，2001）。在重金属污染土壤修复与改良实践中，对于酸性土壤，可使用草木灰、碳酸氢铵、农家氨肥和石灰进行改良；对于碱性土壤，可使用低浓度乙酸、硫黄、石膏粉、沼液等进行改良。生物炭是生物质在缺氧或无氧环境经高温热裂解后生成的固态产物，可作为土壤改良剂、肥料缓释载体及重金属吸附材料（Shrestha 等，2010）。由于生物炭具有比表面积大和疏松多孔的特征，可用于吸附污染土壤中的重金属，降低重金属的生物有效性和迁移性，同时微生物在生物炭上的附着生长也有助于发挥微生物降解重金属作用（Chen 等，2007；Sun 等，2014）。

9.2.6.2 化学淋洗修复法

化学淋洗修复法是指向土壤中注入淋洗液，当其流经受污染的土壤层时溶解和解析污染物，然后对含有污染物的淋洗液进行处理回用。常用淋洗液一般为水、无机酸、无机盐、螯合剂和表面活性剂(Ko 等,2006;Moutsatsou 等,2006;Makino 等,2007;Chiang 和 Hu,2010;Navarro 和 Martinez,2010)。淋洗液的注入可以改变土壤与污染物的吸附脱附特性、界面张力、溶解沉淀状态、酸碱特性等,从而增大污染物的溶解度,使其呈乳液或可迁移状态,便于从土壤中去除(Mao 等,2015)。该方法中的柱淋洗或堆积淋洗较为常用,适用于小面积重污染土壤的修复,但易引起二次污染,导致土壤营养元素流失,同时可能破坏土壤的微团聚体结构,污染地下水。

研究发现,乙二胺四乙酸(EDTA)和羟基亚乙基二膦酸等螯合剂能够有效降低铜、镉、铬、铅等重金属的生物有效性,利于后期淋洗(Udovic 和 Lestan,2009)。螯合剂 EDTA 因为酸度低,对土壤破坏小,最为常用(Seaman 等,2001)。董汉英等(2010)采用 EDTA 淋洗法修复铜污染土壤,当 EDTA 浓度为 0.80 mol/kg 时,淋洗处理后的土壤中铜含量可降低到三级标准。另外,在镉超标的土壤中施加 3 mmol/kg EDTA 时,能够有效改变镉在土壤中的迁移性,利于后续淋洗,同时还会改变植物对镉的吸收能力。柠檬酸、苹果酸、草酸、丙二酸、胡敏酸、富里酸等天然螯合剂对重金属也有较好的螯合作用,不易引发二次污染,且利于生物降解,在淋洗修复实践中应用较广(Debela 等,2010;Gheju 等,2011)。表面活性剂也是常用的化学淋洗剂,如十二烷基磺酸钠(SDBS)、十二烷基硫酸钠(SDS)、聚山梨酯(Twen-80)等可通过降低溶剂表面张力和增溶作用,使重金属发生离子吸附或络合,从而在后续淋洗过程中,便于从土壤固相迁移到液相(Franzetti 等,2009;Torres 等,2012)。

9.2.7 退化土壤的常规修复方法——植物修复

植物修复是近年来一种新兴的技术,其原理主要是利用一些特定植物的自身特性对土壤中的重金属污染物进行吸收、富集,再经代谢实现降低土壤污染物的目的。植物修复技术是利用植物的忍耐性和超富集性,转移、容纳或转化污染物,使其对环境无害的土壤修复技术。污染土壤植物修复技术的修复机制,主要可以分为植物挥发、植物稳定和植物提取。植物修复技术对环境的扰动小、修复成本低、不会造成二次污染,但是也存在一定的缺点,如植物受生长条件限制、修复周期长、后期处理复杂等。近些年植物修复技术发展迅速,学者们筛选了大量有修复能力的植物品种。

植物修复技术是指利用植物可耐受和超富集某些化学物质的特点,通过绿色植物提取、转移、吸收、分解、转化或固定土壤中的污染物,达到去除污染物的目的(Dushenkov 等,1997)。1983年,Chaney(1983)利用超富集植物对土壤中重金属进行吸收和转化。目前已经发现有 700 多种超富集植物可对一种或多种重金属发挥富集作用,能将土壤中的重金属通过根系吸收后转运到茎、叶、果等部位。蜈蚣草、香根草、鳞苔草、印度芥菜等是较典型的超富集植物,在重金属污染土壤修复中应用较广。蜈蚣草和印度芥菜对重金属砷、镉有较佳的富集作用,铁角蕨、野生苋、褐蓝菜对镉具有较强的富集能力,光叶紫花苕能够富集铅和锌,十字花科植物和庭芥属植物可对镍产生一定的富集作用,酸模草对铜有较好的富集能力。陈同斌课题组在广西环江尾矿库泄漏导致的污染农田土壤修复治理项目中,利用超富集植物蜈蚣草和东南景天,将土壤中的镉、铅和砷等含量降至可以种植桑树的标准。灌木植物苎麻和木本植物忍冬对重金属汞、铅或镉具有较好的富集和忍耐能力,常用于镉污染土壤的修复(廖晓勇等,2007;黄闺等,2013)。不同种类的牧草也可用于重金属污染土壤的修复,如狼尾草、高丹草和苏丹草等可用于砷污染土壤的修复(赵颖等,2013),鸭跖草和蓖麻也可用于铜污染土壤的吸收富集(金勇等,2012)。

9.2.8 退化土壤的常规修复方法——土壤生物修复

生物修复技术是指通过微生物的作用,清除受污染土壤中的污染物,或使其无害化的过程。微生物修复技术是一种环境友好、技能要求较低的绿色修复技术,与传统修复技术相比具有成本低、方法简单等特点。微生物修复技术虽然操作比较简单,但是也要注意微生物种类的选择,尽量选择不产生二次污染的高效菌种。此外,还需要考虑温度、湿度等环境条件是否适合微生物的生长。

微生物修复技术是指利用土壤中的藻类、细菌、真菌等微生物对污染土壤中的重金属进行吸收、转化、氧化还原、螯合沉淀等,从而降低土壤中的重金属含量(滕应等,2007)。微生物含有的生物糖、生物酸能够螯合重金属,微生物代谢过程中的分泌物也具有一定的络合螯合、沉淀聚沉、氧化还原重金属的作用,从而改变污染土壤中的重金属迁移态和生物有效性。微生物修复技术具有不影响土壤的结构特性、可原位修复、环境友好、成本低等优势。为了提高降解效率,常常在土壤中接种与土壤重金属相关的特定种类微生物,培育使其成为污染土壤中的优势物种。杨靖(2013)研究发现,利用微生物的还原、生物吸附、生物富集等作用可使铬污染土壤得到修复,降低重金属的生物毒性。微生物修复技术中,固定化技术是未来重点发展的方向,该技术是通过物理或化学方法将微生物限定在特定区域或特定载体,同时使其保持活性便于长期反复使用(Su 等,2006;Al-Mutairi 等,2008)。固定化技术可使微生物避免次生代谢产物毒害,减弱噬菌体的竞争,保持生化反应的稳定性,在污染土壤修复中发挥较高效率(苏丹等,2006;司友斌和彭军,2007;刘永军等,2010)。固定化技术中的降解菌主要为经过筛选的土著菌、基因工程菌、外来菌种等,该技术目前已经用于重金属污染土壤的实地工程修复以及废水或泥浆中污染物的修复降解(胡广军等,2008;Wang 等,2008;张秀霞等,2013)。

案例 9.1:氟环唑在蚯蚓和土壤微生物中的降解路径和机制。三唑类杀菌剂(triazole fungicides),是化学结构中含有 1,2,4-三唑基团的一类杀菌剂农药品种。其是目前世界上应用最为广泛的杀菌剂种类,大量用于蔬菜水果和谷物生产。大量使用的农药绝大部分最终会进入土壤,造成土壤污染并对土壤生态造成胁迫作用。土壤生物(微生物群落、土壤动物)在药物作用下产生一定的毒性响应,并通过生物体代谢过程使其降解。作为模式动物,蚯蚓常被用于土壤污染物的风险评估研究。它们具有薄而透水的角质层,并通过它们的摄食和挖洞活动对土壤结构产生重大影响;它们还可以用作土壤毒性的生物指标,用于评估土壤生态环境(Frund 等,2010)。大量的研究表明,三唑类杀菌剂在蚯蚓体中存在显著的立体选择性富集和降解(Boskovic 等,2021)。对戊唑醇、苯醚甲环唑、烯唑醇、腈苯唑等的立体选择性研究表明,蚯蚓自身可选择性富集或降解三唑类杀菌剂,并可分泌农药降解酶对三唑类杀菌剂的降解起到促进作用(Sanchez-Hernandez,2019)。同时,氟环唑可以明显抑制蚯蚓生长,但会提高其体内谷胱甘肽-S-转移酶(GST)的活性(Pelosi 等,2016)。GST 作为重要的Ⅱ相代谢酶之一,其活性的增强说明氟环唑作为外源污染物刺激了蚯蚓体内的降解代谢过程。

研究通过蚯蚓暴露实验(图 9-2),评估了氟环唑及其对映体暴露对蚯蚓的代谢组、酶活性影响,并基于 5 种 TPs(转化产物)和几种关键酶的代谢组数据进行联合分析。结果表明,氟环

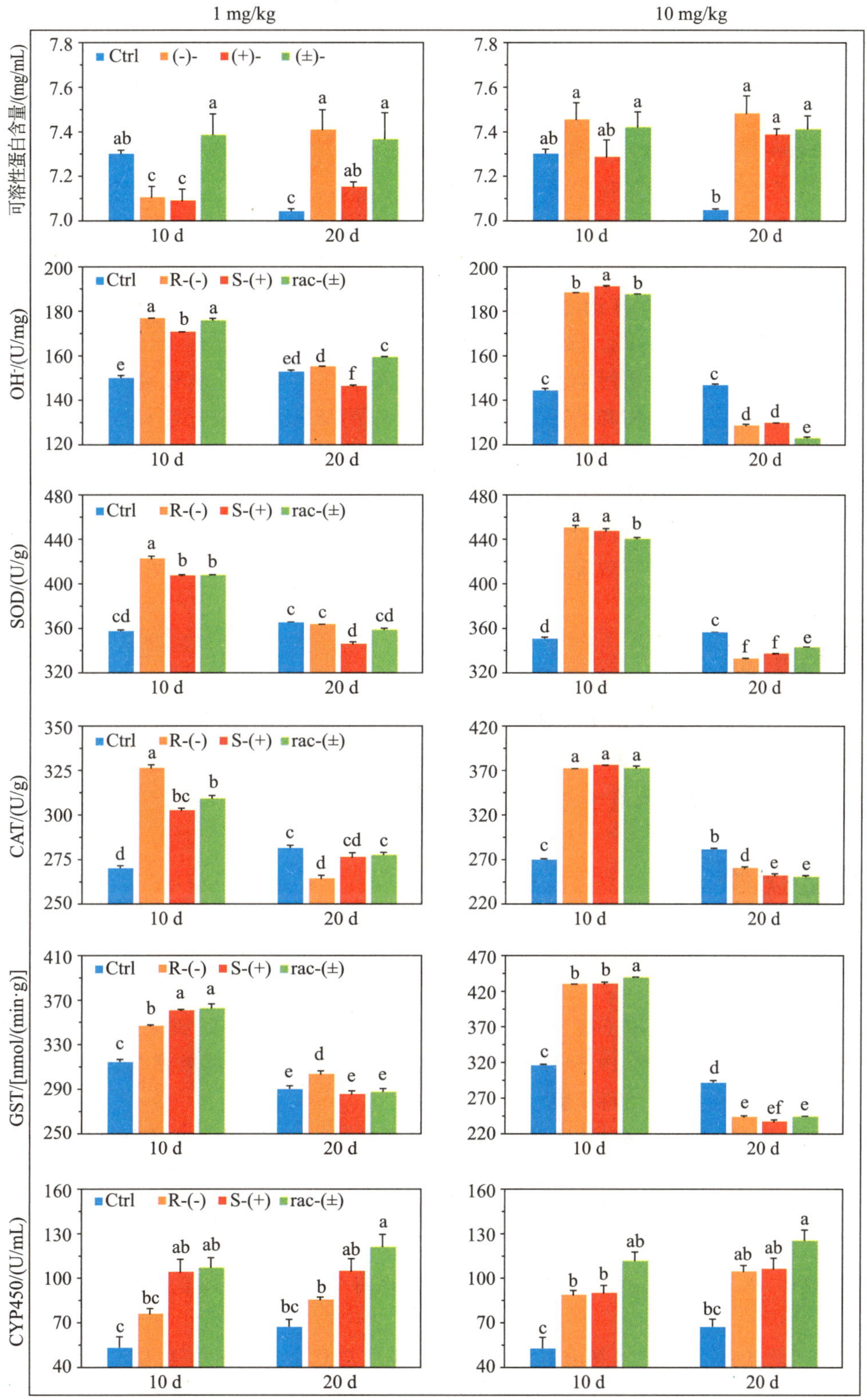

图 9-2 不同处理下几种关键的蚯蚓酶的酶活性(Xue 等,2023)

唑在蚯蚓体内表现出 2*S*，3*R*-(-)-对映体优先富集的立体选择性，并且其 5 种 TPs 表现出不同构型主导的立体选择性差异。暴露水平下的细胞色素 P450（CYP450）、谷胱甘肽转移酶（GST）、超氧化物歧化酶（SOD）、过氧化氢酶（CAT）和 OH^- 在暴露第 10 天时均显著激活，低浓度暴露观察到显著的立体选择性酶激活水平；蚯蚓组织代谢物谱表现出显著的立体选择性，并因不同浓度和不同时间表现出不同的代谢调控机制。氟环唑显著抑制了蚯蚓体类固醇生物合成，并激活了与解毒和能量代谢相关的氨基酸代谢、谷胱甘肽代谢、柠檬酸循环和嘌呤代谢等，来抵抗氟环唑及其对映体的氧化胁迫；与基因合成相关的嘧啶代谢途径也被显著影响。高剂量引起了蚯蚓体由 2*R*，3*S*-(+)-对映体主导的立体选择性代谢响应，而在低剂量暴露组中观察到由外消旋体主导的立体选择性代谢响应。研究结果表明氧化应激和生物转化是蚯蚓体解除氟环唑及其对映体胁迫的主要的代谢途径（Xue 等，2023）。

此外，某些真菌在重金属污染土壤修复中也发挥着重要作用。丛枝菌根真菌作为其中的代表，可通过菌丝的固持作用和菌丝分泌物的螯合作用降低重金属毒性和浓度。其根外菌丝具有庞大的比表面积，吸附能力远高于植物根系，对镉的富集能力超过烟草根系 10 倍以上（Gonzalez-Chavez 等，2004；Janouskova 等，2006；Chern 等，2007）。其孢子、根内菌丝、泡囊等也具有固持金属、减少重金属向植物地上部分迁移的作用。其分泌的某些糖蛋白具有络合重金属铜、镉、铅的能力，能够有效降低污染土壤中重金属的生物有效性和可迁移性。

思考题

1. 什么是土壤退化？我国土壤退化的类型主要有哪些？
2. 导致土壤盐渍化的主要因素是什么？土壤盐渍化对土壤生物有何影响？
3. 退化土壤的修复手段有哪些？试举例说明土壤生态修复的效果。

参考文献

陈波，徐冬梅，刘广深，等，2006. 异丙甲草胺对芹菜根际与非根际生物活性的影响. 应用生态学报(5)：925-928.

戴继航，2012. 咸水在滨海盐渍土盐分淋洗中的应用基础研究：学位论文. 北京：北京林业大学.

董汉英，仇荣亮，赵芝灏，等，2010. EDTA 淋洗修复 Cu 污染土壤的去除效率与适宜淋洗剂用量的选取. 中山大学学报(自然科学版)，49(3)：135-139.

龚新梅，2004. 绿洲盐渍化的遥感监测及其环境因素影响分析：以三工河流域为例：学位论文. 乌鲁木齐：新疆大学.

郭安宁，2020. 不同土壤退化类型及其调控对土壤微生物的影响机制：学位论文. 北京：中国地质大学(北京).

胡广军，梁成华，李培军，等，2008. 固定化微生物对多环芳烃污染土壤的降解. 生态学杂志(5)：745-750.

黄闺，孟桂元，陈跃进，等，2013. 苎麻对重金属铅耐受性及其修复铅污染土壤潜力研究. 中国农学通报，29(20)：148-152.

金勇，付庆灵，郑进，等，2012. 超积累植物修复铜污染土壤的研究现状. 中国农业科技导报，14(4)：

93-100.

梁国华，张德强，卢雨宏，等，2018. 鼎湖山季风常绿阔叶林土壤 C∶N∶P 生态化学计量特征对长期模拟酸雨的响应. 生态环境学报，27(5)：844-851.

廖晓勇，陈同斌，阎秀兰，等，2007. 提高植物修复效率的技术途径与强化措施. 环境科学学报(6)：881-893.

刘永军，刘金光，李华，等，2010. *Acinetobacter* sp. XA05 和 *Sphingomonas* sp. FG03 苯酚生物降解特性研究. 西安建筑科技大学学报(自然科学版)，42(3)：420-426.

潘根兴，程琨，陆海飞，等，2015. 可持续土壤管理：土壤学服务社会发展的挑战. 中国农业科学，48(23)：4607-4620.

司友斌，彭军. 2007. 固定化微生物技术及其在污染土壤修复中的应用. 土壤(5)：673-676.

苏丹，李培军，鞠京丽，等，2006. 非流体介质中多环芳烃污染的微生物固定化修复技术. 应用生态学报(8)：1530-1534.

隋跃宇，焦晓光，高崇生，等，2009. 土壤有机质含量与土壤微生物量及土壤酶活性关系的研究. 土壤通报，40(5)：1036-1039.

滕应，黄昌勇，龙健，等，2003. 矿区侵蚀土壤的微生物活性及其群落功能多样性研究. 水土保持学报(1)：115-118.

滕应，骆永明，李振高，2007. 污染土壤的微生物修复原理与技术进展. 土壤(4)：497-502.

佟洪金，涂仕华，赵秀兰，2003. 土壤重金属污染的治理措施. 西南农业学报(S1)：33-37.

吴燕玉，陈涛，张学询，1989. 沈阳张士灌区镉污染生态的研究. 生态学报(1)：21-26.

肖楚，李礼，查忠勇，2012. 铅污染土壤的修复技术研究进展. 重庆工商大学学报(自然科学版)，29(3)：99-104.

杨靖，2013. 铬污染土壤的微生物修复技术研究进展. 资源节约与环保(7)：241-242.

杨卿，郎南军，苏志豪，等，2009. 土壤退化研究综述. 林业调查规划，34(1)：20-24.

杨永华，姚健，华晓梅，2000. 农药污染对土壤微生物群落功能多样性的影响. 微生物学杂志(2)：23-25.

于颖，周启星，2005. 污染土壤化学修复技术研究与进展. 环境污染治理技术与设备(7)：1-7.

余志，黄代宽，2013. 重金属污染土壤修复治理技术概述. 环保科技，19(4)：46-48.

张红，吕永龙，辛晓云，等，2005. 杀虫剂类 POPs 对土壤中微生物群落多样性的影响. 生态学报(4)：937-942.

张桃林，王兴祥，2000. 土壤退化研究的进展与趋向. 自然资源学报(3)：280-284.

张秀霞，白雪晶，徐娜娜，等，2013. 固定化微生物修复石油污染土壤影响因素研究. 环境工程学报，7(3)：1156-1162.

赵春燕，孙军德，宁伟，等，2001. 重金属对土壤微生物酶活性的影响. 土壤通报(2)：93-94.

赵颖，刘利军，党晋华，等，2013. 污灌区复合污染土壤的植物修复研究. 生态环境学报，22(7)：1208-1213.

Aerts R，1997. Climate，leaf litter chemistry and leaf litter decomposition in terrestrial ecosystems：A triangular relationship. Oikos，79：439-449.

Al-Mutairi N，Nayef Z，Al-Mutairi M S，2008. Monitoring bioremediation in oil contaminated soils using toxicity analysis. SPE International Conference on Health，Safety，and Environment in Oil and Gas Exploration and Production. http://dx.doi.org/10.2118/111578-MS

Borrelli P, Robinson D A, Fleischer L R, et al., 2017. An assessment of the global impact of 21st century land use change on soil erosion. Nature Communications, 8(1): 2013.

Boskovic N, Bilkova Z, Sudoma M, et al., 2021. Conazole fungicides epoxiconazole and tebuconazole in biochar amended soils: Degradation and bioaccumulation in earthworms. Chemosphere, 274: 129700.

Bowman W, Cleveland C, Halada L, et al., 2008. Negative impact of nitrogen deposition on soil buffering capacity. Nature Geoscience, 1: 767-770.

Chaney R L, 1983. Plant uptake of in organic waste constituents. Land Treatment of Hazardous Wastes. Noyes Data Corporation: 50-76.

Chen J, Zhu D, Sun C, 2007. Effect of heavy metals on the sorption of hydrophobic organic compounds to wood charcoal. Environmental Science Technology, 41(7): 2536-2541.

Chen Z S, Lee G J, Liu J C, 2000. The effects of chemical remediation treatments on the extractability and speciation of cadmium and lead in contaminated soils. Chemosphere, 41(1): 235-242.

Chern E C, Tsai D W, Ogunseitan O A, 2007. Deposition of glomalin-related soil protein and sequestered toxic metals into watersheds. Environmental Science and Technology, 41(10): 3566-3572.

Chiang K Y, Hu Y H, 2010. Waterwashing effects on metals emission reduction during municipal solid waste incinerator (MSWI) fly ash melting process. Waste Management, 30(5): 831-838.

Chowdhury N, Marschner P, Burns R G, 2011. Soil microbial activity and community composition: Impact of changes in matric and osmotic potential. Soil Biology and Biochemistry, 43(6): 1229-1236.

Dai Z, Zhang X, Tang C, et al., 2017. Potential role of biochars in decreasing soil acidification—A critical review. Science of the Total Environment. 581-582: 601-611.

Debela F, Arocena J M, Thring R W, et al., 2010. Organic acid-induced release of lead from pyromorphite and its relevance to reclamation of Pb-contaminated soils. Chemosphere, 80(4): 450-456.

Dushenkov S, Vasudev D, Kapulnik Y, et al., 1997. Removal of uranium from water using terrestrial plants. Environmental Science and Technology, 31(12): 3468-3474.

Fliessbach A, Martens R, Reber H H, 1994. Soil microbial biomass and microbial activity in soils treated with heavy-metal contaminated sewage-sludge. Soil Biology and Biochemistry, 26(9): 1201-1205.

Franzetti A, Caredda P, Ruggeri C, et al., 2009. Potential applications of surface active compounds by *Gordonia* sp. strain Bs29 in soil remediation technologies. Chemosphere, 75(6): 801-807.

Frund H C, Butt K, Capowiez Y, et al., 2010. Using earthworms as model organisms in the laboratory: Recommendations for experimental implementations. Pedobiologia, 53: 119-125.

Gheju M, Pode R, Manea F, 2011. Comparative heavy metal chemical extraction from anaerobically digested biosolids. Hydrometallurgy, 108(1-2): 115-121.

Gonzalez-Chavez M C, Carrillo-Gonzalez R, Wright S F, et al., 2004. The role of glomalin, a protein produced by arbuscular mycorrhizal fungi, in sequestering potentially toxic elements. Environmental Pollution, 130(3): 317-323.

Grieve I C, 2001. Human impacts on soil properties and their implications for the sensitivity of soil systems in scotland. Catena, 42(2-4): 361-374.

Guadalix M, Pardo M, 2006. Sulphate sorption by variable charge soils. Journal of Soil Science, 42: 607-614.

Hoyle F, Murphy D, Brookes P, 2007. Microbial response to the addition of glucose in low-fertility soils. Biology and Fertility of Soils, 44: 571-579.

Hu S, van Bruggen A H C, 1997. Microbial dynamics associated with multiphasic decomposition of ^{14}C-labeled cellulose in soil. Microbial Ecology, 33(2): 134-143.

Janouskova M, Pavlikova D, Vosatka M, 2006. Potential contribution of arbuscular mycorrhiza to cadmium immobilisation in soil. Chemosphere, 65(11): 1959-1965.

Ko I, Lee C, Lee K, et al., 2006. Remediation of soil contaminated with arsenic, zinc, and nickel by pilot-scale soil washing. Environmental Progress, 25(1): 39-48.

Kunhikrishnan A, Thangarajan R, Bolan N S, et al., 2016. Functional relationships of soil acidification, liming, and greenhouse gas flux. Advances in Agronomy, 139: 1-71.

Kunkel A M, Seibert J J, Elliott L J, et al., 2006. Remediation of elemental mercury using in situ thermal desorption (ISTD). Environmental Science and Technology, 40(7): 2384-2389.

Kuperman R G, Edwards C A, 1997. Effects of acidic deposition on soil invertebrates and microorganisms. Reviews of Environmental Contamination and Toxicology, 148: 35-138.

Laura R D, 1974. Effects of neutral salts on carbon and nitrogen mineralization of organic-matter in soil. Plant and Soil, 41(1): 113-127.

Makino T, Kamiya T, Takano H, et al., 2007. Remediation of cadmium-contaminated paddy soils by washing with calcium chloride: Verification of on-site washing. Environmental Pollution, 147(1): 112-119.

Mao X, Jiang R, Xiao W, et al., 2015. Use of surfactants for the remediation of contaminated soils: A review. Journal of Hazardous Materials, 285: 419-435.

Moutsatsou A, Gregou M, Matsas D, et al., 2006. Washing as a remediation technology applicable in soils heavily polluted by mining-metallurgical activities. Chemosphere, 63(10): 1632-1640.

Navarro A, Martínez F, 2010. The use of soil-flushing to remediate metal contamination in a smelting slag dumping area: Column and pilot-scale experiments. Engineering Geology, 115(1-2): 16-27.

Oren A, 2001. The bioenergetic basis for the decrease in metabolic diversity at increasing salt concentrations: Implication for the function in of salt lake ecosystems. Hydrobiologia, 466: 61-72.

Oulehle F, Evans C, Hofmeister J, et al., 2011. Major changes in forest carbon and nitrogen cycling caused by declining sulphur deposition. Global Change Biology, 17: 3115-3129.

Pathak H, Rao D L N, 1998. Carbon andnitrogen mineralization from added organic matter in saline and alkali soils. Soil Biology and Biochemistry, 30(6): 695-702.

Pelosi C, Lebrun M, Beaumelle L, et al., 2016. Sublethal effects of epoxiconazole on the earthworm *Aporrectodea icterica*. Environmental Science and Pollution Research, 23: 3053-3061.

Rath K M, Rousk J, 2015. Salt effects on the soil microbial decomposer community and their role in organic carbon cycling: A review. Soil Biology and Biochemistry, 81: 108-123.

Rietz D N, Haynes R J, 2003. Effects of irrigation-induced salinity and sodicity on soil microbial activity. Soil Biology and Biochemistry, 35(6): 845-854.

Rousk J, Elyaagubi F K, Jones D L, et al., 2011. Bacterial salt tolerance is unrelated to soil salinity across an arid agroecosystem salinity gradient. Soil Biology and Biochemistry, 43(9): 1881-1887.

Sanchez-Hernandez J C, 2019. Bioremediation of pesticide-contaminated soils by using earthworms. Bioremediation of Agricultural Soils, CRC Press: 137-139.

Seaman J C, Arey J S, Bertsch P M, 2001. Immobilization of nickel and other metals in contaminated sediments by hydroxyapatite addition. Journal of Environmental Quality, 30(2): 460-469.

Shrestha G, Traina S, Swanston C, 2010. Black carbon's properties and role in the environment: A comprehensive review. Sustainability, 2(1): 294-320.

Su D, Li P, Frank S, et al., 2006. Biodegradation of benzo[a]pyrene in soil by *Mucor* sp. SF06 and *Bacillus* sp. SB02 co-immobilized on vermiculite. Journal of Environmental Sciences, 18(6): 1204-1209.

Sun J, Lian F, Liu Z, et al., 2014. Biochars derived from various crop straws: Characterization and Cd(Ⅱ) removal potential. Ecotoxicology and Environmental Safety, 106: 226-231.

Tian D, Niu S A, 2015. Global analysis of soil acidification caused by nitrogen addition. Environmental Research Letters, 10(2): 024019.

Torres L G, Lopez R B, Beltran M, 2012. Removal of As, Cd, Cu, Ni, Pb, and Zn from a highly contaminated industrial soil using surfactant enhanced soil washing. Physics and Chemistry of the Earth, Parts A/B/C, 37-39: 30-36.

Udovic M, Lestan D, 2009. Pb, Zn and Cd mobility, availability and fractionation in aged soil remediated by EDTA leaching. Chemosphere, 74(10): 1367-1373.

Wang L, Huang L, Yun L, et al., 2008. Removal of nitrogen, phosphorus, and organic pollutants from water using seeding type immobilized microorganisms. Biomedical and Environmental Sciences, 21(2): 150-156.

Xue P F, Liu X, Shi X M, et al., 2023. Stereoselective accumulation and biotansformation of chiral fungicide epoxiconaaole and oxidative stress, detoxification, and endogenous metabolic disturbance in earthworm(*Eisenia foetida*). Science of the Total Environment, 858: 159932.

Yan N, Marschner P, Cao W, et al., 2015. Influence of salinity and water content on soil microorganisms. International Soil and Water Conservation Research, 3(4): 316-323.

Zahran H H, 1997. Diversity, adaptation and activity of the bacterial flora in saline environments. Biology and Fertility of Soils, 25(3): 211-223.

第 10 章 土壤生态学研究方法

10.1 土壤动物研究方法

土壤动物是土壤生物和土壤生态系统的重要组成成分，在土壤的物质循环、能量流动中发挥着重要作用。土壤是植物生长的基础，其中的大量微小土壤动物影响着土壤的形成和理化性质，与大气、水文、动植物和人类健康关系密切，维持着土壤生物多样性和土壤健康，并保障自然资源长久、合理的利用，同时也是农业可持续发展的基础(张俊伶等，2020；曹四平和刘长海，2017)。土壤动物指的是那些在其生命周期中存在一段在土壤中生活的时期，并且会对生活的土壤造成一定影响的动物(尹文英，2001)，一般包括原生生物、线形动物、节肢动物、环节动物和脊椎动物等，常见土壤动物有蚯蚓、蚂蚁、扁形虫等(图 10-1)。

图 10-1 土壤食物网中的生物集(Bardgett 和 van der Putten，2014)

注：(a)外生菌根；(b)真菌；(c)细菌；(d)线虫；(e)缓步纲；(f)弹尾目；(g)螨；(h)蠕虫；(i)倍足纲；(j)蜈蚣；(k)蚯蚓；(l)蚂蚁；(m)木虱；(n)扁形虫；(o)鼹鼠。

土壤动物因其在土壤生态过程中发挥的重要作用，拥有作为土壤健康指示和评价的巨大潜力，能够促进土壤健康和生态系统可持续发展(孙新等，2021)。土壤动物因不同物种的习性和取食行为，有着不同的生态作用。一般而言，主要有改变土壤结构、调节水气(Peres 等，

1998)，调节种间关系和群落组成(Groffman 等，2015)，促进养分循环(Butenschoen 等，2009)和污染修复(Spurgeon 等，2005)功能。土壤动物因其对土壤污染物积累敏感的特性，常被选作生态毒理学中的污染指示生物。

为满足不同研究需求，土壤动物的生态学研究方法也在不断发展。目前主要的方法可分为两大类：①野外调查研究；②室内试验研究。无论是野外调查还是室内试验，根据不同的研究主题将会运用到多种数据获取和分析方法。当前全球土壤生态学、土壤生态与农业可持续发展研究、退化土壤生态系统的恢复与重建、土壤动物多样性与生态功能研究等问题是土壤动物生态学的研究热点。

本节将首先介绍野外调查研究和室内试验研究的基本概念及分类；其次按照不同的研究主题介绍近年土壤动物生态学研究中所用的研究方法的概念以及研究进展，并展示应用案例。

10.1.1 野外调查研究

自然界是生态学的天然试验基地，生态学所涉及的研究对象：物种、种群和群落都与自然环境分不开。相比于室内试验，野外调查观测能够更好地将研究对象与自然环境相结合，还原真实的多样的自然联系和相互作用，以及时空变化，从而发现生态学现象和生态过程。

野外调查是研究生态学特别是恢复生态学研究的基础，考察特定种群或群落与自然地理环境的空间分异的关系。进行野外调查时，首先有一个划定生境边界的问题，然后在确定的种群或群落生存活动空间范围内，进行种群行为或群落结构与生境各种条件相互作用的观测记录。在野外调查的取样过程中，研究人员应该力求得到尽可能多的有关环境、种群或群落特征的数据，以对所要了解的生态现象做出合理的解释。最基本的观测参数有密度、频度、高度、盖度、生物量等，而有关种群分布、物种多样性(α 多样性、β 多样性、λ 多样性)、生产力(生物量)等分析群落多样性和变化的指标则由基本参数计算而来(Singh 等，2016)。

为了获取物种生物量和物种分类信息，需要对物种取样。针对不同类型的土壤动物的取样方法有：①环刀法，防止土壤动物逃逸，同时取样面积固定，方便换算分析(周育臻和吴鹏飞，2020)；②陷阱法，内壁光滑且具有一定高度，防止动物掉入后逃逸(高梅香等，2016)；③手拣法，可以获得完整蚯蚓标本(Abail 和 Whalen，2018)。土壤动物样本分离方法通常有：①干漏斗法，主要分离跳虫、蜱螨等陆生土壤动物(战丽莉，2013)；②湿漏斗法，主要分离线虫、熊虫和线蚓等湿生性土壤动物(Liu 等，2019)。其中有些生物可测绝对密度，有些只能通过观测相对密度来间接反映数量的多少，并且采样要遵循随机化原则，用样本的观测数据来推测实际种群的情况并得出结论。取样后的土壤动物样品可依照《中国土壤动物检索图鉴》和适合的物种鉴别图鉴鉴别。

当考察某个种群或群落结构功能与其生境相互关系的时态变化时，则需要进行定位观测。通常首先设立一块或多块可供长期观测的固定样地，样地必须能反映所研究的种群或群落及其生境的整体特征，观测时长取决于研究对象和目的。若是观测植被演替一般为几年或者更长(Hu 等，2016)，但也有观测方法替代长时间观测，例如：空间替代时间，选取不同年份的相似地块代表不同年份生物群落情况(Zhang 等，2018)。针对全球尺度的土壤生态学研究，需要更大的样本量(通常为数百份)来代表地区的生态特征,而这些数据大多来自前人研究成果,一般为在未经操纵的野外条件下实地收集的种群丰度和(或)物种丰富度(Johnston 和 Pither,2019),我们将此类收集数据进行分析的方法也归为野外调查。例如,Phillips 等(2019)使用荟萃分析汇编了一个横跨 56 个国家(除南极洲外所有大陆)和 7048 个站点的全球蚯蚓群落数据集,首次展示了蚯蚓多样性、丰度和生物量的全球分布,并确定了导致这些模式的关键环境驱动因素。

10.1.2 野外调查的应用

过去关于生物多样性、生态系统服务功能等方面的研究的普遍共识是生物多样性的丧失会随着时间的推移降低大多数生态系统功能并损害其稳定性(Cardinale 等,2012)。然而这些研究大多集中在地上生物,对地下生物的研究并不充足。因此作为多样性丰富的土壤动物,它们对于环境的响应以及对陆地生态系统的结构和功能的贡献,值得我们进一步探讨(Bardgett 等,2014)。

10.1.2.1 土壤动物对气候变化的响应

纬度梯度可以深入了解塑造生态系统结构和界定生态系统过程,特别是气候的因素。气候变化是当前国际上的热点问题之一,尤其是 IPCC 第四次评估报告以来的全球气候及其影响如何变化更为引人瞩目。在地上生物研究中有着热带地区的物种丰度最大并逐渐向两极下降的共识,并且地上地下生物多样性并不耦合,因此土壤动物对纬度或其他变化造成的气候变化的响应,需要被深入研究。

气候是生物相互作用中纬度/海拔模式的主要驱动因素,地理梯度最近被推广为自然实验,用于研究气候变化在现实空间尺度上对陆地生物的潜在影响(Frenne 等,2013)。森林土壤样品中的生物物种多样性随纬度上升而下降,而生物量的纬度模式取决于动物的摄食习性(Kozlov 等,2022)。

气候的时空变化可能导致土壤群落功能组成的变化,干旱对土壤动物的影响值得探讨。随着土壤湿度的增加,螨虫和线虫营养类群的丰度比例也会发生变化,这可能会导致土壤食物网的变化(Sylvain 等,2014)。

案例 10.1:线虫群落在年平均降水梯度(MAP)上的变化。为了研究从干旱环境到潮湿环境时降水变化是如何影响土壤线虫群落的结构和功能组成,Franco 等(2019)在干旱、半干旱和潮湿草原田间小区进行了 2 年生长季降水减少和增加的试验。这些地点沿大平原草原生物群落跨越区域降水梯度,并在其他气候特征、土壤类型和植被组成方面有所不同,使用雨水截留装置设置五个降水梯度模拟降水量影响(图 10-2)。取土样并使用 Baermann 漏斗提取线虫并计数、鉴定。结果表明随着生长季降水的增加,捕食性线虫的数量增加并限制了营养结构较低的线虫数量,线虫的总数量也随之减少,这与苔藓圈的相似研究结果类似(Grau-Andrés 等,2022)。与时间格局相反,从干旱到草原的空间梯度中,线虫数量随年降水梯度的增加而增加,这与苔藓圈土壤动物反应相反。所以,草原极端干旱年份频率的增加将增加线虫对根系的取食,破坏植物从而加剧干旱对生态系统初级生产和碳循环的负面影响,但在不同生态系统存在差异。

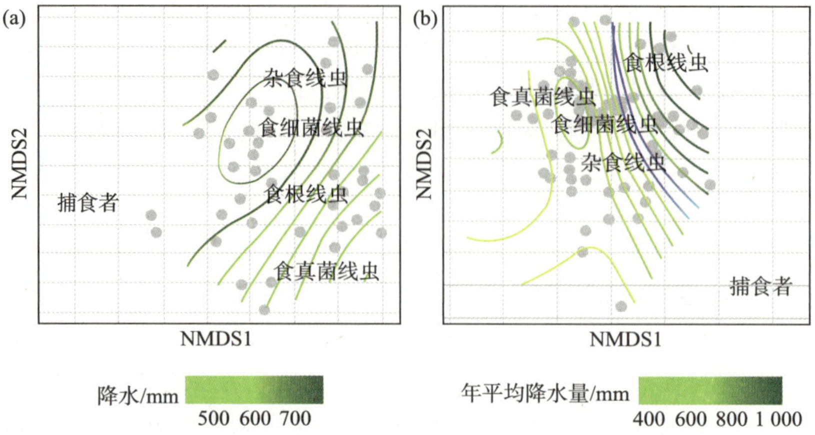

图 10-2 降水梯度下线虫群落营养组成(改自 Franco 等,2019)

注:(a)中丘点($n=80$)线虫营养类群随生长季降水变化的非度量多维标度图(Bray-Curtis);(b)线虫营养类群随长期平均年降水量变化的非度量多维标度图(MAP,$n=240$)(Bray-Curtis)。NMDS1 和 NMDS2 表示非度量多维标度分析(Non-metric multidimensional scaling)的前两个轴。

10.1.2.2 土壤动物对土地利用类型变化的响应

土地利用活动,无论是将自然景观改造为人类使用,还是改变人类主导土地的管理做法,均改变了生态群落的多样性结构,并与多种生态系统功能的丧失有关(Newbold 等,2015),因此其正成为一个具有全球重要性的因子(Foley 等,2005)。研究不同土地利用方式下地下土壤动物密度、种群和多样性的响应差异,对于陆地生态系统多样性的稳定与可持续性具有重大意义(郑大川等,2021)。

Crittenden 等(2015)的研究监测了荷兰 Hoeksche Waard 的 4 个农场的蚯蚓种类组合,设置了耕地边缘带(FM)和非倒置耕作(NIT)的耕地管理措施。结果表明,FM 和 NIT 对蚯蚓物种丰富度和丰度有积极影响,原因可能在于管理后土壤表层有机质较高且存在较少物理干扰。施肥、收获/砍伐、灌溉、除草和病虫害防治是农业常见管理实践。狼尾草田间试验发现土壤线虫群落受氮肥和灌溉的影响大于扦插频率和扦插强度的影响,同时施肥和灌溉有正负影响,表明需要寻求施肥灌溉砍伐的最佳组合来提高土壤健康(Zhao 等,2014)。在亚热带酸性土壤上进行 9 年猪粪试验中,对于长期施用不同处理有机肥的线虫群落,其丰度随季节变化,高效厩肥会干扰土壤食物网,且土壤性质比气候更能解释变化,这启示我们可以通过线虫演替把握有机质分解变化(Jiang 等,2013)。长期定位试验发现有机管理增加了土壤食物网的复杂性和生物量(Li 等,2021)。中国东北的一个长期定位玉米田试验表明土壤线虫对施用氮肥+有机肥处理有积极响应,且不同玉米生长期不同线虫种响应不同,说明长期施用氮肥和有机肥可以改变土壤食物网的资源利用和分解途径(Liang 等,2009)。当热带土地雨林转变为农业种植园转变时,土壤无脊椎动物的丰富度和分类多样性降低,总能量通量变化不大,但大型初级消费者的能量被封存,并限制了能量向更高营养级别的流动(Potapov 等,2019)。Franco 等(2020)研究表明需要制定土地利用战略,维持土壤动物群,以维持土壤结构形成和土壤碳稳定等关键生态系统过程。

从全球尺度来看,对于不同生态系统(天然林和草原或受管理的耕地、牧场和种植园)共 899 项数据的分析发现土地管理导致全球范围内蚯蚓总丰度变化不大(Johnston 和 Pither,

2019)；而农田、园林、苗圃、沿河、路边等不同土地利用方式下，蚯蚓群落的多样性、丰富度和均匀度指数均有明显差异(Singh 等，2016)。当地表存在干扰导致植被破坏时，例如火灾后的森林中，地表植被改变减少了微型动物和螨虫的生物量，但对中型动物或大型动物没有影响(Gongalsky 等，2021)。Serra 等的研究发现，在森林再生的前 10 年中，大型土壤动物群的数量和多样性恢复迅速，但在较老的森林中表现出较慢的变化(Serra 等，2021)。

案例 10.2：热带土地利用改变了土壤食物网的功能多样性，并导致碎屑能量通道的垄断。 将雨林转变为种植园会侵蚀生物多样性，但对地下群落的食物网结构和能量的进一步影响仍然很少被探索。Zhou 等(2022)为了研究将热带雨林转变为种植园时对土壤动物食物网结构和能量传递的影响，通过基于群落的稳定同位素分析和基于大小的代谢测量结合，在四个土地利用系统(雨林、丛林橡胶林、橡胶种植园和油棕种植园)对土壤动物采样并分类确定营养生态位(图 10-3)。使用^{13}C和^{15}N稳定同位素分析样本并计算 13 个同位素指标，同时测度环境参数(pH、凋落物量、土壤湿度等)。结果表明，土地利用类型改变时，土壤动物从碎屑碳途径(慢速能量通道)转变成新鲜固定的植物碳途径(快速能量通道)，同时蚯蚓垄断了植物园的碎屑途径，导致整个土地利用系统的能量指标相似。这说明了土地利用改变导致土壤食物网重组，从长远看存在一定生态风险。

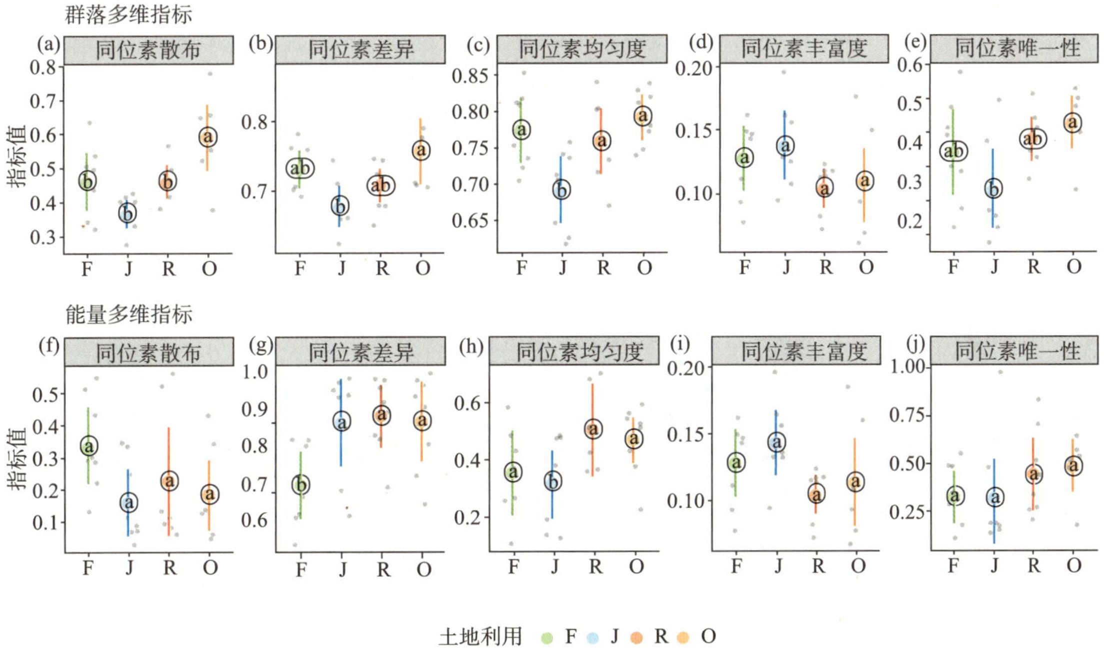

图 10-3 不同土地利用下土壤食物网功能多样性(改自 Zhou 等，2022)

注：雨林(F，绿色)，丛林橡胶(J，蓝色)，橡胶(R，红色)和油棕种植园(O，黄色)土壤动物群落的多维同位素指标；显示了群落指标(上面)和能量指标(下面)；每个点代表一个社区(每个土地利用系统 $n=8$)；在每个方格内共享相同字母的平均数无显著差异(方差分析后 Tukey 的 HSD 检验，$P<0.05$)。

10.1.2.3 土壤动物对污染物的响应

微塑料被公认为世界范围内一种新兴的污染物，能够危害环境中的生物，但对土壤食物网及物种影响仍值得研究。通过样地添加聚乙烯碎片的现场试验发现，微塑料添加显著影响了微型节肢动物和线虫群落的组成和丰度。与土壤动物群相反，研究发现微塑料对土壤微生物群落的生物量和结构只有很小的影响(Lin 等，2020)。

被重金属污染的丘陵采样中发现重金属含量的降低与线虫群落复杂性的增加有关。重金属含量与线虫相关指标呈负相关，表明线虫对退化土壤生态系统敏感，可用作重金属污染的生物指示工具(Salamun 等，2012)。对 7 年前遭遇石油泄漏的退化草原土壤研究发现，蚂蚁能够提高恢复地土壤肥力，显著增加了植物生物量、物种丰富度和微观局部异质性，即加速了草原植物的生态恢复(de Almeida 等，2020)。

案例 10.3：工业重金属污染会降低蚯蚓丰度和生物量。快速的城市化和工业化带来的不可持续发展，威胁着土壤健康，使土壤快速退化，并增加了土壤中的多种重金属的水平。Verma 等(2021)评估了农业、非农业和工业土壤中的重金属、pH 和有机碳及其对蚯蚓群落结构的影响(图 10-4)。研究随机抽取农业用地、非农业用地和工业工地共 18 个样地土壤，收集了土壤中 7 种蚯蚓，并测定了土壤的 pH、有机碳和重金属含量，计算了生物多样性指数和污染指数(污染系数、富集因子、污染指数和生态风险指数等)。结果表明蚯蚓的丰度和生物量由高到低依次为农业土壤、非农土壤、工业土壤，农业土壤中内生和内生物种的丰度都较高，其次是非农和工业土壤。

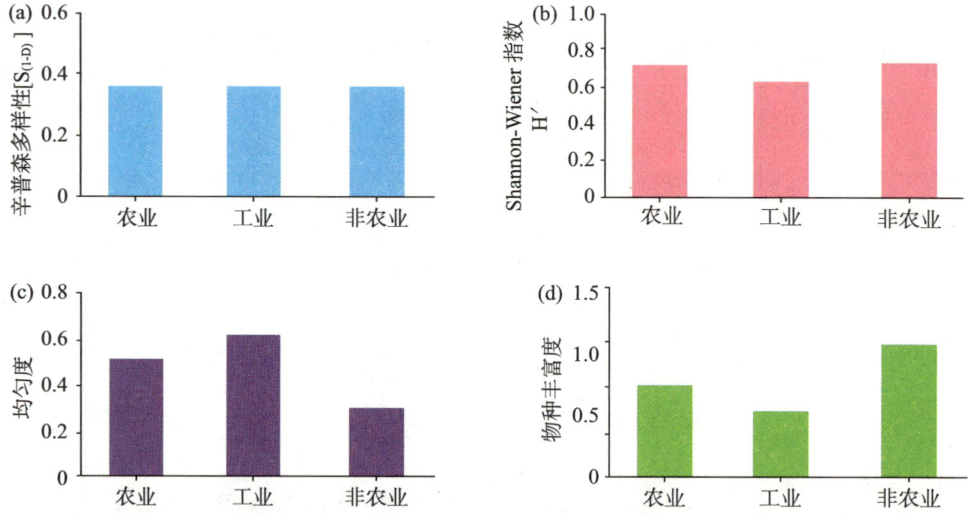

图 10-4　含有重金属工业土壤的土壤动物多样性(改自 Verma 等，2021)

注：农业、工业和非农业土壤的(a)辛普森多样性指数[$S_{(1-D)}$]、(b)Shannon-Wiener 指数、(c)物种均匀度和(d)物种丰富度。

10.1.2.4　土壤动物的生态功能——物质循环

土壤动物是土壤生态系统物质循环的重要一环。土壤动物通过取食植物的凋落物和动物遗体有机物或粉碎增加有机物的有效表面积，加速有机物的降解。在消化后，一些有机化合物被释放到环境中作为小的有机化合物或矿物质营养素。这些矿物质营养，特别是氮磷养分，被植物重复利用(Blouin 等，2013)。

种间互作影响物质循环。Zhu 等(2018)研究结果表明，在长期耕作土地上，土壤动物间的相互作用可以影响土壤碳和氮的有效性，从而减少或增加土壤 CO_2 和 N_2O 的排放。同时加入螨虫并没有增强这种效果，说明应当考虑其他土壤动物之间对碳氮循环的作用。土壤原生生物能够通过对微生物的捕食调节凋落物的分解速率，从而影响碳循环过程(Geisen 等，2021)。土壤原生生物和线虫可以通过食物网的捕食作用影响土壤丛枝菌根真菌的群落组成和生物量，从而影响地上植物的生产力(Jiang 等，2020)。

土壤大型无脊椎动物对凋落物的分解和种子传播起着至关重要的作用(Serra 等，2021)；土壤动物在全球和生物群落尺度上均促进凋落物分解，但气候不同会导致分解率不同(Garcia-Palacios 等，2013)。虽然土壤动物能够通过分解凋落物促进生态系统的物质循环，但会受多种因素影响；土壤动物介导的分解速率在农田中高于草地，但是气候处理和土地利用之间的交互没有影响土壤无脊椎动物分解凋落物的速率(Yin 等，2019)。

气候与土壤动物共同影响凋落物分解。干旱强度和频率的增加通过降低净初级生产力和地下碳分配，以及减少凋落物分解来影响土壤中的碳循环。Chomel 等(2019)的研究中发现植物对^{13}C 的净吸收减少，其在植物生物量中的保留增加，导致地下碳转移大幅度减少。土壤动物也通过直接取食、凋落物破碎、促进微生物分解和转化为有机质等多种机制增强凋落物分解。

土壤动物在火灾下改变森林生态系统的碳储量和碳流动。火灾降低了土壤生物群对碳的储量和动员率，不同地点的土壤动物介导的碳流通途径各有差异，引起的土壤食物网变化对森林土壤碳循环具有显著的短期影响。例如燃烧显著降低了从腐生真菌和菌根真菌到所有森林类型的真菌螨虫的碳流量(Gongalsky 等，2021)。

案例 10.4：干旱条件下土壤动物有利于森林土壤的碳循环。夏季干旱强烈影响土壤有机碳(SOC)循环，但对土壤有机碳储存的净影响尚不清楚，同时土壤动物在森林中储存 SOC 的作用被忽视。Guidi 等(2022)旨在研究土壤动物活动对干旱条件下 SOC 储存的作用。他们在易干旱的松树林进行了 17 年长期灌溉试验，地块被分为灌溉和干燥对照两种处理，通过凋落物袋进行凋落物分解试验，土壤采样得到土壤动物，土壤碳通量由土壤呼吸测算(图 10-5)。

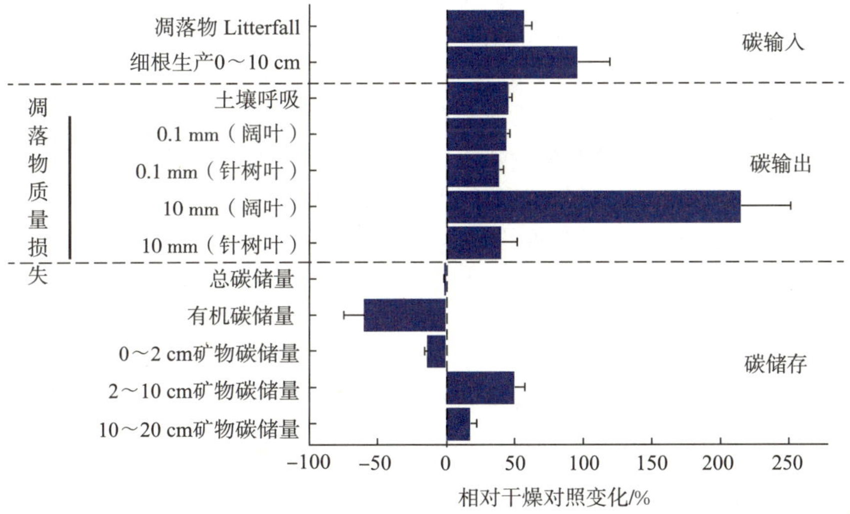

图 10-5 灌溉引起的土壤碳投入、产出和储量的变化(改自 Guidi 等，2022)

注：0.1 mm 网袋(土壤微型动物和微生物的通道)和 10 mm 网袋(微型、中型和大型动物及微生物的通道)的阔叶(栎属、荚蒾属)和针叶(松属)物种；土壤碳储量是在 2011 年和 2019 年测量的；变化百分比计算为(灌溉－干燥对照)×100/干燥对照。

结果表明，灌溉对总 SOC 储量没有影响；灌溉期间，不同网孔大小的凋落物袋研究表明，夏季灌溉强烈加速了由中型和大型动物介导的栎树和栎落物的质量损失，大大提高了碳输入；灌溉土壤中干旱敏感物种的数量增加，从而减少凋落物掺入矿物土壤并最终实现长期 SOC 储存。总之，灌溉对土壤有机碳的垂直再分配主要由动物介导，土壤动物在土壤 SOC 响应干旱上发挥着重要作用（Guidi 等，2022）。

10.1.2.5 土壤动物的生态功能——能量流动

在过往的土壤动物营养（捕食）关系研究中，模式生物和作物害虫（通常是昆虫）得到了很好的研究，而重要的土壤捕食者、真菌和碎屑动物在很大程度上被忽视（Wyckhuys 等，2021）。将土壤动物纳入食物网研究，研究土壤动物之间、土壤动物与微生物及植物之间存在的复杂相互作用，能够了解营养物质在食物网中完整的传递路径，量化更具体的捕食和被捕食者的营养关系（曹四平和刘长海，2017）。食物网的本质是能流通道，不同来源的能量通过不同能流通道在不同营养级的生物间传递，维持着土壤生态系统的稳定和土壤健康。因此在食物网和土壤生态系统能量流动的研究中应当更多地考虑土壤无脊椎动物。

土壤食物网通常被描述为具有三个主要的能量通道：根、细菌和真菌。土壤动物对微生物的取食存在偏好，进而影响营养级间能量流动和营养级联（Crotty 和 Adl，2019）。基础资源对碎屑食物网有自下而上的限制，当食物增多时物种个体数也增多（Chen 和 Wise，1999）。由于级联效应，顶级捕食者丰度通过间接减少竞争和资源过度开发，增加会使较低营养水平的猎物丰度增加（Melguizo-Ruiz 等，2020）。草原植物多样性的变化对地下各物种的基底资源和营养水平影响不大（Salamon 等，2020）。

案例 10.5：热带生态系统中土壤无脊椎动物在不同土地利用方式下的能量流动。人们对土壤动物的个体大小如何对热带土地利用系统中的农业实践做出反应，以及这些反应如何影响生态系统功能知之甚少。Potapov 等（2019）研究了苏门答腊岛热带低地生态系统中土地利用引起的地下群落的变化（图 10-6）。试验包含 4 种雨林（森林，F），丛林式橡胶林（J），橡胶种植园（R）和油棕种植园（O）土地利用系统，收集和鉴定了来自 33 个分类群的 29 956 个个体。用显微镜测量个体体长和体宽，通过计算体重代谢率、同化效率和营养级别之间的能量转移来估计能量通量。结果表明，当雨林转变为种植园，土壤无脊椎动物的丰富度和分类多样性降低，但总生物量大幅增加，总能量通量变化不大，大型初级消费者的能量被封存，并限制了能量向更高营养级别的流动，进入大型分解者的能量通量较高，而进入其他营养群体的能量通量较低。这表明在种植园系统中，地下群落的营养多功能性受到了损害。

10.1.3 室内试验研究

土壤动物生态学室内试验研究与其他自然科学的研究一样，也包含下列过程：提出问题、确定研究内容、设计试验、选定采样过程与步骤、获得代表性样本、观测样本得到数据、有目的和针对性地分析数据、解释数据并取得结论、报告或发表研究发现与结果。因此，来源于生态学的生理学传统，主要采用的是控制试验进行试验的设计方法，即控制所有的因子，检验某一个或几个因子不同水平的生态效应。对于土壤动物来说，常见的操作方法是：从野外取土样和生物样本，之后在室内试验室或盆栽试验中控制光照、温度、湿度和其他理化条件，增添一种或多种变量的多个梯度处理，简化和控制外部条件，研究群落或生态系统（微宇宙）对变量的响

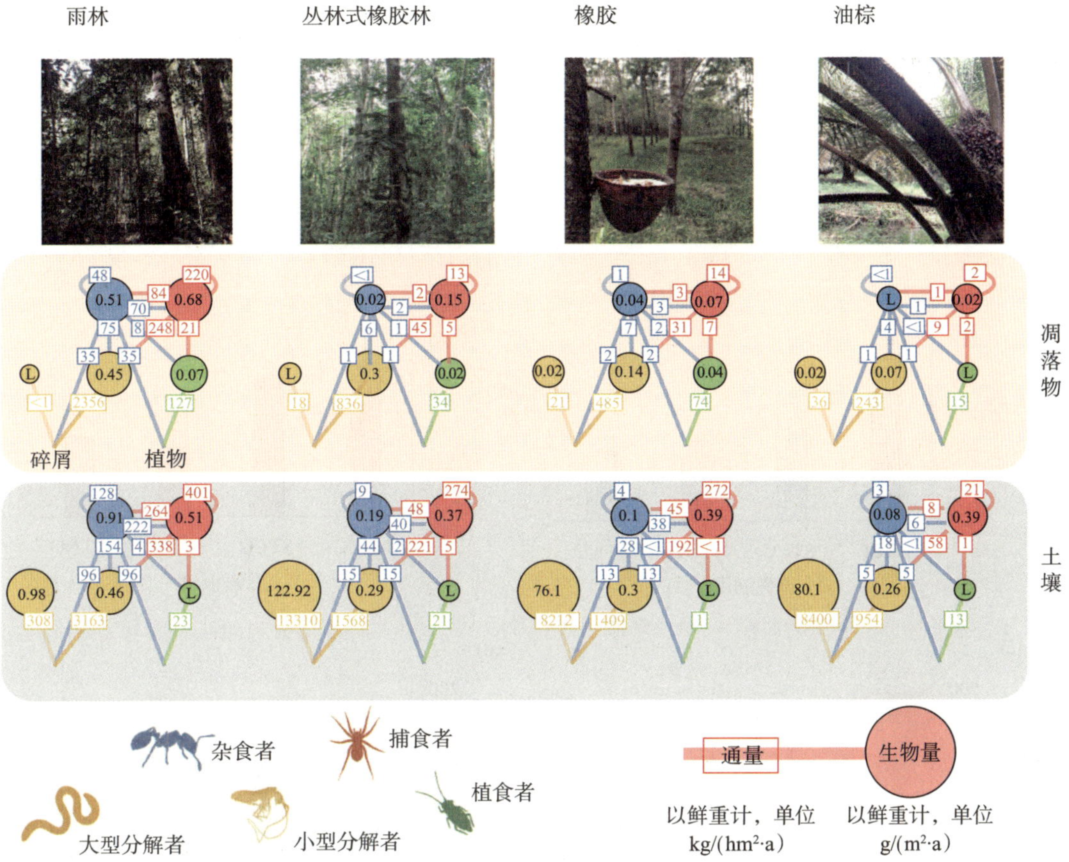

图 10-6 雨林转化为丛林橡胶、橡胶和油棕种植园后土壤和凋落物中食物网节点之间的能量通量和生物量分布变化(改自 Potapov 等,2019)

注:分解者(浅米色)从碎屑中获取能量,食草动物(绿色)从活的植物中获取能量,捕食者(红色)从其他节点接收能量,杂食动物(蓝色)从其他节点和基础资源中接收能量;捕食者和杂食动物的循环能量通量反映了群内捕食。

应,得出结论,最终需要回到自然界中验证试验结论。

10.1.3.1 土壤动物对不同干扰因素的响应

1)土壤动物对土地利用类型变化的响应

土地利用的历史可以影响土壤提供的生态系统服务水平。Liiri 等(2012)在不同管理历史的两种土壤中,功能复杂的动物群落对土壤有机质动力学的影响明显不同:在草原土壤中,中型和大型动物群落减少了 SOM 的损失,而在麦田土壤中,这些动物群落加速了 SOM 损失。所以,即使引入土壤动物也不能在短期内减轻土地利用的遗留效应。

不同土地利用拥有不同的土壤食物网,草原食物网以真菌为主,小麦农田以细菌为主。不同土地利用食物网对于干旱的响应也不同,在碳含量较高的草地土壤的食物网比小麦土壤的食物网有更高的恢复力(Richard 等,2012)。

案例 10.6:土壤线虫和功能群体对不同土地利用管理制度的响应。 Zhang 等(2017)不仅通过田间试验对美国加利福尼亚州圣华金谷具有 16 年管理系统历史的田间小区的土壤线虫组合结构进行了评价,并在试验室进行了土柱微观世界试验研究(图 10-7)。该研究比较了 4

种管理制度：经济作物间免耕覆盖作物（NTCC）、标准耕作和覆盖作物（STCC）、免耕和免覆盖作物（NTNO）、标准耕作无覆盖作物（STNO）。在不同管理制度下，确定土壤中与线虫组合相关的矿化生态系统服务，以确定这些组合的结构与反映在土壤肥力和植物生长中的相关生态系统服务之间的关系。研究结果表明，有覆盖作物的管理制度会拥有更大的线虫的总丰度（以数量、生物量和代谢足迹来衡量），并且拥有更多被认为对土壤肥力以及捕食者的猎物很重要的线虫的功能群体。

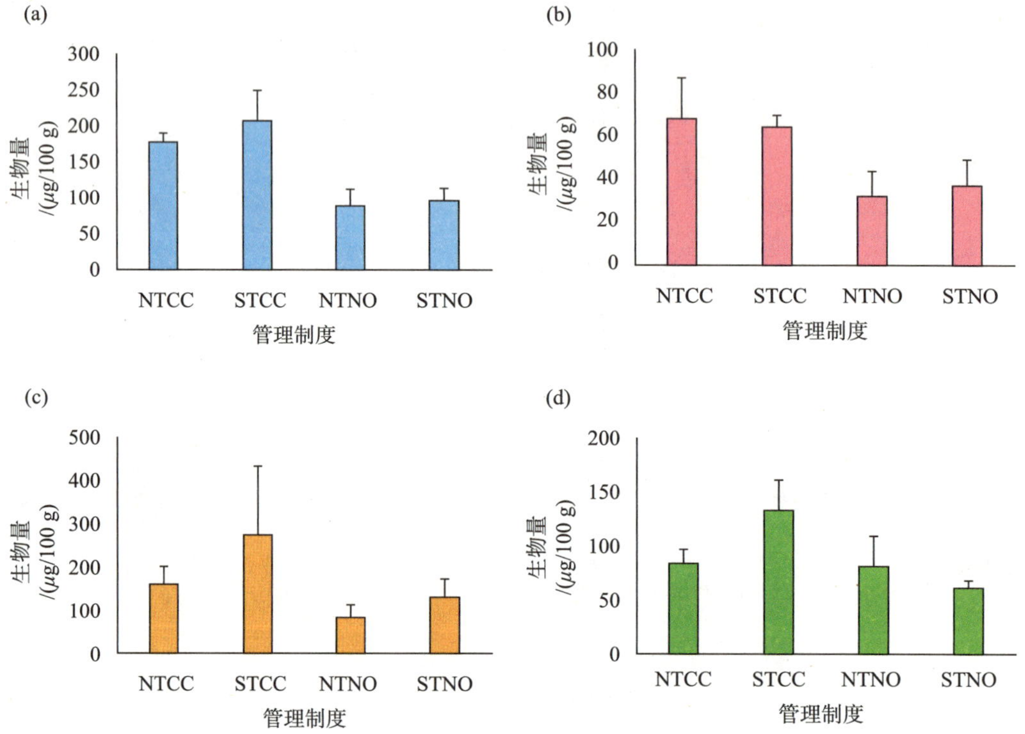

图 10-7 4 种管理制度下土壤线虫群落功能群生物量（改自 Zhang 等，2017）

注：(a)食细菌线虫；(b)食真菌线虫；(c)所有捕食者（杂食动物和专门食肉动物）；(d)草食动物。

2）土壤动物对污染物的响应

随着工业化和城市化的快速发展，土壤污染问题深受关注。作为土壤生态系统重要的消费者和特殊的分解者，研究土壤动物与土壤污染物之间的关系十分必要。

（1）重金属 蚯蚓从工业废物或污泥中积累重金属的能力得到了充分的报道（Jain 等，2004；Srivastava 等，2005）。Srivastava 等（2005）发现了蚯蚓肠道微生物和氯化细胞具有解毒工业污泥中的重金属的能力。Wang 等（2017）研究表明，在蚯蚓堆肥过程中可以有效降低重金属的毒性和总浓度，细菌组成和多样性发生了很大的变化。Biswas 等（2018）从蚯蚓肠道中分离出的 3 种 PSB 菌株具有内在的生长促进、抗金属性和磷酸盐增溶的能力，即使在金属胁迫条件下，也可以用于植物生长促进和生物修复。龙葵是重金属镉的超累积植物，一项盆栽试验发现引入蚯蚓可使龙葵的生物量提高 61.71%，龙葵地上部的镉浓度上升 35.8%，植物-动物联合系统提取的镉总量至少提高了 57.7%（Ji 等，2019）。同样当蚕豆/玉米土壤中存在蚯蚓时，发现蚯蚓活动性增加，植物吸收了更多的镉，这表明该植物-动物联合系统有可能用于修复受镉污染的土壤(Lemtiri 等,2016)。

案例 10.7:蚯蚓和猪粪对重金属固定性、体外生物可达性和浸出性的影响。 Li 等(2019)从中国广东省受重金属(镉、铅和锌)污染的农田犁地层土壤进行采样,设置 7 种处理并采取盆栽试验:M1,3%粪便;M2,6%粪便;M3,12%粪便;E,蚯蚓;EM1,蚯蚓+3%粪便;EM2,蚯蚓+6%粪便;EM3,蚯蚓+12%粪便。浸出试验选择水和模拟酸雨(SAR)作为浸出试验的浸出溶液,持续 30 d。土壤-胃溶液混合物用于生物可达性体外评估,使用化学分析测定重金属含量(图 10-8)。结果表明,当土壤动物与外源有机物(猪粪)在酸雨条件下共存时,添加蚯蚓显著增加了土壤速效磷,重金属损失和总浸出损失呈下降趋势。蚯蚓与粪肥联合处理降低镉、铅和锌。考虑到对重金属固定和成本的影响,施用 6%的粪便是处理受污染土壤的替代方法。

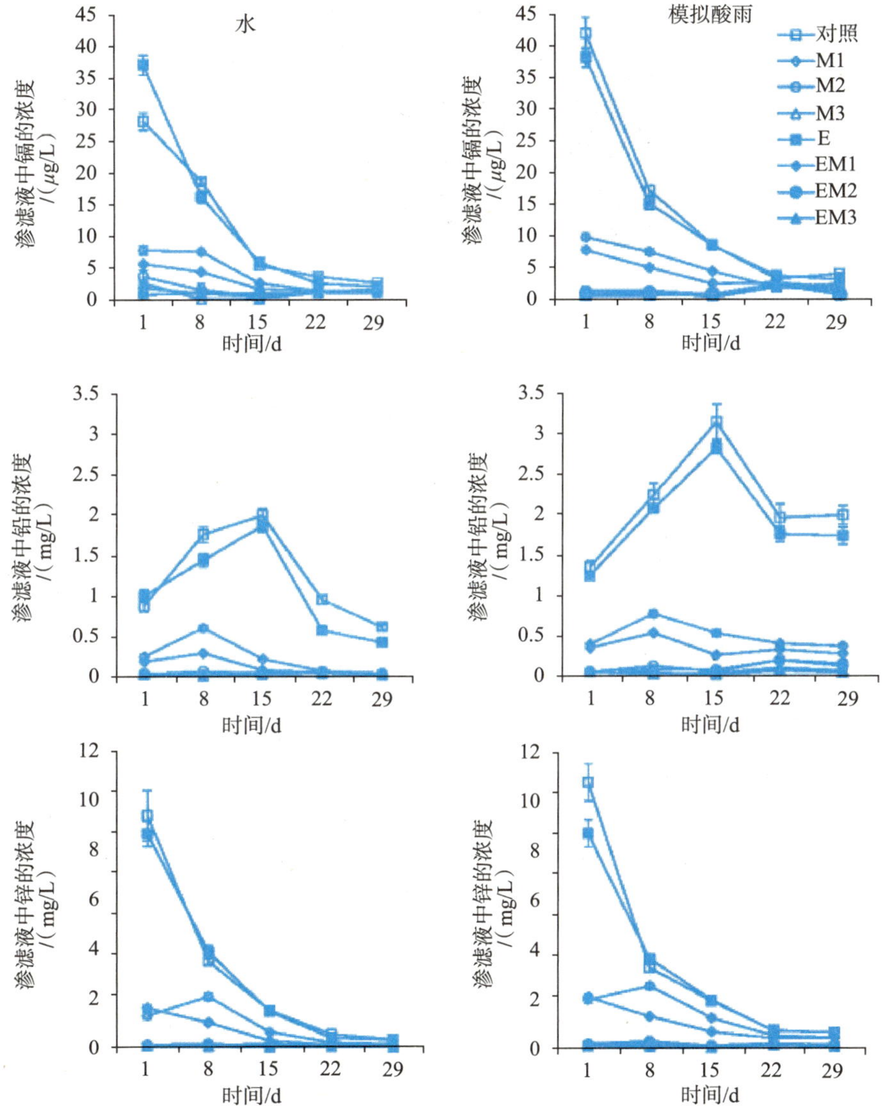

图 10-8 不同的处理条件下水和 SAR(模拟酸雨)渗滤液中镉、铅和锌的浓度(改自 Li 等,2019)

(2)微塑料(MP) 当前已知微塑料存在于土壤环境当中(Scheurer 和 Bigalke,2018),农业土壤被认为是微塑料的储存库(Ng 等,2018),其会对土壤生物多样性和生态系统功能造成威胁。微塑料可对多种土壤动物造成影响:纤毛虫和鞭毛虫也极有可能吸收几微米或更小范围内的微塑料颗粒(Rillig 和 Bonkowski,2018);蚯蚓和螨虫能够将 MP 向地下转运(Wang 等,2019);毒理实验表明微塑料会造成线虫的运动行为兴奋和神经损伤;蚯蚓摄食会对肠道造成伤害降低成活率;此外,微塑料可以改变土壤动物居住的周围环境,从而对土壤动物产生间接影响线虫。Boots 等(2019)通过盆栽中观世界试验发现,当添加微塑料和服装纤维时植物种子发芽少,土壤蚯蚓生物量减少,土壤 pH 降低,水稳团聚体尺寸分布也发生变化,这说明微塑料会影响农业生态系统(图 10-9)。

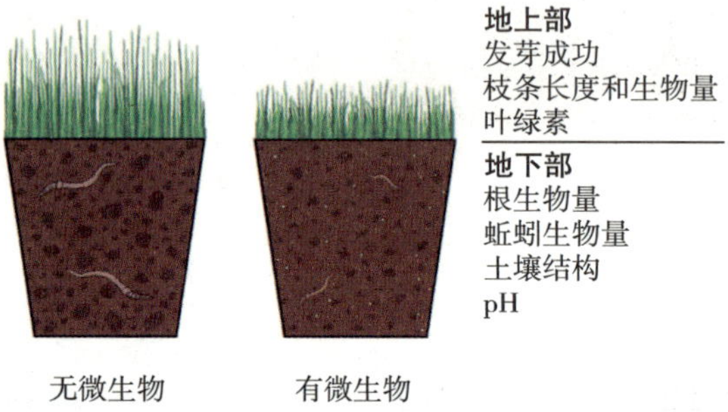

图 10-9 添加微塑料后农业土壤理化性质和生物量变化对比图(改自 Boots 等,2019)

(3)农化产品 蚯蚓主要通过刺激降解功能微生物和改善真菌群落结构来加速对甲基甲草胺(除草剂)降解。对于除草剂氯乙酰胺,土壤微生物与蚯蚓之间存在协同作用,加速了对映体,特别是剧毒的 *S*-对映异构体的降解。此外,蚯蚓显著刺激了土壤整体微生物活性,改善了微生物代谢途径。对于三嗪类除草剂阿特拉津,蚯蚓通过中和土壤 pH、消耗土壤腐殖质、改变细菌群落结构、富集本土阿特拉津降解菌和排泄肠道降解菌等途径提高降解性能。蚯蚓介导的土壤性质变化可以改变番茄植株的生理(植物激素茉莉酸和酚类化合物)、植物营养品质,并最终改变植物对昆虫食草动物蓟马的抗性。四环素是广泛用于治疗和预防人类和动物医学疾病以及提高饲料效率和提高畜禽行业生长速率的主要抗生素组,土霉素(OTC)是全球最早和应用最广泛的四环素。但 OTC 会对土壤微生物活性、植物生长等有负面影响。Liu 等(2020)发现蚯蚓可加快 OTC 及其代谢物的降解效率和速度,有助于蚯蚓对土霉素污染土壤中土壤微生物多样性和部分硝化过程的生物修复。进一步研究表明,蚯蚓改良剂主要通过中和土壤 pH 和消耗有机物来增强四环素的降解,刺激直接脱水和表异构化-脱水途径(Lin 等,2021)。

案例 10.8:土壤抗性基因在土壤动物中的转移。土壤抗性基因已经被广泛认为是一种土壤新污染物,并且已有研究证实抗性基因可以通过食物链的捕食关系进行传播。Zheng 等(2021)采用高通量定量聚合酶链反应(HT-qPCR),研究了长期(5 年、8 年和 10 年)施肥处理(对照、无机肥和混合肥)对抗生素抗性基因在土壤、线虫和蚯蚓之间转移的影响(图 10-10)。研究结果表明,在长期施肥的条件下,土壤线虫肠道中抗性基因的水平要显著高于蚯蚓的,且由于蚯蚓肠道菌群中抗性基因的减少,随着施肥年限的增加抗性基因的转移效率逐渐降低。研究发现,抗生素抗性基因在土壤-线虫-蚯蚓食物链中的转移是抗生素抗性基因在土壤生态系统中更广泛传播的潜在机制。

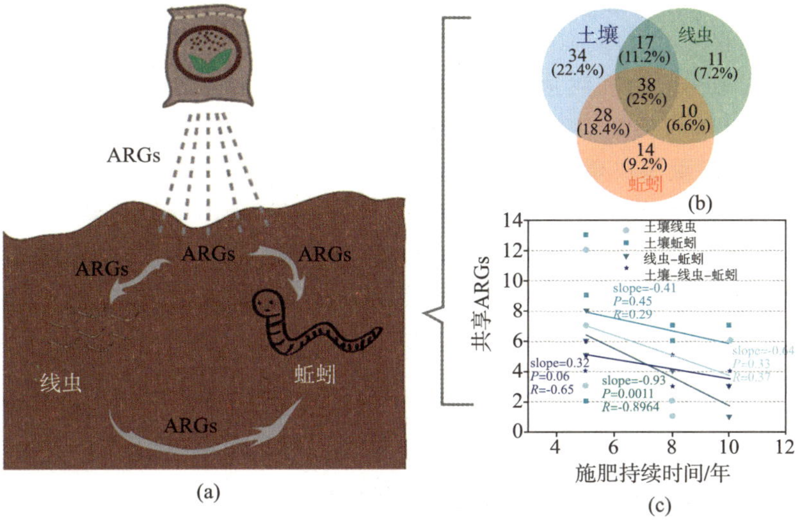

图 10-10 长期施肥下抗生素抗性基因(ARGs)在土壤生物中的转移(改自 Zheng 等,2021)

注:(a)长期施肥下 ARGs 在土壤-线虫-蚯蚓食物链中的转移示意图;(b)土壤、线虫和蚯蚓肠道中共享 ARGs 的数量和百分比;(c)对土壤、线虫和蚯蚓各种组合的施肥持续时间和共享 ARGs 数量的线性回归分析。

10.1.3.2 土壤动物的生态功能

1)物质循环

凋落物的养分分解与释放是土壤养分形成的主要来源,其分解速率由生物因素和非生物因素共同决定,影响着土壤物质循环的速度,控制着土壤养分含量的高低(陈婷等,2016)。近年研究表明,土壤动物在凋落物分解中的地位不可替代:一方面,土壤动物对营养物质的转化、储存和释放,对土壤理化性质的改变等会直接影响土壤物质循环;另一方面,土壤动物、微生物和植物之间存在着复杂的相互作用关系,土壤动物会影响植物或微生物的自身活动,从而间接影响土壤物质循环(聂立凯等,2019)。

土壤原生生物能够通过对微生物的捕食条件凋落物的分解速率从而影响碳循环过程。在较低温度 17 ℃时,捕食性原生生物增加了 CO_2 的释放和凋落物质量损失约 35%,而在 21 ℃时,原生生物对微生物驱动的 CO_2 释放和质量损失影响很小,说明原生生物在不同温度下,利用捕食者与猎物相互作用的物种特异性差异改变凋落物分解和碳循环(Geisen 等,2021)。

蚂蚁可能通过改变土丘土壤理化性质(尤其是碳和营养含量)和土壤质地来增加土壤气体排放的空间异质性。在描述湿地生态系统土壤碳、氮循环及其驱动因子时应考虑蚂蚁的影响(Wu 等,2015a)。

蚯蚓被认为可以增加土壤孔隙度,重组土壤结构,促进土壤微生物区系和养分矿化,即构造特性。Clause 等(2014)试验结果表明蚯蚓种类和土壤类型显著影响构造性能,更好理解蚯蚓对土壤构造性能的影响取决于土壤类型的方式。土壤构造能影响土壤水气和微生物群落分布,改变物质循环。Ma 等(2020)的试验发现蚯蚓活动(挖洞,构造水平通道)通过调节土壤温度和减少土壤水分蒸发来提高土壤持水能力,因此,蚯蚓的种群数量可以在土壤水和热循环中提供有价值的生态系统服务。蚯蚓的 ^{13}C 中宇宙试验发现蚯蚓能够加速根和芽凋落物的分解,并且根的分解速度比芽慢(Vidal 等,2017)。蚯蚓通过肠道刺激的反硝化菌改变土壤细菌群落,可以增加无菌土壤中 N_2O 的排放(Wu 等,2015b)。

案例 10.9:土壤跳虫在碳循环中的作用。徐国良等通过室内微宇宙试验,利用稳定碳同位素标记凋落物和模式跳虫试验种(*Folsomia Candida*),探索了土壤动物在碳循环中的作用。研究进行了土壤加标记凋落物和跳虫这两个试验处理,以及土壤对照处理,每处理设 4 个重复,分别在试验开始的第 7、第 21、第 63 天进行破坏性取样。研究结果发现,凋落物新碳可以很快进入土壤食物网,跳虫能在短时间内高效同化来自凋落物的新碳;土壤微生物群落也显著地同化了凋落物新碳,添加凋落物后微生物磷脂脂肪酸的 $\delta^{13}C$ 值极显著升高,这种效应在试验初期尤其显著。同时,研究发现在添加跳虫的处理中,微生物 $\delta^{13}C$ 比无跳虫处理的极显著升高,反映跳虫的存在和活动对微生物有积极的能动作用,增加微生物对凋落物新碳的同化效率。研究表明,在土壤动物和微生物的作用下,凋落物新碳可以很快进入碳循环,但新碳也很容易通过呼吸作用释放回到大气,尤其在初期,绝大部分排放的 CO_2 都源自新碳。土壤跳虫在食物网中的作用明显,对土壤微生物具有显著的调控作用(徐国良等,2015)。

2)能量流动

通过土壤原生生物的全球分布发现,原生生物和原核生物群落组成之间存在显著相关性,这可能是因为两者有着共同栖息地,通过捕食者-猎物的取食关系改变土壤微生物的群落结构,控制病原微生物群落,影响土壤有机质分解,从而影响能量的流动(Oliverio 等,2020)。

多种因素影响食物网能流,包括营养盐浓度和捕食作用等。无论主动还是被动觅食策略的蜘蛛捕食者,氮添加通过直接降低跳虫密度来增强蜘蛛对分解的负营养级联效应(Liu 等,2018)。Wise 等(2006)的实验室培养试验中对土壤动物进行稳定同位素标记发现,当增加碎屑食物网中杂食捕食者喜好的微生物密度,捕食者就会减少对另一猎物害虫的取食,那么杂食捕食者在生物防治方面的有效性可能会降低,从而改变食物网结构和能量流动方向。

案例 10.10:入侵蚯蚓会改变食物网中的能量流动。入侵蚯蚓可能会直接改变食物网结构,或通过它们对土壤物理特性的改变来间接改变食物网结构,这可能会改变既定的捕食者/被捕食者之间的相互作用,从而改变食物网中的能量流动。Gao 等(2017)通过入侵蚯蚓的添加试验来评估自上而下控制捕食者-猎物食物链的强度(图 10-11)。该研究在试验中培养了一种广泛分布的亚洲入侵蚯蚓、一种蜈蚣捕食者和一种微型节肢动物猎物物种,以确定它们的相互作用。研究结果表明,入侵蚯蚓可能是蜈蚣和其他捕食者的一种新的食物来源,并可能破坏它们入侵的生态系统中典型的营养关系,从而对食物网中的能量流动造成影响。

野外调查和室内试验因其不同特点,在研究方向上也各有侧重。通过综述我们可以发现,野外试验由于更接近自然环境且能够长时间定位观测,大多用于研究纬度、气候、时空变化、土地利用等与土壤动物相互作用的课题。而室内试验因其可控制性、易于定量以及通常周期较短(几天至几十天),更多地用于生态毒理学研究模式生物对各类污染物的响应和修复能力,以及设计微宇宙试验研究土壤动物对小型生态系统物质循环和稳定性的影响。

此外,我们简单总结了在土壤动物生态学研究中常用的实验方法,包括室内培养、肠容物分析、消化酶分析、脂肪酸分析、稳定同位素分析以及高通量测序。不同的方法针对的土壤动物群体各不相同,不存在最优方法,应根据研究对象合理选择。对土壤动物的鉴定则多用传统形态学鉴定和分子生物学手段。常用的数据分析方法包括 RDA 分析、混合线性效应模型、结构方程模型等。数据分析方法的选择依赖研究目的需求,例如当需要研究多个生物群落之间、

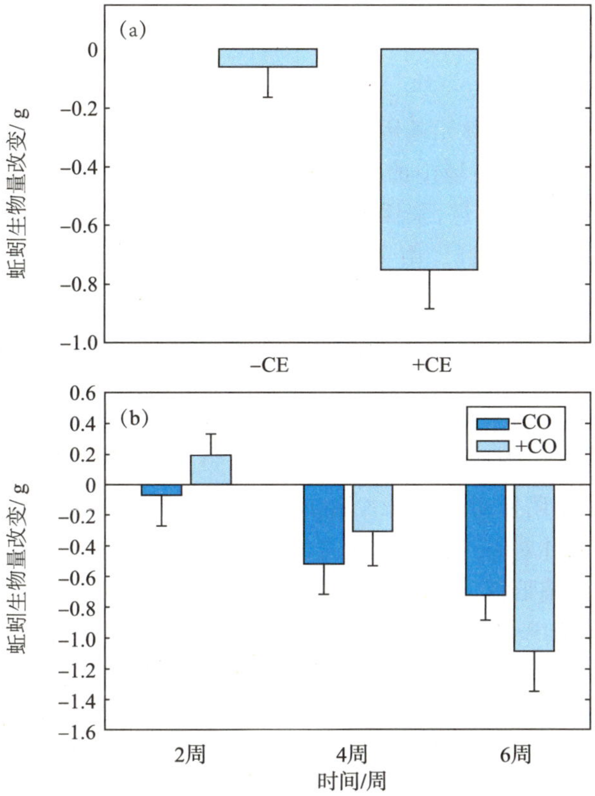

图 10-11　蚯蚓生物量的变化(改自 Gao 等,2017)

注:(a)蚯蚓生物量对蜈蚣的不存在(−CE)和存在(+CE)的响应;(b)蚯蚓生物量对弹尾目的不存在(−CO)和存在(+CO)以及采样日期(时间)的交互响应。

生物与环境变量之间的关系,并且包含因果关系及强度时,结构方程模型被广泛使用;当研究中包含固定效应和随机效应时,线性混合效应模型则被使用。最后,随着研究的复杂化,多种研究方法和分析方法结合是未来的发展趋势。

10.2　土壤微生物生态学研究方法

土壤微生物是全球生物多样性的重要组成部分,是土壤生态系统的核心,在土壤的形成发育、养分循环、肥力演变和环境净化等方面起着重要作用。土壤微生物生态学的研究内容主要包括土壤微生物群落的结构和功能、生物多样性、分布格局、土壤微生物参与的生态过程等。传统的土壤微生物研究方法主要有纯培养法、熏蒸法、底物诱导呼吸法等。然而,每克土壤中都蕴藏着成千上万的细菌、古菌和真核生物类群。土壤的这种高度物种多样性和遗传多样性的特点使传统的培养方法并不能充分地反映土壤微生物群落的原始结构和生态功能。随着分子生物学的发展,生物信息技术开始在微生物生态领域得到应用,微生物生态学家得以对土壤微生物群落的分类学、系统发育和功能多样性进行表征。

10.2.1 宏基因组学

宏基因组(metagenome)又称元基因组,是生物环境中所有微生物的全部DNA。宏基因组学(metagenomics)是以特定生境中的整个微生物群落作为研究对象,使用高通量测序技术获得环境中的全部DNA序列信息,来探究微生物群落生物多样性、种群结构、进化关系、功能活性、相互协作关系等方面的问题。由于宏基因组学可以直接研究环境中总的遗传物质,从而克服了菌种纯培养的障碍,极大扩宽了微生物资源的利用空间,目前成为研究微生物生态学的热门方法之一。相关研究主要涉及:开发新的生物活性物质、发现新的基因和物种、研究微生物群落结构与功能、微生物对环境变化的响应与反馈、微生物的群落演替与进化、微生物区域分布与生物地理学、土壤肥力的形成与变化机理等。Fierer等(2012)利用鸟枪宏基因组测序技术,研究了来自炎热沙漠、南极寒冷沙漠、温带和热带森林、草原、苔原和针叶林土壤的不同微生物群落特征。通过使用针对细菌和古菌16S rRNA基因V4区的引物,在Illumina HiSeq平台上进行扩增子测序,并对每个样本随机选择的16S rRNA基因扩增子的等效测序深度进行比较,完成对土壤中细菌群落的多样性和组成分析,并比较了通过鸟枪法获得的16S rRNA基因数据与通过扩增子测序方法获得的16S rRNA基因数据测定的土壤优势细菌门的相对丰度(图10-12)。研究发现这两种方法对土壤细菌群落多样性和组成的总体差异的估计几乎相同,说明宏基因组学能够应用于研究土壤微生物群落的组成结构。宏基因组学的研究也为解决和解释一些重大农业和环境问题提供了重要依据。如杜思垚等(2022)利用宏基因组学探究长期咸水滴灌对棉田土壤微生物群落结构的影响。研究发现长期咸水灌溉会显著改变微生物的群落结构,土壤盐分、容重和含水量是影响土壤微生物群落结构和功能基因的主导因子。Chen等(2021)为了阐明烟草连作障碍的关键因素,用宏基因组测序技术,测定根际土壤微生物多样性,研究表明烟草的连作障碍可能与土壤微生物生态失衡有关。Malla等(2022)利用16S rRNA标记的宏基因组学研究了农药污染土壤和天然土壤细菌微生物的组成,结果表明与自然未经污染的土壤相比,长期被农药污染的农田土壤微生物多样性、物种丰富度和均匀度都显著降低。

10.2.1.1 宏基因组学技术步骤

1) DNA的提取

土壤宏基因组学技术首先要从土壤环境样品中分离提取DNA,然后构建土壤宏基因组文库,并根据研究目的进行筛选和测序(图10-13)。从土壤环境中提取的DNA的质量影响着土壤宏基因组文库的构建,但由于土壤生态系统中生物和非生物成分的复杂性和异质性,提取土壤中的DNA具有一定的难度,既要尽可能地完全抽提出环境样品中的DNA,又要保持较大的片段以获得完整的目的基因或基因簇。常用的提取土壤DNA的方法包括直接裂解法和细胞分离提取法。前者是直接将细胞裂解释放出DNA,再将DNA与土壤中的杂质进行分离、纯化;后者是先将微生物细胞与土壤杂质分离,再裂解细胞并提取、纯化其中的DNA(Robe等,2003)。直接裂解法操作简单、重复性好且DNA的提取效率较高,但分离提取的纯度较低,容易受到腐殖酸等土壤组成物质的污染,往往需要进一步纯化。若必须以最小偏差调查环境样品的微生物多样性,可以选择直接裂解法对DNA进行分离。当对DNA的纯度要求较高时,可以选择细胞分离提取法,但其操作烦琐,成本较高,有些微生物在分离的过程中可能会丢失，所获得的 DNA 产率要比直接裂解法低 10～100 倍。

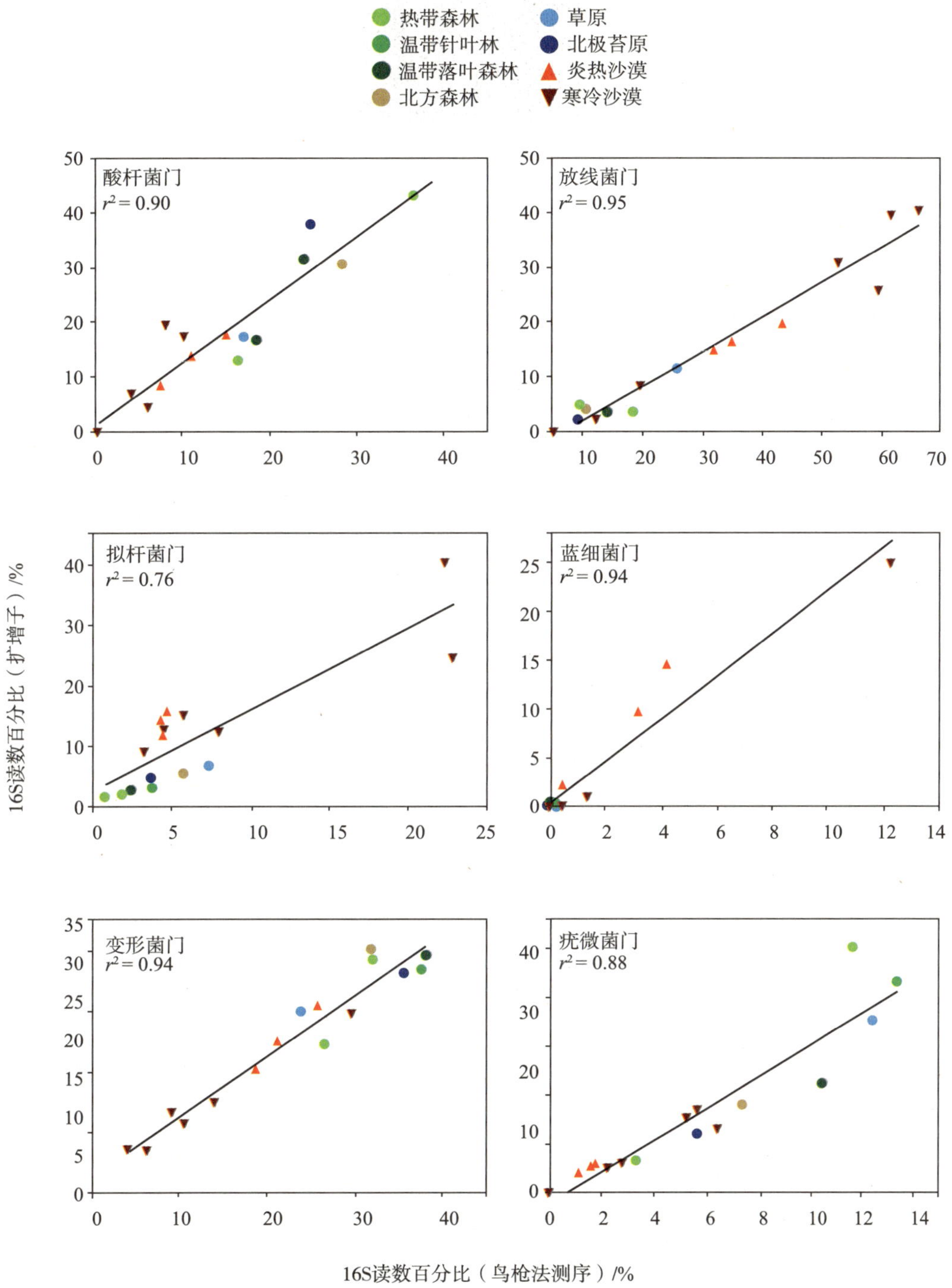

图 10-12 用鸟枪法(x 轴)获得的 16S rRNA 基因数据与用扩增子测序方法(y 轴)获得的 16S rRNA 基因数据测定的土壤优势细菌门的相对丰度(读数百分比)比较(改自 Malla 等，2022)

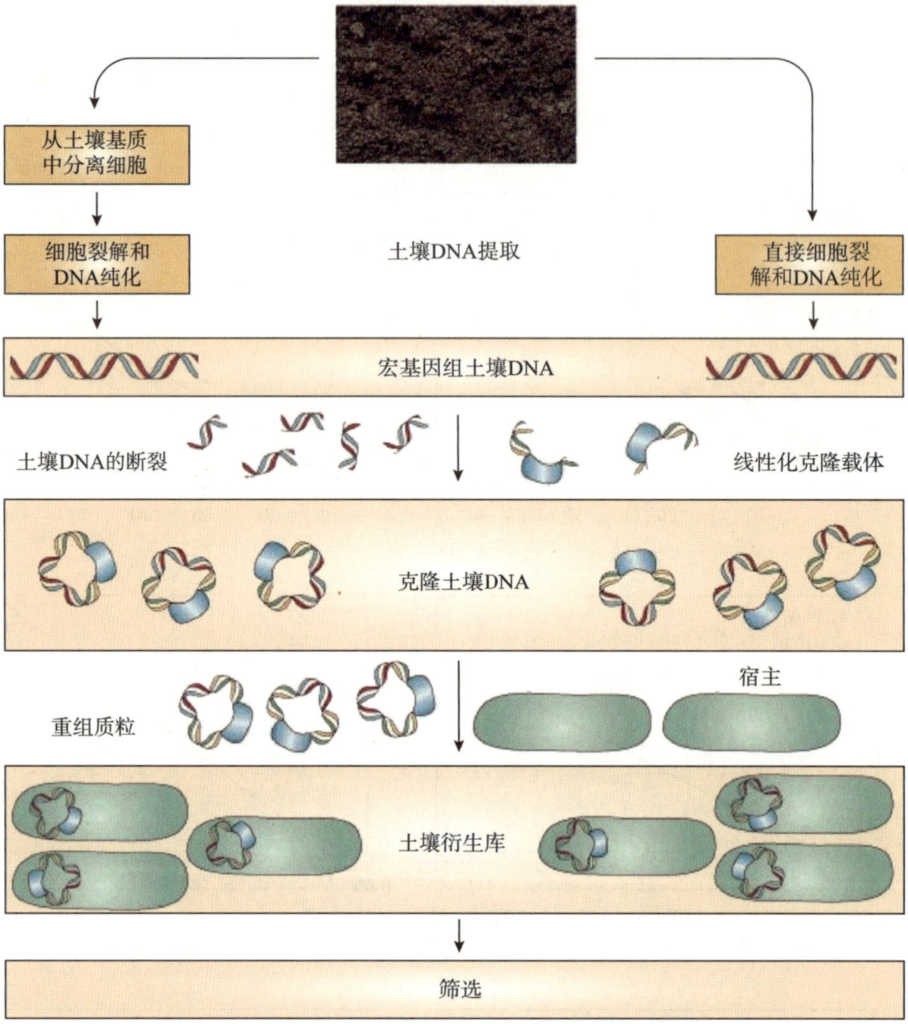

图 10-13 利用宏基因组学研究和开发土壤微生物群落基因组多样性的基本步骤(改自 Daniel,2005)

2)土壤宏基因组文库的建立

土壤宏基因组文库的建立是探索土壤微生物多样性的有力工具,有利于获取土壤微生物的遗传信息。构建土壤基因组文库的方法与克隆单个微生物基因组 DNA 的方法类似,通过用限制性内切酶对环境中所有微生物的基因组 DNA 进行切割,然后将这些 DNA 片段插入合适的载体系统中,再将重组后的载体转化到合适的宿主中。载体系统的选择取决于被分离的土壤 DNA 的质量、DNA 片段的大小、所需要的载体的拷贝数、宿主和宏基因组文库的筛选方法等(Daniel,2005)。一般小于 15 kb 的插入片段选择用质粒载体,比如筛选新的与代谢相关的单基因或小操纵子(Gabor 等,2004),15～40 kb 的插入片段选择用科斯质粒(cosmid)或福斯质粒(fosmid),超过 40 kb 的插入片段选择细菌人工染色体(bacterial artificial chromosome,BAC)。在选择宿主时要考虑到宿主菌的转化率和稳定性,目前构建宏基因组文库以大肠杆菌(Gabor 等,2004)、酵母(Bailly 等,2007)、链霉菌(Mcmahon 等,2012)等为主要的宿主菌。

3)土壤宏基因组文库的筛选

宏基因组文库的筛选技术主要包括基于核酸序列差异分析(序列驱动)、基于克隆子的特殊代谢活性(功能驱动)和基于底物诱导基因的表达3类。序列驱动的筛选是指根据已知的基因或基因表达产物的保守序列设计PCR引物或探针,通过PCR扩增或杂交鉴定出已知基因的同源物,以获得某一类结构或功能类似的蛋白质中的新分子或其编码基因。相应的筛选测序方法有鸟枪法和焦磷酸测序法。鸟枪法是将完整的目标序列随机打断成小的片段分别进行测序,然后利用计算机根据序列间的重叠关系进行排序和重新组装,并确定它们在基因组中的正确位置。鸟枪法测序可以从环境中挖掘上百万个新基因,揭示不可培养微生物的代谢途径。但同时对序列片段进行分析也十分困难,需要耗费大量的人力和物力。如Navarrete等(2015)对森林土壤和砍伐后的森林土壤中的微生物群落的DNA进行鸟枪法测序,经过质量筛选后产生了大约4.73亿个序列,通过MG-RAST使用NCBI数据库的序列匹配的归一化丰度生成了每个宏基因组的单独分类单元的频率表,并用BLASTxHit进行序列鉴定。将细菌域的宏基因组序列分为28个功能类别(图10-14)。研究发现与森林土壤相比,被砍伐后的土壤细菌群落在DNA的修复、蛋白质加工、修饰、降解和折叠等功能类别较为显著。Wiseschart等(2019)利用鸟枪宏基因组测序来研究洞穴土壤微生物的代谢潜力,使用离子质子测序系统对纯化的DNA进行测序筛选后,使用FastQC软件对测序数据集的质量进行初始评估,利用MetaGeneMark程序将序列翻译成蛋白质编码的氨基酸序列,通过RAPSEARCH2对照UniRef90数据库对宏基因组的功能序列进行注释,然后利用Metagenome Analyzer(MEGAN)工具将来自RAPSEARH的相似性搜索输出并根据KEGG分类进行功能注释,鉴定了参与异

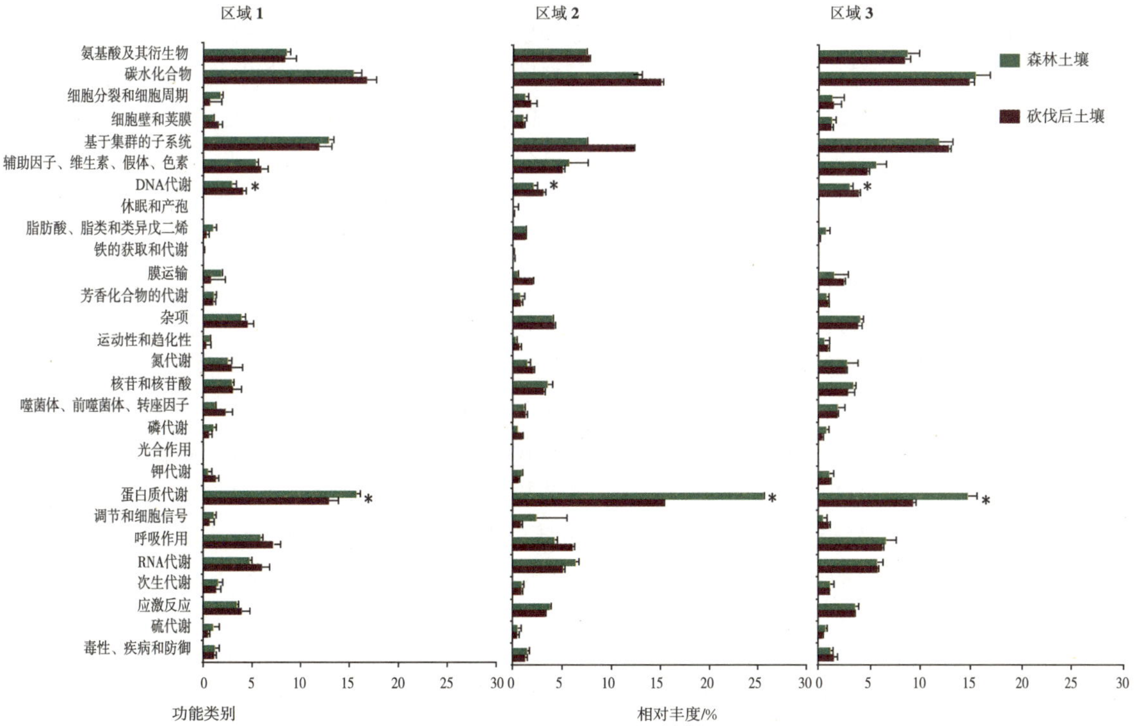

图10-14 基于鸟枪法宏基因组数据的细菌群落中功能类别的相对丰度(改自Navarrete等,2015)

注:*指示在$P<0.05$水平差异显著。

源生物生物降解(26条途径)和次生代谢物产生(27条途径)的微生物基因。焦磷酸测序技术是在焦磷酸盐测序法的基础上结合一种乳胶材料和皮升级反应孔,将基因组 DNA 进行随机切割,批量地进行整个测序反应,比 Sanger 测序法要快100倍,提高了测序的效率。

功能驱动的筛选主要通过化学或生物化学的手段从基因文库中检测表达目标活性物质的转化子,其不必依赖于已知的基因信息,因此可能会得到新的基因和产物。但其受制于外源基因在宿主细胞中的表达,并且因检测手段的局限,筛选工作量大、效率低,往往分析大量克隆仅有几个具有活性。而底物诱导基因表达筛选(substrate-induced gene-expression screening)是利用底物诱导克隆子分解代谢基因来进行筛选,并结合生物发光技术用来筛选代谢相关基因及酶基因。由于编码相关代谢基因或酶基因通常呈簇存在,并且与该物质诱导的启动子和同源转录调控序列毗邻,往往在有底物诱导的条件下才能表达,反之则不表达。

10.2.1.2 宏基因组学在微生物生态学中的应用

土壤微生物多样性是指土壤生态系统中所有的微生物种类、它们拥有的基因以及这些微生物与环境之间相互作用的多样化程度,主要包括物种多样性、遗传多样性、结构多样性和功能多样性(林先贵和胡君利,2008)。了解土壤微生物多样性有助于理解生态系统中有机物分解、物质循环和生态安全调控等多个方面。生物学的分类系统包括界(kingdom)、门(phylum)、纲(class)、目(order)、科(family)、属(genus)、种(species)7个分类水平,宏基因组测序所得信息包括微生物整个基因组而不仅是特定基因,理论上能够提供更加精准的物种分类。杜思垚等(2022)利用宏基因组测序技术对比淡水灌溉施氮肥、淡水灌溉不施氮肥、咸水灌溉施氮肥和咸水灌溉不施氮肥的4个处理的微生物的丰富度,发现咸水灌溉和氮肥施用都会降低细菌、真核生物和未分类生物的丰度,增加古菌和病毒的丰度。马锐骜等(2021)采用宏基因组测序技术分析了长白山林线过渡带树岛土壤的土壤微生物群落结构组成和功能基因的丰度。研究发现树岛的土壤养分(土壤含水量、总碳、总氮等)和土壤的微生物生物量显著高于同海拔开阔区,与微生物 *r*-策略相关的生理生化和遗传学指标(如放线菌相对丰度、与细胞生长和基础代谢相关的功能基因丰度、与简单糖类化合物水解相关的基因丰度等)也要高于开阔区。这表明树岛内土壤养分增加可能会导致微生物群落呈 *r*-策略倾向,反过来促进树岛进一步扩大,进而影响林线动态。徐志霞等(2018)在研究海南滨海木麻黄林地土壤微生物群落组成和酶活性随林龄的变化规律时,通过提取土壤宏基因组 DNA 对土壤细菌、真菌的菌属组成、相对丰度和多样性进行分析,结合对土壤中各种酶活性的测定,研究表明中龄林土壤细菌和真菌群落的物种组成最丰富且均匀程度高,成熟林中微生物群落丰富度和均匀程度降低。氧化还原酶类活性随林龄增长而逐渐降低是木麻黄成熟林地地力衰退的一个重要原因。

案例10.11:接种嗜热嗜酸有效微生物(thermoacidophilic effective microorganism,tEM)可以提高木质纤维素废物的堆肥效率,增强生物多样性和微生物数量。微生物接种剂可以有效提高堆肥的效率以及最终肥料的质量。为了探究嗜热嗜酸微生物接种剂对高木质纤维素废物的微生物结构和堆肥效率的影响,Henry 等(2020)以木材废料的木质纤维素废料、鸡粪和米糠为堆肥材料,并分别进行遮光并接种 tEM(tEMA)、不遮光并接种 tEM(tEMB)、不遮光不接种 tEM 处理(C),分别对第3天、第30天、第60天和第120天的堆肥样品进行检测(图10-15)。为了揭示 tEM 处理后微生物结构的变化,对所有堆肥样品进行了针对细菌和古菌 V3~V4 区域的宏基因组扩增子测序和16S rRNA 基因焦磷酸测序,测序的结果使用 QIIME(v1.9)对各种微生物群落进行比较分析,并得到 Shannon 指数和逆 Simpson 指数。根据稀释曲线和

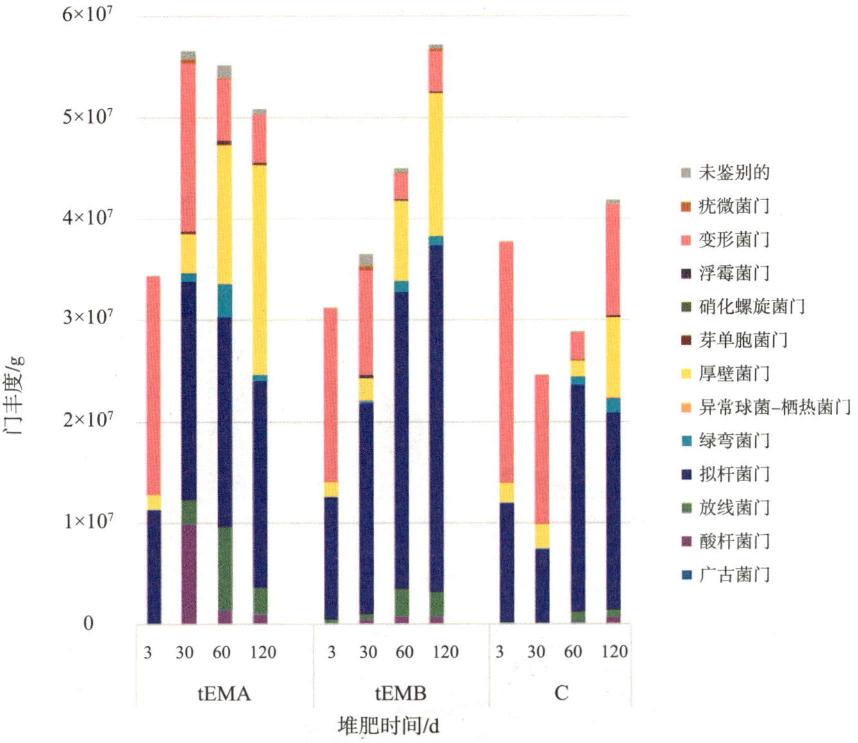

图 10-15 tEMA 处理对堆肥过程中主要菌类微生物结构的影响(改自 Henry 等,2020)

Chao1 值确定 α 多样性。使用 PCoA 和 UPGMA 树来可视化样本之间的关系。研究发现嗜热嗜酸有效微生物可提高微生物多样性和种群数量,特别是在嗜热阶段(45 ℃以上),接种 tEM 的堆肥与对照组的微生物结构差异主要体现在厚壁菌门和放线菌门中,接种 tEM 增加了已知有益微生物群的数量,包括芽孢杆菌、链霉菌,并抑制了有害微生物,如大肠杆菌的数量,进而提高堆肥率、矿化率和产品质量。

10.2.2 代谢组学

微生物代谢组学主要研究细胞内或细胞外初级代谢物、信号分子、激素和次级代谢物的定性和定量分析,是系统生物学的一个重要领域。微生物代谢组学利用代谢组学方法对微生物整个生命周期或特定生理周期中的低分子量(<1 500 Da)代谢产物、激素和信号分子进行定性和定量分析。该领域旨在从代谢产物的变化来解释微生物与表型之间的相互关系和信息流,从而进一步了解微生物的生理状态。微生物代谢组学进展缓慢主要是由于微生物代谢物的复杂性和多样性而引起的,这些代谢物通常难以识别。然而,随着新型分析技术的快速发展,微生物代谢组学不仅阐明了各种代谢途径的网络,而且阐明了微生物与宿主之间相互作用的机制,因此越来越受到人们的关注。

10.2.2.1 分析工具和方法

应用代谢组学对大量代谢物进行全面分析严重依赖于分离技术的发展。进入 21 世纪后,微生物代谢组学研究呈指数增长,而气相色谱-质谱联用(GC-MS)、液相色谱-质谱联用(LC-

MS)等分离技术已成为该领域常用的工具(图 10-16)。此外,其他分析方法如核磁共振(NMR),已被广泛使用。毛细管电泳-质谱联用(CE-MS)和直接注射-质谱(DI-MS)应用较少。

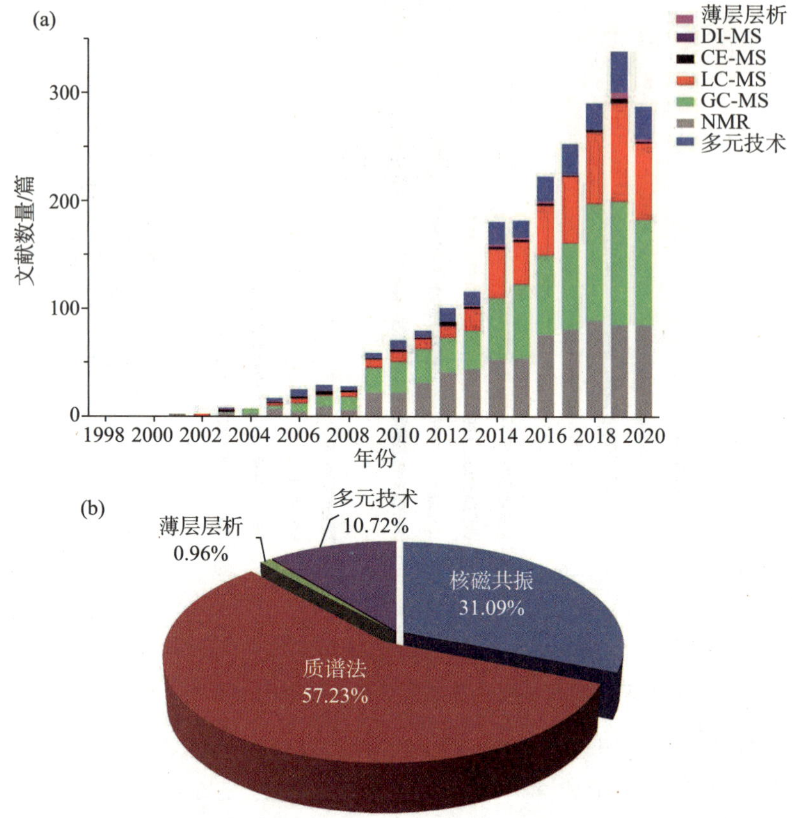

图 10-16　1998—2020 年有关微生物代谢组学研究论文中最常用的工具(改自 Ye 等,2022)

注:(a)不同类型分析方法在不同年份的发表文献量;(b)不同类型分析方法所占比例。

1)核磁共振(NMR)

基于核磁共振(NMR)的代谢组学具有高度可重复性,并且可以通过整合质子 NMR 信号来量化识别的代谢物。与 LC-MS 和 GC-MS 相比,NMR 可以更好地分析难以电离、需要衍生化或浓度极高的化合物。但核磁共振的主要缺点是灵敏度差、分离能力差。微生物代谢物的组成很复杂,其浓度从 pmol/L 到 mmol/L 不等。因此,NMR 的低灵敏度限制了其在微生物代谢组学中的广泛应用。此外,定量方法和商业软件的可用性通常是有限的。近年来,随着磁体技术的发展,特别是永磁体、无液氦超导磁体和自旋超极化技术的发展,NMR 的便利性、成本效益和灵敏度得到了提高。基于 NMR 的微生物代谢组学结合稳定同位素标记技术,提高了 NMR 的检测能力,已被用于阐明天然水生细菌群落的代谢物转化模式。

2)质谱联用(MS)

近年来,质谱技术的快速发展提高了其灵敏度和分离效率,因此,MS 已成为代谢物分析的前沿技术。几种 MS 技术,如飞行时间质谱仪(TOF)、傅立叶变换离子回旋共振质谱(FTI-CR-MS)和轨道阱高分辨率质谱仪,提供了不同的灵敏度、准确度和分辨率。在分析微生物代谢组学样品时,通常将 MS 和高通量分离技术串联起来,包括 GC、LC、超高效液相色谱(UH-

PLC)、毛细管电泳(CE),极大地促进了微生物代谢组学领域的发展(图10-17)。

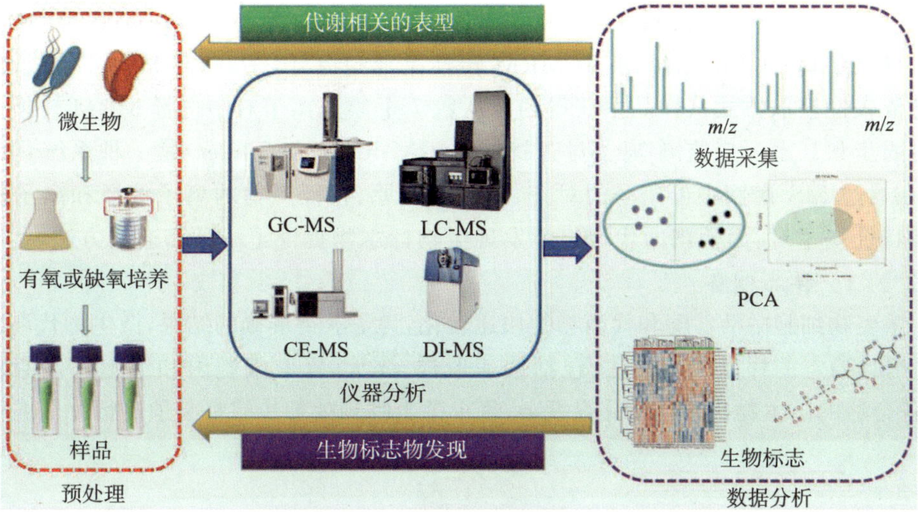

图10-17 用于微生物代谢组学的质谱仪(改自Ye等,2022)

GC-MS是一种高分辨率的色谱分离方法,广泛用于挥发性和半挥发性有机物的分析,适用于检测初级代谢产物脂肪酸、碳水化合物等,大多数基于质谱的宏代谢组学研究均使用GC-MS。GC-MS的主要优点是分离效率高、使用方便、具有稳健性、成本效益高。Zhao等(2017)利用GC-TOF/MS建立了145种氯甲酸乙酯和氯甲酸甲酯衍生物的MS和保留指数库,实现了大肠杆菌中多种代谢物的自动高通量鉴定和定量。二维气相色谱(GC×GC)通常与TOF/MS联用,可以为代谢组学分析提供更好的色谱分离。Loots(2016)使用GC×GC-TOF/MS鉴定耐利福平结核分枝杆菌(*Mycobacterium tuberculosis*)的重要代谢标志物。Winnike等(2015)比较了GC-MS和GC×GC-MS鉴定代谢标志物的性能,结果显示GC×GC-MS检测到的峰和代谢物的数量大约是GC-MS的3倍。由于GC×GC-MS数据分析过程相对烦琐,极大地限制了其广泛应用。而新型生物信息工具的出现大大缩短了GC×GC-MS数据处理的时间,使得这项技术在大规模代谢组学研究中有效可行。高效、可重复的衍生化方法是GC-MS代谢组学的关键。

LC-MS则是检测非挥发性化合物最常用的方法,样品无须衍生化,可直接检测代谢物(比如黄酮类化合物、生物碱等次级代谢物,以及氨基酸、碳水化合物等初级代谢物),是分离分析复杂有机混合物的有效手段。在过去十年中,LC-MS在涉及微生物代谢组学分析的研究中日益占主导地位。然而,使用非靶向代谢组学识别大量检测到的离子仍然是该技术有效性的主要瓶颈。混合质谱提供了多种碎裂模式,为结构表征和代谢物注释提供了多种工具。最近,离子迁移谱(IMS)在基于LC-MS的代谢组学研究中广受欢迎,IMS在MS分析前提供额外的代谢物离子的气相分离,而不损失总样品通量。IMS产生的离子碰撞截面值将显著提高非靶向代谢组学分析中未知代谢物注释的准确性和覆盖率。除了使用LC-HRMS对生物系统中的全部代谢物进行非靶向分析外,靶向代谢组学还专门侧重于识别和量化选定的代谢物。它还具有从系统水平的绝对代谢物浓度识别细胞代谢的能力。Bennett等(2009)利用LC-QqQ/MS定量分析了在葡萄糖、甘油或乙酸等碳源中呈指数生长的好氧大肠杆菌中100多种代谢物的浓度，并观察到细胞内代谢物库的总浓度约为 300 mmol。然而，靶向方法通常适用于有限的代谢物，在寻找未知化合物方面效果较差。近年来，一种名为"伪靶向代谢组学"的新方法被开发和应用，它融合了靶向和非靶向方法的优点。伪靶向方法在多反应监测（MRM）模式下使用 UHPLC-QqQ/MS 系统，其中 MRM 转换是通过基于 UHPLC-HRMS 的非靶向方法使用信息依赖性获取方式从样品中获得的。从数千个候选离子对中选择 MRM 转换是该策略中最耗时的步骤。多反应监测-离子对查找器（MRM-Ion Pair Finder）是一种系统化的自动化软件，旨在通过 MS^2 谱图中母离子的对齐、提取和还原、特征产物的离子选择和离子融合来获得 MRM 特征离子对，为伪靶向代谢组学发现生物标志物提供了一种高通量方法。

10.2.2.2 样品制备

由于微生物细胞中活性酶和代谢物的快速转化，为了获得准确的结果，微生物代谢组学分析应采用适当且稳定的样品处理方法，包括快速取样、淬灭、提取细胞内和细胞外代谢物（图 10-18）。制备合适的微生物代谢组样品很复杂，每个微生物预处理步骤都必须进行评估或优化。

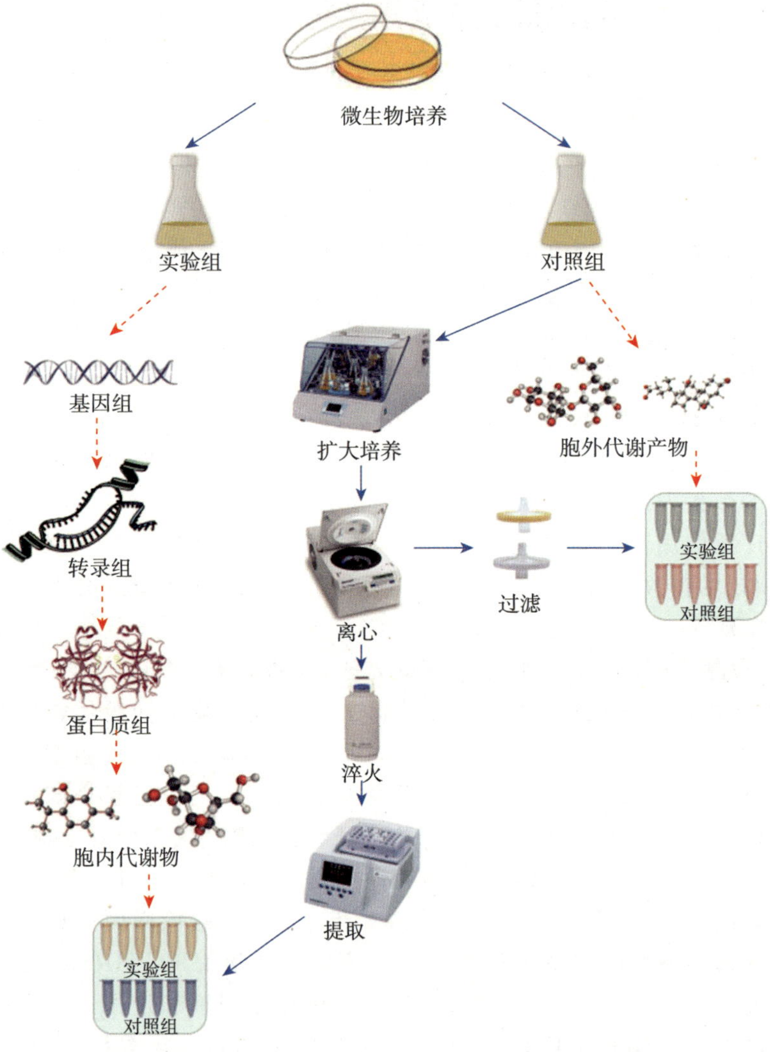

图 10-18　用于鉴定微生物代谢组学中细胞内和细胞外代谢物的样品制备（改自 Ye 等，2022）

1)细胞内代谢物分析

理想的淬灭工艺应满足两个要求:酶迅速失活和细胞保持其完整性。取样时间和淬灭剂是影响淬灭效率的重要因素。采样频率和采样速度是人工采样的主要挑战。由于几种代谢物周转迅速,有的半衰期仅为 1 s,而有的则是几种代谢反应的中间产物,因此通常难以实现高代谢淬灭效率。目前已研制出几种自动化装置,其中一些可实现取样和淬火同时进行。BioScope 是为细菌代谢扰乱实验而开发的,由连接在发酵筒上的透氧硅胶管组成,发酵液以一定的速度流过。发酵液离开发酵缸后,用搅拌器搅拌,表明扰动开始。不同的管道位置表示不同的扰动时间。BioScope 系统已经升级到第二代,其中气体传输和观察窗口都得到了改进。Rockenbach 等(2019)开发了一种基于不可逆电穿孔的采样装置,适用于不同细胞壁和细胞膜特性的细胞。通过脉冲电场处理微流控芯片的流量配置,可在数秒内实现细胞内代谢物的采样、淬灭和提取。淬灭剂必须穿透细胞膜,这是另一个主要屏障。冷甲醇及其缓冲液常用于微生物的淬灭。与真核微生物相比,细菌等原核生物在用冷甲醇灭活时更容易引起细胞内代谢物的渗漏,而革兰氏阴性菌由于细胞壁结构的差异比革兰氏阳性菌更容易发生渗漏。因此,维持细胞的完整性,防止细胞内代谢物外泄,准确反映微生物细胞的生理状态,是微生物代谢组研究中淬灭时需要考虑的重要因素。使用溶解在盐水中的甘油作为微生物细胞的淬灭剂,这可以防止细胞内代谢物的显著泄漏,从而更准确地测定细胞内代谢物。对比冷甘油盐水、快速过滤和冷缓冲甲醇这微生物培养物的 3 种淬灭方案,发现冷甘油盐水淬灭对副干酪乳杆菌(*Lactobacillus paracasei*)细胞损伤最小,细胞内代谢物回收率最高。以往的研究采用了多种淬灭策略,而目前还没有适用于所有微生物代谢组学样品预处理的通用淬灭溶液或程序。

2)细胞外代谢物分析

细胞外代谢物包含有关不同环境中微生物代谢的重要信息。测量分泌的细胞外代谢物的浓度不需要裂解。在大多数情况下,样品制备只包括培养基和微生物的离心分离。然而,对于多组分培养基,需要高度稀释的培养液或其他样品预处理,如纯化、脱盐、脱蛋白、预浓缩或蒸发,以及后重建过程。微生物的次级代谢物,尤其是真菌和放线菌的次级代谢物,一直是细胞外代谢物研究的重点。Clevenger 等(2017)建立了一种真菌人工染色体-代谢组学评分方法,可以表达多个全长基因簇。利用该平台筛选了来自不同真菌物种的 56 个次级代谢物生物合成基因簇,其中发现了 15 种新的次级代谢物,并将其分配到生物合成基因簇中。培养环境,如温度、pH、培养基中的营养物质等,都会影响细胞外代谢物的产生;因此,培养基中消耗的化合物也是代谢组学分析的目标。Weidt 等(2016)开发了一种靶向/非靶向方法来探索白色念珠菌(*Candida albicans*)和金黄色葡萄球菌(*Staphylococcus aureus*)共感染的代谢效应。使用 GC-Orbitrap/MS 测定培养基中葡萄糖和果糖的快速消耗以及非蛋白质氨基酸的消耗。Wang 等(2014)开发了一种灵活的高通量方法,该方法使用单细胞的微流控培养基于细胞外代谢物的产生或消耗进行选择。对分泌或消耗的代谢物的分析有助于选择酵母和细菌菌株,用于药物和燃料的大量生产。

10.2.2.3 数据处理和分析

UHPLC-HRMS 用于非靶向代谢组学分析的长期挑战是如何从未知的 MS 特征有效过渡到可靠的代谢物注释(图 10-19)。为了解决这些问题,科学家设计了许多程序,如 Peak Annotation and Verification Engine(Wang 等,2018)和 compMS2Miner(Edmands 等,2017)。最近,Li 等(2017)开发了 NOREVA(http://server.idrb.cqu.edu.cn/noreva/),可以标准化 MS

获得的代谢组学数据，并评估不同标准化方法的适用性。NOREVA 已经更新到 2.0 版本(https://idrblab.Org/noreva/)，可以标准化和评估多种类型的代谢组数据，有 144 种标准化方法。

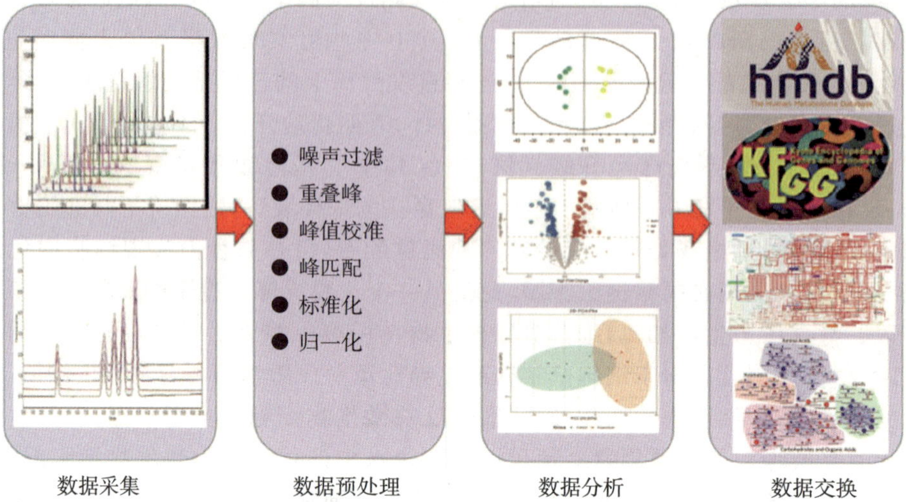

图 10-19　微生物代谢组学研究中的数据处理步骤

10.2.2.4　代谢组学在微生物生态学中的应用

代谢组学(metabolomics)是对生物或细胞在特定生理期内全部低分子量(<1 000 Da)代谢产物同时进行定性和定量分析的新兴学科。代谢组学是更接近于表型的组学，是转录组学和蛋白质组学的延伸，能够更直接、更准确地反映生物体的生理状态。通过对代谢物分析，可以揭示土壤以及与土壤生态系统表型相关的微生物、植物等生物体生理状态(Hayden 等，2019)，进一步鉴别不同土壤微生物群落特征(Abram，2015)，反映微生物基因组与环境的相互作用，从而提出了一种评估土壤健康的新方法。继宏基因组学之后，代谢组学成为进一步研究土壤抑制病害功能机制的重要方法之一(Rosa 等，2020)。

环境微生物群落是生态系统的重要组成部分。代谢组学和宏基因组学的结合可以表征环境微生物群落及其功能。Ofaim 等(2017)引入了微生物高通量代谢组学和宏基因组学数据整合框架，以解决微生物群落结构、群落功能和代谢输入之间的复杂关系。Wiseschart 等(2019)研究了一个地下石灰岩洞穴土壤中微生物的分类组成和代谢潜力。高通量鸟枪法宏基因组测序结果表明，放线菌(51.2%)和 γ-变形菌(24.4%)是洞穴土壤群落的优势菌群。代谢分析表明，氧化磷酸化(28.8%)是主要的代谢途径，其次是甲烷代谢(20.5%)、固碳(16.0%)、氮代谢(14.7%)和硫代谢(6.3%)。不同地区气候、植被和土壤类型差异较大，且受人类活动干扰程度不同，借助微生物代谢组学技术研究微生物的时空分布有助于深入挖掘土壤中的未知生物资源(包括细菌、古菌、真核生物和病毒等)和微生物组的代谢产物(如氨基酸、抗生素和激素等)，深刻理解土壤中微生物多样性的产生和维持机制，阐明影响微生物群落的主要环境因子。在污染治理上，随着现代工农业的飞速发展，一些难降解的新兴污染物不断出现，如抗生素、内分泌干扰物和阻燃剂等。尽管微生物具有强大的环境修复能力，但其进化速度远不及新兴污染物出现的速度，因此亟须应用合成生物学来解决这一难题。通过研究微生物的代谢通路，不断挖掘微生物代谢通路中与代谢产物相关的重要元件，包括降解元件、转运元件、趋化元件和抗逆元件等。在此基础上，运用合成生物学手段，定向设计和改造现有降解菌株，一方面有选择性地开发和利用这些生物元件，构建具备全新代谢网络的工程菌，使其能够降解一种或多种污染物；另一方面提高现有降解菌株的降解效率，增强菌株的环境适应性，使其能够在高盐、酸碱和高渗透压等极端条件下保持降解活性，为环境污染的微生物修复提供技术支持。

10.2.3 微生物群落分析方法

10.2.3.1 α 多样性分析

α 多样性是某个微生物群落样本中的物种多样性。它主要包括两方面的含义：第一，群落所含微生物物种的多寡，即物种丰富度（species richness）；第二，群落中不同微生物相对丰度的均匀情况，即物种均匀度（species evenness）。想象两个群落 A 和 B，在群落 A 中有两个物种，占比均为 50%，而在群里 B 中有 3 个物种，占比为 80%、10%、10%。尽管群落 B 的物种数较多，但均匀性差，导致“有效”物种数少，因此多样性指数反而比群落 A 的要低。常见的 α 多样性指数包括：

1）Shannon-Wiener 指数

Shannon-Wiener 指数借助了物理学中熵的概念来描述群落中物种多样性程度，其公式为：

$$H = -\sum_{i=1}^{S} P_i \log P_i \tag{10-1}$$

式中，S 为物种数，P_i 为第 i 个物种所占群落整体的比例。对数变换一般取自然对数，也有部分研究取以 2 为底的对数。

2）Simpson 指数

Simpson 指数以概率论为基础推导群落的物种多样性程度。其公式为：

$$D = \sum_{i=1}^{S} P_i^2 \tag{10-2}$$

P_i^2 描述了从群落中随机抽取两个物种，抽到的都是第 i 个物种的概率，而 $\sum_{i=1}^{S} P_i^2$ 描述了从群落中随机抽取两个物种，抽到的是相同物种的概率。D 的值越高，说明群落中多样性水平越低。为了解决这一矛盾，通常使用 $1-D$ 作为 Simpson 指数。另外，也有研究使用 $1/D$ 来描述多样性水平，称为 Inverse Simpson 指数。

3）Pielou 均匀度指数

严格意义上说，均匀度指数只是反映了多样性水平的一个方面，并不是多样性指数的一种。由于 Pielou 指数与 Shannon-Wiener 指数关系紧密，在这里一并介绍。Pielou 均匀度指数的计算公式为：

$$E = \frac{H}{\log S} \tag{10-3}$$

式中，H 为 Shannon-Wiener 指数，一方面受物种数的影响，另一方面受物种均匀度的影响。在 H 中除以物种数 S 的变形，以消去物种数的影响，即可得到均匀度指数。

4)Chao1 指数

Chao1 指数是由赵莲菊教授提出的基于统计抽样来描述群落中多样性程度的指数，其计算公式为：

$$\text{Chao1} = S_{\text{obs}} + \frac{n_1(n_1 - 1)}{2(n_2 + 1)} \tag{10-4}$$

式中，Chao1 为估计的 OTU 数，S_{obs}为观测到的 OTU 数，n_1为只有一条 read 的 OTU 数(即 singletons)，n_2为仅含有两条 reads 的 OTU 数(即 doubletons)。Chao1 是度量物种丰富度的指标，它对稀有的物种很敏感。

10.2.3.2 β 多样性分析

前面讲的 α 多样性反映的是某个群落的物种多样性程度，本部分的 β 多样性则反映了群落之间物种组成的差异性。对这种差异的定量化描述即为相异系数，描述了两个群落之间的"距离"。这里的"距离"并不是地理学上的概念，而是由物种组成反映的多维空间上的距离，距离越远，两个群落越相异。常见的有 Jaccard 距离和 Bray-Curtis 距离。

1)Jaccard 距离

Jaccard 距离可以基于物种存在与否等定性数据来计算，也可以基于物种的丰度、盖度、生物量等定量数据来计算。针对前者，

$$J_{ij} = \frac{b + c}{a + b + c} \tag{10-5}$$

式中，a 为两个群落的共有种数量，b 和 c 为独有种数量。若两个群落的物种组成全然不同，则 a 为 0，Jaccard 距离为 1；若两个群落的物种组成完全一致，则 b 和 c 为 0，Jaccard 距离为 0。这两种极端情况定义了 Jaccard 距离所能取到的最大值和最小值。

针对丰度、盖度、生物量、重要值等定量数据，Jaccard 距离采用以下公式：

$$J_{ij} = 1 - \frac{\sum_k \min(x_{ik}, x_{jk})}{\sum_k \max(x_{ik}, x_{jk})} \tag{10-6}$$

式中，x_{ik}为群落 i 中第 k 个相对丰度值。分子为数据中每一列最小值的加和，分母为每一列最大值的加和。若两个群落不存在共有物种，则分子为 0，Jaccard 距离为 1；若两个群落不仅物种相同，而且每个物种的丰度也相同，那么分子分母相同，Jaccard 距离为 0。

2)Bray-Curtis 距离

针对定性数据，Bray-Curtis 距离可由以下公式计算：

$$BC_{ij} = \frac{b + c}{2a + b + c} \tag{10-7}$$

公式中 a、b、c 的定义与 Jaccard 距离中的定义相同。分子是两个群落相异的物种个数，分母是两个群落的物种数之和。若两个群落的物种组成全然不同，则 a 为 0，Bray-Curtis 距离为 1；若两个群落的物种组成完全一致，则 b 和 c 为 0，Bray-Curtis 距离为 0。这两种极端情况定义了 Bray-Curtis 距离所能取到的最大值和最小值。

针对定量数据，Bray-Curtis 距离可由以下公式计算：

$$BC_{ij} = \frac{\sum_k |x_{ik} - x_{jk}|}{\sum_k (x_{ik} + x_{jk})} \tag{10-8}$$

式中，x_{ik} 为群落 i 中第 k 个相对丰度值。分子为数据中每一列两个值的差值的绝对值之和，分母为每一列两个值之和的加和。若两个群落不存在共有物种，则分子与分母相同，Bray-Curtis 距离为 1；若两个群落不仅物种相同，而且每个物种的丰度也相同，那么分子为 0，Bray-Curtis 距离为 1。

得到了群落两两之间的距离，我们可以将所有的群落（即微生物样本）的距离数据排列成矩阵的形式，从而画出热图以直观地显示群落之间的相异程度；也可以采用聚类的方法，将相似的群落聚类为一组，从而将微生物群落划分为不同的组别。

10.2.3.3 群落排序

微生物群落数据一般是多维数据，包含上百个物种。环境数据一般也是多维数据，包含多个环境因子。为了抽取出多维数据中的关键信息，我们可以进行群落排序（ordination）。排序的过程是将样方或植物种排列在一定的空间，使得排序轴能够反映一定的生态梯度，从而能解释植被或物种的分布与环境因子之间的关系。因此，排序也称为梯度分析（gradient analysis）。

排序的目标在于，降低数据维度，减少坐标轴的数目，同时确保由降低维度引起的信息损失尽量少。排序方法可分为两类。一类是利用环境因素的排序，称为直接排序（direct ordination），又称为直接梯度分析（direct gradient analysis）或者梯度分析（gradient analysis），即以群落生境或其中某一生态因子的变化，排定样地生境的位序；另一类排序是群落排序，是用群落本身属性（如种的出现与否，种的相对丰度等），排定群落样地的位序，称为间接排序（indirect ordination），又称间接梯度分析（indirect gradient analysis）或者组成分析（compositional analysis）。

最常用的间接排序法有主成分分析（principal components analysis，PCA）和对应分析（correspondence analysis，CA）。最常用的直接排序法有冗余分析（redundancy analysis，RDA）和典范对应分析（canonical correspondence analysis，CCA）。PCA 和 RDA 是基于线性模型的分析，而 CA 和 CCA 是基于单峰模型的分析。在此主要介绍基于线性模型的 PCA 和 RDA。

1）主成分分析（PCA）

PCA 排序过程本质上是将原始变量定义的坐标轴系统旋转，旋转后的新坐标轴（即主成分）彼此正交，并依次代表方差变化最大的方向。PCA 的第一个主轴（或称第一主成分）表示在多维空间中能够展示最大方差的方向。对于含有 p 个变量的矩阵，对应有 p 个主成分。主成分对方差的解释力（或蕴含的信息量）依次降低，通常前三个主成分即可解释大部分方差。PCA 的目的是将高维数据的主要趋势特征在低维空间中尽可能多地展示出来，然而降低到几维空间（即保留几个主成分轴）并没有统一的标准。通常认为 80% 的解释量已经足够满足需求。另外还可以使用碎石图（scree plot）和断棍模型（broken stick model）来判断主成分轴的保留个数。碎石图展示的是每个主成分轴能够解释方差的百分比。断棍模型主要原理是将单位长度的"棍子"随机分成与 PCA 轴数一样多的几段，然后将这些断棍由长到短排序，依次赋予相应的轴。断棍的值表示随机情况，因此我们只需选择方差解释百分比高于随机情况的主成分轴。

我们用双序图对 PCA 分析的结果进行可视化和解读。双序图中既显示样点的位置，也显示不同物种的位置。对样方来说，样点之间的距离越小说明两个样点的群落间差异性越小。物种箭头顶点在坐标轴的投影的相对距离代表物种对该主成分轴的贡献。物种箭头之间夹角的余弦值代表两物种间的相关系数，即夹角为锐角代表物种有正相关关系，夹角越小正相关强度越大；夹角为直角代表完全不相关；夹角为钝角代表物种有负相关关系，夹角越大负相关强度越大。双序图对于总结数据的主要特征是非常有用的，样点的分布和物种间的相关性都能比较清晰地反映出来。

2)冗余分析(RDA)

RDA 属于直接排序，分析的是物种分布和环境因子的关系，也称为约束排序(constrained ordination)。间接排序或非约束排序展示的是所有物种分布的方差，而直接排序或约束排序只展示能被环境因子解释的物种分布的方差。因此，约束排序轴比非约束排序轴的方差解释量要小。RDA 分析的函数与 PCA 类似，但需要同时使用群落数据和环境数据。

在 RDA 中，总方差被划分为约束和非约束两部分。约束部分表示群落矩阵的总方差能被环境因子解释的部分，非约束部分可以视为残差。RDA 模型关注的是典范轴所能解释的部分，而忽略非约束轴解释的部分。由于断棍模型不能应用于约束分析，因此我们可以通过典范轴的累积解释百分比来确定展示几个典范轴。

RDA 模型的可视化，可以使用三序图的方式，将样点信息、物种信息(响应变量)、环境因子(解释变量)共同放在同一个图中。RDA 的三序图有 1 型标尺和 2 型标尺两种类型。在 1 型标尺中，关注的是对象之间的关系。样方点垂直投影到响应变量或解释变量的箭头或延长线上，投影点近似于该样方内该响应变量或解释变量的数值沿着变量的位置。响应变量与解释变量箭头之间的夹角反映了它们之间的相关性(但响应变量之间的夹角无此含义)。在 2 型标尺中，每个特征向量被标准化为特征根的平方根，关注的是变量之间的关系。将样方点垂直投影到响应变量或定量解释变量的箭头或延长线上，投影点位置近似于该响应变量或解释变量在该样方内的数值。此处与 1 型类似。响应变量与解释变量箭头之间的夹角反映它们之间的相关性，响应变量之间和解释变量之间也同样解读。

另外，对于 1 型和 2 型标尺，还可通过比较解释变量(环境变量)向量在约束轴上投影的相对长度，判断环境变量对群落特征的贡献度。解释变量向量与约束轴夹角的大小同样具有意义，表示解释变量与约束轴相关性的大小，夹角小说明关系密切，若正交则不相关。

10.3 微生物网络分析的研究方法

网络分析(network analysis)是指通过连接法，寻找变量之间的联系，以网络图或者连接模型(connection model)来展示数据的内部结构，从而简化复杂系统并提取有用信息的一种定量分析方式。微生物生态网络在探究微生物组学数据方面，受到广泛使用。在森林、草地、湿地、河流、海洋等多种复杂生态系统种，网络分析常常因其独特的分析角度，有助于揭示微生物群落成员所共享的生态位空间及群落成员之间的共生关系，为复杂微生物群落的结构提供新见解。

10.3.1 微生物网络分析方法

基于物种丰度表，物种关系的构建主要有以下几种方法(表 10-1)。

表 10-1 物种关系网络构建方法汇总

方法名称	分析方法特色	分析条件	工具
Pearson 相关系数法	基于相对丰度的线性相关	大样本量，至少≥6	R 语言 psych 包、OmicShare 组内相关性分析工具
Spearman 相关系数法	基于相对丰度 rank 的线性相关	大样本量，至少≥6	R 语言 psych 包、OmicShare 组内相关性分析工具
MENA 法	(1)基于 Pearson 等相关系数 (2)软件自动评估筛选阈值 (3)划分模块等网络分析	大样本量，至少≥6	网页版 http://ieg4. rccc. ou. edu/mena/
WGCNA 法	(1)基于 Pearson 等相关系数 (3)丰度取对数(log)转化+标准化 (3)划分模块	无生物学重复，样本总数≥8； 有生物学重复，样本总数≥8	R 语言 WGCNA 包
SparCC 方法	(1)基于绝对丰度表 (2)丰度取对数(log)转化+标准化 (3)Pearson 变形：引入方差	大样本量，至少≥6	Python 另：官方脚本同时提供 Pearson、Spearman 计算结果
LSA 法	(1)基于绝对丰度表 (2)丰度 F-函数转化+标准化 (3)计算 LSA 得分	仅针对时间梯度样本，推荐 4 个时间节点以上。如花苞期、早、中、晚、盛放期不同发育阶段花朵共生微生物	Python：eLSA 包或 fastLSA 包
SPIEC-EASI 法	(1)基于绝对丰度表 (2)丰度中心化取对数(log)转化 (3)基于协方差逆矩阵	大样本量	R 语言 SPIEC-EASI 包
CoNet 法	Pearson + Spearman + Bray_curtis 等结果合并	大样本量，至少≥6	Cytoscape 软件 CoNet 插件

1)相关系数法

该方法以主流的 Pearson 和 Spearman 两种相关系数为例,二者主要通过物种在不同样本中相对丰度的变化,基于变化趋势的线性相关程度,如同增、同减等特征计算两两物种间的相关系数,取值[−1,1]。最后可通过 Fish-Z 变换等方法计算相关显著性 P 值。一般结合相关系数和 P 值筛选数据后绘图。Pearson 和 Spearman 二者的区别在于,Pearson 是基于原始数据进行相关系数的计算,Spearman 是基于丰度的排名进行计算。所以 Pearson 直接反映数据线性相关程度,对数值更敏感;Spearman 会弱化数据的具体大小,更专注反映整体趋势。该方法是目前最简单基础,也是文献中应用最为广泛的。实现方式为:R 语言 psych 包、OmicShare 组内相关性分析工具。

2)MENA 法

该方法的重要特体现在阈值调整和模块特性上,计算完相关系数(提供 Pearson 等选择)后,通过一系列阈值调整,获得随机矩阵(random matrix)进行评估,最终选择最佳筛选阈值,构建网络图;基于构建好的网络图开展网络结构分析,如将物种划分成不同的模块,并统计物种在模块内、模块间的连通性特征等。该方法采用的工具是公开免费线上处理(http://ieg4.rccc.ou.edu/mena/)。

3)WGCNA 法

该方法最早是用于基因间表达调控网络的分析,近年来逐渐应用于物种关系分析。基于物种的相对丰度表进行计算。最大的亮点在于对 Pearson 等相关系数的变形转化。分析流程主要为,获得相关系数矩阵后,取次方操作,以扩大强相关弱相关的间隔,然后融入直接相关和间接相关,得出新的相关性描述,即 weight 值(也称 TOM 值),一般取值[0,1],所以可以理解为 WGCNA 是升级版的 Pearson/Spearman 等相关系数分析。最后基于 TOM 值将物种划分为不同的模块。一个模块为一簇强相关的物种。实现方式为:R 语言 WGCNA 包。

4)SparCC 法

该方法是基于物种的绝对丰度表进行计算。由于传统方法基于相对丰度计算时,经常出现负相关偏多,即正相关被抑制的现象,所以 SparCC 方法进行了优化。首先将丰度进行取对数转化,以有效消除“正相关性被限制”的问题;然后基于 Pearson 线性相关原理,结合方差计算相关系数,取值[−1,1]。最后基于置换检验获得相关性 P 值。SparCC 的计算结果与相关系数法(Pearson 和 Spearman)差异比较大,强相关和弱相关更突出,且无“正相关被限制”的现象,说明对数化处理和方差引入对数据相关性评估有非常积极的影响。工具:Python(https://bitbucket.org/yonatanf/sparcc)。

5)LSA 法

该方法仅针对时间梯度样本中的微生物网络开展分析,相对于普通 Pearson 相关性,LSA 方法对物种间相关性的捕捉更敏感准确,可广泛用于生长、季节、处理周期等时间尺度的物种网络分析。基于物种绝对丰度表格,首先进行 F-函数转化,以区分生物学重复和时间梯度的数据特征。然后结合时间梯度、Pearson 相关等计算出物种间的 LSA 得分,取值[−1,1],再进行置换检验计算 P 值,最终输出显著相关的用于绘制网络图的数据。工具:Python(如 https://bitbucket.org/charade/elsa/src/master/)。

6)SPIEC-EASI 法

该方法基于物种绝对丰度表分析。首先将丰度数据进行中心化-取对数转化,处理优势同

SparCC；提供 neighborhood 和 inverse covariance[协方差的逆矩阵，也称为精度矩阵（precision matrix）或部分相关矩阵（partial correlation matrix）]两种模型构建网络，并结合 Stability-Based module 进行评估；输出协方差逆矩阵作为关系数据，取值[$-\infty$，$+\infty$]。该算法是与 Pearson 完全不同的一种新颖关系构建方法。这种处理模式的好处在于网络的简约性，避免了传统方法中间接相关对网络结构的影响。

7）CoNet 法

该方法基于物种绝对丰度表分析。最大的特色在于提供了多种网络关系构建方法，并将每种结果进行筛选合并。作为 Cytoscape 软件的插件，合并的结果还可直接在软件中可视化展示。工具：Cytoscape 软件 CoNet 插件。

10.3.2 网络分析策略

在生态学中常利用相关性来构建网络模型，可以使用一个数据集例如物种群落数据进行分析，这时候展现物种之间的共线性模式，也可以结合多个数据集进行分析，例如分析环境因子对物种的影响等，网络分析是一种比较自由的分析方法。使用网络分析的方法来研究微生物群落的结构和功能，包括网络的拓扑结构、中心性指标、模块化分析、功能分析等。微生物网络的拓扑结构和功能有以下几种：

（1）节点度数　节点度数指一个节点与其他节点相连的边数。在微生物网络中，节点度数代表了一个微生物在网络中的重要性和连接性。

（2）聚类系数　聚类系数是指一个节点的邻居节点之间相互连通的程度。在微生物网络中，聚类系数代表了微生物之间的协同作用和互相依存的程度。

（3）介数中心性　介数中心性是指一个节点在网络中的重要程度，它可以衡量节点在网络中的传递信息的能力。有时候高中心性的物种可能并不会直接对表型产生影响，它们可能充当着一种中介桥梁的作用。将对表型有直接影响的物种连接起来，一旦中介物种丰度等指标发生变化，则会影响其他物种间的互作情况。在微生物网络中，介数中心性可以用来研究微生物之间的信息传递和调控关系。

（4）网络密度　一个网络的密度是在一个给定的网络中的关系（边）的实际数目占节点之间的所有可能关系的总数的比率。在微生物网络中，网络密度可以用来研究微生物之间的相互作用和联系。网络密度的取值范围是[0，1]，当网络内部完全连通时，网络密度为 1，而实际网络密度通常远小于 1，下面的网络举例显示密度为 0.67。公式为：可观测到的实际联系/全部潜在的联系。如图 10-20 所示，可见关系数为 4，可能关系数为 6，所以网络密度为 0.67。

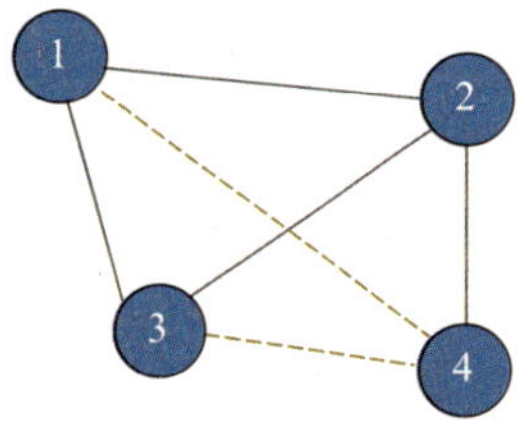

图 10-20　网络密度计算示意

（5）社区结构　社区结构是指网络中的子图，其中社区内节点的连接比社区间节点的连接更加紧密。在微生物网络中，社区结构可以用来研究微生物之间的模块化结构和功能。

（6）网络韧性　网络韧性是指网络在面对随机或有目的的攻击时的稳定性和抗干扰性。在微生物网络中，网络韧性可以用来研究微生物之间的适应性和稳定性。

（7）功能模块　功能模块是指在微生物网络中，一组相关的节点和边，共同实现一种生物学功能或代谢途径。在微生物网络中，功能模块可以用来研究微生物之间的功能关系和代谢途径。

10.4 稳定同位素在土壤生态学中的应用

近几十年来，稳定同位素技术已经成为生态学研究的一种强大的工具。稳定同位素所提供的信息帮助生态学家提高甚至纠正了以往对生态系统的认识，解决了很多生态学家用其他技术不能解决的问题。稳定同位素技术对生态学发展的贡献是多方面的。稳定同位素技术可以应用到个体、种群、群落和整个生态系统生态学过程的研究；研究的时间尺度可以从数天到数百年。在空间尺度上，稳定同位素技术既可以运用于微宇宙研究，也可以运用于大型生态系统的研究。

稳定同位素在生态学研究中的应用主要有两方面：第一，利用稳定同位素自然丰度(stable isotope natural abundance)在较大时间尺度上对生源要素特别是碳和氮循环过程作定量或半定量分析。稳定同位素自然丰度可以用来研究植物对养分的吸收，追踪食物网中的物质流动，分析营养关系，反演人类活动、灭绝动物的食性和栖息环境，揭示生源要素在陆地和水生生态系统之间的循环规律。第二，利用稳定同位素标记法在较小的时间和空间尺度范围内，对碳和氮循环过程进行追踪分析。该技术有别于自然丰度法之处是：稳定同位素标记法人为地把富含重同位素(^{13}C或^{15}N)的化合物添加到试验对象里，而自然丰度法则是利用同位素在自然界分布的差异揭示各种生态过程(古滨河，2009)。

10.4.1 稳定同位素的定义

稳定同位素(stable isotopes)：质子数相同、中子数不同的同种元素互称为同位素；不能衰变的同位素称为稳定同位素。稳定性同位素是天然存在于生物体内的不具有放射性的一类同位素，几乎所有具有生命意义的元素都有两个以上的稳定同位素。例如，碳同位素有^{13}C和^{12}C，氮同位素有^{14}N和^{15}N。中子数多的同位素(^{13}C和^{15}N)称为重同位素，中子数少的同位素(^{12}C和^{14}N)称为轻同位素(表10-2)，其中重同位素(如^{13}C和^{15}N)在生物体内的含量非常低。

表10-2 常见生源要素的稳定同位素及其国际通用标准物的自然丰度(古滨河，2009)

元素	同位素	原子百分比/%	标准	原子百分比/%	陆地范围
氢	^{1}H	99.9985	V-SMOW	1.5575×10^{-4}	～700‰
	^{2}H	0.015			
碳	^{12}C	98.89	V-PDB	1.1237×10^{-2}	～100‰
	^{13}C	0.015			
氮	^{14}N	99.63	N_2-Air	3.6764×10^{-3}	～50‰
	^{15}N	0.37			
氧	^{16}O	99.759	V-SMOW	2.0052×10^{-3}	～100‰
	^{18}O	0.204			

对于^{12}C和^{13}C来讲，^{12}C占大气稳定性碳同位素总量的98.89%左右，^{13}C占其总量的1.1%左右，$^{13}C/^{12}C$的比值为0.011123左右。大气氮气中^{14}N和^{15}N的相对丰度分别为99.64%和0.36%，$^{15}N/^{14}N$的比值为0.003613。通常情况下测定稳定性同位素的绝对含量无太大意义，而是将其与国际标准比对后进行比较研究，一般用$\delta^{13}C$和$\delta^{15}N$来分别表示某种物质中这两种稳定性同位素的丰富度(enrichment)。

同种元素的稳定同位素化学性质完全相同。但是，由于同位素的相对原子质量有所不同，导致在一些物理、生物、化学过程中反应速度不一致，从而造成底物(substrate)和产物(product)中同位素构成的差异，是在原子的键合和键裂过程中发生的，这种现象称为同位素分馏效应(fractionation effect)。同位素生态学家正是利用生态系统各种组分之间的同位素构成的差异，研究各种生物地球化学过程，追踪生态系统的物质来源、去向以及动植物的相互关系等。

10.4.2 稳定同位素标记技术应用原理

稳定同位素标记技术人为地把富含重同位素(^{13}C或^{15}N)的化合物导入生态系统，使某个特定的生态系统组分得到同位素标记，所产生的信号比自然丰度显著增强，这样标记的部分与不被标记的部分(通常是没有生命的有机物)在同位素丰度上就有显著的不同。这个技术可以允许生态学家：①追踪碳氮的流动和转化；②区别自源和异源物质；③测试和调整生态系统模型中的营养循环部分。

传统的生态系统水平的实验研究通常包括对生态系统进行人为操控，然后观察其对某一特定干扰因子的反馈。生态系统水平的同位素标记实验包括两个类型：①只对生态系统作同位素添加，而添加的同位素并不对生态系统发生干扰；②在添加同位素的同时进行人工干扰，通过同位素追踪了解生态系统对干扰的响应(古滨河，2009)。

10.4.3 同位素分析

同位素分析(土壤和生物样品)通常包括以下几步：样品采集、归类、干燥、研磨、包装和质谱分析。

(1)样品处理　①采来的样品要进行分类、描述、清除杂质。如果样品含有碳酸钙，对样品要进行酸化，以除去无机碳(无机碳的^{13}C值常常高于有机物的^{13}C值)；样品在70 ℃干燥后研磨成粉末，因为样品是否均匀对取得有代表性的同位素信息尤其重要。②称重包装，每个样品所需的重量因分析项目(^{13}C或^{15}N)和样品有机物含量不同而异，一般在0.1～2 mg。③称好的样品装入小锡囊中以备质谱测定。

(2)质谱分析　用于稳定同位素分析的仪器称为稳定同位素质谱仪(stable isotope ratio-mass spectrometer)。质谱仪只能分析纯气体，样品在高温下气化，所产生的CO_2和N_2，通过冷冻技术分别被分离纯化。在质谱仪里，CO_2或N_2被离子化，离子在磁场的作用下按不同质/荷比分离、收集和记录。现在的质谱仪大都与元素自动分析仪和气相色谱仪联机，一体化完成从样品气化、提纯到分析的整个过程，并且从一个有机样品可以得到$\delta^{13}C$、$\delta^{15}N$、全碳含量(C%)和全氮含量(N%)4个数值，因此节省大量的人力、材料和时间，分析费用也大大降低。

10.4.4 同位素在土壤生态学中的应用

10.4.4.1 ^{13}C在研究土壤碳循环方面的应用

碳作为重要的生命元素，在土壤-植物系统物质循环中发挥重要作用。^{13}C同位素技术是研究土壤碳循环过程最为科学有效的方法之一(张昊和李建平，2021)。作为一种天然的示踪物，稳定碳同位素(^{13}C)较放射性同位素具有安全、无污染、易控制的优点。通过测定土壤碳排放过程中不同有机碳组分的同位素丰度，能够精准区别土壤呼吸组分和来源。

土壤微生物是全球碳循环的主要参与者，但目前的研究者对土壤群落中的碳循环是如何运作的仍然知之甚少。其中，一个主要的限制因素是碳代谢缺乏定义碳转化的离散功能基因。相反，碳转化是由与生长、资源获取和生存相关的合成代谢过程控制的，这影响着土壤中碳的命运。Barnett 和 Buckley(2023)使用多底物宏基因组 DNA 稳定同位素探测将细菌的基因组信息特征与土壤中微生物生长和碳同化动态联系起来，从而获得了相关数据。应用这些数据，该项研究确定了可以预测细菌生态策略的基因组特征，这些策略定义了细菌与土壤碳的相互作用。结果显示这种基于重叠群的方法是有意义的，因为^{13}C源身份对^{13}C标记类群的身份有着巨大而显著的影响，这种变化是由^{13}C同化和生长的整体动力学驱动的。该研究中涉及的 8 个基因组特征中的 3 个，解释了资源获取和生长动态的显著差异(图 10-21)。

10.4.4.2 ^{13}C和^{15}N在研究土壤微生物影响氮循环方面的应用

氮作为限制作物生长的主要营养元素，其有效性受土壤质地、土壤含水量以及盐分等多种因素的影响。长期以来，由于缺乏一个整体技术，氮在生态系统各种流动途径和在食物网中的贡献无法被定量研究。^{15}N标记技术为研究氮循环途径提供了一个有效工具。

由于土壤环境的不透明性，对土壤动物之间营养关系的直接观察是较为困难的，因此对地下生态系统土壤动物之间营养关系的研究一直都存在着阻碍。分子生物学技术和稳定同位素技术的迅速发展为土壤食物网研究提供了新的手段。近年来，稳定同位素分析已被生态学家、进化生物学家、野生动物生物学家和保护生物学家广泛接受，稳定同位素越来越多地被用作微生物生态学和土壤动物生态学中的生物标志物。稳定同位素比值被用作研究土壤食物网的一种方法，并用来指示土壤中发生的过程，已经被用来阐明土壤群落的营养结构和土壤食物网的基本食物资源，揭示地上和地下生态系统之间的联系。稳定同位素与脂肪酸分析法的结合更是被广大研究人员所提倡，且稳定同位素与脂肪酸分析法相结合对研究土壤中小型土壤动物而言更具优势。

Li 等(2023)利用稳定同位素双重标记法(^{13}C和^{15}N)在干旱胁迫的温带草原上探究了真菌菌丝破坏枯枝落叶引起的土壤中碳的滞留和氮向植物迁移的抑制作用。由于稳定同位素的使用，该研究用明确的数字表明了不同菌丝完整度对碳、氮循环的影响。平均而言，干旱显著减缓了植物枯枝落叶的分解，最高可达 31.8%，但未中断的真菌菌丝加速了枯枝落叶分解，最高达 31.7%，并促进了碳和氮从植物枯枝中的释放。在干旱条件下，真菌菌丝的完整性会对枯枝落叶分解过程中碳和氮的分配产生不同的影响。枯枝落叶分解后，完整的土壤真菌菌丝贡献了约 47%的枯枝落叶碳转移到土壤微生物生物量中，但与菌丝破坏处理相比，对土壤、植物地上或二氧化碳排放没有显著影响。与菌丝破坏相比，未破坏的菌丝促进了约 82%的枯枝落叶氮从土壤向植物的转化，并降低了土壤中枯枝落叶氮的含量和 N_2O 的排放。该研究得出

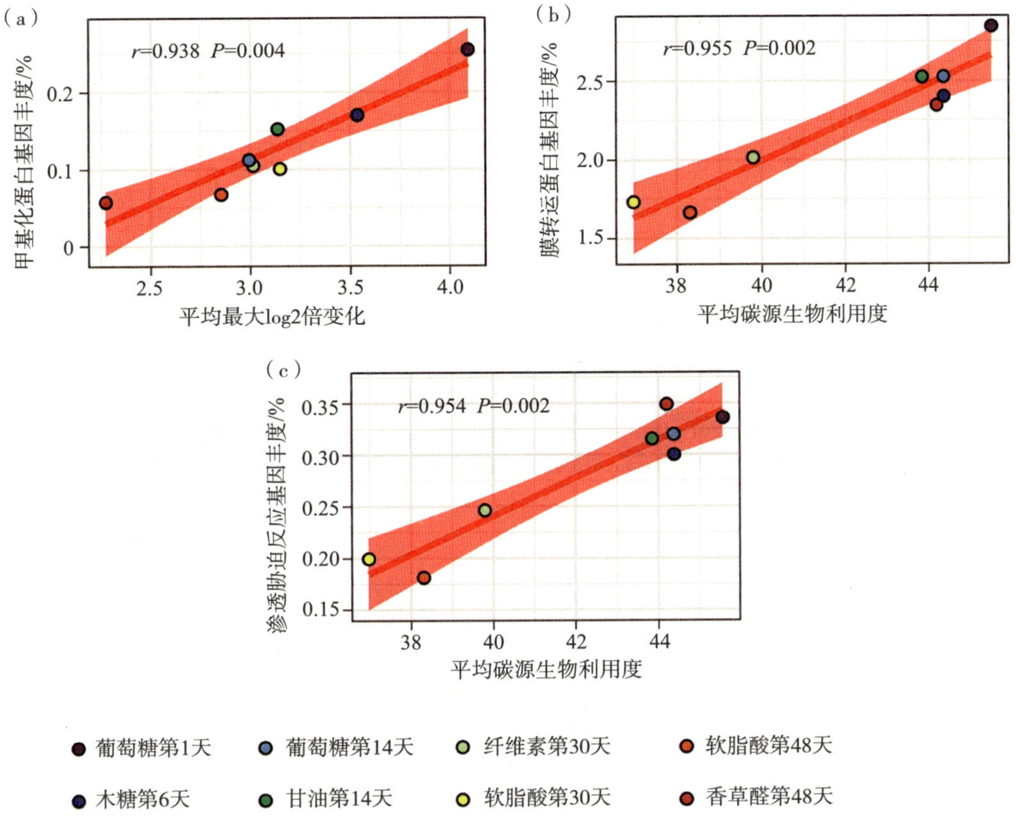

图 10-21 ^{13}C 标记的重叠群的基因组特征与 ^{13}C 标记的 OTU 的活性特征相关(改自 Barnett 和 Buckley,2023)

注:(a)甲基化蛋白基因丰度与 ^{13}C 标记的 OTU 的平均最大 log2 倍变化(max LFC)呈正相关。(b)膜转运蛋白基因丰度与 ^{13}C 标记的 OTU 获得的碳源平均生物利用度呈正相关。(c)渗透胁迫反应基因丰度与 ^{13}C 标记的 OTU 获得的碳源平均生物利用度呈正相关。在所有情况下,丰度都是以 ^{13}C 标记的重叠群中蛋白质编码基因的百分比计算的,这些重叠群在基因组特征中未注释。红线表示线性关系,阴影表示 95%置信区间。给出了 Pearson 的 r 和 P 值。使用 Benjamini-Hochberg 程序对 P 值进行多次比较调整($n=8$)。

的结论:在温带草原生态系统的干旱条件下,土壤真菌菌丝的完整网络对于维持枯枝落叶分解过程至关重要,因为真菌促进植物枯枝落叶中碳和氮的释放,促进碳和氮循环。

由于有明确的数据支撑,Li 等(2023)还在文章中画出了土壤真菌菌丝对枯枝落叶(凋落物)衍生碳和氮重新分配给土壤、植物、微生物和气体排放的比例概念模型(图 10-22)。

10.4.4.3 稳定性同位素在分析土壤动物食物网营养结构方面的应用

王显(2021)通过碳氮稳定同位素分析法,按照一定的营养级计算公式对贵州茂兰喀斯特森林土壤动物在食物网中的营养级进行计算,初步构建了一个较为简单的土壤食物网营养结构(图 10-23)。结果发现本次试验收集到的土壤动物主要由三个营养级构成,第一营养级有植物凋落物等初级生产者;第二营养级有粪蚁科、鞘翅目、潮虫科、线蚓科、双翅目幼虫、正蚓科、行军蚁亚科、切叶蚁亚科等类群;第三营养级有蜈蚣科、地蛛科等类群。这表明该研究收集到的土壤动物横跨了土壤食物网中的三个营养级位置。

过去 20 年间,得益于基因组学技术的进步,土壤生态学研究快速发展,很大程度上更新了

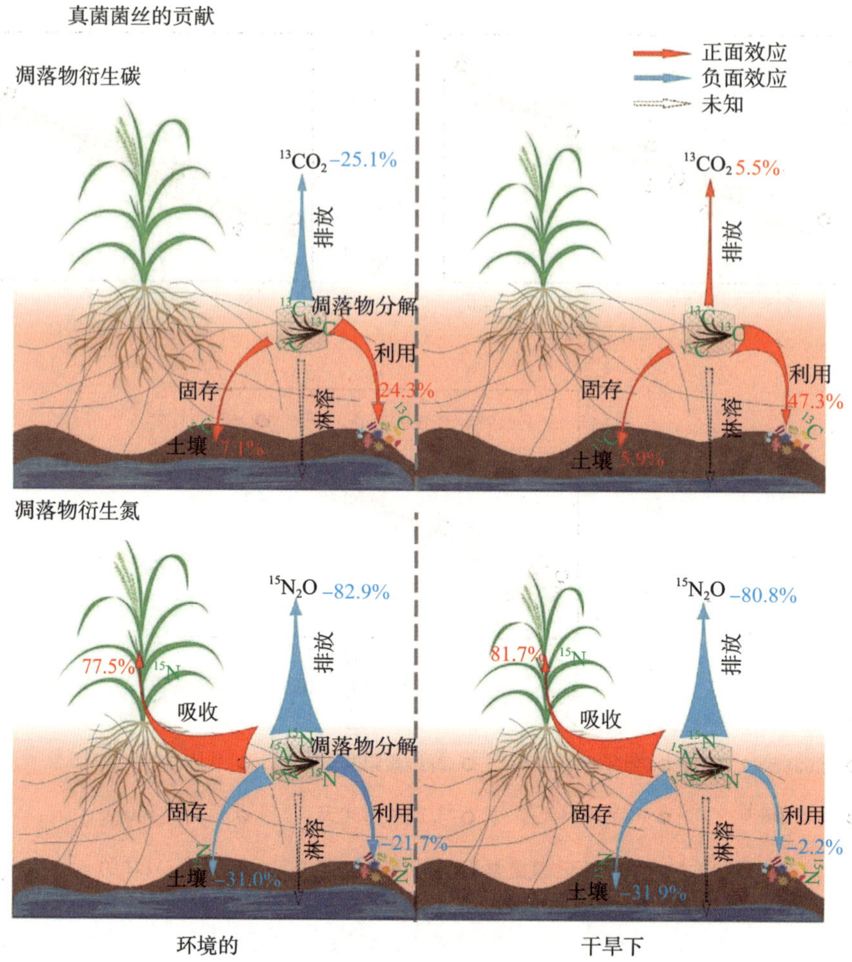

图 10-22 干旱条件下土壤真菌菌丝对枯枝落叶衍生碳和氮重新分配给土壤、植物、微生物和气体排放的比例概念模型(改自 Li 等,2023)

注:箭头表示菌丝完整度对枯枝落叶衍生碳或氮转移的贡献大小。百分比是真菌菌丝在干旱条件下的平均贡献,红色箭头表示正效应,蓝色箭头表示负效应。

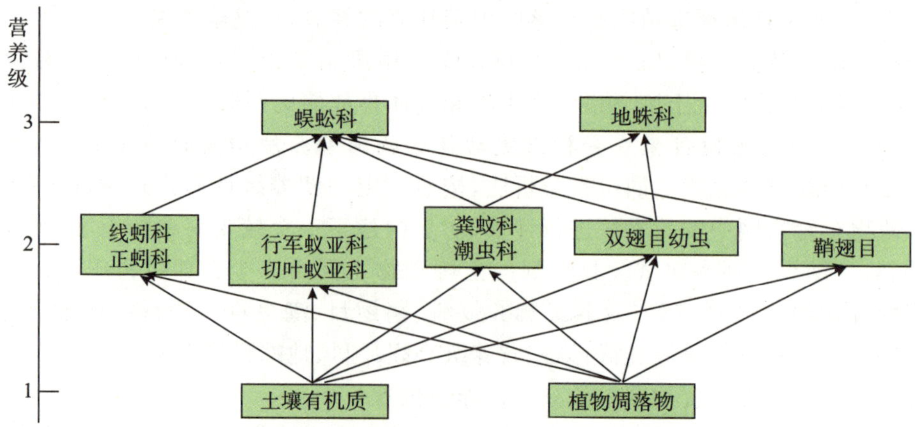

图 10-23 茂兰喀斯特森林土壤动物食物网组成(王显,2021)

我们对土壤生态系统的认识。然而，由于土壤生态系统的复杂性，目前对土壤生态过程机理的认知仍较为粗浅，且现有的理论多借鉴于宏观生态学研究，因此亟待发展土壤生态学的自有理论体系，提升研究水平和深度。朱永官院士提出，未来的研究应注重以下几方面：①土壤生态学的研究应更多地拥抱新技术新方法，并从宏基因组学向宏表型组学发展，探索微生物组的原位生态功能，跨越当前基于基因组和宏基因组的功能预测研究。②野外定位实验配合大尺度的监测和联网研究势在必行，并应在此过程中加强不同学科间的交叉融合，拓展土壤生态学研究的尺度。③如何利用土壤生态学理论和研究成果发展土壤生态调控技术，发掘和利用土壤生物资源，修复退化土壤，维持土壤健康，支撑生态文明建设和可持续发展国家战略，已成为当前土壤生态学研究的重要任务（朱永官等，2022）。

思考题

1. 土壤动物研究方法有哪些？各有什么优势和劣势？
2. 土壤动物的生态功能有哪些？试举例说明。
3. 土壤微生物研究方法有哪些？分别适用于什么情况？

参考文献

曹四平，刘长海，2017. 土壤动物群落特征及生态功能研究进展. 延安大学学报（自然科学版），36(4)：38-42.

陈婷，郗敏，孔范龙，等，2016. 枯落物分解及其影响因素. 生态学杂志，35(7)：1927-1935.

杜思垚，陈静，刘佳炜，等，2022. 基于宏基因组学揭示咸水滴灌对棉田土壤微生物的影响. 环境科学，44(2)：1104-1119.

高梅香，刘冬，张雪萍，等，2016. 三江平原农田地表和地下土壤螨类丰富度与环境因子的空间关联性. 生态学报，36(6)：1782-1792.

古滨河，2005. 生态系统生态学研究中的稳定同位素标记技术//第三届现代生态学讲座暨国际学术研讨会论文集. 国家自然科学基金委员会：202-227.

林先贵，胡君利，2008. 土壤微生物多样性的科学内涵及其生态服务功能. 土壤学报(5)：892-900.

马锐骜，吴辉，王志瑞，等，2021. 长白山林线过渡带树岛土壤微生物群落结构和生态功能. 生态学报，41(24)：9847-9856.

聂立凯，于政达，孔范龙，等，2019. 土壤动物对土壤碳循环的影响研究进展. 生态学杂志，38(3)：882-890.

孙新，李琪，姚海凤，等，2021. 土壤动物与土壤健康. 土壤学报，58(5)：1073-1083.

王显，2021. 茂兰喀斯特森林土壤食物网营养结构研究：学位论文. 贵阳：贵州师范大学.

徐国良，王敏，张卫信，等，2015. 土壤跳虫在碳循环中的作用：^{13}C示踪研究. 生态环境学报，24(7)：1103-1107.

徐志霞，李小容，蔡莲子，等，2018. 海南不同林龄木麻黄海防林土壤微生物群落组成与酶活性的动态分析. 西北农林科技大学学报（自然科学版），46(10)：24-34.

尹文英，2001. 土壤动物学研究的回顾与展望. 生物学通报(8)：1-3.

战丽莉，2013. 农田黑土中小型土壤动物多样性特征及其影响因素. 长春：中国科学院研究生院（东北地理与农业生态研究所）.

张昊，李建平，2021，稳定碳同位素在草地生态系统碳循环中的应用与展望. 水土保持研究，28(1)：394-400.

张俊伶，张江周，申建波，等，2020. 土壤健康与农业绿色发展：机遇与对策. 土壤学报，57(4)：783-796.

郑大川，周杰，李思雨，等，2021. 耕地和林地土壤动物群落组成和多样性的差异：中国区域的整合分析. 生态学报，41(17)：6718-6727.

周育臻，吴鹏飞，2020. 贡嘎山东坡森林小型土壤节肢动物群落多样性与时空分布. 生态学杂志，39(2)：586-599.

朱永官，陈保冬，付伟，2022. 土壤生态学研究前沿. 科技导报，40(3)：25-31.

Abail Z, Whalen J K, 2018. Cornresidue inputs influence earthworm population dynamics in a no-till corn-soybean rotation. Applied Soil Ecology, 127: 120-128.

Abram F S, 2015. Systems-based approaches to unravel multi-species microbial community functioning. Computational and Structural Biotechnology Journal, 13: 24-32.

Bailly J, Fraissinet-Tachet L, Verner M C, et al., 2007. Soil eukaryotic functional diversity, a metatranscriptomic approach. The ISME Journal, 1(7): 632-642.

Bardgett R D, van der Putten W H, 2014. Belowground biodiversity and ecosystem functioning. Nature, 515(7528): 505-511.

Barnett S E, Buckley D H. 2023. Metagenomic stable isotope probing reveals bacteriophage participation in soil carbon cycling. Environmental Microbiology, In press.

Bennett B D, Kimball E H, Gao M, et al., 2009. Absolute metabolite concentrations and implied enzyme active site occupancy in *Escherichia coli*. Nature Chemical Biology, 5(8): 593-599.

Biswas J K, Banerjee A, Rai M, et al., 2018. Potential application of selected metal resistant phosphate solubilizing bacteria isolated from the gut of earthworm (*Metaphire posthuma*) in plant growth promotion. Geoderma, 330: 117-124.

Blouin M, Hodson M E, Delgado E A, et al., 2013. A review of earthworm impact on soil function and ecosystem services. European Journal of Soil Science, 64(2): 161-182.

Boots B, Russell C W, Green D S, 2019. Effects of microplastics in soil ecosystems: Above and below ground. Environmental Science Technology, 53(19): 11496-11506.

Butenschoen O, Marhan S, Langel R, et al., 2009. Carbon and nitrogen mobilisation by earthworms of different functional groups as affected by soil sand content. Pedobiologia, 52(4): 263-272.

Cardinale B J, Duffy J E, Gonzalez A, et al., 2012. Biodiversity loss and its impact on humanity. Nature, 486(7401): 59-67.

Chen B R, Wise D H, 1999. Bottom-up limitation of predaceous arthropods in a detritus-based terrestrial food web. Ecology, 80(3): 761-772.

Chen D, Zhou Y, Wang M, et al., 2021. Succession pattern in soil micro-ecology under tobacco (*Nicotiana Tabacum* L.) continuous cropping circumstances in Yunnan province of southwest China. Frontiers in Microbiology, 12: 785110.

Chomel M, Lavallee J M, Alvarez-Segura N, et al., 2019. Drought decreases incorporation of recent plant photosynthate into soil food webs regardless of their trophic complexity. Global Change Biology, 25(10): 3549-3561.

Clause J, Barot S, Richard B, et al., 2014. The interactions between soil type and earthworm species determine the properties of earthworm casts. Applied Soil Ecology, 83: 149-158.

Clevenger K D, Bok J W, Ye R, et al., 2017. A scalable platform to identify fungal secondary metabolites and their gene clusters. Nature Chemical Biology, 13(8): 895-901.

Crittenden S J, Huerta E, de Goede R G M, et al., 2015. Earthworm assemblages as affected by field margin strips and tillage intensity: An on-farm approach. European Journal of Soil Biology, 66: 49-56.

Crotty F V, Adl S M, 2019. Competition and predation in soil fungivorous microarthropods using stable isotope ratio mass spectrometry. Frontiers in Microbiology, 10: 1274.

Daniel R, 2005. The metagenomics of soil. Nature Reviews Microbiology, 3(6): 470-478.

de Almeida T, Blight O, Mesléard F, et al., 2020. Harvester ants as ecological engineers for mediterranean grassland restoration: Impacts on soil and vegetation. Biological Conservation, 245: 108547.

Edmands W M, Petrick L, Barupal D K, et al., 2017. CompMS2Miner: An automatable metabolite identification, visualization, and data-sharing R package for high-resolution LC-M data sets. Analytical Chemistry, 89(7): 3919-3928.

Fierer N, Leff J W, Adams B J, et al., 2012. Cross-biome metagenomic analyses of soil microbial communities and their functional attributes. Proceedings of National Academy of Sciences of the United States of America, 109(52): 21390-21395.

Foley J, Defries R, Asner G, et al., 2005. Global consequences of land use. Science (New York, N. Y.), 309: 570-574.

Franco A L C, Cherubin M R, Cerri C E P, et al., 2020. Linking soil engineers, structural stability, and organic matter allocation to unravel soil carbon responses to land-use change. Soil Biology and Biochemistry, 150: 107998.

Franco A L C, Gherardi L A, de Tomasel C M, et al., 2019. Drought suppresses soil predators and promotes root herbivores in mesic, but not in xeric grasslands. Proceedings of National Academy of Sciences of the United States of America, 116(26): 12883-12888.

Frenne P, Graae B J, Rodríguez Sánchez F, et al., 2013. Latitudinal gradients as natural laboratories to infer species' responses to temperature. Journal of Ecology, 101(3): 784-795.

Gabor E M, de Vries E J, Janssen D B, 2004. Construction, characterization, and use of small-insert gene banks of DNA isolated from soil and enrichment cultures for the recovery of novel amidases. Environmental Microbiology, 6(9): 948-958.

Gao M, Taylor M K, Callaham M A, 2017. Trophic dynamics in a simple experimental ecosystem: interactions among centipedes, collembola and introduced earthworms. Soil Biology and Biochemistry, 115: 66-72.

Garcia-Palacios P, Maestre F T, Kattge J, et al., 2013. Climate and litter quality differently modulate the effects of soil fauna on litter decomposition across biomes. Ecology Letters, 16(8):

1045-1053.

Geisen S, Hu S, dela Cruz T E E, et al. , 2021. Protists as catalyzers of microbial litter breakdown and carbon cycling at different temperature regimes. The ISME Journal, 15(2): 618-621.

Gongalsky K B, Zaitsev A S, Korobushkin D I, et al. , 2021. Forest fire induces short-term shifts in soil food webs with consequences for carbon cycling. Ecology Letters, 24(3): 438-450.

Grau-Andrés R, Thieffry S, Tian S, et al. , 2022. Responses of bryosphere fauna to drought across a boreal forest chronosequence. Oecologia, 200: 231-245.

Groffman P M, Fahey T J, Fisk M C, et al. , 2015. Earthworms increase soil microbial biomass carrying capacity and nitrogen retention in northern hardwood forests. Soil Biology and Biochemistry, 87: 51-58.

Guidi C, Frey B, Brunner I, et al. , 2022. Soil fauna drives vertical redistribution of soil organic carbon in a long-term irrigated dry pine forest. Global Chang Biology, 28(9): 3145-3160.

Hayden H L, Rochfort S J, Ezernieks V, et al. , 2019. Metabolomics approaches for the discrimination of disease suppressive soils for *Rhizoctonia solani* AG8 in cereal crops using ^{1}H NMR and LC-MS. Science of the Total Environment, 651(1): 1627-1638.

Henry A B, Maung C E H, Kim K Y, 2020. Metagenomic analysis reveals enhanced biodiversity and composting efficiency of lignocellulosic waste by thermoacidophilic effective microorganism (TEM). Journal of Environmental Management, 276: 111252.

Hu N, Li H, Tang Z, et al. , 2016. Community diversity, structure and carbon footprint of nematode food web following reforestation on degraded karst soil. Scientific Reports, 6: 28138.

Jain K, Singh J, Chauhan L K, et al. , 2004. Modulation of flyash-induced genotoxicity in *Vicia faba* by vermicomposting. Ecotoxicology and Environmental Safety, 59(1): 89-94.

Ji P, Huang X, Jiang Y, et al. , 2019. Potential of enhancing the phytoremediation efficiency of *Solanum nigrum* L. by earthworms. International Journal of Phytoremediation, 22: 1-5.

Jiang C, Sun B, Li H, et al. , 2013. Determinants for seasonal change of nematode community composition under long-term application of organic manure in an acid soil in subtropical China. European Journal of Soil Biology, 55: 91-99.

Jiang Y, Luan L, Hu K, et al. , 2020. Trophic interactions as determinants of the arbuscular mycorrhizal fungal community with cascading plant-promoting consequences. Microbiome, 8 (1): 142.

Johnston A S A, Pither J, 2019. Landmanagement modulates the environmental controls on global earthworm communities. Global Ecology and Biogeography, 28(12): 1787-1795.

Kozlov M, Zverev V, Gusarov V, et al. , 2022. Changes in biomass and diversity of soil macrofauna along a climatic gradient in European boreal forests. Insects, 13(1): 94.

Lemtiri A, Liénard A, Alabi T, et al. , 2016. Earthworms eisenia fetida affect the uptake of heavy metals by plants *Vicia faba* and *Zea mays* in metal-contaminated soils. Applied Soil Ecology, 104: 67-78.

Li B, Tang J, Yang Q, et al. , 2017. NOREVA: normalization and evaluation of MS-based metabolomics data. Nucleic Acids Research, 45(W1): W162-W170.

Li F, Li Z, Mao P, et al. , 2019. Heavy metal availability, bioaccessibility, and leachability in contaminated soil: Effects of pig manure and earthworms. Environmental Science and pollution Research, 26(20): 20030-20039.

Li Y, Chen Y, Li J, et al., 2021. Organic management practices enhance soil food web biomass and complexity under greenhouse conditions. Applied Soil Ecology, 167: 104010.

Li J, Zhang T, Meng B, et al. 2023. Disruption of fungal hyphae suppressed litter-derived C retention in soil and N translocation to plants under drought-stressed temperate grassland. Geoderma, 432: 116396.

Liang W, Lou Y, Li Q, et al., 2009. Nematode faunal response to long-term application of nitrogen fertilizer and organic manure in northeast China. Soil Biology and Biochemistry, 41(5): 883-890.

Liiri M, Häsä M, Haimi J, et al., 2012. History of land-use intensity can modify the relationship between functional complexity of the soil fauna and soil ecosystem services-a microcosm study. Applied Soil Ecology, 55: 53-61.

Lin D, Yang G, Dou P, et al., 2020. Microplastics negatively affect soil fauna but stimulate microbial activity: Insights from a field-based microplastic addition experiment. Proceedings Biological Sciences, 287(1934): 20201268.

Lin Z, Zhen Z, Luo S, et al., 2021. Effects of two ecological earthworm species on tetracycline degradation performance, pathway and bacterial community structure in laterite soil. Journal of Hazardous Materials, 412: 125212.

Liu M, Cao J, Wang C, 2020. Bioremediation by earthworms on soil microbial diversity and partial nitrification processes in oxytetracycline-contaminated soil. Ecotoxicology and Environmental Safety, 189:109996.

Liu S J, Hu J, Behm J E, et al., 2018. Nitrogen addition changes the trophic cascade effects of spiders on a detrital food web. Ecosphere, 9(10): e02466.

Liu T, Chen X, Gong X, et al., 2019. Earthworms coordinate soil biota to improve multiple ecosystem functions. Current Biology, 29(20): 3420-3429.

Loots D T, 2016. Newinsights into the survival mechanisms of rifampicin-resistant *Mycobacterium tuberculosis*. Journal of Antimicrobial Chemotherapy, 71(3): 655-660.

Ma L, Shao M A, Li T, 2020. Characteristics of soil moisture and evaporation under the activities of earthworms in typical anthrosols in China. Sustainability, 12(16): 6603.

Malla M, Dubey D, Kumar A, et al., 2022. Metagenomic analysis displays the potential predictive biodegradation pathways of the persistent pesticides in agricultural soil with a long record of pesticide usage. Microbiological Research, 261: 127081.

Rosa M, Almagrob M, Fernándezc J A, et al., 2020. Approaches for the discrimination of suppressive soils for pythium irregulare disease. Applied Soil Ecology, 147: 103439.

Mcmahon M D, Guan C, Handelsman J, et al., 2012. Metagenomic analysis of streptomyces lividans reveals host-dependent functional expression. Applied and Environmental Microbiology, 78(10): 3622-3629.

Melguizo-Ruiz N, Jimenez-Navarro G, de Mas E, et al., 2020. Field exclusion of large soil predators impacts lower trophic levels and decreases leaf-litter decomposition in dry forests. Journal of Animal Ecology, 89(2): 334-346.

Navarrete A A, Tsai S M, Mendes L W, et al., 2015. Soil microbiome responses to the short-term effects of amazonian deforestation. Molecular Ecology, 24(10): 2433-2448.

Newbold T, Hudson L N, Hill S L, et al., 2015. Global effects of land use on local terrestrial biodiversity. Nature, 520(7545): 45-50.

Ng E L, Huerta L E, Eldridge S M, et al., 2018. An overview of microplastic and nanoplastic pollution in agroecosystems. Science of the Total Environment, 627: 1377-1388.

Ofaim S, Ofek-Lalzar M, Sela N, et al., 2017. Analysis of microbial functions in the rhizosphere using a metabolic-network based framework for metagenomics interpretation. Frontiers in Microbiology, 8: 1606.

Oliverio A M, Geisen S, Delgado-Baquerizo M, et al., 2020. The global-scale distributions of soil protists and their contributions to belowground systems. Science Advances, 6(4): eaax8787.

Peres G, Cluzeau D, Curmi P, et al., 1998. Earthworm activity and soil structure changes due to organic enrichments in vineyard systems. Biology and Fertility of Soils, 27(4): 417-424.

Phillips H, Guerra C, Bartz M, et al., 2019. Global distribution of earthworm diversity. Science, 366: 480-485.

Potapov A M, Klarner B, Sandmann D, et al., 2019. Linking size spectrum, energy flux and trophic multifunctionality in soil food webs of tropical land-use systems. Journal of Animal Ecology, 88(12): 1845-1859.

Richard B, Legras M, Margerie P, et al., 2012. Spatial organization of earthworm assemblages in pastures of northwestern France. European Journal of Soil Biology, 53: 62-69.

Rillig M C, Bonkowski M, 2018. Microplastic and soil protists: A call for research. Environmental Pollution, 241: 1128-1131.

Robe P, Nalin R, Capellano C, et al., 2003. Extraction of DNA from soil. European Journal of Soil Biology, 39(4): 183-190.

Rockenbach A, Sudarsan S, Berens J, et al., 2019. Microfluidic irreversible electroporation-a versatile tool to extract intracellular contents of bacteria and yeast. Metabolites, 9(10): 211.

Salamon J A, Wissuwa J, Frank T, et al., 2020. Trophic level and basal resource use of soil animals are hardly affected by local plant associations in abandoned arable land. Ecology and Evolution, 10(15): 8279-8288.

Salamun P, Renco M, Kucanova E, et al., 2012. Nematodes as bioindicators of soil degradation due to heavy metals. Ecotoxicology, 21(8): 2319-2330.

Scheurer M, Bigalke M, 2018. Microplastics inswiss floodplain soils. Environmental Science and Technology, 52(6): 3591-3598.

Serra R T, Santos C D, Rousseau G X, et al., 2021. Fast recovery of soil macrofauna in regenerating forests of the amazon. Journal of Animal Ecology, 90(9): 2094-2108.

Singh S, Singh J, Vig A P, 2016. Effect of abiotic factors on the distribution of earthworms in different land use patterns. The Journal of Basic and Applied Zoology, 74: 41-50.

Spurgeon D J, Ricketts H, Svendsen C, et al., 2005. Hierarchical responses of soil invertebrates (earthworms) to toxic metal stress. Environmental Science and Technology, 39(14): 5327-5334.

Srivastava R, Kumar D, Gupta S K, 2005. Bioremediation of municipal sludge by vermitechnology and toxicity assessment by *Allium cepa*. Bioresource Technology, 96(17): 1867-1871.

Sylvain Z A, Wall D H, Cherwin K L, et al., 2014. Soil animal responses to moisture availability are largely scale, not ecosystem dependent: Insight from a cross-site study. Global Change Biology, 20(8): 2631-2643.

Verma F, Singh S, Singh J, et al., 2021. Assessment of heavy metal contamination and its effect on earthworms in different types of soils. International Journal of Environmental Science and Technology, 19(5): 4337-4350.

Vidal A, Quenea K, Alexis M, et al., 2017. Fate of ^{13}C labelled root and shoot residues in soil and anecic earthworm casts: A mesocosm experiment. Geoderma, 285: 9-18.

Wang B L, Ghaderi A, Zhou H, et al., 2014. Microfluidic high-throughput culturing of single cells for selection based on extracellular metabolite production or consumption. Nature Biotechnology, 32(5): 473-478.

Wang L, Xing X, Chen L, et al., 2018. Peak annotation and verification engine (PAVE) for untargeted LC-MS metabolomics. Analytical Chemistry, 91(3): 1838-1846.

Wang L, Xing X, Chen L, et al., 2019. Peak annotation and verification engine for untargeted LC-MS metabolomics. Analytical Chemistry, 91(3): 1838-1846.

Wang Y, Han W, Wang X, et al., 2017. Speciation of heavy metals and bacteria in cow dung after vermicomposting by the earthworm, *Eisenia fetida*. Bioresource Technology, 245(Pt A): 411-418.

Weidt S, Haggarty J, Kean R, et al., 2016. A novel targeted/untargeted GC-Orbitrap metabolomics methodology applied to *Candida albicans* and *Staphylococcus aureus* biofilms. Metabolomics, 12(12): 189.

Winnike J H, Wei X, Knagge K J, et al., 2015. Comparison of GC-MS and GCXGC-MS in the analysis of human serum samples for biomarker discovery. Journal of Proteome Research, 14(4): 1810-1817.

Wise D H, Moldenhauer D M, Halaj J, 2006. Using stable isotopes to reveal shifts in prey consumption by generalist predators. Ecological Applications, 16(3): 865-876.

Wiseschart A, Mhuantong W, Tangphatsornruang S, et al., 2019. Shotgun metagenomic sequencing from Manao-Pee cave, Thailand, reveals insight into the microbial community structure and its metabolic potential. BMC Microbiology, 19(1): 144.

Wu H, Lu X, Tong S, et al., 2015a. Soil engineering ants increase CO_2 and N_2O emissions by affecting mound soil physicochemical characteristics from a marsh soil: A laboratory study. Applied Soil Ecology, 87: 19-26.

Wu Y, Shaaban M, Zhao J, et al., 2015b. Effect of the earthworm gut-stimulated denitrifiers on soil nitrous oxide emissions. European Journal of Soil Biology, 70: 104-110.

Wyckhuys K A G, Nguyen H, Fonte SJ, 2021. Artefactual depiction of predator-prey trophic linkages in global soils. Scientific Reports, 11(1): 23861.

Ye D, Li X, Shen J, et al., 2022. Microbial metabolomics: From novel technologies to diversified applications. Trac-Trends in Analytical Chemistry, 148: 116540.

Yin R, Eisenhauer N, Auge H, et al., 2019. Additive effects of experimental climate change and land use on faunal contribution to litter decomposition. Soil Biology and Biochemistry, 131:

141-148.

Zhang C, Liu G, Song Z, et al., 2018. Interactions of soil bacteria and fungi with plants during long-term grazing exclusion in semiarid grasslands. Soil Biology and Biochemistry, 124: 47-58.

Zhang X, Ferris H, Mitchell J, et al., 2017. Ecosystem services of the soil food web after long-term application of agricultural management practices. Soil Biology and Biochemistry, 111: 36-43.

Zhao J, Zhang W, Wang K, et al., 2014. Responses of the soil nematode community to management of hybrid napiergrass: The trade-off between positive and negative effects. Applied Soil Ecology, 75: 134-144.

Zhao L J, Ni Y, Su M M, et al., 2017. High throughput and quantitative measurement of microbial metabolome by gas chromatography/mass spectrometry using automated alkyl chloroformate derivatization. Analytical Chemistry, 89(10): 5565-5577.

Zheng F, Bi Q F, Giles M, et al., 2021. Fates of antibiotic resistance genes in the gut microbiome from different soil fauna under long-term fertilization. Environmental Science Technology, 55 (1): 423-432.

Zhou Z, Krashevska V, Widyastuti R, et al., 2022. Tropical land use alters functional diversity of soil food webs and leads to monopolization of the detrital energy channel. Elife, 11: e75428.

Zhu X, Chang L, Li J, et al., 2018. Interactions between earthworms and mesofauna affect CO_2 and N_2O emissions from soils under long-term conservation tillage. Geoderma, 332: 153-160.